生态文明视域下的制度路径研究

Research on the Institutional Path from the Perspective of Ecological Civilization

靳利华◎著

社会科学文献出版社
SOCIAL SCIENCES ACADEMIC PRESS (CHINA)

序　言

生态文明是现代人类的自我觉醒

靳利华博士的新著《生态文明视域下的制度路径研究》，是学界生态问题研究的又一成果。作者关注生态问题多年，所拥有的国际政治和科学社会主义的专业功底，使其把化解生态危机的路径与社会制度的选择联系在一起。

生态文明成为政界和学界的热词，显然是生态危机所致。当人们发现空气和水直接含毒，土壤污染而使蔬菜瓜果、肉奶蛋禽的成分变得越来越可疑的时候，感到十分震惊；尤其是当人们发现这一切与自己所追求的发展进步肆无忌惮地联系在一起的时候，更陷入深深的困惑。

事实上，生态危机威胁的是全人类的基本生存条件。在经济全球化背景下，面对气候变暖、空气变脏、食品变毒，任何一个民族、任何一个个人都很难置身事外、独善其身。正如德国学者乌尔里希·贝克不无揶揄地所说的："贫困是等级制的，化学烟雾是民主的。"[①] 难题在于："风险是文明所强加的。"[②] 不仅如此，这种自陷危机的文明还具有两种伴生的特点。其一，那些"完全逃脱人类感知能力的放射性，空气、水和食物中的毒素和污染物，以及相伴随的短期和长期的对植物、动物和人的影响。它们引致系统的、常常是不可逆的伤害，而且这些伤害一般是不可见的"。其二，"它们在知识里可以被改变、夸大、转化或者削减，并就此而言，它们是可以随意被社会界定和建构的。从而，掌握着界定风险的权力的大众媒体、科学和法律等专业，拥有关键的社会和政治地位"。[③] 这意味着，受害者是民主的，而话语权是等级制的。

---

① 〔德〕乌尔里希·贝克：《风险社会》，何博闻译，译林出版社，2004，第38页。

② 〔德〕乌尔里希·贝克：《风险社会》，何博闻译，译林出版社，2004，第21页。

③ 〔德〕乌尔里希·贝克：《风险社会》，何博闻译，译林出版社，2004，第20页。

人类是理性的生命现象，文明发展一路走来，总是在克服各种困难、跨越各种障碍，生态危机不过是晚近时期所面临的又一次挑战，没有理由怀疑人类能够像过往一样成功应对。但是，生态问题显然具有若干新的特点。

首先，生态问题强化了人类的整体性。以往对人类整体性的强调，要么突出的是人们生物属性的相同，要么突出的是人们阶级利益的相同（严格说来，后者并非真正意义上的人类整体性；当然，马克思强调“全世界无产者，联合起来”，是把无产阶级解放视为人类解放的同义语）。而生态危机的出现，首次从根本利益上突出了人类的整体性，也意味着人类联合起来的客观性。这种局面是前所未有的。按照马克思主义的观点，人类面对的基本关系是人与自然界的关系，而人类是通过发展生产力的方式来发展与自然界的关系的。现在，生态问题的出现把人类与自然界的关系凸显出来，是人类作为一个特定的生命物种与自然界的关系出现了危机；与马克思强调提高生产力水平不同，现在出现的问题针对的是发展生产力方式。

其次，生态问题突出了人类生命的物质性。在复杂的、多元的意识形态支配人类社会的今天，在科学技术成为第一生产力的当下，重新呈现人类生命存在的物质性，实际上彰显了人类生命活动的确定性。理性从理论上说是自由的，其发展空间具有无限性，但作为理性载体的人却是受到限制的：不仅生命时间受限制，而且活动范围和方式也受限制。人们不能因自己的生命活动取决于所获得的知识水平，就认定每一代人的存在方式都具有独一无二的性质，而忽略了所有知识体系都取决于人作为物质存在的需要，尽管该需要会不断上升和演变，却始终与人的物质规定性相一致。所以，人的物质性所呈现的确定性，决定了人类发展具有不以自身意志为转移的规律，人们的理性不应该放弃关于社会客观规律的探讨，而获得对人类与自然界关系发展规律的认识，无疑是化解生态危机的必由之路。

最后，生态问题强调了人类存在的脆弱性。如前所说，当代生态问题所具有的非感性能力能直接把控的特点，决定了理性认知的必要。而理性运用的方向，往往既取决于知识总量多少和正确程度的大小，也取决于价值观的判断。毫无疑问，生态问题所强化的人类整体性突出了集体主义价值观原则，而现代市场经济所沿用的个人主义价值观，越来越不符合时代条件变化的需要；而生态问题所突出的人类生命的物质性，在很大程度上质疑了人类对奢侈生活方式的追求，尤其是当后者以牺牲生态环境为代价的时候，而是主张人类与自然界形成和谐共处的关系。从另一方面看，生态问题所呈现的人类生存的脆弱性，突出了政治抉择的重要。既然生态危机对人类整体生存条件构成了威胁，既然个体很难运用自身的感性能力认识该危机的存在并解决问题，那么，体现人类整体利益的政治抉择就不能不扮演重要角色，某种程度的权威政治就不得不成为一种客观需要，那种以迁就个人现实利益为目标的政治方式就需要退居次要地位。显然，这是一种人类文明史上的一次重大改变。

问题当然在于：生态文明在人类全部生命活动中所占据的地位——它是其综合的结果，既是经济活动、政治活动的结果，又是思想活动、文化活动的结果。因此，消除生态危机必须从整体活动领域着力。集体主义价值观也应该相应主导人类的一切活动领域。生态问题由于对人类生存质量影响的程度不尽相同，而且人们感受生态危机的角度不同，尤其是既得利益促使人们在化解生态危机时的态度不同，所以，生态文明建设充满了选择性。在诸多选择里面，显然只有一种是最正确的。据环境保护部《化学品环境风险防控“十二五”规划》，我国境内现有4万种生产使用的化学物质，有3000种已列入危险化学品名录，其中多为持久性有机污染物和内分泌干扰物等。除此之外，尚有大量化学物质的危害未明确，化学品环境管理信息和风险底数不清，监测监管、预警应急和科技支撑能力不足。而“十二五”期间也只是把其中58种列为重点防控对象。①

人们要化解生态危机，需要依赖制度建构。靳利华博士在这本著作中明确提出了“制度路径”设定所遵循的理论思路：第一层逻辑——“所谓‘生态文明’强调的是人类与自然界的和谐状态。一方面，人类需要通过发展与自然界关系来满足和不断优化自身的生存条件；另一方面，人类只能通过结成社会关系才能发展与自然界的关系。这意味着，人类形成什么性质的社会关系，将直接决定其与自然界的关系状态。就此而言，或者从宏观上说，制度设计将直接影响到生态文明”；第二层逻辑——“在当代，市场经济已经成为绝大多数国家的体制选择，体制是制度中的组织结构部分，属于制度但不归结为制度——其呈现的‘自由竞争，优胜劣汰’趋势，被实践证明能够有效激励人们的劳动，是发展与自然界关系的最佳方式；但是，它是通过制造

① 范春萍：《从〈寂静的春天〉到〈灰暗的春天〉》，《光明日报》2013年10月29日。

利益对立的方式做到这一点的，客观上迫使人们把努力的方向转向在竞争中获胜，与此同时，自然界则变成了人尽可用的竞争工具。换句话说，市场经济会自发地对生态环境产生破坏作用。现实中，人们采取了两种方式化解矛盾：一种是治标，运用法制管控来影响人们的市场行为选择；一种是治本，运用共同富裕目标来影响人们的市场行为选择。前者归结为资本主义，后者归结为社会主义，既不属于社会主义也不属于资本主义的另类制度路径则称为‘第三条道路’”。本书对这三种不同的制度路径展开论述，比较了它们在化解生态危机时的优劣。这种研究方法及其成果，相信能够对人们产生重要的启迪。

作者认为，社会主义制度将成为人类消除生态危机的最佳也是最终选择。本书写道：“人类发展道路的选择关系到人类未来的命运：光明还是黑暗。目前世界上存在不同的理论道路模式，在应对生态危机的实践中可谓是‘八仙过海各显神通’，学术界对此的理论探讨也是热火朝天，各种流派、思潮不断涌现。那么，判断的尺度究竟是什么？它是一种不以私有制为基础的新制度，不奉行资本利润至上的新生产方式，不以贪婪攫取为特征的新文化和价值观，不对人进行剥削和压制的新型社会，不追求国家相对获益的新型国际秩序和国际机制。总之，它是与现存的资本主义社会决然不同的一种新社会。而这个未来新社会就是生态文明社会。”

本书在以下方面还可继续探索：在列出三种制度路径时，可进一步具体将它们区别为两种情况：其一是实际存在的制度路径，如资本主义国家和社会主义国家的相关制度设置；其二是理论设计的制度路径，如生态马克思主义和生态社会主义的制度主张。

余金成

于天津师范大学社会主义研究所

2013 年 11 月

CONTENTS

目录

导 言

一 研究缘起

面对生态危机的冲击，世界各国都在努力通过不同的方式、方法进行改革，出台各种措施，实施各种方案，以减少或化解人类面临的灾难性问题。发达资本主义国家、社会主义国家和发展中国家都在积极探索、寻求可持续发展的道路。发达资本主义国家对生态问题的警醒与解决始于20世纪70年代一系列重大的生态危机事件。社会主义国家由于受到特殊的国际社会环境的影响，冷战期间，在苏联和东欧国家的行动比较有限；冷战结束后，以中国为首的社会主义国家高度重视环境与生态问题，并与国际社会一起积极应对全球生态问题。其他发展中国家在日益严峻的形势下，也开始重视生态问题。这些不同的国家在生态危机的场境下开始寻求不同的解决途径。

生存与发展是人类永恒的主题。采取什么样的生产方式，选择什么样的社会制度，建设什么样的文明，是人类社会发展道路的基本构成要素。生态危机再次引起世界各国政府、各界人士的高度关注。人类发展道路的选择关系到人类未来的命运：光明还是黑暗。目前世界上存在不同的理论道路模式，在应对生态危机的实践中可谓是“八仙过海各显神通”，学术界对此的理论探讨也是热火朝天，各种流派、思潮不断涌现。那么，判断的尺度究竟是什么？它是不以私有制为基础的新制度，不奉行资本利润至上的新生产方式，不以贪婪攫取为特征的新文化和价值观，不对人进行剥削和压制的新型社会，不追求国家相对获益的新型国际秩序和国际机制。总之，它是与现存的资本主义社会决然不同的一种新社会。而这个未来的新社会就是生态文明社会。据此判断，本书从生态文明的角度入手，探寻在现有的制度条件下，运用马克思主义理论与方法，剖析人类社会发展道路，选择一种可持续的生产与生活方式，探索人类未来的可行之路。

二　研究的理论价值与实践意义

人类社会的发展是丰富多彩而又曲折多变的，从人类脱离野蛮进入文明时代开始，不同民族、不同地区的人们就在以自己的方式寻求着生存与发展的道路。从文明的视角看，关于人类社会进程，目前学术界普遍认可的说法是，依次经历了采猎文明、农业文明、工业文明、生态文明。生态文明是人类社会的高级文明形态，是对工业文明的超越。据此，从生态文明的角度，对目前人类社会发展中出现的生态环境问题与全球性危机进行分析，探寻在生态文明指引下的新的生存方式与发展道路是人类社会发展的必然。基于生态文明，对国内外关于人类社会发展道路选择的不同观点进行辨析，指出符合生态文明内涵的社会发展道路是人类持续生存与发展的必经之路。虽然它可能退化为不可能实现的梦想，但是正确理解历史唯物主义将有助于把梦想变为前景、现实，并揭示目前社会世界的可能替代方案。选择生态文明的视角研究人类社会的发展道路是基于理论与实践两个层面的考虑。

从理论上讲，目前国内外对人类社会发展道路的探究进入了一个新的高潮。一是西方马克思主义结合生态学与马克思主义重新探究马克思主义生态理论与思想，丰富和创新了马克思主义理论。二是西方学者对资本主义在生态危机冲击下的发展提出众多建议方案，理论上对资本主义提出新的认识，这对传统社会主义是新的挑战。三是非西方发展中国家也提出众多不同的理论主张，对科学认识人类社会发展提供了诸多有益的启发。这些理论揭示了现有工业文明范式下，生产与生活方式的不可持续性，为新文明的制度路径提供了理论引导。

从实践上看，当今世界面对自然环境问题和生态危机的严峻压力，不论是普通民众、政府部门还是国际社会、各种社会组织都不得不给予更多关注。各种民间运动、学术研究与政府政策等推动了生态文明建设的步伐。具体来说，一是发达资本主义国家在生态环境问题的冲击下首先步入环境治理的前列，走上了一条“先污染后治理”的道路，实践着生态现代化的发展模式。二是发展中国家面临比发达国家更为严峻的生态环境问题及国际环境机制的压力，纷纷提出不同的主张和实施不同的应对方案。三是现实社会主义国家的曲折发展及中国特色社会主义一枝独秀的制度路径在生态环境中的选择及行为引人深思。四是发达资本主义国家内部的各种反资本主义运动和批判思潮兴起，实际上推动着生态文明的缓步前进。五是国际组织及国家的国际行为也在推动着生态文明的历史性前进。

三 国内外研究现状

人类社会未来的生存方式一直是国内外学者孜孜不倦进行探索和追求的一个重要话题，她吸引着无数的学者、思想家和政客不断地尝试、实践。一代又一代的国内外仁人志士殚精竭虑，奋不顾身地追逐着人类的“美好理想”。21 世纪以来，随着生态环境问题的加深和全球性危机的加剧，解决生态环境危机，提出替代性方案，选择合适的生产生活方式，重新思考人类生存方式，再一次激发了国内外的理论家、实践家、思想家，形成一股新的思潮和运动，同时也引发了新一轮的社会主义与资本主义何者更优之争。

（一）社会发展制度路径研究现状梳理及解析

1. 国外关于人类社会发展的制度路径及其替代方案

（1）集中于对现存资本主义本身的批判，但没有提出明确的可选方案。美国学者哈维·大卫在《希望的空间》一书中以不平衡的地理发展作为中轴来分析当代全球化所包含的各种矛盾及其后果，他相信“在历史的这一时刻，我们有一些极为重要的事情通过实践一种理论的乐观主义来完成，以便打开被禁锢已久的思想的道路”。[①] 并以此为依据提出一种更加普遍化的替代方案的依据，但没有明确提出方案的内容或实施条件。美国左翼学者兹比格涅夫·布热津斯基在《大失控与大混乱》一书中猛烈抨击美国的文化价值观念，尖锐地指出：“以相对主义的享乐至上作为生活的基本指南，是不构成任何坚实社会支柱的；一个社会没有共同遵守的绝对确定的原则，相反却助长了个人的自我满足，那么，这个社会就有解体的危险。”[②] 他对资本主义文化价值观的危机感深表疑虑和担心，但没有提出具体的替代方案。法国学者雅克·德里达指出，正是由于资本主义世界有众多的弊端，它绝不是弗朗西斯·福山所说的什么最好的制度，“经济战争、民族战争、少数民族间的战争、种族主

① 〔美〕大卫·哈维：《希望的空间》，胡大平译，南京大学出版社，2006，第 16 页。

② 〔美〕兹比格涅夫·布热津斯基：《大失控与大混乱》，潘嘉玢等译，中国社会科学出版社，1995，第 125 页。

义和排外现象的泛滥、种族冲突、文化和宗教冲突，正在撕裂号称民主的欧洲和今天的世界”。[①] 美国学者丹尼尔·贝尔指出：“无论早期的资本主义的准确地理位置能否确定，有一点很明显，即从一开始，禁欲苦行和贪婪攫取这一对冲动力就被锁合在一起。前者代表了资产阶级精打细算的谨慎持家精神；后者是体现在经济和技术领域的那种浮士德式骚动激情，它声称‘边疆没有边际’，以彻底改造自然为己任。这两种原始冲动的交织混合形成了现代理性观念。而这两者间的关系又产生出一种道德约束，它曾导致早期征服过程中对奢华风气严加镇压的传统。”[②] 在丹尼尔看来，资本主义发展到“晚期”之后，以新教伦理为核心的资本主义精神就越来越让位于以贪婪攫取性为核心的资本主义精神，资本主义制度也因此失去了它的超验道德观，资本主义的文化正当性已经由享乐主义取代，也就是资本主义文化以快乐为生活方式，文化意象的楷模已同现代主义冲动合二为一，它的意识形态原理就是把冲动追求当成了行为规范，导致资本的贪婪成性。

（2）尽管看到资本主义的弊端与不足，但仍坚持保留资本主义。美国学者伊曼努尔·华勒斯坦对资本主义走向灭亡的断言有些乐观，他指出，当今时代，“我们并非处于资本主义的胜利时期，而是处于资本主义混乱的告终时期”。[③] 他认为，“资本主义将成为过去，它的特定的历史体系将不复存在”。[④] 但是，他预言的大趋势却是正确的——资本主义已经处在了过渡时期。1993年，美国社会学家弗莱德·布洛克在法国《当代马克思》杂志上发表了《没有阶级权力的资本主义》和《重构我们的经济：结构改革的新战略》两篇文章，系统地阐述了“剥夺金融资本权力”的资本主义结构改革理论以及建立一种平等民主的新社会模式的主张，并称自己的模式为“没有阶级权力的资本主义”。英国学者阿列克斯·卡利尼科斯是一位反资本主义全球化的学者，在《反资本主义宣言》一书中从反对资本主义全球化的角度提出了取代改革完善资本主义的具体措施。他认为，“任何取代现存资本主义制度的备选方

---

① 〔法〕雅克·德里达：《马克思的幽灵》，何一译，中国人民大学出版社，1999，第115页。

② 〔美〕丹尼尔·贝尔：《资本主义文化矛盾》，赵一凡等译，生活·读书·新知三联书店，1989，第29页。

③ 〔美〕伊曼努尔·华勒斯坦：《现代世界体系》第1卷，罗荣渠等译，高等教育出版社，1998，中文版序言。

④ 〔美〕伊曼努尔·华勒斯坦：《历史资本主义》，路爱国等译，社会科学文献出版社，1999，第108页。

案，都应当在最大程度上（至少）满足公正、效率、民主、可持续性的要求”。[①] 英国学者安东尼·吉登斯认为，现在是一个资本主义已经无可替代的世界，“剩下来的问题或争论所关注的，是应当在何种程度上以及以什么方式对资本主义进行管理和规治”。[②] 英国学者菲利普·布朗和休·劳德在《资本主义与社会进步：经济全球化及人类社会未来》一书中详细分析了自美英经济国家主义时代结束以来的社会现实：贫富两极分化日益加剧，数百万儿童生活在贫困之中，中产阶级对工作、未来和家庭的忧患意识加重，等等。他们指出导致这一现实的不仅是全球化、技术创新或个人难以适应动荡不定的环境，而且在于美英两国政府所奉行的市场个人主义；指出在以知识为驱动力的资本主义社会必须构建以集体知识为基础的全新社会形态。联邦德国前总理赫尔穆特·施密特忧虑全球化对社会道德的冲击，指出“全球化不只是带来机遇，也会隐含着危险，以美国文化为主导的西方文化严重危害着本土的语言与文化，我们欧洲人和德国人必须谨慎从事，防止全球化侵蚀我们自己的语言乃至文化”。[③] 他对全球化的文化侵蚀极为担心，但并没有从制度上提出明确的替代方案。德国著名历史学家和政论家马里昂·格莱芬·登霍夫在《资本主义文明?》一书中对德国的历史、政界人物、事件给予了振聋发聩的评析，对无情的、利己主义的竞争法则提出质疑。她认为现行的资本主义社会的问题既不是好心人能避免的，也不是法制健全就可以防止的，它需要从政治、经济、文化，更需要从伦理上综合地寻找一个可行的解决方案，“我们必须发展一种伦理体系，这种伦理能使我们意识到，在日常生活中，包括我们与周围的人打交道和与自然界的交往中，我们——我们大家，包括每一个人——都肩负着重大的责任”。[④]

（3）提出多种替代资本主义的非正统社会主义方案。美国学者南茜·弗雷泽在《正义的中断——对后社会主义状况的批判性反思》一书中，对后社

① 〔英〕阿列克斯·卡利尼科斯：《反资本主义宣言》，罗汉、孙宁、黄悦译，上海世纪出版集团，2005，第76页。

② 〔英〕安东尼·吉登斯：《第三条道路——社会民主主义的复兴》，郑戈等译，北京大学出版社，2000，第46页。

③ 〔德〕赫尔穆特·施密特：《全球化与道德重建》，柴方国译，社会科学文献出版社，2001，第65页。

④ 〔德〕马里昂·格莱芬·登霍夫：《资本主义文明?》，赵强、孙宁译，新华出版社，2000，第96页。

会主义面临的状况运用批判方法，即文化正义理论和分配正义理论相结合，对后社会主义的后续方案提出一些暂时性的现存秩序替代；目标是为另一种“后社会主义”开辟道路，这种“后社会主义”将社会主义方案中仍然无法超越的内容，与承认政治引人瞩目、站得住脚的内容结合在一起。法国经学家米歇尔·于松认为：“真正的替代方案应当是一种‘经济社会主义’，这种‘经济社会主义’的效率原则是建立在社会民主这一基础之上的：社会的优先目标需要通过民主磋商来确定，而不是由占有生产资料的私营业主的投资选择来确定。”①

生态马克思主义的代表人物加拿大的本·阿格尔、美国的威廉·莱斯和法国的安德烈·高兹等认为科学技术的资本主义使用及资本主义制度是造成资本主义世界的生态危机的根本原因，他们明确提出生态社会主义的未来选择。生态社会主义将生态文明与社会主义相结合，继承和发展了法兰克福学派和罗马俱乐部的马克思主义思想，并且与生态问题相结合。日本学者岩佐茂在《环境的思想》一书中认为马克思自然观与生态学具有内在一致性，约翰·贝拉米·福斯特更是坚决捍卫马克思的生态思想的观点并作较深入的研究。生态马克思主义者设想，未来的社会主义应该是小规模的、民主地控制，否认非官僚化的社会主义社会。

市场社会主义代表提出了不同的具体替代方案。美国著名左翼经济学家约翰·罗默在《社会主义的未来》一书中试图通过利用某些资本主义成功的微观机制，设计出与发达资本主义经济一样运行的有效率的社会主义机制，这种利用资本主义市场外壳的市场社会主义经济也就是著名的“证券社会主义模式”，即“罗默模式”。美国经济学教授詹姆斯·扬克在《修正的现代化社会主义：实用的市场社会主义方案》一书中系统地提出了自己的理论模式建构，认为它不仅在短期，而且在长期内都要获得至少与现代资本主义经济体系相同的经济效率，同时，它将使资本财产收入分配远比现行资本主义表现出来的更加平等和公正。英国牛津大学社会学和政治学教授戴维·米勒提出合作的市场社会主义，认为“资本主义依赖的是市场，但资本主义的特点主要在于生产资料所有权集中在一小部分人手里，而其余大多数人只能作为

---

① 潘革平：《用“经济社会主义”替代“资本主义”——专访法国经济学家米歇尔·于松》，《参考消息》2013年2月15日，第11版。

领薪者被他们雇佣。人们完全可能既造成市场又反对资本主义，左派若跳不出人云亦云的框框，看不到这种可能性，那么该受责备的就只能是他们自己”。[①]

印度学者萨拉·萨卡在《生态社会主义还是生态资本主义》一书中对生态环境危机进行了深刻的剖析，指出资本主义的生态化不能从根本上解决资本逻辑本身的问题，只有将生态与社会主义相结合，即生态社会主义才是人类未来的出路。埃及学者萨米尔·阿明指出："正如生态学家再度发现的那样，资本主义生产方式的逻辑所产生的不可控制的指数增长是自杀性的。"[②]"人们已经看到了它们的替代品：或者是民主这一主题，或者是文化独特性尤其是宗教独特性这一主题。民主这一主题与各种形式的社会共同体（如种族）相联系，这些共同体被'区别的权利'和生态主义解释，从而得到承认。"[③]他指出，未来国家的发展道路在不同国家是不同的，在西方公民社会中代表左派的所有力量——政党、工会、运动——是否能产生一个决定恰当的战略阶段所必不可少的新的团体计划是不确定的。欧洲的左派大部分仍将受右派的"欧洲共同市场"观点的禁锢，只能产生一个融合渐进的社会政治政策；美国通过共和党和民主党在选举中的对立而确立的两极政治还没有走下坡路的迹象，而日本事实上受着一些衰退迹象影响的保守的一党政治似乎还未开创任何其他选择的道路。"任何情况下，即使在这里所提出的新左派凝聚起来这样一个最有利的假设下，依然存在许多问题：它们所能成功地促进的行动只是强迫资本主义做一些调整，当然这些调整也改变着资本主义，但仍保持了它的本质——因此，这些行动不可能推翻其日益严重的矛盾的发展——或只是推翻其趋势。从这一点，可以说资本主义制度开始朝着社会主义方向摇摆，一个质的决裂将在向社会主义的漫长转变中产生。"[④]

（4）认为资本主义不仅不可替代，而且是唯一选择。冷战结束以后，西

---

① 〔美〕伯特尔·奥尔曼：《市场社会主义——社会主义者之间的争论》，新华出版社，2000，第28页。

② 〔埃及〕萨米尔·阿明：《世界一体化的挑战》，任友谅、金燕、王新霞、韩进草等译，社会科学文献出版社，2003，第94页。

③ 〔埃及〕萨米尔·阿明：《世界一体化的挑战》，任友谅、金燕、王新霞、韩进草等译，社会科学文献出版社，2003，第233页。

④ 〔埃及〕萨米尔·阿明：《世界一体化的挑战》，任友谅、金燕、王新霞、韩进草等译，社会科学文献出版社，2003，第278页。

方许多学者和政客以苏东剧变为依据提出了马克思主义和共产主义的失败，并以此说明社会主义作为一种制度替代方案的失败，资本主义是人们唯一的选择。美国学者弗朗西斯·福山的《历史的终结》和兹比格涅夫·布热津斯基的《大失败》在现实和理论层面上对共产主义运动和马克思主义理论所作的宣判，曾经产生了难以估量的吸引力，使得许多人相信“幽灵”被驱逐了。德国社会民主党理论家托马斯·迈尔在《社会民主主义的转型——走向21世纪的社会民主党》一书中断然否决了共产主义的前途命运，指出，“苏联的共产主义作为痛苦的历史经验使全世界看到，一个没有多元主义、民主和批判性舆论的政治制度和一个实行中央计划和国家所有制的经济制度是不能创造出复杂的、高度分化的现代社会所赖以存在的那些发展条件的。列宁所规定的通向共产主义的乌托邦的理想道路，即国家所有制、集中计划和党的专政已表明为一条制度上的死胡同。共产主义的制度体系不是世界政治的权力分配情况或军备竞赛才阻碍经济和社会发展，而是由于它不允许自我调整和创新”。[①] 英国学者安东尼·吉登斯认为现在社会主义，至少作为一种经济管理体制的社会主义，已经淡出了历史舞台，“过去，社会民主主义总是与社会主义联系在一起。现在，在一个资本主义已经无可替代的世界上，它的取向又是什么呢？……既然共产主义在西方世界已经土崩瓦解，而更一般意义上的社会主义也已经衰落，那么，继续固守左派立场还有什么意义呢?”[②] 许多西方学者在苏东剧变后，更加坚信资本主义将一统世界。

（5）探寻非西方国家资本主义模式的社会发展制度路径。亚非拉等发展中国家的发展道路及前景也成为众多学者的研究课题。美国学者霍华德·威亚尔达在《非西方发展理论：地区模式与全球趋势》一书中对东亚、南亚、拉美、非洲、中东、东欧以及俄罗斯等基本属于“非西方”地区的政治经济发展道路进行了深入的探讨，分析了西方的和本土的发展模式的前景。

亚非拉等非西方发展中国家也在实践着自己的不同于发达国家的发展道路，形式多种多样，可以说这些国家在本国的发展道路选择上是“各行其

① 〔德〕托马斯·迈尔：《社会民主主义的转型——走向21世纪的社会民主党》，殷叙彝译，北京大学出版社，2001，第95页。

② 〔英〕安东尼·吉登斯：《第三条道路——社会民主主义的复兴》，郑戈等译，北京大学出版社，2000，第25页。

是”。委内瑞拉已故领导人查韦斯积极寻求一条实现“21 世纪社会主义”的新途径。崔桂田、蒋锐等的《拉丁美洲社会主义及左翼社会运动》一书对拉美社会主义及左翼运动产生的社会历史条件，拉美社会民主主义的理论与实践，以及拉美共产党的社会主义理论及实践等进行了全面分析，指出拉美国家走着不同于西方发达国家和传统社会主义的本土化道路。“如果我们熟悉的世界不准备以环境灾难为结果，那就必须立即找到一个替代方案。这是一个严峻的考验，不久的将来一定要从它之中造就出另一个焕然一新的新的社会形式。”①

总的来看，国外学者对现存资本主义制度的前途有几种认识：一是资本主义是无可替代的，只需管理和规治；二是认为资本主义制度不是完美的，存在问题，但没有指出有效的途径；三是认为资本主义制度需要替代，提出各种类型的社会主义；四是提出非西方国家的各种发展道路。这些思考都有重要的价值，从文化、制度、技术、生态、伦理道德、市场、经济等层面对认识资本主义提供了丰富的资料和广阔的视野，为进一步的分析和研究奠定了基础。

2. 国内关于人类社会发展路径的相关研究

（1）从生态文明角度探究社会主义发展，提出社会主义生态文明建设。刘宗超的《生态文明观与中国可持续发展走向》一书从生态文明的内涵、特征及构成等角度分析社会主义的生态寓意，指出，现代工业文明，在创造一个信息高度增殖的文明体系的同时，却以破坏地球生态表层系统的信息增殖为代价；地球表层是抚育生命的摇篮，是人类的发源地，生态系统信息增殖机制的破坏与紊乱，不仅威胁到人类的生存与发展，而且也威胁到了全球生命的存在与繁殖。王宏斌的《生态文明与社会主义》一书从生态文明的视角研究了社会主义的本质发展与未来取向，以生态文明为价值取向、以信息文明为手段，描绘了中国可持续发展的前景。

（2）从生态学的角度，探究社会主义的理论创新。徐艳梅的《生态学与马克思主义研究》一书对生态学马克思主义的产生背景及演变逻辑、理论前提和哲学方法进行了系统分析，指出资本主义生产方式必然产生生态危机，提出了生态社会主义的替代方案。侯衍社的《“超越”的困境——“第三条

① 〔美〕大卫·哈维：《希望的空间》，胡大平译，南京大学出版社，2006，第 211 ~ 212 页。

道路”价值观述评》一书对英国的第三条道路从价值观的角度对资本主义文化价值观的二重性作了深刻的分析，对认识西方资本主义政党的观点及主张有重要的借鉴意义。

（3）从马克思主义基本理论与方法的角度，探究人类社会发展模式与人类社会未来的路径选择。余金成主持的2012年国家社科项目《中国特色社会主义与人类发展模式创新研究》，从宏观上对中国的发展模式进行了理论研究，具有重要的创新价值。余金成的《社会主义的东方实践》一书从马克思主义理论视角，从实践与理论两个层面深入探究了处于困境中的社会主义的必然性。蒲国良的《社会主义建设道路与发展模式研究》、罗郁聪的《现代社会主义论：两种类型的社会主义建设道路》等著作对发达资本主义国家和发展中国家的社会主义道路进行了探析，对社会主义道路的认识与分析具有重要的探究价值。此外，郝栋的《绿色发展道路的哲学探析》、李丹的《人类社会发展道路的多样性思考》、王聚芹的《人类社会发展道路中的民族路径差异问题研究》等文章也对相关问题进行了探讨。

（4）从文化的角度，研究社会发展道路。季羡林的《东方文化与人类发展》、黄忠彩的《人类发展与文化多样性》等著作，以及杨凤城的《走中国特色社会主义文化发展道路、建设社会主义文化强国》、李志勇的《坚持走有中国特色社会主义文化道路》、冯宏良的《中国特色社会主义文化发展道路的历程、经验及问题》、颜旭的《坚持中国特色社会主义文化发展道路》、秦正为的《国家利益与意识形态：中国特色社会主义文化的发展道路》、陶文钊的《关于中国社会主义文化发展道路的若干问题》等文章从文化发展的角度研究人类发展，提供了一个新的研究视野。

（5）从中国的角度，探讨人类社会发展道路。叶志坚的《人类社会发展道路的有益探索——中国特色社会主义道路的世界意义》、厉正的《坚持走中国特色社会主义民主发展道路》、赵连文的《全球化及其后果与中国选择和谐社会发展道路思考》、周建超的《人类社会发展的多样性与中国特色社会主义》等文章通过分析中国的社会发展道路，指出了人类社会发展道路。陈学明的《生态文明论》一书从发展战略角度，提出中国社会发展的可选择路径是我们能够实施的战略，是推行生态导向的新型现代化。

总的来看，国内外学者对人类社会的发展道路进行了多层面、多角度的研究，取得了大量的研究成果，对进一步深入分析人类社会的发展提供了重要的、有价值的基础，但是从生态文明的角度，对国内外的不同制度路径模式进行比较研究，并进行全面、综合分析的还没有。本书将在中国学者研究的基础上，吸取国外学者的研究成果，从理论和实践两个层面，对不同的社会制度路径选择，在生态文明的话语范式中进行分析，指出社会主义生态文明建设的历史必然性。

（二）生态文明的国内外研究梳理及分析

1. 国外关于生态文明的研究及分析

一般而言，生态文明的研究起源于欧美国家，主要是关于生态保护和循环经济方面的，其中有很多关于生态文明的理论与方法值得借鉴，主要有产业共生理论、清洁生产理论、产业生态理论、生态现代化理论、零排放理论等。产业共生理论在20世纪60年代后期，由John Ehrenfeld和Nicholas Gertler在丹麦的卡伦堡市提出，他们研究了被公认为"产业共生"典型的丹麦卡伦堡工业园区，并提出了企业间可相互利用废物，以降低环境的负荷和废弃物的处理费用，建立一个循环型的产业共生系统的建议。清洁生产理论是由联合国环境规划署工业与环境规划活动中心首先提出的，他们认为，"清洁生产是指将综合预防的环境策略持续地应用于生产过程中，以便减少对环境的破坏"。[①] 产业生态理论是1980年从美国首先发展起来的，之后许多国家的学者进行了研究，他们主要认为，产业生态是指一个相互之间消费其他企业废弃物的生态系统和网络，在这个网络中，通过消费废弃物给系统提供可用的能量和有用的材料。[②] 也有人认为，产业生态是指一个自然的与区域经济系统及当地的生物圈相联系的服务系统。零排放理论是在1994年由联合国大学提出的，它认为废物是没有得到有效利用的原材料，主张将废物作为生产的原材料使用。

国外的生态文明实践主要体现在循环经济和生态现代化方面。20世纪90年代以来，循环经济在发达国家迅速发展，在节约资源、保护环境等方面取得了显著的成绩，并且在企业、区域和社会等不同层面都出现了著名的循环

---

① UNEP，DEPA，Cleaner Production Assessment in Dairy Processing，United Nations Publication，2000，pp. 1 – 5.

② Frosch Robert，"Industrial Ecology：A Philosophical Introduction"，*Proceedings*，*National Academy of Sciences*，1992，pp. 800 – 803.

模式案例。例如，企业层面小循环模式最著名的是美国的杜邦化学公司，该公司利用对环境危害最小的原料，实现了对环境污染的控制。区域领域中循环模式的典型案例是丹麦的卡伦堡工业园区，该工业园区根据自身的资源状况把发电厂的热气供给其他厂使用，各厂区之间建立了循环关系，保证了资源的合理利用，并帮助解决了周围居民的供热问题，实现了资源的共享。社会层面大循环模式发展最好的是日本，它特别注重资源的再利用，强调建立循环型社会。生态现代化是西方国家化解生态危机的途径中的一种，强调以生态方式进行现代化生产，以生态方式在资本主义社会实现现代化。

2. 国内的生态文明研究现状及分析

据笔者在中国学术期刊网检索，截至2013年6月，有关生态文明研究的文章达到了6万多篇；其中，有关生态文明的博士、硕士论文有9000多篇；有关生态文明建设的问题，在谷歌里搜索，约有84.2万条，在百度里搜索，相关网页多达47万个。生态文明理论及其实践研究，已经成为目前我国的社会热点和学术前沿问题，引起了理论界的高度关注，形成了探索和研究生态文明的高潮。对此，有必要进行系统梳理与深入分析。

国内理论界对生态文明理论与实践的研究大致分为三类。

一是关于生态文明的理论性研究，主要集中在生态文明的哲学及理论等方面。李明华的《人在原野——当代生态文明观》从哲学角度阐述了生态文明观，通过对人类文明形态中人在自然中的地位和人们的自然价值观的剖析以及对工业文明造成的生态危机的反思，认为人与自然的关系发生了“异化”，主张应该重新修正人与自然的关系，并预言全球将兴起一种普世的崭新文明观——生态文明观。薛晓源与李惠斌主编的《生态文明前沿报告》搜集了当前国内外有关生态文明的一些代表性论文，包括了生态现代化与生态文明、生态政治与生态文明、循环经济与生态文明、生态伦理与生态社会主义等方面的内容。张汉巍的《马克思主义自然观视域中的生态文明思想研究》、叶春涛的《马克思主义生态观与生态文明建设》、马国超的《人类文明的生态走向及生态文明构建》、钟丽娟的《马克思主义自然观视域下的生态文明及构建》等著述从马克思主义的自然观、生态观的角度论述了生态文明建设的必要性。王如松的《论生态革命走向生态文明》、曹新的《论制度文明与生态文明》、张晓红的《树立生态文明的新理念》、潘岳的《建设环境文化、倡导生态文明》、徐春的《生态文明与价值观转向》等论述从理论方面论述了生态文明的重要价值。甘泉的《论生态文明理念与国家发展战略》、潘岳的《论社会主义生态文明》等文章也具有较高的理论价值。

二是生态文明理论与实践相结合的研究。廖福霖的《生态文明建设理论与实践》一书运用多学科的知识对生态文明的理论与实践展开研究，理论方面主要论述了生态安全观，生态文明哲学观、价值观和伦理观等，实践方面对城市、乡村、江河流域和森林生态建设及生态文化建设等进行了有力的剖析并提出了相应的对策措施。姬振海的《生态文明论》一书根据历史唯物主义的观点，把生态文明分为意识文明、行为文明、制度文明、产业文明四个层次，继而从生态意识、生态行为、生态制度、生态产业以及政府的生态施政等方面进行了全面的论述，指出了相应的解决途径。李新市的《对生态文明建设的理论认识和实践探索》一文也从理论与实践相结合层面进行了分析。这些关于生态文明的研究力图把生态学的理论与我国实际相结合，对促进我国生态文明建设具有一定的积极意义。但大多研究还是理论性太强，还不能很好地发挥指导实践的作用，也还不能真正地解决中国当下的社会生态问题。

三是经典作家马克思恩格斯的生态文明思想研究。马克思的《1844 年经济学—哲学手稿》在国内发表之后，学术界开始反思新中国成立以来中国在发展中所走过的弯路，开始发掘马克思和恩格斯的生态文明思想。国内学者借鉴生态马克思主义研究的理论成果，充分利用马克思主义意识形态的主导地位和生态文明建设的实践经验，主要从哲学的角度初步总结了马克思恩格斯的生态文明思想。截至 2013 年 6 月，论述涉及马克思和恩格斯生态思想方面的专著有 20 多部，论文有 310 多篇。其中，解保军的《马克思主义自然观的生态哲学意蕴："红"与"绿"结合的理论先声》一书，从逻辑与历史相结合的思维原则出发，深入剖析了人类历史上几种主要自然观的特征，论述了马克思不同时期自然观的不同理论指向。臧立的《马克思恩格斯论环境》一书，系统收集了马克思和恩格斯关于人类、自然、环境、生产力关系的论述。周义澄的《自然理论与现时代——对马克思哲学的一个新思考》一书，系统论述了马克思生态思想的历史发展、基本原则及理论地位。刘仁胜的《生态马克思主义概论》一书，重点介绍了生态马克思主义的五种经典理论成果，是国内第一本系统研究生态马克思主义的论著。王向峰通过阐发马克思《1844 年经济学—哲学手稿》中的"人化自然"思想，提出了人与自然完美统一的社会才是理想社会的观点。还有邓坤金、李国兴的《简论马克思主义的生态文明观》一文从辩证唯物主义自然观、唯物辩证法、唯物史观等角度分析了马克思主义的生态文明思想；张泽一的《理解马克思生态文明理论的两个维度》一文从生产力和生产关系两个维度分析了马克思的生态文明思想。

此外，国内学者对经典作家的生态文明思想的当代价值的研究也不少，主要集中在学术论文方面。例如，刘浩在《当代生态视野下的马克思主义自然观研究》一文中认为，马克思主义自然观的当代价值是关注人的全面发展；树立多维度的发展观；坚持科学的发展观。郭昭君在《马克思主义生态观与生态文明建设》一文中认为，马克思主义生态观的历史启迪是社会主义制度为人与自然的协调开辟了道路；建设社会主义必须尊重自然规律；一切从自然和社会条件的实际出发；实现认识自然和改造自然的统一；坚持唯物主义自然观。杨立新等在《论生态思想文化的新发展及其当代价值》一文中认为，必须按生态平衡规律办事，始终保持人与自然的和谐发展；要在发展生产力的基础上，实现生态文明；坚持经济效益、社会效益与生态效益的统一，搞好生态经济建设，实现生态文明。田雅芳在《马克思主义生态观与社会主义和谐社会的构建》一文中认为，马克思主义生态观的当代价值为我们正确处理人与自然的关系指明了方向；为可持续发展战略提供了理论前提；是生态文明的理论基础。谷体健的《马克思生态文明思想及其当代价值》一文以马克思关于人与自然的关系为出发点，对马克思自然观及其生态文明思想的发展脉络进行了梳理，通过当代主流学者对马克思生态思想的解读引申出马克思生态文明思想的当代价值，帮助人们树立正确的自然观。此方面的相关论述还有邢有男的《马克思生态文明观的历史内涵与当代创新》、张丽的《马克思主义生态文明理论及其当代创新》、史明睿的《马克思的生态文明思想及时代价值》、宋丽萍的《马克思的生态文明思想及其当代价值》等文章。

四是对西方生态文明思想，尤其是马克思主义或生态社会主义的生态文明的研究，主要是介绍、评价及借鉴。王宏斌的《生态社会主义与社会主义生态文明》《西方发达国家建设生态文明的实践、成就及其困境》以及《生态文明：理论来源、历史必然性及其本质特征——从生态社会主义的理论视角谈起》，王雨辰的《西方生态学马克思主义生态文明理论的三个维度及其意义》、李文蛟的《西方生态马克思主义与马克思恩格斯生态哲学思想比较研究》、张璇的《西方生态学马克思主义与传统马克思主义生态观的比较研究》、朱玲的《西方生态社会主义理论及其对我国生态文明建设的启示》、方世南的

《西方建设性后现代主义的生态文明理念》、张霞和张连国的《西方社会关于生态文明的重叠共识》、赵凤霞的《西方绿党的生态理念对我国和谐社会生态文明建设的启示》等论文都有较为详细和深入的分析，对了解和认识西方学界对生态文明的研究提供了一定的基础。

总的来看，关于生态文明的研究主要集中在政治学、哲学、社会学等学科领域。学界已形成一些基本的共识：一是生态文明的概念，从人与自然的关系到人、自然、社会的三维关系；二是马克思主义关于生态文明的哲学、理论渊源；三是生态文明研究涵盖理论与实践、地方与中央、学术与政策、国内与国外等多个层面。客观地讲，生态文明在中国不论是学术研究还是实践都已经是一个热点，有必要进行更加深入的研究。

四 研究方法

1. 比较分析法

有比较才有鉴别，对人类社会的制度路径选择与模式的探究是一个多层面的话题。通过对国外不同学派、思潮，包括市场社会主义、生态马克思主义、西方生态现代化等关于生存方式、发展道路及模式的理论及实践方面进行分析比较，从生态文明视角予以分析，指出各种生存模式的价值与存在的缺陷，并从马克思主义的立场与观点出发，提出人类社会发展应选择的合理制度路径。通过比较分析，能够更加客观而准确地把握各种理论与思潮的本质与动向，对科学社会主义的理解也将更加深入，对中国特色社会主义的制度路径也将更加坚定。

2. 文献分析法

本书是一种规范性研究，文献研究法是最基本的研究方法，通过对国内外中英文的大量相关文献资料的搜集、分析、整理，详尽地占有研究资料，在汲取一些基本范畴、基本理论的基础上，通过辨析、论证进行新的构思、概括，并力图有所升华。国内外关于生态文明、生态社会主义、市场社会主义、生态现代化等的研究资料比较丰富，只有全面掌握这些资料才能更好地从事本课题的研究。

3. 历史与逻辑相统一的方法

历史的进程尽管会伴随各种曲折，但历史发展的规律是永存的、不可抗拒的。理论逻辑的巨大意义在于揭示和认识这种规律的不可抗拒性，使人们从迷离混沌的社会现象中认清历史发展的总趋势。面对生态环境问题与生态危机，人类的生存发展处在一个十字路口，何去何从已成为当代学人思考的重要命题。人类的生存方式是历史的，又是现在的，探讨这个命题离不开历史探源，即探寻人类生存发展的轨迹。从逻辑上看，人类生存是人类社会发展的内在必然规定，生存是第一位的，发展是生存中的发展。本书运用历史与逻辑相结合的方法，从生态文明的视角将人类生存与文明进步结合在一起，探究人类未来生存的制度路径。

4. 马克思主义的唯物主义和辩证分析法

该方法是最基本的方法，本书自始至终都立足马克思主义的立场，对相关论题运用唯物主义与辩证分析相结合的方法进行分析，将生态文明的主旨、指向等贯穿在整个论述之中。

5. 归纳演绎的研究方法

归纳演绎是规范性研究所必不可少的。本书力图从国内外大量的生态文明的研究中归纳演绎出社会主义生态文明的有关理论与实践路径，体现研究的逻辑性、合理性和系统性。

五　研究的创新之处

（1）将生态文明与社会发展模式结合起来，提出社会主义是人类化解生态危机的一种制度路径方式。立足国内的研究基础，借助国外的研究成果，对生态危机困扰下的社会发展模式进行生态文明层面的考量与分析，再次坚定社会主义道路的发展方向。

（2）理论与实践的双重研究。通过对发达资本主义国家生态文明的理论与实践、发展中国家生态文明的各种主张与实践及传统社会主义生态文明的理论与实践的比较分析，突破对社会发展制度路径的单纯理论或实践的研究，从生态文明语境中将理论与实践的研究结合在一起，从而探索社会发展制度路径的理论依据和实践价值。

（3）以中国特色社会主义生态文明建设的理论与实践作为分析个案，对生态文明进行具体而深入的研究，并指出中国特色社会主义生态文明建设的路径特征及具体选择。

（4）生态文明视域下的制度路径判断：国家作为实践主体，依据人与自然、人与社会、人与自身关系的价值维度进行全面而系统的判断。

六　研究的思路与重点

1. 研究思路

通常说来，“制度”是由行政强制力维护的具有普遍约束作用的社会关系准则，其内容包括经济、政治、思想、文化等多个方面；“制度”往往呈现为固化形态，能够对人们的行为发挥一定的限制作用，一经形成就具备了某种不以人们的意志为转移的客观性质。

所谓“生态文明”强调的是人类与自然界的和谐状态。一方面，人类需要通过发展与自然界的关系来满足和不断优化自身的生存条件；另一方面，人类只能通过结成社会关系才能发展与自然界的关系。这意味着，人类形成什么性质的社会关系，将直接决定其与自然界的关系状态。就此而言，或者从宏观上说，制度设计将直接影响到生态文明。这算是所谓“制度路径”的第一层逻辑。

在当代，市场经济已经成为绝大多数国家的体制选择，体制是制度中的组织结构部分，属于制度但不归结为制度——其呈现的“自由竞争，优胜劣汰”趋势，被实践证明能够有效激励人们的劳动，是发展与自然界关系的最佳方式；但是，它是通过制造利益对立的方式做到这一点，客观上迫使人们把努力的方向转向在竞争中获胜，与此同时，自然界则变成了人尽可用的竞争工具。换句话说，市场经济会自发地对生态环境产生破坏作用。现实中，人们采取了两种方式化解矛盾：一种是治标，运用法制管控来影响人们的市场行为选择；一种是治本，运用共同富裕目标来影响人们的市场行为选择。前者归结为资本主义，后者归结为社会主义，既不属于社会主义也不属于资本主义的另类制度路径则称为“第三条道路”。这算是所谓“制度路径”的第二层逻辑。

目前，对于社会发展的制度路径还没有一个清晰的结论，各种制度路径在人类社会发展过程中的表现各有千秋。无论是理论上还是事实上，各种制度路径的较量与竞争都是激烈而交织的。事实上，人类目前尚无条件完全运用社会主义方式或资本主义方式中的任何一种来化解生态危机问题，因此，展示在我们面前的更多的是各种妥协方案。

2. 研究重点

本书立足生态文明，从制度路径的层面探究生态环境问题的化解方式。

目前国际社会和世界各国在应对生态环境问题方面的途径是多元的，本书主要对资本主义、社会主义、第三条道路的制度路径分别从理论和实践两个方面给予分析。

资本主义路径的分析主要是集中在西方发达资本主义国家生态文明的思想及实践方面。西方的生态文明思想具有自身的哲学机理和发展轨迹，其形成离不开特定的社会环境、民众的环保意识和组织活动的推动等，在当代的生态文明思想意识中产生重要的影响。西方发达资本主义国家是较早遭遇生态环境问题的国家，因而较早地展开生态文明建设，它们在政治、经济等方面既有一些创举也存在很大的弊端。

社会主义路径的分析主要以中国为例，集中分析了生态文明建设在中国提出的必然性、现实环境、可资借鉴的国际经验与教训，构建策略以及中国特色社会主义生态文明建设路径对人类社会发展探索的贡献等方面。

第三条道路是目前国际社会中不同于资本主义和经典社会主义的一种理论及实践模式，主要对生态马克思主义及生态社会主义、市场社会主义、拉美社会主义等的生态文明思想及实践进行分析，它们在理论和实践中探索出了颇具自身特色的主张及活动，值得研习。

第一章
生态文明与制度路径：基本解读

当今世界，无论是发达国家还是发展中国家，无论是社会主义国家还是资本主义国家，生态环境问题与社会可持续发展已经成为被公认的最富挑战性和最严峻的难题之一，甚至有人把生态危机称为“第三次世界大战”。西方以工业化和城市化为主导的生存方式（生产方式、生活方式）的反生态本质已经暴露无遗。人类进入文明时代以来，从没有遇到过像今天这样严峻的生存问题，现实的严峻性需要我们认真思考人类与自然界的关系，从根本上改变现时代物质主义至上的生存方式，寻找一条通向明天的现实道路，重新建构一种人类可以长久地在地球上生存的经济、政治、社会与文化的发展路径。目前，人们不论是通过理论还是实践都在积极探索一条可以持续发展的道路。

生态文明研究是应对生态危机而兴起的，生态环境问题成为当今世界各国的一个共同命题，如何解答？未来的社会到底是一个什么样子的社会？在人类文明的发展史上，生态环境问题并非没有出现过，可是还没有像今天这样引人关注，人类与自然界的关系也从未如此对立。随着现代化的推进，当代国家探索了不同的社会制度发展路径。生态文明已经成为人类社会发展的新文明形态，是人类社会进步的新标杆。在生态文明的范式中将呈现出五彩缤纷的制度路径模式，成为人类未来发展道路中的一道新的风景线。

一　制度文明与社会进步：逻辑与同一

（一）制度含义及相关分析

制度是一个很难统一界定的概念，不同学科有不同的概括和理解。目前理论界比较认同的是道格拉斯·C. 诺思对制度的理解，他认为“制度是一个社会的博弈规则，或者，更规范地说，它们是一些人为设计的、形塑人们互动关系的约束”。[1] 道格拉斯·C. 诺思明确指出，制度包括正规约束（如法律和规章）和非正规约束（如习惯、行为规范、伦理规范），制度分为制度环境[2]和制度安排[3]。制度的约束是必要的，正是因为它的存在，社会才可能稳定，秩序也才有可能维持。因为“没有社会秩序，一个社会就不可能运转。制度安排或工作规则形成了社会秩序，并使它运转和生存”。[4] 制度作为约束人的一种行为规则，对其形成力量的认识有两种观点：一种认为是自然演化的结果，弗里德里克·A. 哈耶克持这种观点；另一种认为是人为设计的结果，认同博弈规则论的经济学家多持这种观点。一般说来，“制度”是指由行政强制力维护的具有普遍约束作用的社会关系准则和规则，包括经济、政治、思想、文化等方面。广义的制度还包含运行机制。本书的制度是广义上的，“制度”一旦形成，往往呈现为固化形态，具有一定的稳定性，因此，制度具有自身的发展趋势，一经形成就具备了某种不以人们意志为转移的客观性质。

设立制度的目的是调节人与人之间的社会关系，以维护社会的正常秩序并促进社会进步，形成稳定的社会秩序和整合统一的社会力量，促使现实向人们期望的方向发展。任何一种制度都是因为一种或多种需要而产生的，是为了满足人们社会生活的需要或解决某些社会问题，但是值得注意的是，制度在满足人们需要的同时也限制了人们的需要。换句话说，制度的功能包括满足人的需要和限制人的需要。文明的制度最终是为满足大多数人的需要，一时的限制是为了更好地满足；不文明的制度则最终是为了限制大多数人的需要，一时的满足是为了更好地限制。无论是满足还是限制，制度的功能总是在特定社会情境的运行过程中体现出来。因此，制度会因为社会成员需要的变化与制度运行环境的变化而变化。

就其功能而言，“制度本质上是一种规范，它在一定意义上约束着人们的行为；就其内容而言，制度本质上是一种关系，它表征着人们之间关系的某种结构性和秩序性”。[5] 当制度的满足功能逐渐衰退时，社会个体就会对制度

---

① 〔美〕道格拉斯·C. 诺思：《制度、制度变迁与经济绩效》，杭行译，格致出版社、上海三联书店、上海人民出版社，2008，第 3 页。

② 制度环境是指一系列用来建设生产、交换与分配基础的基本的政治、社会和法律基础规则。

③ 制度安排是支配经济单位之间可能合作与竞争的方式的一种安排。

④ 〔美〕丹尼尔·W. 布罗姆利：《经济利益与经济制度》，陈郁等译，上海三联书店、上海人民出版社，1996，第 55 页。

⑤ 李松玉：《制度权威研究：制度规范与社会秩序》，社会科学文献出版社，2005，第 25 页。

产生不断的反抗，制度的变迁也就开始了。制度本身始终处于一个变化过程中，是一个处于量变与质变的相互转换之间的动态过程。在制度变迁的过程中，制度本身具有极大的惰性，也就是制度本身具有对既有制度的依赖性。当制度的正向功能不存在时，这种制度结构仍可能长久存在，直到新制度彻底代替旧制度。制度具有历史惯性，新制度内生于旧制度；同时，制度变迁具有明显的“路径依赖”特性，即具有某种正反馈机制体系，如果在系统内部确立，便会在以后的发展中沿着一个特定的路径演进，其他潜在的（更优的）体系很难对它进行替代。制度沿着既有的路径延续下去，并对路径产生依赖，这种依赖既可能是有利于社会发展与进步的，也可能是阻碍社会进步与发展的。有效率的制度会在学习和竞争中替代无效率的制度。但是，不完全信息、交易费用的普遍存在以及参与者的有限理性，增加了制度的路径依赖性，导致许多无效率的制度长期存在，因此，制度需要不断创设与更新。

（二）人类文明与社会制度的演进逻辑

1. 文明与制度：社会机体的构成要素

“文明”是中西方文化中经常使用的一个术语，内涵十分丰富，关于文明的概念有众多的界定。中国的文明概念更多的是强调文明的文化意义或精神，而西方强调的则是政治文明。西方的“文明”（civilization）一词的词源意思是“城市公民的”或“国家的”等概念，是指人类从游牧社会进入农耕社会，开始城市生活。17 世纪中叶的英国启蒙思想家托马斯·霍布斯，18 世纪法国的资产阶级启蒙思想家伏尔泰、孟德斯鸠、卢梭等人在反对封建主义的意义上使用文明，把文明视为民主、自由与和平等，与君主专制、等级特权等对立起来，将建立在理性与公正基础上的社会称为文明社会，认为这种社会是有教养的、有秩序的、公平合理的。马克思和恩格斯经常使用文明、现代文明等概念，把与封建制度相对立的资本主义制度称为文明的制度。很显然，在西方的文明概念使用中，人们把野蛮和文明的本质区别等同于封建专制与资本主义民主的区别。在这里，文明已经不仅仅是人类社会进步与发展的一种状态，更是人类社会要达到的有序、公平合理的发展的高级阶段。文明已经成为制度必不可少的追求目标。

制度是人类文明发展的必然结果，是文明的一个极为重要的维度，它对人的行为具有强有力的约束和激励作用。制度对人类社会文明持续性发展的最重要贡献在于它为人们在应对充满诸多不确定性的世界时提供了一系列规则约束，从而不仅使人类的行为趋于稳定，而且还降低了人际交往和整个社会运行的成本。制度从本质上说，是人类利益博弈暂时均衡的结果。随着社会的发展和人们之间的利益斗争，制度也会发生变化。制度本身是一个历史范畴，始终处于一种动态的变化之中。制度及其演化过程几乎贯穿人类社会发展变化的始终，任何社会、国家和人类集合，其存在与发展、兴衰与更替，无不关系到制度，与制度的优劣废立息息相关。正是通过制度，人与人、人与物、自然与社会稳固地联系起来，并按照一定的秩序和目标行动，人们才能从事有组织的社会生产和过有序的社会生活，也才能够创造出灿烂的文化和文明。因此，社会制度也是一种社会文化性的存在，它表征了社会发展的存在。由此可见，人类文明需要社会制度来保障，社会制度需要人类文明来引导，文明的理念需要在制度安排上具体呈现出来。因此，制度的变迁与创新必将推进文明的进步，文明的进步也必定需要更好的制度来保障。

制度的核心是国家制度，“国家制度的基本结构由政治制度和经济制度构成，政治制度的核心是国家理论，经济制度的核心是产权理论，因为国家界定基本规则（其中包括产权结构），因而国家理论是根本性的”。[①] 国家运用制度规范人们的社会关系，促使社会向着满足人们需要的方向发展。正如恩格斯所说的，“国家是文明社会的概括”。[②] 可见，制度是国家文明建设的核心，对国家的发展意义非凡。因此，合法的政权和良好的制度安排有利于形成高效能的政府，有利于取得良好的经济绩效，有利于提升国家的竞争力和推动人类社会的文明进步。

2. 人类文明与社会制度：同向演进

唯物史观认为，制度实质上是人的社会关系的体现。从历史逻辑看，制度和文明密切相关，没有制度，就没有稳定有序的社会生活，就没有人类文明。人类社会的生存与发展很大程度上是由其政治、经济、技术和文化的制度决定的。文明的进步离不开制度的推进与保障，良好的制度路径有利于文明的进步。人类文明经过几千年的发展演进已经走上制度变迁的路径，在这个过程中，制度路径逐渐呈现出一定的规范性、有效性、可操作性，向着兼

---

① 杨光斌：《制度的形式与国家的兴衰》，北京大学出版社，2005，第17页。

② 《马克思恩格斯选集》第4卷，人民出版社，1995，第176页。

顾社会效益、经济效益、政治效益以及生态效益的制度动力系统方向发展。

整体上，人类文明与社会制度都是向着发展与进步的方向前进，二者是同向的。与农业文明对应的是封建制度、与工业文明对应的是资本主义制度，按照文明与制度的历史演进逻辑推理，生态文明对应的是社会主义制度。文明与制度路径在不断演进的过程中相互促进，制度在文明的进步中不断变迁与创新，文明的进步也离不开一定的制度环境与制度安排。可见，文明与制度具有互动性：一方面，文明的进步内在地推动制度创新；另一方面，制度创新也有效地推动文明的进步。

人类文明的发展和社会制度的变革有着内在的制约关系，一方面，"文明的转型决定社会政治经济制度的变革。农业文明带动了封建主义的产生，工业文明推动了资本主义的兴起，生态文明将促进社会主义的全面发展"。[①] 另一方面，人类文明的发展，需要有相应的制度予以保障，封建制度保护农业文明，资本主义制度保障工业文明，社会主义制度保证着生态文明的实现。社会主义本身的生态因素如何文明地展现出来，关系到生态文明实践的成效。社会主义是体现人类生存权利和发展权利的平等的新型社会关系，可以趋利也可以避害，是人类文明进程的客观选择。

（三）生态文明与社会进步：内在同一

1. 社会发展与社会进步的逻辑解读

社会发展是人类社会的整体向前运动过程，包括两个方向：一方面是纵向，指人类社会由低级向高级的运动和发展过程；另一方面是横向，指在特定的社会发展阶段中一个社会各方面整体的运动和发展过程。社会制度的演进，生产力、生产关系、文明的发展等反映了社会的纵向发展；政治、经济、文化等方面反映的是社会的横向发展。社会发展的横向内容体现了纵向发展的一个阶段，各个内容之间相互影响、相互依赖、相互制约；社会纵向发展规制了社会的横向内容。

具有横向和纵向两个尺度的社会发展是人类社会的整体发展过程，在这个过程中，人、自然、社会都要发生变化，人与人的关系、人与自然的关系、人与社会的关系都将呈现动态的发展。在人类社会的整体变化和发展过程中，

---

① 潘岳：《生态文明的前夜》，《瞭望》2007 年第 43 期。

个人是基础和目标。个人构成的社会关系出现从个人到社会总体的延伸，个人的自由延伸到社会整体关系层面，个人的自由延伸内涵包含物质、精神等内容。随着科技的进步，个人的自由延伸内涵开始涉及人与自然的关系。个人自由的发展与延伸反映了社会的进步。社会进步是社会发展自我否定和不断扬弃的过程，是辩证的否定。

社会进步是指社会历史合乎规律地由低级形态向高级形态发展，是社会由旧的历史时代向新的历史时代的转变。社会进步是通过新旧社会形态的更替实现的，新的社会形态代替旧的社会形态具有历史必然性，是不可阻挡的，是必然发生的，但不是一帆风顺的。社会进步表达了一种新的人类自由观念。在 19 世纪中叶出版的《共产党宣言》中，马克思用雄辩的语言写道："资产阶级除非对生产工具，从而对生产关系，从而对全部社会关系不断地进行革命，否则就不能生存下去。反之，原封不动地保持旧的生产方式，却是过去的一切工业阶级生存的首要条件。生产的不断变革，一切社会状况不停的动荡，永远的不安定和变动，这就是资产阶级时代不同于过去一切时代的地方。一切固定的僵化的关系以及与之相适应的素被尊崇的观念和见解都被消除了，一切新形成的关系等不到固定下来就陈旧了。一切等级的和固定的东西都烟消云散了，一切神圣的东西都被亵渎了。人们终于不得不用冷静的眼光来看他们的生活地位、他们的相互关系"。① 现代主义断言，社会进步是人类运用科学、技术和社会实践等手段，能够创立、改进和改造自己的社会形态。

随着社会、科技的发展，人们对社会进步的认识呈现出多变性的特征。20 世纪 80 年代起，社会进步的概念再次受到质疑。后现代主义的时尚文化不同程度地对人类进步和社会进步进行了多种方式的新评估。目前，学界对社会进步的理解存在四种不同的观点。

一是新保守主义的返本观念。它认为社会进步就是人的不变本性和宗教的永恒价值，不应过高地估计人改变社会的能力，应该尊重已被证明是优越的传统思想方式，并且回到这种体系中去。

二是新自由主义的个体能力观。它认为人的个体是有巨大的变革能力和潜力的，国家并不能用来改良社会，只有市场的自由选择才能够推动社会进步。

---

① 《马克思恩格斯选集》第 1 卷，人民出版社，1995，第 275 页。

三是社会主义进步观。它认为，尽管有失误，但国家指导下的社会进步还是取得了积极成果的。社会取得进步主要在于国家能够解决市场做不了的事情，在物质和文化上提高了大众的生活水准，解决了饥荒和疾病等基本社会问题。

四是激进主义流派多元化的否定观。各种不同形式的激进主义质疑衡量社会进步的标准，其甚至颠覆了过去的政治传统，认为社会进步的衡量标准应该是多元的。基于此，在某种情况下，需要对道德有更高的期盼，有时需要具备在一个社会中的真实生活经历，以理解其各个方面的复杂程度。

尽管关于社会进步存在多种不同的认识，但从本质上说，社会进步是人类自由的延伸，这种自由不仅是作为生命活动的人类个体的绝对自由，还是人与自然关系的双主体的和谐共存。换句话说，生命个体的自由是以自然界的存在为基础的，是以自然生态系统为根基的。在此意义上，人类社会的进步通过文明展现出来，社会文明是社会进步的表现。

2. 文明社会与社会进步的同步演进

在一般意义上，文明是与野蛮相对的，是社会进步的表征。文明是具有进步价值取向的人类求生存、求发展的创造性活动过程和成果，具有这样的一些特征："城市中心、由制度确立的国家的政治权利、纳贡或税收、文字、社会分化为阶级或等级、巨大的建筑物、各种专门的艺术和科学，等等。并非所有的文明都具备这一切特征。但是，这一组特征在确定世界各地不同时期的文明的性质时，可用作一般的指南。"①

在蒙昧时代，人类还没有所谓的文明，而且这一时期持续了很长的时间。早在约 300 万～350 万年前，地球上出现了最早的人类。但是，直到大约公元前 3500 年，人类最早的文明曙光才开始出现。一般认为，金属工具的出现，文字的发明和国家的形成是人类跨入文明社会的三大标志。由于剩余产品和阶级的出现，人类结束了野蛮穴居时代而进入国家时代，社会生活文明化，并且随着生产力的发展，人类的物质文化生活需要不断进步，促使社会文明程度不断由低级向高级发展。

奴隶社会与原始社会相比，其社会生产力有了较大的提高，社会物质财富有了较多的增长，人们打破了纯血缘关系的束缚，在很大程度上摆脱了野

① 〔美〕斯塔夫里阿诺斯：《全球通史》，董书慧等译，北京大学出版社，2005，第 106 页。

蛮状态，开启了人类文明时代。封建社会消除了把劳动者当作会说话的牲畜和工具的野蛮状况，使生产力得到进一步发展。与封建社会相比，资本主义社会不仅把处于封建人身依附关系的农奴变成为自由劳动者，而且为实现人类的最终解放的共产主义社会准备了高度发展的物质技术基础。但是，阶级对抗社会的进步，毕竟是狭隘的，它必须以容忍阶级剥削和阶级压迫为限度。社会主义与资本主义相比，其进步则在于它突破了这个界限，消灭了阶级剥削和阶级压迫，实行了生产资料公有制，从而为生产力的发展和人类解放开辟了最广阔的道路。

人类社会发展在经历了采猎文明、农业文明、工业文明后，走向信息文明的同时也孕育着生态文明。在人类文明的发展过程中，在不同阶段存在多种文明，同一阶段的文明也因国家和地区的发展程度不同而不同。自从人类进入工业文明以来，社会发展获得极大推进。现代工业文明创造了巨大的物质财富，极大地提高了社会生产力。但是，与之相伴的是，工业生产带来的严重污染和资源的“破坏式”使用引发的危机已经在全球范围蔓延开来，形成全球性生态危机。20 世纪以来，一连串的全球自然灾害让人触目惊心：1908 年苏联的“通古斯大爆炸”、1934 年北美黑色风暴”、1960 年智利大海啸、1970 年秘鲁“大雪崩”、1976 年中国唐山大地震、1986 年喀麦隆湖底毒气、1987 年孟加拉国特大水灾、1994 年印度“黑色妖魔”鼠疫、2004 年印度洋大海啸、2008 年中国汶川大地震、2010 年海底大地震……过去 30 年内全球发生的自然灾害数量急剧增长，全球发生的自然灾害每年呈递增之势。现代工业文明所推动的社会发展并没有真正实现人类社会的进步，人类与自然界的矛盾正在扩大，工业文明已经发展到必须转变的时刻，否则文明社会的发展将难以为继，社会进步也将止步。

工业时代的文明模式，已经不适应当代人类的实践，已经无法正确处理当代人和自然的关系。对于建立人与自然的和谐关系这样一个终极目标，人类还只是走出了第一步。走出工业文明的危机，终结工业文明时代，不是一个纯粹自然的过程。生态危机是人类自身而不是自然界造成的，人们必须放弃工业文明以来的人类中心主义，也要否定自然中心主义，全面认同生态文明，探讨符合人与自然协同进化和可持续发展原则的社会发展新路径。

3. 社会文明与自然生态系统：不和谐的历史演化

在人类发展的历史上，自然界曾经是作为人类的异己力量妨碍着人类的自由发展，人类与自然界呈现出不和谐的关系。人类社会文明的演进是基于自然界的容纳能力和恢复功能的。在人类较低的生产力水平发展阶段，自然界没有对人类生存发展构成整体威胁的问题，人类局部破坏产生的生态问题在自然界还没有完全呈现出来，自然生态系统还能为人类生存发展提供基本的条件。但是随着人类科学技术的进步和生产力水平的提高，人类对自然资源的使用已经接近极限，生态危机已经全球化，人类的生存发展已经陷入困境。

自从人类社会诞生以来，人与自然关系的紧张对立一直存在，人类文明的发展经历了一个反自然的历史过程。所谓反自然，是指远离自然、与自然分裂、对抗。余谋昌先生通过对史前社会、古代社会和现代社会的考察，提出并论证了"人类文明是对抗自然的过程"这一观点①。他认为，人类文明在与自然的对抗中发展，并且带来了严重的环境问题。史前时期的过度狩猎和采集带来的是物种资源的丧失，农业文明的发展造成的是土地和森林的破坏，工业文明的发展则造成了环境污染、生态破坏和资源短缺等全球性生态问题。

原始采猎时期，人类是以采集、狩猎等劳动方式，直接获取自然界赐予的"现成产品"，人类基本上是自然生态系统食物链网上的一个环节，人类对自然的影响只是通过直接作用于食物链网而反馈到生态系统中去的。基于当时人类的科学技术与生产力水平极端低下，人类活动对自然界的破坏，范围是有限的，时间是短期的，影响是较小的。生态系统的要素和功能在一定时期内是可以自行修复的。人类的存在完全依赖于自然、归属于自然，人类与自然界是一种混沌的关系。

农业文明时期，人类的生存与发展主要依赖的是丰富的植被和优质的土壤资源，自然环境与生态条件对农业文明起着重要作用。土地肥沃、水资源丰富、气候温和的地区成为农业生产的首选地区，这种生态环境适宜农业文明的发展。农业文明改变了采猎文明完全依赖自然界的被动状态，人类开始从事农业生产。传统农业粗放型的经营方式致使人口集中地区农业生态系统的稳定性逐渐被破坏，甚至带来了严重的自然灾难。历史上楼兰古城的消失，

---

① 余谋昌：《人类文明：从反自然到尊重自然》，《南京林业大学学报》（人文社会科学版）2008年第3期，第24页。

古老巴比伦文明的泯灭，地中海文明、玛雅文明、哈巴拉文明、腓尼基文明以及古希腊文明等的消失皆是生态危机带来的后果。这些局部文明形态的消亡还没有威胁到整个人类物种的生命延续，人类与自然界的矛盾还没有全面恶化。

工业文明是在改进传统农业生产方式的基础上演进而来的。为了提高农业生产的效率，为了满足人类的食物需求的数量、品种和形式，农业生产开始大量采用科学技术成果，人造肥料、农药、农作物机器等开始在农业生产各环节普遍使用。通过使用温室、塑料大棚来制造农业生产的生态环境，使得农作物产量急剧增加，但是，这种生产仍然不能满足人类日益增长的需要。现实情况表明，工业技术的使用在创造物质繁荣的同时，给自然界和生态系统带来了严重的环境污染和生态危机。该文明阶段人类对自然界的伤害是致命性的、全局性的、长期的，它已经触及了人类生存发展的“红线”。

工业革命开启了人类文明的新纪元，人类与自然界的关系也发生了根本变化。人类不再与自然界和谐共处，而是建立了以人类为中心、以人类统治自然界为特征的“反自然”的社会，工业文明时代自然界处在人类中心主义的支配下。现代发展观认为，大自然是上帝赋予人类的，人类可以任意支配自然界。这必然衍生出各种问题，它们不但对自然，也对整个人类的继续生存构成了威胁。现代工业文明的反自然性引发了生态危机的爆发，现在已经到了必须反思工业文明的时候。社会文明的发展是人与自然相互依赖、相互影响、相互作用的过程。社会文明形态与社会发展是同向动态演进的，本质上是人与自然关系的矛盾发展。

4. 生态文明：社会进步的内在要求

人类社会进步的表现形式是复杂的，它存在于社会生活的各个领域。一是以生产力的发展和社会物质财富的增长为标志的物质文明的进步；二是精神文明程度和人们从社会关系中获得解放的程度的提高；三是既表现为新的社会形态代替旧的社会形态，同时又表现为同一社会形态的进化。

历史唯物主义认为，人类社会发展的历史首先是生产发展的历史，生产力与生产关系的矛盾运动是推动社会发展与进步的根本动力。人类为了生存，为了满足不断增长的物质和精神的需要，就要发展生产力。某一个国家处于人类社会发展进程中的哪一个阶段，是由其生产方式的性质决定的。生产方式是生产力和生产关系的内在统一，其中生产力决定生产关系，生产力归根结底是决定整个社会发展的最终力量。所以，生产力是社会进步的最高标准。社会发展具有历史性、复杂性和多面性，在考察具体社会的进步程度时，除了社会生产力作为衡量社会进步的最高尺度外，同时还要联系该社会生产力发展的具体历史状况，联系该社会生产关系的性质和状况以及该社会所生产的物质财富和精神财富在多大程度上能够满足人们的物质和文化生活的需要。

根据马克思主义的历史唯物史观和辩证方法，社会的发展变化，推动社会进步和认识水平的不断提高，社会进步的内容也在不断丰富。生产力是以生产条件的存在为基础的，生产条件是生产力发展的保障。生态危机的出现突出了生产条件的重要性，提出了保护生产条件的要求，因为生产力的发展受制于生产条件。

人类早期的狩猎和采集文明的社会，由于其发展的不可持续性，而不能被看作生态社会；农业文明的社会虽然取得历史性进步，但当发展农业导致土壤枯竭，不能满足人类增长的需要时，农业与文明相关联的城市连接在一起，出现农村与城市的二元并立，距离生态社会的差距依然遥远。工业革命带来的先进技术改变了传统农业的生产方式，对土壤和农业生产环境进行了巨大的改造。农业现代化，带来丰富的物质产品，不断满足人们的需求。科技推动工业文明时代的到来，生产和消费繁荣出现了，全球人口的快速增长和人们消费的增长加速了资源的消耗，增加了污染。工业社会有两大不可根除的危机。一是社会危机，主要表现为巨大的贫富差距、不公正的国际政治经济秩序、核战争的威胁、人口剧增、难民潮、传统道德的衰落及信仰危机等。二是生态危机，主要表现为环境污染、资源短缺和生态失衡等。更为严重的是，上述危机一般并不是孤立地表现出来的，而是以“问题群”的形式展现在人类面前。这表明，以生产力衡量社会进步的标准在工业文明时代需要观念的更新与内涵的丰富。生态危机的爆发是对人类认识社会发展、自然规律的一次智力升华的考验。生态危机对人类保护环境、尊重自然提出了更高的要求。应将自然界融入到人类社会发展的过程，使保护生态环境贯穿于文明进程。社会文明不仅是人类自身进步的状态，更是人与自然共存共荣的状态。社会进步不仅是生产力的更新与演进，更是对生产条件的关注与保护。

因此，生态文明的新时代就是要人类在维护生态平衡的基础上合理地开发、利用自然，把人类的生产方式和生活方式规范在生态系统所能承受的范围内，倡导在热爱自然、尊重自然、保护自然和维护生态平衡的基础上，积极能动地利用自然。为此，应遵循以下原则。

一是生态保护与社会发展的协调兼顾。人类在生态文明时代要重建人与自然的和谐关系，唤醒人类的自然意识，在充分认识自然的价值的基础上，增强对自然的责任感和义务感，热爱自然、善待自然。在爱护环境和保持生态平衡的前提下，合理地寻找人类的可持续发展之路。

二是“自然界和人类”两主体的协调发展。生态文明强调的社会发展是以自然界的存在为基础的发展，是人与自然的和谐共存；同时，也是以人的生存发展为出发点的，强调不能追求抛弃人类生命活动的发展，这样的发展也就失去了其本真意义。概言之，生态文明是以自然界和人类的协调统一为基础的社会进步，既反对人类中心论也反对自然中心论。

三是生态文明是对工业文明的否定与继承。在连绵不断的文明长河里，每一种新的文明形态都是对前一种文明形态的辩证否定。我们反对的是产生生态危机的文明中的错误观念与行为，并非是工业文明中的进步思想与科学技能。生态文明是在生产和社会中遵循生态学原理，谋求建立人与自然和谐相处、协调发展的关系。在进行资源配置时，应遵循市场经济机制、社会效应和生态平衡相结合，既要重视经济和社会资源，更要重视生态环境资源供给能力的有限性，建立“经济发展—环境保护—社会公正与稳定”的世界新秩序。

二　生态文明：人类社会的高级形态

生态文明的社会必定是一个为人类提供可持续生存与发展条件的社会。人类是自然界的生命物种，来源于自然界，依存于自然界。因此，人类的生存是与自然环境的可持续相关联的，生态文明的社会必定是自然界系统首先稳定长远持续下去的社会。同时，生态文明社会是能为人类的生存发展提供基本安全保障的社会。在这样的社会里，人们的衣食住行等最基本需求都能得到安全的保障和实现。生态文明社会里，个人的行为、意识、思想、理念以及社会的制度、经济、政治文化、生产等具有了新的价值观，即生态价值观，从而出现一个美丽个人、美丽社会和美丽世界组成的美丽地球。生态文明社会是以生态文明建设为目标的新社会形态。在新的文明形态社会中，要建立与之相适应的一系列社会内涵，包括生态理念、生态意识、生态行为、生态价值、生态道德、生态经济、生态制度、生态劳动、生态关系等，生态将成为整个社会的核心。在生态文明建设中实现人类生存方式的转变，使人类真正走向与自然界的和解，实现人与自然的并存共荣，形成一个高级社会形态。

（一）生态理念：生态文明社会的价值基础

生态理念是指人们正确对待生态问题的一种进步的观念形态，包括进步的生态意识、进步的生态心理、进步的生态道德以及体现人与自然平等、和谐的价值取向，环境保护和生态平衡的思想观念和精神追求等。生态文明，首先意味着确立一个新的社会价值尺度或价值核心。

一方面，树立人与自然和谐相处的核心价值观。生态文明社会应使生态文明理念深入人心，扩展到社会管理的各个方面，渗透到社会生活的各个领域、各个环节，成为社会共识；生态保护应成为公众的价值取向，生态建设应成为公众的自觉行动，逐步形成尊重自然界、认知自然界价值、人自身全面发展的文化与氛围。树立尊重、热爱、保护自然，合理开发、利用自然资源，保护环境，人与自然协调发展，生态整体利益和长远利益高于一切的理念。在发展经济、追求物质利益的同时，人类不能忽视生态利益，不能以破坏环境为代价，应重新规范人与自然的关系和利益分配，以生态优先的原则重新定位一些产业。

另一方面，倡导人与自然是平等主体的道德意识，使人与自然关系成为一种新的价值尺度。生态文明社会的生态理念不同于工业文明时代人与自然二元对立的生态观念。具体表现在三个方面。一是既承认人的价值，也承认自然界的价值；既承认人是价值主体，也承认自然界其他生命形式是价值主体。自然之物的内在价值是由自然事物本身的性质决定的，是客观存在的。二是人类应尊重生命、敬畏自然。人类和地球上的其他生物种类一样，都是组成自然生态系统的一个要素，它们相互影响，相互依存。整个自然界是深奥复杂的动态系统，人类对自然界的认识永远是不完备的，是永无止境的。三是人类应尊重生命，承认自然界的权利，对生命和自然界给予道德关注。自然界的其他物种和人类一样有权按照生态规律持续生存，人类要尊重它们的生命和权利。人类不能支配、控制和操纵其他生物，应像对待人类一样对待其他生物。自然界的其他生物与人类在自然界生态系统中具有同等的权利。

此外，要树立关爱自然、尊重生命、善待生命的生态道德良知，培养人类与其他物种共存共荣的生态情感。大力开展宣传教育，营造节约资源、保护环境的浓厚氛围，普及生态知识，增强人们的自然和人文生态意识，促进资源节约型、环境友好型社会建设。大力培育人们的生态道德意识，积极倡导生态伦理，提倡生态正义和生态义务，使全体民众充分认识到人类赖以生存的自然资源的有限性和地球的唯一性，积极行动起来，保护好人类生存的家园。

（二）生态经济：生态文明社会的物质基础

生态经济是指所有的经济活动都要符合人与自然和谐的要求，主要包括第一、二、三产业和其他经济活动的“绿色化”、无害化及生态环境保护产业化。地球资源总量是有限的，要满足人类可持续发展的需要，就必须倡导节约资源的观念，努力形成有利于节约资源、减少污染的生产模式、产业结构和消费方式。生态文明是在传统工业文明的经济增长方式受到挑战的时代背景下应运而生的，这就决定了生态经济的关键环节是转变经济发展方式，走低消耗、低污染、高效率、集约型的新型发展道路。

建设生态文明，要求社会经济与自然生态的平衡实现发展与可持续发展。在生态文明理念的指导下，经济发展将致力于消除经济活动对大自然的稳定与和谐产生的威胁，逐步形成与生态相协调的生产、生活与消费方式。发展既是不断满足人民群众日益增长的物质文化需求的需要，也是保护和改善生态环境的需要。如果人类的生存环境不能得到保护，经济社会发展也就不能持久。生态经济就是需要转变经济发展方式，把经济发展的动力真正转变到主要依靠科技进步、提高劳动者素质、提高自主创新能力上来，杜绝重经济发展轻生态保护的现象，摒弃靠牺牲生态环境来实现发展以及先发展后治理等传统的发展观念和发展模式。当然，也不能靠停滞经济发展来实现生态环境保护。从根本上说，生态环境保护是为了促进经济社会又好又快发展。概言之，生态经济就是将生态理念融入到社会经济的发展过程之中，实现发展的生态化。

人类要更好地生存与发展，必须善待自然，由发展线性经济转向发展循环经济，将经济系统纳入生态系统来实现物质循环、能量转换、信息传递和价值增值，这种经济形态能够使人类经济发展和自然生态系统相互适应和相互促进，从而达到生态与经济两个系统的良性循环和实现经济、生态、社会三大效益的高度统一。

（三）生态政治：生态文明社会的政治属性

生态政治不同于以往其他性质的政治，主要表现如下。

一是要求政府的政策、法令、规章制度和教育方式等符合生态原则，从人与自然的协调关系出发来制定有关的法律政策，对生态环境问题进行调节。各级政府应该发挥主导作用，为推进生态文明建设提供制度基础、社会基础及相应的设施和政治保障。为了确保政府职能的有效发挥，应把生态文明建设的绩效纳入各级政府部门的政绩考核体系，并建立健全监督制约机制。

二是生态化的政治发展将促进公民的政治参与，有助于生态问题的最终解决。因为生态问题不仅是人与自然关系的协调，更重要的是人与人之间关系的和谐。通过公民的广泛参与，平等、自由地对话、讨论、协商和审议，在尊重他人、实行协商民主、充分考虑公共利益的基础上，提出各种相关理由，从而赋予立法和决策以政治合法性。协商民主鼓励公民参与，鼓励在尊重不同利益和观点的基础上进行理性思考，促进合法决策，有助于人类建设生态文明。协商民主常常可以避免因为人类对自然的掠夺式开发造成的生态灾难，克服因为制度性障碍而导致的社会不公和非正义，以及消除因为利益、观点分歧而形成的人与人之间的不信任，是一种既能包容冲突又能化解冲突的民主设计和制度安排。

三是政治生态化倡导政治形态多样化。参与生态环境保护与建设，促进全球生态系统的健康、持续发展是每个人的权利和义务。生态政治要求尊重利益和需求的多元化，注重平衡各种关系，避免由于资源分配不公、人或人群的斗争以及权力的滥用而对生态造成破坏，防止、限制损害生态环境行为的发生，维护人的生命健康安全。

四是通过国家公共权力的运用来维系社会秩序，通过公平分配社会资源来保障个人权益，保障生态文明建设。为了强化社会的生态文明观念，必须通过强化国家立法，使人们树立对生态环境承担责任的意识。

（四）生态制度：生态文明社会的体制保障

生态制度是人们正确对待生态问题的一种进步的制度形态，包括生态的体制、机制、法律和规范等。其中，特别强调健全和完善与生态文明建设标准相关的法制体系，重点突出强制性生态技术法制的地位和作用。通过生态制度化，建立体现社会公正的法律和制度，确立消除社会生态不公的制度规范，这样有助于在既有体制和政治结构中推进改革，有助于弱化利益冲突和社会对立，避免因为利益过度分化带来的激烈冲突，有利于从深层次结构方面提高文明水平，维护社会公正。

一是加强生态法制法规建设。生态文明社会内在地包含着保护生态、实现人与自然和谐相处的制度安排和政策法规。通过国家立法的方式，依据生态文明建设的要求，制定和修改一系列有利于生态文明建设的、保护生态环境的法律法规，并强化这些法律法规的监督检查，从而强化人们对生态环境所承担的责任和义务，将生态文明的内容和要求体现在人类的法律制度中。

二是建立健全与现阶段经济社会发展特点和环境保护管理决策相一致的环境法规、政策、标准和技术体系。生态环境保护的效果要求实行最严厉的生态环境保护制度，建立相关的法律援助制度，制定相关的污染损害赔偿标准，以更好地帮助受害者、更有效地追究违法者，进一步提高环境执法效能，确保破坏环境的违法犯罪行为一律受到严惩。

三是建立生态激励机制。为了更好地加强对生态环境的保护，建立完善的生态保护激励机制是必不可少的。首先，激励机制的参与层面要广泛，包括政府、企业、个人，只有不同的机构、部门和公众都参与到激励机制中来，生态保护才能持久而有效。其次，政府要加大生态补偿的力度，鼓励生态保护和环境修复。通过正向的激励机制营造良好的生态环保氛围，推进生态环境的逐步改善。再次，建立以管理主体利益激励机制为核心，以管理目标的绩效评估标准为配套的个人引导利益与公共生态利益合二为一的制度。只有个人利益与公共利益融合为一体的时候，激励机制的功能才能得到最大的发挥。

四是建立系统的、完整的生态制度体系。生态文明的制度建设是一个系统工程，包括自然资源的产权制度、自然资源的用途管制制度、自然资源的有偿使用制度和生态环境保护管理体制等。

（五）生态科技：生态文明社会的发展支撑

科技是协调人与自然和谐发展的直接手段和重要工具。科技作为人类实践于客观世界的物质性活动，最基本的要求就是要服从自然本身的属性，遵循自然规律，接受科学所认识的自然发展必然性的限制。生态科技是对近现代科学技术反思之后的科技生态化转向。它以协调人与自然之间的关系为最高准则，以不断解决人类发展与自然界和谐演化之间的矛盾为宗旨，以生态保护和生态建设为目标，努力实现人与自然、人与社会的协同进步。

在生态文明社会，人们必须依靠和发挥科学技术的正向功能，系统深刻地认识自然规律，认识人与自然相互作用的规律，认识自然资源与生态环境的现状及其变化的趋势，认识社会复杂系统的演化和调控规律，以便及时自觉地调整人与自然的关系，积极推动社会向资源节约型、环境友好型社会转变。必须发展绿色科技。用绿色科技体系武装起来的生产力，才能使人与自然协调相处，推动经济、社会永续发展。树立综合的科技评价体系，避免用单一的经济指标来评价科技的优劣，应该从生态、道德、人文、美学等各方面建立起合理的科技价值体系，引导科学技术健康、持续发展。必须确立科学发展观，把对自然的合理开发和积极保护统一起来，致力于开发绿色科技、发展循环经济和建立完善的生态社会，才有可能更好地处理人与自然的关系，解决生态环境问题。

科学技术是一把双刃剑，既能保护环境也能破坏环境。科技的生态化使科技不再是控制自然的工具，而是实现人与自然和谐发展的手段。人类利用和改造自然时，运用生态科技将保证自然生态系统的动态平衡，保证不破坏自然界的物质循环、能量流动和信息传递。因此，生态文明社会将积极促进科学技术在资源环境和生态文明建设领域的推广与应用，为转变经济发展方式、推进经济结构调整和产业技术升级、实现和谐发展提供支撑。

（六）生态行为：生态文明社会的进步活动

生态行为是指在一定的生态文明观和生态文明意识指导下，人们在生产生活实践中推动生态文明进步发展的活动，包括清洁生产、循环经济、环保产业、绿化建设及一切具有生态文明意义的参与和管理行动。人类是站在自然的立场上，在更大的范围内，思考人类在自然生态系统中的行为方式。生态问题的根源在于人类自身的活动和行为。解决生态问题归根到底须检讨人类自身的行为方式、节制人类自身的发展，既要节制人口的发展，也要节制生活便利的发展。新的生态生活要求以最低限度的资源消耗和对生态环境友好的保护手段，满足人类自身日益讲究的物质需求和不断成长的精神需要。

生态消费就是要树立崇尚节俭、合理消费、适度消费的理念，用节约资源的消费理念引导消费方式的变革，建构与生态文明相适应的生态消费方式和生活理念，把消费纳入生态系统之中，使之与生态系统协调。它要求人类消费既要符合物质生产发展水平，又要符合生态生产发展水平；既要满足人的消费需求，又不对资源环境造成损害；既要满足当代人的基本需求，又不能损害后代人的发展条件。人类在面对现代享乐主义和物质主义的诱惑时，必须能够清醒地认识到地球资源的有限和短缺，能够依照生态伦理及生态道德的理念自律，形成节约、简朴、健康的社会风气，使生态行为成为公众的自觉选择。

生态文明社会中人们将生态文明的内容和要求由内而外地体现在自己的生产、生活和行为方式中，体现在各种社会实践活动中。所有社会组织和个人的行为方式都会发生倾向于生态文明的转变。生态文明社会的关键在于人的自觉行动，在于形成符合生态文明要求的生活方式和行为习惯。人的生活方式自觉以实用节俭为原则，以适度消费为特征，追求基本生活需要的满足和崇尚精神文化生活的享受，限制一切损害生态环境的行为，主动抑制直至消除浮华铺张、奢侈浪费等不良行为习惯。广大公众逐步形成以生态文化意识为主导的社会潮流和文明、节俭、科学、和谐的社会氛围，形成有利于人类可持续发展的绿色文明的生活方式和良好的行为习惯。

（七）生态劳动：生态文明社会的存在基础

劳动是人类调节、管理、控制人类和大自然之间的物质交换的活动。劳动是人类生存的第一个历史条件，是人与人、人与自然关系的连接点和生长因子，因而，“劳动”这一术语概念成为一个多学科领域的范畴，马克思主义认为，劳动不仅创造了人本身，创造了思想和道德，还创造了人类历史和人类文明。劳动是历史唯物主义的前提，是人类文明开始的前提。劳动创造了文明，不同的劳动方式创造了不同的文明形态，但并非任何劳动都能创造生态文明。资本主义社会劳动的异化生成反自然的工业文明，在此基础上，只有将生产劳动生态化，在生态劳动基础上才能生成生态文明。

资本主义的现代性劳动是反自然的、非生态的，是在资本逻辑控制和引导下，人类征服自然满足私欲的工具和手段。从新陈代谢的社会意义上来讲，人类和自然界之间的裂痕是由于雇佣劳动和资本之间的关系导致的。自然资源的私有、脑力劳动和体力劳动的分工以及城乡对立都导致了社会层面上的代谢断裂。生态劳动就是将现代性劳动的反生态性进行生态化的恢复和修正，也就是将马克思所说的“异化劳动”[①] 进行生态的还原。从生态哲学角度来说，劳动就是从自然中获取能量，遵循热力学第一定律和第二定律，即能量守恒定律和熵定律。生态劳动是在引起、调整和控制人与自然之间物质、能量与信息交换的基础上实现利用自然与保护自然本质统一的实践活动。在这一过程中，人类从自然界摄取养料，在满足人类自身生产和生活需要的基础上再向自然界排放废弃物。从文明与劳动的关系向度看，采集和渔猎的劳动创造的是采猎文明，农业劳动创造的是农业文明，工业劳动创造的是工业文明，以此逻辑，生态文明也只能在生态劳动基础上产生。

生态劳动是生态文明社会存在的第一前提和基础。在生态文明社会，人类的生态劳动是合乎自然规律的，具有生态合理性。一是生态劳动创造了生态文明社会的一切基本要素。在生态文明社会，现实的人的存在、整个感性世界的存在、所有的意识形式的存在都是建立在生态劳动的基础之上的；在生态劳动的过程中人与人之间结成各种各样的社会和谐关系和自然界进行物质交换，形成了生态文明社会；生态劳动还创造了物质生态文明、制度生态文明和精神生态文明；人类所有的生态观念、生态意识形式都是在生态劳动中产生的，生态劳动才是整个世界和人类生态文明的根本。离开了生态劳动，生态文明社会的一切都会成为无源之水、无本之木。二是人与自然的相互养育关系是在生态劳动中产生的。生态劳动既是人类满足自己生存发展的需要，也是人类为了维系和促进自然界的生态平衡进行的社会实践活动；劳动不仅是为了人自身的需要，也是为了自然界的需要。三是生态劳动是人与自然的协同进化与循环发展的过程。在生态劳动中，人与自然之间进行物质、能量和信息的相互交换，物质、能量和信息在人与自然之间实现循环利用，在这个过程中，没有单纯的利用与被利用、控制与被控制、使用与被使用，人类与自然之间是相互需求的。在人类与自然界的相互交换过程中，生物得到进化和更新，人类自身也在这一过程中实现螺旋式上升，人与自然关系的协同进化和循环前进得以实现。由此可见，生态劳动过程产生并决定着人与自然

---

① 马克思的《1844年经济学—哲学手稿》中分析了异化劳动的四个规定性：劳动者与劳动产品的异化；劳动者同其劳动活动相异化；人的自我异化（即类本质的异化）；人与人的异化。

的关系，决定着生态文明社会的存在基础和条件。

（八）美丽个人、美丽社会、美丽世界：生态文明社会的目标

“美丽”的实质与重心就是和谐，是天、地、人，自然、社会与人的身心之间达到均衡协调的一种状态。生态文明社会就是人类与自然界的生态系统的平衡状态，是由个体生命美丽、人类社会整体美丽和地球系统美丽三部分构成的。从审美的角度看，生态文明社会是真善美的统一体，真和善是美的基础，如果没有以真为基础，美就失去了依托；没有以善为诉求，美也失去了方向。

1. 美丽个人

生命个体美丽即美丽个人，是指作为生命个体的个人在自然生态基础上的全面、自由与持续的发展。回顾人类社会发展历史，个体的发展从远古时期的蒙昧时代至今，体现在人的体力和脑力两个方面，本质是人的脑力的发展。随着人的脑力的发展，人的智力也得到提高，人与自然的关系开始发生变化，从开始的混沌杂乱，到紧张对立，人类与自然界的关系始终没有形成一个共荣共存的状态。生态危机的爆发警告人类，人类对自然界的主人姿态已经面临挑战。资本主义时代的到来，资本的逻辑本质和追求剩余价值，促使个体片面追求自身或局部利益最大化，漠视社会代价和生态价值，导致了人与自然、人与社会、人与自身心灵发展的严重不协调，个体利益最大化的追求导致生命个体的虚假、欺骗、掠夺、贪婪等丑陋肮脏的行为与病态心理。逻辑上，人的自身发展不能离开自然界这个基础，个体智力发展需要道德伦理观念的支撑。人与动物的本质区别在于人是有情感、有思想、有价值观的高级生物物种。每个人的全面而自由的发展，不仅是社会个体的全面自由发展，还是自然生态系统一部分的协调一致的发展。生态文明社会的人类生命个体将脱离资本主义社会的丑陋和卑鄙行为、心理，完全以一种宁静、大爱的品质进行生活。美丽个人是充分实现人的全面、自由、持续发展的生命个体。第一，人是社会历史的主体，人不仅仅是社会历史发展的动力，也是社会历史发展的目的。人的发展是社会历史进步的尺度，每个人的全面而自由的发展是整个人类全面而自由发展的前提。每个人的全面而自由的发展包括人的社会关系的全面发展，人的活动及能力的全面发展，人的个性的自由而全面的发展等方面。第二，人是自然生态系统的组成部分，人的持续发展是以自然生态系统的整体平衡为前提的。人的全面自由发展不能超越自然生态

系统的内部结构、运行机制和相互关系。一旦人的发展超出了自然生态系统的承受能力，人的全面自由发展也就不能继续了，也就意味着人的生存条件的丧失，人的发展也就无以为继了。

2. 美丽社会

自从人类社会诞生以来，不同的民族、种族，不同的阶级、国家，不同的政党团体和利益集团等社会行为体在本体利益原则主导下的争斗、冲突、战争就没有消停过。前资本主义社会，人们的活动能力有限，人们的矛盾和冲突也是局部的和有限的，还不至于引发整个人类社会的危机和动荡。资本主义把世界上几乎每一个国家、每一个地区、每一个民族都卷入到资本的链条中去了。资本的全球化给人类带来了空前的繁荣，同时也带来了全球性的危机和灾难。发达资本主义国家利用科学技术和殖民政策率先消耗掉地球上大量的自然资源，较早地进入了现代文明社会。但是，大多数发展中国家还处在发展工业生产阶段，需要大量的自然资源，却遭遇资源不足、受到限制，因此，发达国家与发展中国家之间在自然资源的利用和分配方面存在尖锐的矛盾。同时，环境污染问题、生态保护等引发了不同国家之间的矛盾与冲突，加剧了事态的恶化。全球性生态危机将人类社会的整体危机推向高危阶段。这是工业文明主导下的资本主义社会的真实写照，但它不是人类的理想社会。而生态文明的社会正是要实现全人类的和平稳定永续发展。生态文明的社会既包括国内社会也包括国际社会。国内美丽社会是指个体公民构成的实现了公平正义的社会。国际美丽社会是指不同国家、不同民族在国际社会中能够享有公平的发展权利和追求同等的利益福祉。

所谓公平正义，就是公正而不偏袒、没有偏私，反映的是人们从道义上、愿望上追求利益关系特别是分配关系合理性的价值理念和价值标准。它具有三个特性：历史性，即不同历史条件下，公平正义的理解、认识也不同；具体性，即在不同领域，公平正义的内涵也不尽相同；相对性，即公平正义的实现受具体经济社会发展程度的制约，其结果也不同。从历史唯物主义的角度看，公平正义可以分为两个层面：第一个层面可称为程序公平正义，它与法的普遍性原则相联系，要求对所有人平等地执行法律和制度，赋予人们程序上的公平；第二个层面可称为结果公平正义，它以追求最大多数社会成员的福祉为目的，强调针对不同情况和不同的人予以不同的对待，赋予人们结果上的公平。

美丽社会是实现了社会的公平与正义的社会，社会公平正义是社会和谐发展的基本要求和目标，是一个社会文明进步的标志。一方面，在这样的社会里，社会公平首先意味着社会权利上的公平，它承认并保证社会主体具有平等的生存权、发展权。社会主体参与社会活动，要求社会确保机会均等，这是实现权利公平的前提。另一方面，社会主体参与社会活动，要求规则必须是公平的，只有在规则公平的前提下，才能实现机会公平、权利公平，才能保证效率的提高。社会公平观念要以整个社会的发展为出发点和目的，即必须与效率联系在一起求公平，其实质就是竞争公平和发展公平、分配公平。分配公平是社会公平的根本内涵和最高层次。分配是否公平，不仅关系到效率的高低，对社会制度的变革和社会秩序的维护与稳定也起着决定性作用。总之，在生态文明社会，人的生存权、发展权必须得到尊重和保护，覆盖全社会的保障体系一定要健全，体现社会保障公平。

3. 美丽世界

美丽世界是地球上所有物种的和谐相处，本质是人与自然的共存共荣。人类作为自然生态系统的一个组成部分，人类社会世界和自然生态世界都得到解放，也就是人的解放与自然的解放，实现地球整体的万物和谐。生态文明社会是人、自然和社会的和谐共荣。没有自然解放，人与自然不可能实现真正和谐，就不是真正的生态文明，人的解放也是不完整的。这是因为，在人类社会发展中，人的发展既受自然界的影响与束缚，也受社会的影响与支配。从本质上说，“任何一种解放都是把人的世界和人的关系还给人自己”。[①] 因此，生态文明社会必须是人的自然解放与社会解放的统一，是地球的完整解放的实现。

所谓人类解放是指人类自身的解放，即人的社会解放，也即人类社会世界没有压迫、剥削，以“现实的个人”为出发点，以“每个人的自由发展”为前提条件，以“一切人的自由发展”为终极指向的现实的自我解放运动。通过这种运动，推翻那些使人成为被侮辱、被奴役、被遗弃和被蔑视的东西的一切关系，正如马克思所写的那样：“只有当现实的个人同时也是抽象的公民，并且作为个人，在自己的经验生活、自己的个人劳动、自己的个人关系中间，成为类存在物的时候，只有当人认识到自己的‘原有力量’并把这种

① 《马克思恩格斯全集》第1卷，人民出版社，1956，第443页。

力量组织成为社会力量因而不再把社会力量当作政治力量跟自己分开的时候，只有到了那个时候，人类解放才能完成。”①

所谓自然解放包含两个含义：一是人从自然的束缚和奴役下解放出来；二是自然从人的束缚和奴役下恢复自由，复归自然的自在与自由，属人的自然与自在自然，自然的自由与人的自由有机统一起来，实现自然解放。从这个意义上说，“自然的解放意味着重新发现它那提高生活的力量，重新发现那些感性的美的质，这些质表明了自由的新的质”。② 自然解放消除了长期以来人类对自然界的支配与控制的单向施为，人类不再将自然界仅看作一个可支配的客观物质世界，同时，自然界仍然是人类可依赖的生存条件。自然界不仅是人类劳动对象的客体，也是为人类提供生存资源的主体。人类不再仅是支配自然界的主体，同时也是自然界影响与束缚的客体。大自然的解放也是如此。世界的美丽就在于人类社会的和谐和自然界的生态平衡，离开二者的任何一个，世界将变得残缺不全，又何谈美丽？

总的来看，美丽个人、美丽社会、美丽世界是生态文明社会的最终目标，是共产主义理想社会的美好描述。只有每一个人得到充分、自由、全面、持续发展，不同民族、不同区域的人们公平和平等地享有自然资源；只有全人类共同爱护我们生存的同一个地球，人类才能持续生存发展。

三　生态危机与生态文明

（一）生态环境问题引发新社会危机

1. 基于自然界外部性的生态环境

自然界是人类置身其间的客观物质世界，为人类提供了所需的自然资源，是人类赖以生存与发展的基础。人类通过实践活动作用于自然界，与自然界形成共存关系。但是人类对自然界的开发、利用与征服，逐渐超出了自然界的承受极限，自然界开始报复人类。人类只有尊重自然、顺应自然、保护自然，形成良性的生态环境才能持续生存下去，人类文明才能延续。

自然界是指与人类社会相区别的统一的物质的客观世界，是在人的意识

① 《马克思恩格斯全集》第1卷，人民出版社，1956，第443页。

② 〔美〕赫伯特·马尔库塞：《反革命与反叛》，梁启平译，南方丛书出版社，1988，第53页。

以外、不依赖意识而存在的客观实在，是人类生存发展的基础。它处于永恒运动、变化和发展之中，具有系统性、复杂性和无穷多样性，不断地为人的意识所认识并被人所改造。这里所说的自然界是狭义上的，指自然科学所研究的无机界和有机界，不包括人类社会在内。

外部性（externalities）或外部经济（external economies）是经济学概念，起源于马歇尔《经济学原理》一书，是指经济中出现生产规模扩大的两种类型中的一类，“即生产的扩大依赖于产业的普遍发展”。① 庇古（A. C. Pigou）在《福利经济学》一书中，通过社会边际净生产和私人边际净生产及两者之间的差异，补充了“外部性”可以是正的或负的观点。当“社会边际净生产”与“个人边际净生产”相等时，资源实现最优配置，那么“看不见的手”自然成立；但当两者不相等，前者小于后者时，即产生了“负的外部性”，此时国民红利受损。“负的外部性”的存在有可能导致市场失灵。奈特（Knight）提出产生“外部不经济”的原因是对稀缺资源缺乏产权界定，若将稀缺资源划定为私人所有，那么“外部不经济”将得以克服。埃利斯（Howard S. Ellis）和费尔纳（William Fellner）将“外部不经济”与污染等问题联系起来，更加注重对现实生活的考察。外部性理论经过庇古、科斯等经济学家的发展逐渐完善，外部性成为在环境问题上具有较强解释力的概念。概括地讲，外部性是指某一主体（个人、企业、事物、自然界、客观世界等）的存在和活动对其他主体在没有相关交易情况下所带来的影响，包括正的（有益的）或负的（有害的）两个方面。外部性的显著特征是主体之间的相互依赖性。

自然界外部性是自然界与人类之间在缺乏任何相关交易的情况下，自然界对人类生存发展所带来的有利或有害的影响，也就是外部性的正负影响，包括天然与人为两个方面。自然界的正外部性是指自然界给人类提供的有利的生存条件，包括充足的阳光、良好的空气、干净的水、优质的土壤、丰富的资源等要素。自然界的负外部性是指自然界给人类带来的灾难和恶劣的生存环境，包括极端天气、洪涝灾害、地震、火山喷发、海啸等威胁人类生存发展的因素。自然界的天然负外部性是自然界本身所具有的，是人类不能控制的。人为负外部性是指人类对自然界的作用产生的负面影响，反过来对人

① Alfred Marshall, *Principles of Economics*, Macmillan, 1920, p. 266.

类的生存与发展带来了不利影响。换句话说，人类在对自然界的认识与改造中，囿于能力对自然界的破坏所造成的人为负外部性正成为人类生存环境的威胁，生态危机便是人为的负外部性。

在人类对自然界的利用改造过程中，自然界的面貌不断地被改变，人化自然越来越突出，维持自然界正外部性的原始状态、结构与系统等不断地被破坏，自然界的正外部性逐渐发生反向的变化。随着科学技术的发展，人类对自然界的改造力度越来越大，对自然界的破坏也越来越严重。自然界的天然外部性在人类的改造活动下发生了巨大变化，人类依赖的自然界正外部性正在消失，负外部性却在放大。这种情况违背了人类发展所呈现的价值规律，即随着人类认识能力提高而更加自由地生存。事实刚好相反，人类目前对自然资源利用的总量已经接近自然界所能承受的极限，人类占有自然资源的总量已经触及生态“红线”。这表明，人类发展到今天，还没有实现与自然界的关系和谐，人类、自然界的融洽共存还没有真正实现。

自然界为人类生存发展提供的可资利用的资源和环境具有公共产品属性，这种自然产品，就是自然界的正外部性。由于这些“自然产品”的产权不清晰，人们对资源的滥采滥用、过度开发等造成环境污染和生态破坏等现象，从而导致自然界的负外部性或外部性的不经济越来越明显。这主要分为两种情况。一种情况是环境污染和生态破坏具有很强的负外部性，但生产者所承担的成本远小于社会承担的成本，仅受自身成本约束的生产者终将会使环境污染和生态破坏超过环境的耐受值。另一种情况是，环境和生态保护具有很强的正外部性，保护者所获得的利益小于社会的收益，仅受自身利益激励的保护者不会有足够的动力去提供社会所需要的环境和生态保护。无论是正外部性还是负外部性，都会影响到环境资源的优化配置，从而使环境污染问题和生态危机更加严重。

自从人类产生以来，自然界就已经不是原本意义上的纯天然的自然世界，随着人类认识自然、利用自然和改造自然能力的提高，在人类长期劳动的作用下，天然自然逐渐被人化。在某种意义上，人化自然是人类文明进步的表现，是人类克服天然自然负外部性的过程，但是，人类在人化自然界的同时也使自然界正外部性受到影响。当代人类的发展方式对自然界所造成的破坏和污染已经产生严重的自然界负外部性，自然界负外部性的影响逐渐扩大以至威胁到人类的生存条件。

2. 生态危机徒增社会问题和国际冲突

生态危机的实质是人类整体面临的生存条件的恶化，意味着人类历史形成的生命活动能力开始破坏自身存在的条件。自然界孕育了人类，人类期盼着不断消除自然界负外部性，创造更多的自然界正外部性。人类从自然界诞生后，作为有意识的生命个体，在与自然界的抗争中自身也在不断进化着。人类成为自然界中的有意识的高等动物，得益于大脑组织的发展，即智力的发展，这也是人类走出野蛮，走向文明的推动力。西方工业文明以工业化生产为主导创造了人类的现代文明，人类利用先进的科学技术无休止地开采资源、创造财富，与此同时带来的却是环境污染、资源匮乏、生态成本增加、生存环境恶化、生产发展难以为继。天然自然界在工业文明时代遭到最严重的破坏：自然面貌变得面目全非，自然肌体伤痕累累，自然系统紊乱失调。自然界的负外部性在人类工业发展方式下被放大，给人类的生态环境带来了严重的影响。诸多事实表明，人类社会正在接近发展的重要临界点，生态危机已经威胁到了人类的生存。

目前人类面对的生态环境问题是相当严峻的。龙卷风、洪水、旱灾、海平面上升、极端天气、传染病和饥荒等直接威胁到人类的生存。据测算，自20世纪70年代以来，全球有1000多万公顷森林被毁坏，2000多公顷耕地和草原出现退化和沙化，600亿吨的地表土被冲进江河湖海，每年约有300多种生物物种灭绝。[①]“预计到2100年，海平面升高15至59厘米，将引发在诸如拉各斯这样巨型城市的大面积洪涝。最贫穷的居民将受到最大打击，一座（目前）拥有1700万人口的城市所受的洪灾，就它的后果而言，相当于摧毁整个西部非洲。而非洲的西海岸将完全被肆虐的洪灾所掌控，尤其是莫桑比克、坦桑尼亚和安哥拉，灾情将最为严重。而这一切问题也不仅限于非洲。”[②]众多的事例已经证明这些并非骇人听闻。人们争夺水、土壤和空气等基础资源而产生的冲突成为产生暴力的新增原因。局部地区和整个国家的暴力冲突导致国内难民和跨国难民数量的增加；湖泊的消失、河流的干涸、森林以及其他自然资源的枯竭导致国家之间的冲突；一个国家为了应对气候变化而采

① 潘利红、李韬、周新华：《中国共产党发展观变迁研究》，中共党史出版社，2008，第199页。
② 〔德〕海拉德·威尔则：《不平等的世界：21世纪杀戮预告》，史行果译，中国友谊出版公司，2013，第90页。

取的措施（如修建水库、河流截流、储存地下水）将会引起与他国的争端和冲突。生存环境与生存条件的争夺成为国内和国际间暴力冲突、矛盾、争夺的一个增生因子，生态环境问题已经成为引发国内社会和国际社会矛盾和冲突的主要因素。

生态环境问题首先损害到人们的生存环境，使人们的基本生命保障面临威胁。从宏观上看，人类的身体健康状况与水资源、空气质量等密切相关。生态环境问题导致的生存条件恶化从来没有如此严峻。不安、恐惧、争夺、纷争甚至杀戮等充斥了国内社会和国际社会，引发了一系列的社会矛盾和社会斗争。基于生态环境问题的社会问题更加复杂，且具有交织传播性。一方面，恶劣的生态环境加剧了争夺双方的冲突，引发国内社会问题。饮用水的匮乏，食物产量的降低，健康风险的升高，以及因土地消减和洪灾所造成的生存空间不断被挤压，人们的生存环境压力越来越大，加剧了国内的暴力纷争、内战、种族屠杀、难民潮。土地减少、粮食产量下降、水资源短缺、空气质量恶化、能源争夺等一系列与人类最基本的生存需要的基础条件相关的生态问题逐渐成为国内讨论的热点议题。生态论坛、环境保护运动、绿党运动等热烈的讨论与活动等逐渐成为一种特殊的政治现象。水资源问题、生态难民、气候变化、冰川融化及生态恶化引发的国内不同产业工人间的矛盾冲突，甚至争夺生存资源引起的种族屠杀和国内矛盾等逐渐成为严重的社会问题。

另一方面，生态资源的争夺恶化了国际冲突。生态资源是人们生存依赖的首要条件，对生存条件的争夺引发的冲突、矛盾与争夺正逐步成为国际常态。随着土地盐碱化、沙漠化使得耕地和可耕地进一步减少，人们为了生存离开原来住所去寻找适合生存的空间，人口大量流动，引发了其他更多的问题。由于可耕地不足以提供超量的人口，人们为了寻找一片新的耕地或牧场，群体间的争斗便成为家常便饭。河流湖泊的干涸消失将引发不同地区、不同国家、不同种族间的冲突甚至是战争。生存资源争夺战、生存环境暴力冲突等不断发生，它不单是经济技术科学、政治科学、环境科学、自然地理等的问题，而且是一个错综复杂的综合性、全球性问题。生态资源的争夺虽然不一定直接引发国际冲突，却破坏了国际和平，激化了国际矛盾和冲突，加剧了国际社会的动荡不安。

3. 生态危机引发人们对生态文明的深层思考

20世纪后半叶以来，在关系人类生死存亡的生态危机面前，人们的生态意识逐步觉醒，出现了人类文明的生态转向。德国博物学家海克尔（E. Haeckel）首次提出“生态学”（ecology）的概念。英国生态学家坦斯勒（A. G. Tansely）提出“生态系统”（ecosystem）的概念。随着环境危机的加深以及科学研究的深入，“生态学”概念逐渐超出了生物学的范畴。1962年，美国学者R. 卡逊（Rachel Carson）的《寂静的春天》一书揭示了化学农药给人类和地球上的其他生命所带来的巨大危害，并开始探索人与自然协调发展、建设生态文明的新历程。1972年，民间学术组织——罗马俱乐部发表了第一个研究报告《增长的极限》，开始呼吁从工业文明向生态文明转型。同年，在斯德哥尔摩召开的联合国人类环境会议，标志着人类生态意识的觉醒，世界各国开始行动起来保护和改善我们赖以生存的生态环境。1973年，联合国环境规划署成立。1983年联合国成立了世界环境与发展委员会。1987年世界环境与发展委员会发表报告《我们的共同未来》，阐述了可持续发展的思想。1985年，德国马丁·路德大学约瑟夫·胡伯（J. Huber）教授提出了生态现代化（ecological modernization）理论。1992年，在巴西里约热内卢召开的联合国环境与发展大会，通过了《里约环境与发展宣言》（又名《地球宪章》）和《21世纪议程》两个纲领性文件，前者为生态文明和可持续发展社会的建设提供了重要的指导方针，后者提供了全球范围内可持续发展的行动计划。这两个纲领使可持续发展思想由理论变成了各国人民的行动纲领和行动计划，为生态文明社会的建设提供了重要的制度保障。

国内外关于生态文明的认识和理解是一个不断深化的过程，目前处于多元发展时期，理论与实践交织并行。国外的可持续发展、生态现代化、生态环境保护运动、绿党政治等推动着生态文明内涵的不断丰富。从生态文明观到生态文明理念，从生态保护到生态文明建设，中国的生态文明建设自十七大以来步步深入，从理论、政策到实践多元展开，生态文明已经成为一个时代的主旋律，生态文明时代在向人类召唤。

事实表明，人类对生态文明的思考与认识虽然刚刚开始，但人与自然关系的协调原则已经深入人心并且各国政府已经开始行动起来，全面地调整和改造人们的政治、经济和文化生活等路径，这是21世纪人类文明发展的一个基本方向。

（二）生态危机孕育生态文明

自然界作为天然的公共产品出现在人类面前，为人类生存与发展提供基本的生存条件。但是，人类作为有意识的生命个体在对自然界的公共产品在使用中造成对自然界的外部性，因此，出现生态危机的根源也应到人类的行为、实践和活动中去寻找。历史唯物主义认为，“一切重要历史事件的终极原因和伟大动力是社会的经济发展，是生产方式和交换方式的改变，是由此产生的社会之划分为不同的阶级，是这些阶级彼此之间的斗争”。[①] 因此，一切社会问题的根源在于生产方式和交换方式，当代的生态危机就是如此——是人类不当使用自然产品的后果。目前，关于生态危机根源的研究主要包括：人口、技术、工业化、增长极限、市场经济、人类中心等方面，归根结底是人类的不当发展方式所致，具体来说就是资本主义工业化发展模式，折射的是价值理念的缺失。

生存与发展是人类的基本社会形态，生存是基础，发展是为了更好地生存，二者相互依存、相互影响。没有生存条件的发展是不能实现的，没有发展的生存也是没有保障的。生态危机就是人类生存条件的破坏，关键在于发展方式的不当。所谓发展方式是指一定历史阶段，人类的生产方式、生活方式、消费方式、产业结构、思维方式、价值观、制度和文化等方面的总称，反映了人类对自然规律、社会发展规律和自身规律认识的成果。人类的生存与发展本质上就是人、自然、社会的三维之间关系的和谐统一。人与自然的关系是人类生存发展的基础，人与社会的关系是人类生存发展关系的核心。人类发展方式根本上反映的是人类生存发展的两大基本关系。生态危机爆发于资本主义工业化发展进程中，资本主义因其本性不能提出有效的解决方法。利润驱使下资本的无限扩张耗费了大量的自然资源，资本主义在制造财富的同时也生产了污染，创造繁荣的同时也带来了贫困。资本主义全球化的扩张把生态危机从发达资本主义国家推向世界的各个角落，导致生态危机成为人类的生存危机。

1\. 资本逐利本性致使自然界生态恶化的趋势不可遏制

马克思指出，“资本来到世间，从头到脚，每个毛孔都滴着血和肮脏的

① 《马克思恩格斯选集》第3卷，人民出版社，1995，第704~705页。

东西”。[①] 资本的无限扩张和增长，一方面无休止地创造了财富，另一方面却在不停地制造贫困、浪费、恐惧和不安，破坏着自然界生态系统。在资本逐利本性的驱使下，资本主义的生产活动必然破坏生态环境，因为在资本主义生产方式下，追求利润是生产的唯一目的。在疯狂的资本扩张活动中，逐利的行为与保护环境之间是矛盾的。利润动机驱使人们破坏自然环境，而不会考虑减少或舍弃利润以保护环境，否则在市场竞争中将失去优势、失败、变成弱者。在资本主义机制下，人们奉行“弱肉强食”的生存法则，极力使自己成为强者，而避免成为弱者。“‘扩张或死亡’，是资本的逻辑和内在规定性，资本主义必须以经济的不断增长方式来制造利润以推动资本主义经济。”[②] 因此，资本主义的逐利本性导致生态自然环境的破坏，人与自然关系的失衡。从人与自然关系的角度而言，任何生产活动都是以生态环境为基础的，资本的逐利本性使得自然界的生态系统不断遭到破坏，形势越来越严峻。

2. 资本主义第二矛盾的不可协调引发生态系统失衡

关于资本主义必然灭亡的矛盾分析。马克思对资本主义生产力与生产关系之间的矛盾早有论述，也就是第一矛盾引发经济危机，是不可避免的。随着生态危机的爆发，资本主义的另一内部矛盾——第二矛盾，即生产力及生产关系与生产条件之间的矛盾，将越来越突出。所谓的生产条件是指外在的物质条件（或进入到不变资本与可变资本之中的自然要素），生产的个人条件（即劳动者的劳动力），社会生产的公共的、一般性的条件（如运输工具）。[③] 这些生产条件在资本主义社会被商品化和货币化了，变成了在市场上可以交换的商品，具有获取利润的功能。在资本主义生产中，个体资本为了维持或增加利润就必须降低生产成本，把成本外在化到生产条件中，私人成本转化为社会成本，自然因素因此也具备了资本性能，结果，私人成本一旦转化为社会成本，自然界的所有要素都要为之付出代价，随之社会成本也跟着上升。于是，形成这样的恶性循环：高利润—高积累—高需求—低成本—高利润。

---

① 《马克思恩格斯选集》第2卷，人民出版社，1995，第266页。

② 余维海：《生态危机的困境与消解——当代马克思主义生态学表达》，中国社会科学出版社，2012，第68页。

③ 〔美〕詹姆斯·奥康纳：《自然的理由——生态学马克思主义研究》，唐正东、臧佩洪译，南京大学出版社，2003，第257页。

在这个线形循环流程中，为了降低生产成本，就必须扩大对原材料的开发，就必须加大对自然界掠夺、破坏的力度。无限制增长的资本盈利构成的极大威胁，威胁到自身的利润及其生产条件，最终导致生产条件被破坏。自然界是资本的出发点，但不是归宿，资本成本外在化，生产条件被破坏从而引发自然界生态系统失衡。

3. 资本主义制度导致自然服从于资本，生态问题不可避免

在资本主义体制下，资本的任务就是参与竞争并积累财富。自然界成为资本家进行生产的重要组成部分，被纳入经济生活领域，并转化为商品用于交换。资本主义体制下的人们把全部自然界作为满足自身欲望的原料来占有和使用，把全部自然界转化为生产原料，并纳入到整个社会生产流程中。资本家的目的就是追求自身利润最大化，自然界和社会关系都服从于资本积聚的目的，资本家通过军事或市场手段对全世界的自然资源进行控制。任何技术创新在资本主义制度下都只能服从于扩大商品生产的需要，自然界成为资本家操纵的资本增值链条中的一个环节，导致生态不断恶化。在资本主义生产关系中科技的发展加重了对自然的掠夺，恶化了土壤问题；资本主义生产方式制造了大量的污染性废弃物，破坏了自然界的生态平衡。目前，“只要自然服从于资本需求，生态问题就不可避免”，① 因此，“我们只能寄希望于改造制度本身，这意味着并不是简单地改变该制度特定的‘调节方式’，而是本质上超越现存积累体制”。②

（三）生态危机引发对传统工业文明的反思

工业文明是以近代科学技术的发明与应用为核心的文明，在这个文明时代，人类利用科技力量创造了无穷的财富。工业化最重要的特征是工业代替农业成为社会的中心产业，使人类进入现代工业文明时代。西方发达资本主义国家在300多年的工业化发展中创造了灿烂的工业文明，但是这个过程是以掠夺全球自然资源为代价的。18世纪60年代工业革命以来，人们在“征服自然”，“自然资源取之不尽，用之不竭”等思想观念的驱使下，借助科学技

① Brett Clark and Richard York, “Rifts and Shifts: Getting to the Root of Environmental Crises”, *Monthly Review*, Vol. 60, Nov. 2008, p. 20.

② 〔美〕约翰·贝拉米·福斯特：《生态危机与资本主义》，耿建新、宋兴无译，上海译文出版社，2006，第95页。

术的力量，拼命地向大自然索取。当时以英国、美国等为首的少数工业化强国建立了掠夺全球资源以实现本国工业化的全球殖民体系。当今的工业化国家在工业化进程中消耗了世界60%的能源和40%的矿产资源，在消耗能源与资源的过程中制造了不可估量的污染。西方资本主义国家的工业化走的是一条“先污染，后治理”的发展道路。西方发达国家在工业化进程中都不同程度地遭遇了严重的环境问题。由于科技革命的推动使人的物质力量空前强大，加之缺乏起码的环保意识，又无污染治理的经验，造成了严重的生态问题和环境污染问题，给人类生存和发展造成了巨大的威胁。20世纪30年代到60年代，震惊世界的环境污染事件频繁发生，其中最严重的有八起污染事件，人们称之为“八大公害”。① “世界正变得危机四伏，而罪魁祸首就是资本主义。无论从短期的政治角度还是长期的生态角度，资本主义都在威胁着我们的星球。”②

工业文明给人类带来的灾难是值得深刻反思的。

（1）以人类征服自然为主要特征，以“高投入、高消耗、高污染、低效益”为主的发展模式，是不可取的。自然界只能顺应、尊重和保护而不能征服。

（2）以牺牲生态环境为代价的经济社会发展是不可持续的。工业文明，一方面使人类创造出巨大的物质财富，另一方面通过对大自然进行掠夺式的开发，致使自然资源枯竭、生态环境遭到深层次的破坏，经济社会可持续发展面临空前挑战。

（3）铲除生态危机根源的办法是变革资本主义制度。在资本主义私有制的框架内，人类的理性已被利己主义的欲望所泯灭，在资本的疯狂扩张中，人与自然的关系始终处于对抗和敌对之中，生态环境的破坏蔓延到全球，产生全球性生态危机。不根除资本主义制度，全球性生态危机就不能得到解决。

（4）以“人类主宰自然”为理论依据，以对自然的巨大损害为代价，追

---

① 八大公害事件是指八起因环境污染造成的在短期内人员大量发病和死亡的事件。分别为1930年的比利时马斯河谷烟雾事件、1943年的美国洛杉矶光化学烟雾事件、1948年的美国多诺拉烟雾事件、1952年的英国伦敦烟雾事件、1953～1956年的日本水俣病事件、1955～1972年的日本富山骨痛病事件、1968年的日本米糠油事件、1961年的日本四日市哮喘病事件。

② 〔英〕阿列克斯·卡利尼科斯：《反资本主义宣言》，罗汉、孙宁、黄悦译，上海世纪出版集团，2005，第40页。

求单纯的经济增长。对自然资源的过度开发，不可避免地带来资源枯竭和生态环境恶化等一系列问题：环境污染、气候异常、土壤流失、沙漠化扩大、水旱灾害频繁……人与自然关系失调，人类面临灭顶之灾。单纯追求经济增长导致了人与人之间、人与社会之间关系的紧张，也导致了人们物质生活和精神生活的分裂。

（5）发展思维方式需要转变。西方发达资本主义国家的工业化发展道路是先污染后治理，先破坏后恢复，以牺牲自然环境来换取高经济增长率，是一种非科学、非理性的线性发展思维方式。

（6）社会生活方面，工业文明注重物质资源与能量资源，重视物质享受，把社会经济发展摆在首位。严酷的现实告诉我们，人与自然都是生态系统中不可缺少的重要组成部分。人与自然不存在统治与被统治、征服与被征服的关系，而是相互依存、和谐共处、相互促进的关系。需要开创一种新的发展方式和制度形态来取代传统工业化发展模式以及建筑其上的社会制度，以延续人类文明。这个新的文明形态就是生态文明。没有生态文明，人类的未来将一片暗淡，人类历史的车轮只有在生态文明的推动下才能继续前进。生态危机的出现将使占主导地位的资本主义工业化生产方式向社会主义生态化生产方式过渡，工业文明将向生态文明过渡。

四　生态文明的含义、界定及特征

（一）“生态文明”的含义

国内学者对生态文明的研究正在兴起，有关“生态文明”含义的理解仁者见仁，智者见智，到目前还没有形成一个统一的界定。总体看来，大致分为四个层面。

其一，生态文明是人类社会文明历史的一个过程。此种含义把生态文明看作人类文明发展的一个阶段，即人类经历了采猎文明、农业文明、工业文明之后的一个更高级的新文明形态。该观点包括多层含义：文化价值上，应树立符合自然规律的价值需求、规范和目标，使生态意识、生态道德、生态文化和生态行为等成为具有广泛基础的文化意识；生活方式上，应以满足自身需要而又不损害他人需求为目标，遵循可持续性消费方式；社会结构上，生态化应渗入社会组织和社会结构的各个方面，追求人与自然的良性互动。

如，李艳艳在《传统生态文明观四问》一文中认为，生态文明作为工业文明发展的新阶段，以协调人与自然的关系和保障每个人公平享有生态权益的统一为价值目标，生态文明建设应遵循按自然规律办事和体现人类发展生态价值相统一的基本要求，积极树立生态意识，运用经济技术手段，多管齐下建设生态文明。此外，陈瑞清在《建设社会主义生态文明，实现可持续发展》中提到的定义，郭洁敏在《21世纪生态文明环境保护》一书中的观点等，都表达着相同的含义。

其二，生态文明是社会文明体系的一个构成部分。此种含义把生态文明和物质文明、精神文明、政治文明并列为社会文明体系的基本构成要素。该观点认为，生态文明是继物质文明、精神文明、政治文明之后的第四种文明。物质文明、精神文明、政治文明与生态文明这“四个文明”一起，共同支撑和谐社会大厦。其中，物质文明为和谐社会提供雄厚的物质保障，政治文明为和谐社会提供良好的社会环境，精神文明为和谐社会提供智力支持，生态文明是现代社会文明体系的基础。狭义的生态文明要求改善人与自然的关系，用文明和理智的态度对待自然，反对粗放利用资源，要求建设和保护生态环境。如余谋昌在《生态文明是人类的第四文明》中的观点。

其三，生态文明是一种新的发展理念。该观点认为，生态文明是与“野蛮”相对的，指的是在工业文明已经取得成果的基础上，用更文明的态度对待自然，拒绝对大自然进行野蛮与粗暴的掠夺，积极建设和认真保护良好的生态环境，改善与优化人与自然的关系，从而实现经济社会的可持续发展。如周鑫认为，生态文明的内涵包括：第一，生态文明意味着可持续发展的自然生态系统；第二，生态文明意味着健康运行的经济体系；第三，生态文明意味着积极而科学的政策和机制；第四，生态文明意味着绿色的发展理念；第五，生态文明意味着可持续的创新型技术；此外，还意味着对人的尊重。①

其四，生态文明具有社会制度属性。该观点认为，资本主义是造成生态危机和引发社会不公正的根源，生态问题的实质是社会公平问题，受环境灾害影响的群体事件是更大的社会问题。资本主义的本质使它不可能停止剥削而实现公平，只有社会主义才能真正解决社会公平问题，从而在根本上解决

---

① 周鑫：《西方生态现代化理论与当代中国生态文明建设》，光明日报出版社，2012，第2~3页。

环境公平问题。只有社会主义才能解决资本主义的弊端，生态文明只能是社会主义的。生态文明是社会主义文明体系的基础，是社会主义基本原则的体现，只有社会主义才会自觉承担起改善与保护全球生态环境的责任。潘岳在《论社会主义生态文明》中持此种观点。

其五，生态文明属于人与自然关系最基本的范畴。该观点将生态文明看作人与自然、人与人、人与社会的关系，是物质、精神、制度等各方面成果的总和。如，邓坤金、李国兴认为，生态文明是指人们在改造客观物质世界的同时，积极改善和优化人与自然、人与人、人与社会的关系，从而在建设人类社会整体的生态运行机制和良好的生态环境中所取得的物质、精神、制度各方面成果的总和。[①] 苏立红、夏惠、项英辉、刘俊伟等认为，生态文明是指人们在改造客观物质世界的同时，不断克服改造过程中的负面效应，积极改善和优化人与自然、人与人的关系，建设有序的生态运行机制和良好的生态环境所取得的物质、精神、制度方面的成果的总和。[②] 生态文明不仅指人与自然和谐，更蕴含着社会发展领域的文明指向。[③] 生态文明是指人类遵循人、自然、社会和谐发展这一客观规律而取得的物质与精神成果的总和，也即是指人类按照和谐发展规律，以实现人与自然、人与人、生态系统诸因子之间和谐共生、共同繁荣为基本宗旨的文化伦理形态。[④]

尽管对“生态文明”概念有不同的界定，大多数学者在论述中也形成了一个基本的共识：生态文明，是指人类遵循人、自然、社会和谐发展这一客观规律而取得的物质与精神成果的总和；是指以人与自然、人与人、人与社会和谐共生、良性循环、全面发展、持续繁荣为基本宗旨的文化伦理形态。这个定义涵盖的内容比较全面，既包括了人与自然，也包括了人与人、人与社会，还包括了物质和精神以及持续发展等内容。

此外，关于生态文明的研究综述中也有涉及生态文明概念、含义的分析。葛悦华的《关于生态文明及生态文明建设研究综述》一文对我国国内目前的

---

① 邓坤金、李国兴：《简论马克思主义的生态文明观》，《哲学研究》2010 年第 5 期，第 23 页。

② 苏立红、夏惠、项英辉：《论高校生态文明观教育》，《沈阳建筑大学学报》（社会科学版），2008 年第 4 期，第 23 页；刘俊伟：《马克思主义生态文明理论初探》，《中国特色社会主义研究》1998 年第 6 期，第 55 页。

③ 周鑫：《西方生态现代化理论与当代中国生态文明建设》，光明日报出版社，2012，第 2 页。

④ 潘岳：《社会主义生态文明》，《学习时报》2006 年 9 月 25 日。

生态文明概念、内涵及怎样建设生态文明进行了比较详尽的研究。王宏斌、王学东的《近年来学术界关于生态文明的研究综述》一文中对国内外学者的最新研究成果从关于生态文明的概念界定、生态文明的本质特征、生态文明的构建路径以及生态文明与社会主义等方面进行了分析。毛明芳的《生态文明的内涵、特征与地位——生态文明理论研究综述》，邹爱兵的《生态文明研究综述》等文章也对生态文明的基本含义、特征等进行了分析。

（二）生态文明概念的界定

“生态文明”是一个合成词，由“生态”与“文明”构成，融合生态概念与文明概念，并已生成为一个内涵丰富的独立概念。对生态文明内涵的解读是以生态与文明为基础的。

“生态”一词与生态学相关。“生态学”（ecology）一词的希腊文原意为“住所的研究”。现代意义上的生态学定义是德国博物学家海克尔（E. Haeckel）于1866年首次提出的，是指研究生物与其环境交互关系，以及生物彼此间交互关系的学科。生态学最初研究的是生物与环境、生物和生物之间的关系，是生物学的一个分支学科。“生态”一词的原意就是“环境”，这里的环境指自然环境。这是传统意义上的生态概念，学术活动的基本研究走向是排除人为因素，研究原生自然中生物与环境（包括生物性环境）的相互关系。到了20世纪下半叶，随着社会的发展，环境问题的日益突出，人们越来越认识到，当今的自然界已经是一个人为因素高度渗透的自然界，要在排除人为因素的条件下研究生态问题，意义已经越来越小。这种现实需要生态学研究把自然界和人类社会作为统一的复杂系统来看待，从人化自然的角度来研究自然界的演化。于是，生态的内涵由以生物为主体的自然生态范畴发展为包含人类在内的自然—社会生态范畴。人类作为自然生态系统长期进化和发展的产物，在这里还原为地球生命系统的一部分，回归自然界。

“文明”一词，涵义丰富，中西方的概念界定存在一定差异。文明在中国是指社会面貌的开化、进步，指一种光明的状态。在西方，英文中的文明（civiliion）一词源自拉丁文“civis”，其意为城市的居民，其原本含义为人民和睦的生活于城市和社会中的能力，引申后意为一种先进的社会和文化发展的状态和过程，包含民族意识、技术水准、宗教思想、礼仪规范、风俗习惯以及科学知识的发展等因子。在中西方交流的推动下，文明的本质内涵也逐渐形成了共识。文明是反映人类社会发展程度的概念，它显现着一个国家或民族的政治、经济、文化和社会的发展水平与整体面貌，是人类认识和利用自然规律，把自然界纳入人类可以改造的范围之内的智力成果。从马克思主义实践观来看，文明则是人类改造自然、改造社会和自我改造的智慧结晶。

依据文明演进的阶段和生态内涵的演化，生态与文明逐渐走向一体，可以推断，生态文明是人类在反思漫长的人类发展史中人与自然关系的基础上，出现的一种新的人类文明模式，是一种人与自然关系和谐的新价值尺度。概括地讲，生态文明就是按生态和谐的原则追求人类社会的文明进步。具体指在人类改造自然、改造社会和自我改造的实践过程中，遵循人、自然、社会和谐发展的规律优化生态环境，实现人与自然、人与人、人与社会的和谐共生、良性循环、全面发展、持续繁荣所取得的一切积极、进步的成果的总和。它既包括人类保护自然环境和生态安全的意识、法律、政策、制度，也包括维护生态平衡和可持续发展的科学技术、组织机构和实际行动。与可持续发展理论相比较，生态文明是可持续发展理论的升华，是人类为保护我们赖以生存的地球与可持续发展理论相继产生的理论，但是生态文明的内涵更丰富、更全面。可持续发展更多强调了人的需求、人的发展，而生态文明强调人与自然界其他生命体的和谐共生。

对于生态文明的内涵，国内学者有着较为一致的观点。俞可平认为："生态文明就是人类在改造自然以造福自身的过程中为实现人与自然之间的和谐所做的全部努力和所取得的全部成果，它表征着人与自然相互关系的进步状态"。[①] 因此，所谓生态文明是指人类在社会实践活动中形成的人与自然、人与自身、人与社会之间关系和谐所取得的总体成果，强调的是人与自然之间的关系和谐。

（三）生态文明的基本特征

1. 内涵多元性与价值本质性相统一

生态文明是一个内涵丰富的概念，不论是从其涉及的领域，还是关系等方面来看，它都是一个多层面、多角度的复合体。但是，在这些看似复

---

① 李惠斌、薛晓源主编《生态文明研究前沿报告》，华东师范大学出版社，2007，第18页。

杂、多元的因素背后，始终隐含着一个共同的特性——生态价值观。这些所有的因素都是围绕着生态的价值理念展开的，这也正是生态文明的本质属性所在。

生态价值观是以理性的、人与自然的和谐、可持续发展为主旨看待人与自然的关系的，既不是以自然主义看待人与自然的关系，也不是以凌驾于自然之上的、绝对的“人类中心主义”定位人与自然的关系。生态文明强调，不仅人是主体，自然界也是主体；不仅人有价值，自然界也有价值；不仅人要依赖自然界，所有生命都要依赖自然界。因此，在任何时候，在任何情况下，人类都要尊重自然、顺应自然和保护自然，与自然界和谐相处。

2. 可持续性与系统性具有内在一致性

生态文明表征的是人与自然、人与人、人与社会和谐、循环、持续的一种关系。它强调的是人与自然之间一种相互促进、相互制约的平衡关系。它注重和强调人与自然的可持续性，要求人类遵循自然界的客观规律，根据自然界本身的承载力，合理地、适度地开发自然、利用自然，使人与自然能长期保持一种重复再利用的关系。生态文明是把自然界看作自身生存发展的可依赖的基础，把人类自身看作自然界的生成物。一句话，自然界与人类是一个不可分割的共处于一个星球的整体。因此，在生态文明社会人们就不会像在传统的农业文明和工业文明社会的人们那样一味地把自然界看作人类生存和发展的索取对象、控制对象和支配对象，大肆征服自然、主宰自然，严重地破坏自然生态环境。生态文明就是要克服传统农业和工业发展带来的弊端，把人类的发展与整个生态系统的发展联结在一起，立足于人类与自然界保持长久的、可持续的关系。因此，生态文明不仅正确处理了人类与自然界的关系，使一种破坏对立关系变成了一种和谐共存的关系，而且使人类与自然界的关系得以健康持续，在更高层次上促进了人类社会的可持续发展。

生态文明在实现人与自然的和谐共处过程中应该遵循生态系统的固有规律，把人类与自然界统一在一个生态系统中，将自然界与人类完全融入地球生态系统的自身运行之中，理性的科学与生态伦理有机融合在一起，实现人类的永续发展与自然界的和谐平衡。

3. 独立性与关联性相依存

生态文明是一个独立存在的概念，具有自身独特的内涵、内容、领域和本质属性，是明显区别于历史上已经存在和现存的其他文明形态的。生态文明是任何现存的文明形态所不能包容和替代的。生态文明是特定历史条件下的文明形态，在文明发展阶段、社会文明体系、发展理念、制度层面和哲学社会领域等方面都展现了与众不同、独一无二的特征。很明显，生态文明是在人与自然和谐相处的基础上，实现人与人之间更高程度的和谐。

不可忽视的是，生态文明的具体表现往往都需要一定的载体，而不是单独呈现出来的。从社会文明体系看，生态文明是融入和贯穿于物质文明、精神文明、政治文明和社会文明等之中的；从物质层面看，生态文明属于建立在自觉分工基础上的自主自立经济；从精神层面看，生态文明体现了人的自由意识和自觉精神；从政治层面看，生态文明体现了人的自主、平等管理；从社会建设层面看，生态文明属于个性自由、充分发展的公正社会。生态文明并不是要求人们消极地对待自然、盲从自然、在自然面前无所作为，而是在把握自然规律的基础上，运用人的智力积极地、能动地利用自然、改造自然，使之更好地为人类服务。在这一点上，它是与物质文明一致的。此外，生态文明要求人类尊重和爱护自然，树立生态观念，自觉、自律，约束自己的行动，将人类的生活建设得更加美好，在这一点上，它又是与精神文明相一致的。

4. 历史性与时代性相统筹

生态文明是人类社会文明发展到一定阶段的产物，具有特定的历史性。生态文明是在继承工业文明发展生产力的成果、批判工业文明弊病的基础上发展起来的。生态危机是资本主义的工业文明时代的必然产物，资本主义的工业文明时代已经导致人类社会发展的不可持续，寻求新的文明形态是时代的使命。社会主义是作为克服资本主义的弊端而出现的，社会主义应担负起历史的重任。随着社会主义现代化进程的推动，当生态文明因子逐渐发展壮大并最终成为人类文明的主导因素时，人类文明也就实现了从工业文明向生态文明的过渡。生态文明也因此成为社会主义的文明形态，生态文明时代的到来是历史发展的必然结果，是时代的必然要求。

5. 具有较高的环保意识与更加公正合理的社会制度

生态文明不同于工业文明对自然界的污染与破坏，而是以保护生态环境为基础的，把保持自然界的良性生态平衡作为人类生存发展的首要任务。生态文明是以绿色科技和生态生产为重要手段，以人、自然、社会的共生共荣作为人类认知决策、行为实践的理论指南，以人对自然的自觉关怀和强烈的道德感、自觉的使命感为其内在约束机制，以合理的生产方式为基础的。这些环保意识是需要制度给予保障的。现有的资本主义制度不但不能保障反而严重制约和破坏了自然界的生态平衡。先进的社会制度以自然生态、人文生态的协调共生与同步进化为其理想目标，生态环境的保护是其根本属性。先进社会制度下的生态文明不仅追求经济、社会的进步，而且追求生态进步，它是一种人类与自然界协同进化，经济—社会与生物圈协同进化的文明。生态文明及其所孕育的生态环境伦理的核心就是人与自然的和谐相处，是先进社会制度的基本要求。先进的社会制度为环保意识提供了必要的制度保障，解决了人与人之间关系的问题。

五 生态文明范式的社会价值取向

人类需要对文明价值进行超越性的探索，人类也有足够的智慧去实践这一超越。20 世纪 60 年代以来，生态环境问题日渐成为威胁人类生存的全球性问题。工业文明范式下的社会生存方式受到挑战与质疑。生态文明是人类文明的一种形态，它以尊重和保护自然界为前提，以人与自然和谐共生为宗旨，以建立可持续的生产方式和消费方式为内涵，以引导人们走上持续、和谐的发展道路为着眼点。生态文明强调发展，但在强调发展的同时致力于构造一个以环境资源承载力为基础、以自然规律为准则、以可持续发展为目标的环境友好型社会。在伦理价值观方面，人类也从传统的“向自然宣战”“征服自然”等理念，向树立“人与自然和谐发展”的生态文明理念转变。与工业文明相比，生态文明所体现的是一种更广泛、更具有深远意义的公平，包括代内公平、代际公平。任何国家和地区、任何民族都不能为了维持其经济发展而浪费资源、污染环境、破坏生态，不能牺牲其他国家和地区、其他民族的利益。生态文明强调人的自觉与自律，强调人与自然环境的相互依存、相互促进、共处共荣，既追求人与生态的和谐，也追求人与人的和谐，而且人与人的和谐是人与自然和谐的前提。换言之，生态文明是人类对传统文明形态特别是工业文明进行深刻反思的成果，是人类文明形态和文明发展理念、道路和模式的重大进步，是衡量人类文明程度的基本标尺，在法律制度、思想意识、生活方式和行为方式中都表现出独有的特征。

（一）生态和谐观取代主客二元观，实现向生态哲学观的转变

1. 哲学世界观转向生态哲学与有机世界观

工业文明范式下的资本主义社会遵循的是主客二分的哲学世界观。该哲学理念主张人是主体，生物和自然界是客体，客体只是人利用和改造的对象。它强调人类与自然界的分离与对立，宣扬斗争哲学，主张人类主宰和统治自然界。生态哲学提倡“人—自然—社会”的符合生态系统规律的世界观，认为世界是一个有机的整体，人是主体，自然界和其他生物也是主体。两个主体之间是平等的，相互依赖，相互影响。整个地球的生态系统中，没有绝对的中心和依赖，每一个主体的存在都是以其他主体的存在为基础的。因此，人类的生存发展是以自然界的健康运行为前提的。

2. 整体系统的价值观

个人主义中心的价值观是现代工业社会的世界观，是20世纪的人类行为哲学。工业文明是建立在个人主义价值观基础上的，“个人利益至上”成为工业文明社会的指导准则。生态文明的价值观则是一种“自然—经济—社会”综合的整体价值观，认为人类的一切活动都要服从“自然—经济—社会”复合系统的整体利益，不但满足人与自然关系的协调发展，还要满足人的物质、精神和生态需求。

3. 思维方式生态化

工业文明提倡以线性非循环思维方式指导人们的行为，强调的是分析性的逻辑思维。生态文明主张生态的思维方式，用生态系统的整体观、非线性的循环的动态的观点研究现实事务，观察现实世界、思考和行动，解决现实世界问题。从工业文明到生态文明，是人类认识和实践活动的飞跃，必须以思维方式的根本性变革为前提。生态型思维方式具有整体性、节制性、共生性、敬畏性的特点。整体性思维就是从人与自然的内在统一来观察思考问题。生态型思维方式是一种节制性的思维方式，倡导适度、合理的消费，反对过度消费、过度享受，追求自我实现、人格完善、心灵安宁、事业成功、家庭和睦等多样化的、健康的生存目标。共生性指其不仅强调处理好人类自身的关系，还强调处理好人与自然——动物、植物、大地、河流、生态系统等的关系，不仅要爱人，还要爱自然界的一切。生态型思维方式也是敬畏性思维方式，是对大自然支撑我们自身生命的感激和自省。

4. 生态化社会发展理念

生态文明社会的发展是可持续发展，并且是把社会经济发展与生态保护结合起来，进行科学发展。生态文明是“以生态为基础、以生产为手段、以生活为目标全面朝生态化方向发展”。[①] 生态文明社会的发展不再是对自然资源进行肆意的掠夺和开采，而是科学合理地利用自然资源，对自然资源的利用是以不破坏生态系统的平衡为基础的；不采取工业文明时代下的不可持续的线性单一发展方式。在生态文明的社会发展中，既要将人的发展与社会的发展整合起来，又要注重自然界生态系统的稳定，也就是人的自由发展与自然界的运行规律统一，实现二者的双发展。因此，将自然界的生态本质与人的社会进步整合在一起，以生态理念优化人类的社会发展方式，实现人类社会发展的生态化；也就是工业、农业、信息产业等按照生态原则、生态规律、生态原理等发展。生态农业就是要求遵照生态学和生态经济学原理指导农业生产，保护土地的生态环境，保育自然资源，防止水源、土壤、大气的污染，提供清洁卫生食物，遵循农业生产的生态规律，实现农业生产体系的现代集约的生态持续。生态工业是指在不损害基本生态环境的前提下，提高资源利用率，最大限度地减少乃至消除废弃物，减轻工业污染，实现工业排泄的零危害，促进工业长时期内供给社会和经济利益的发展模式。信息产业的生态发展就是指人类利用科技及时有效搜集和掌握全球生物圈的各种信息，把握自然、经济、社会的综合信息，这对于全球生态文明的维持有着关键作用。

（二）生态文明社会取代工业文明社会，实现文明社会形态的转变

工业文明的社会形态是资本主义社会，其逻辑是追求利润最大化，其发展动力是资本增值。为了实现资本的利润最大化目标，必须维护资本主义的政治制度与经济制度，这是资本的经济与政治的根本属性。只要资本存在与运行，资本的性质及运行规律就存在和继续起作用。在资本主义社会，为实现资本增值，它就必须不断加剧对工人剩余劳动的占有，同时不断加剧对自然价值的剥夺。两者同时进行并彼此加强，导致工业文明社会的基本矛盾——人与社会的矛盾、人与自然生态的矛盾不断加剧和恶化，导致生态环境破坏和全球生态危机的加剧。在工业文明的资本主义社会，资本主义专制不仅引

① 姬振海主编《生态文明论》，人民出版社，2007，第13页。

发社会危机，还导致生态危机，也就是资本主义社会的双重危机是根源于资本主义制度的。在工业文明发展过程中，社会危机形态会随着资本主义社会的某些调整与变化而变化，但是其本质并没有发生变化，资本的本性也没有改变。资本主义社会的某些矛盾有所缓解，但危机仍然存在并不断累积。20世纪中叶，生态危机成为资本主义的第二危机，这种危机不仅表现在资本主义的生产领域，而且表现在社会与整个生态系统的关系中。社会危机与生态危机同时发展，彼此加强。工业文明社会所积累的社会总矛盾，无论是人与人的社会关系矛盾，还是自然与人的生态关系矛盾，在工业文明模式范围内是不可能解决的。对此两大矛盾的解决，需要超越工业文明的范式，用新的文明形态取代工业文明。

19世纪中叶，马克思和恩格斯创立了科学社会主义，揭示了资本主义的本质，反对对剩余价值的剥削，开创了社会主义革命的理论与实践。马克思和恩格斯关注的资本主义社会基本矛盾主要是人与人的社会关系矛盾，当时社会的阶级矛盾突出，并且深刻而全面，人与自然的生态关系矛盾还处于初级阶段。很自然，科学社会主义突出了人与人的社会关系矛盾，也就是资本主义社会的第一矛盾。20世纪中叶，人与自然的生态关系矛盾不断激化，环境污染、生态破坏和资源短缺成为全球性问题，严重威胁着人类的生存，成为社会的中心问题，并发展成为全球性危机。这种危机的形成路线是：资本主义社会未来资本增值和积聚资本，加剧对工人剩余劳动的占有，使得劳动异化，引起劳动者的不满与反抗，为了缓和劳动异化引起的社会不满，就激励人们高消费和过度消费，从而产生异化消费；满足无限的消费欲望和消费追求就要增加工业无限的增长，这就造成生产过剩；生产过剩、过度消费都以损害自然资源和生态环境为代价，资源掠夺和环境污染加剧，导致资本主义社会的新危机——生态危机产生。

面对生态环境问题与生态危机，生态马克思主义对资本主义制度造成生态环境破坏的根源进行了深入分析，对经典马克思主义的生态理论进行了挖掘与创新，提出了生态的社会主义这一新型社会模式，是对科学社会主义的一次丰富和发展。生态社会主义作为对传统社会主义的生态学创新，是将生态学原则与社会主义原则相结合，将人与人的社会关系矛盾和人与自然的生态关系矛盾进行内在的统一分析。在这里，人、自然、社会形成一个有机整体，完全符合经典马克思主义的思想与方法。按照生态学原则，世界是“人—

社会—自然”的复合生态系统，地球是一个由生命有机体构成的完整生态系统，人的社会关系和人的生态关系是相互联系的，人与人的社会关系矛盾和人与自然的生态关系矛盾是相互联系的。社会主义的原则是，工人阶级组成政党，通过革命夺取政权取代资本主义，消灭剥削，实现生产资料公有制和社会的平等、公正与正义以及共同富裕。生态与社会主义的结合是对资本主义的一次制度意义上的革命。

人类的新型社会形态是生态文明的社会形态。社会主义国家如果遵循工业文明模式进行建设，在生产方式、生活方式、哲学理念及精神领域等方面就摆脱不了工业文明带来的生态危机和环境问题。要解决历史积累的两大社会基本矛盾，就必须转变社会政治形态，改变工业文明范式，选择生态文明范式的社会形态，换言之，就是实现从工业文明社会到生态文明社会的全面转型。

（三）生态方式取代线性浪费的现代工业方式，实现人类生存方式的转变

生态方式是指生态的生产方式与生活方式。生态文明的社会是联合起来的生产者，合理地调节它们和自然之间的物质变换、能量变换与信息变换，以保持生物圈的生态平衡，重视按照生态规律进行生产。现代线性的浪费的生产与生活方式是不能实现物质能量的循环与平衡的，需要进行转换。

1. 生产方式转变

工业文明的生产方式的主要特点是线性非循环的生产。工业生产采用最简便且最经济的生产流程：原料—产品—废料。这种线性的非循环生产，耗费了大量的资源与能源、排放出大量的废料与垃圾。此种生产模式直接引起的后果就是资源能源的短缺、环境的污染与生态的破坏。这种生产是不可持续的，引发了世界范围内的资源能源争夺以及全球的生态环境问题。

生态文明的生产方式完全不同于工业文明的线性生产方式，它要求资源的循环利用和非线性生产。它的经济形态是循环经济，技术形式是生态工艺。此种生产模式的前提是社会物质生产对资源的消费需要付费并计入生产成本，采用最大限度地利用资源的技术，实行资源节约，生态地进行生产。生态文明要求的是一种新的循环的非线性生产方式。

2. 生活方式转变

工业文明的现代社会以高消费为主要消费观念，高消费是推动社会经济发展的动力，它鼓励高消费，在物质主义—经济主义—享乐主义生活观念的

指导下，形成“财富就是幸福”的价值观。高消费、高支出可以依靠高技术的支持而得以实现，但是，工业文明的消费模式与消费文化是不可能在全球实现的，因为地球的承载能力是有限的，因此，它也是不可持续的。

生态文明的消费方式则要求一种更高级的生活方式和生活理念。首先，适度消费代替过度消费，简朴生活取代奢侈浪费。生态文明的消费是注重绿色产品，满足多样化消费，以满足基本生活需要为标准。其次，消费生活崇尚精神层次。生态文明的消费超越物质主义和享乐主义，注重满足社会、心理、精神、审美的需求。丰富的精神生活符合人性的社会生活、道德生活和信仰生活，也更符合自然本性，更适应时代潮流，是更高生活质量的新生活。

（四）人、自然、社会的和谐统一取代自然异化与人的异化，实现物种存续关系的转变

在资本主义生产方式下，作为个体的人的存在呈现出一种全面的异化状态，人失去了本应该具有的本质。这种全面的异化状态，表现在两个层面。一是人与自然的关系层面，人的存在由于受到人与自然激烈矛盾的牵制，人的自由自在的活动被恶劣的自然环境所限制，人类的生存环境由于环境恶化而变成人生存的负担甚至是威胁。“伦敦大雾”事件就是典型的例证。这样的自然环境给人类带来种种焦虑不安和疾病，人的健康甚至生命都受到威胁。二是人与人、人与社会关系的层面，资本主义工业文明时代，人尤其是劳动者不是以人的状态存在，而是作为一种商品、一种工具而存在的，人与人之间的关系被彻底物化了，人与人之间的交往越来越变成纯粹的物与物之间的交换。人的存在体现的不是人的价值而是交换价值，人的存在被虚假的需求所引导，过度消费充斥整个社会。资本主义社会的异化劳动，使“人的类本质——无论是自然界，还是人的精神的类能力——变成对人来说是异己的本质，变成维持他的个人生存的手段。异化劳动使人自己的身体，同样使在他之外的自然界，使他的精神本质，他的人的本质同人相异化”。[①] 在资本主义生产条件下，工人的劳动在生产过程中与生产结果上被异化了。异化劳动使自然界与人本身相异化，这决定了人与人、人与自然的对立。

① 《马克思恩格斯选集》第1卷，人民出版社，1995，第47页。

社会主义生态文明，是真正的彻底变革资本主义生产方式的现代文明，是真正摆脱了资本主义社会化大生产恶性循环的生态文明。在生态文明的社会中，首先要求人摆脱商品性，从商品拜物教中解脱出来，真正作为独立的人存在于社会之中，作为生命个体的人的劳动不再以商品的形式存在，而是作为个体生存发展的基本实践而存在。人的异化劳动的铲除是生态文明社会的历史使命。在生态文明的社会中，人类将实现自由自觉的发展，人的自由发展和人与自然的和谐发展是相统一的，追求人的自由自觉的发展就是排除这些人的类本质外的异己力量，实现人、自然、社会的内在统一。

六　生态文明的制度路径逻辑与模式

（一）生态文明的制度路径逻辑

1. 生态文明的制度路径内涵及其逻辑

所谓“生态文明”强调的是人类与自然界的和谐状态。一方面，人类需要通过发展与自然界的关系来满足和不断优化自身的生存条件；另一方面，人类只能通过结成社会关系才能发展与自然界的关系。这意味着，人类形成什么性质的社会关系，将直接决定其与自然界关系的状态。就此而言，或者从宏观上说，制度设计将直接影响到生态文明。这是所谓“制度路径”的第一层逻辑。

在当代，市场经济已经成为绝大多数国家的体制选择，体制是制度中的组织结构部分，属于制度但不归结为制度——其呈现的“自由竞争，优胜劣汰”趋势，被实践证明能够有效激励人们的劳动，是发展与自然界关系的最佳方式；但是，它是通过制造利益对立的方式做到这一点的，客观上迫使人们把努力的方向转向在竞争中获胜，与此同时，自然界则变成了人尽可用的竞争工具。换句话说，市场经济会自发地对生态环境产生破坏作用。现实中，人们采取了两种方式化解矛盾：一种是治标，运用法制管控来影响人们的市场行为选择；一种是治本，运用共同富裕目标来影响人们的市场行为选择。前者归结为资本主义，后者归结为社会主义，既不属于社会主义也不属于资本主义的另类制度路径则称为“第三条道路”。这是所谓“制度路径”的第二层逻辑。

“制度路径”的两层逻辑是辩证统一的。第一层宏观逻辑是第二层具体逻辑的方向与属性，即人们对市场经济体制的选择是受制于先前所选择的社会关系（或制度）的。社会关系的形成是多种因素综合作用的结果，社会关系一旦形成就具有一定的路径依赖，也就是历史地存在并影响着后发机制。一句话，社会关系的属性制约或影响着市场经济机制作用的发挥。制度路径的第二层逻辑是具体市场行为方式路径，这种路径模式以化解市场经济造成的生态破坏为目标，该模式受制于本国社会制度的路径依赖，给生态文明建设带来不同的效果。事实上，人类目前尚无条件只运用一种方式化解生态危机问题，因此，展示在人们面前的更多的是各种妥协方案或替代方案。

2. 生态文明的制度体系结构

制度就是一种约束的规则、准则。作为“准则”“规则”的生态文明制度包括正式制度和非正式制度。生态文明的制度就是关于推进生态文明建设的行为规则，是生态文化建设、生态产业发展、生态消费行为养成、生态环境保护、生态资源开发、生态科技创新等一系列制度的总称。在生态文明制度的具体体系结构中，正式制度包括环境法律、环境规章、环境政策等；非正式制度包括环境意识、环境观念、环境风俗、环境习惯、环境伦理等。

生态文明的制度建设已经在世界各地展开，并形成一定的形态。当代，生态文明建设已经成为国家文明建设中的一项重要的内容。生态文明的制度建设既包括被实践证明了的有效的制度继承，也包括根据新情况、新形势而开展的制度创新；既包括单一制度的建设，也包括制度体系的建设。生态文明制度建设的具体制度选择则将根据实际情况作出灵活的设计与安排。随着人们对生态环境问题的关注及其影响的变化，生态文明制度路径建设将在强制性制度、选择性制度与引导性制度等类型中进行选择与组合。

所谓强制性制度是指管理者通过法律或行政手段对不同行为主体进行“命令—控制”式的刚性约束，以实现生态文明建设目的的制度与政策，包括总量控制制度、产业准入制度、环保标准制度等。强制性制度的运用必须有相关的可执行的法律、法规和标准，它是依靠法律或政府的强制力得以实施的刚性约束机制，具有权威性、强迫性等特征，受管制的行为主体没有选择的余地，它们要么服从制度，要么接受惩罚。因此，强制性制度的安排必须包括管制指令机构和违章监督制裁系统。目前，强制性制度在发达国家运用较为广泛。

所谓选择性制度是指管理者向各类行为主体提供一套政策，通过它们的趋利避害和自主选择来实现生态文明建设目标，主要是以成本—收益比较为基础的经济激励政策手段，包括环境税费制度、水权交易制度、生态补偿制度、排污权交易制度等。选择性制度通过向经济主体提供直接或间接的利益作为驱动，以实现既定的政策目标，借助市场信号使行为主体作出相应的趋利选择，而不是通过明确的控制手段或方法来规范人们的行动。选择性制度的优势在于，行为主体有多种选择，在给定的制度约束下，可以根据自己的技术条件和其他因素作出最有利的安排，通过市场引导，以实现管理者设定的目标，从而实现“激励相容”。该制度安排在市场机制国家得到了广泛运用。

引导性制度是指管理者通过对各种行为主体的道德教育，将生态理念转化为其内在信念，从而实现生态文明建设目标的政策手段。它是一种基于个人素养的非正式制度安排，主要是通过社会风尚、伦理道德、行为习惯等软约束，激发人们内心的信念来实施相关行为，从而达到一定目标的制度安排。引导性制度安排可以从两个角度来考察：一是以习俗、道德、伦理为主体的社会精神对人们价值取向的影响；二是以习惯、知识等形式累积下来的非正式制度对人们行为的制约。通过道德教育，强化良心效应，使得人们从事外部不经济行为时感到不安和自责，从而尽量不从事产生外部不经济的行为。这种制度是运用思想教育的道德教化方式来解决环境与发展中的不和谐问题的，具有成本低、效果好的优势。目前发达国家的引导性制度实践已经取得一定的成果。美国的“节能宣传月”（每年的10月），欧盟各国的节能减排观念的宣传和节能减排信息与技术的普及等，都是较成功的案例。

总之，在生态文明制度路径的建设中，强制性制度是前提，选择性制度是主体，引导性制度是辅助。有效的制度安排和设计需要三类制度相互配合、相互衔接，形成一个良性的制度路径依赖系统。

（二）生态文明建设的制度路径模式

要实现人与自然的和谐状态，展现生态文明的效果，就必须进行生态文明制度建设。1987年世界环境与发展委员会在《我们共同的未来》中提出，既满足当代人的需求，又不对后代人满足其需要的能力构成危害的发展，才是可持续发展，确立了生态文明建设的目标。生态文明要突破以物质生产为核心的社会文明范围，意味着人类文明由人类中心的生产型文明向人与自然共同进步的和谐型文明的转换。

生态文明建设没有固定的样板与模式，不同国家与地区在社会制度、社会发展水平、生产方式、运行机制、价值观念、风俗习惯、意识形态、道德信仰以及生态环境等方面千差万别，出现不同的路径形态，形成多种路径模式，是很自然的。

一是发达资本主义国家的生态文明路径模式。发达资本主义国家拥有目前世界上最充分的物质基础和一些有利的因素，包括最完善和最发达的现代工业、首发生态危机的推动、跌宕起伏的环保运动、早期的生态文明观念和主导环保性国际公约等，但是基于资本主义根本制度的制约和价值观念的束缚，生态文明建设战略没有在西方发达资本主义国家率先建立起来。尽管如此，发达资本主义国家也在资本主义制度框架下进行着以生态替代工业、增加福利或刺激经济等方式为主的生存自救，其中一些手段和措施也是值得肯定的。

二是社会主义国家的生态文明路径模式。世界上第一个社会主义国家苏联因为没有制定出持续有效的改善生态环境的法规政策和对自然环境的有力保护措施而止步于生态文明建设道路的入口。古巴在积极探索适合本国国情的生态文明建设。中华民族是一个涅槃重生的精灵，经历长达100多年的沉寂后，在21世纪的新时代将迎来民族振兴的重要历史机遇。中华文化的生态思想、西方文化的先进理念将在中华民族高超的融通能力与和谐智慧的推动下，形成独具特色的生态文明理念和建设模式。胡锦涛总书记指出，“建设生态文明，实质上就是要建设以资源环境承载力为基础、以自然规律为准则、以可持续发展为目标的资源节约型、环境友好型社会”。[①] 这深刻揭示了中国生态文明建设的内涵和本质。中共十八大向全世界宣告了中国人的勇气与担当。生态文明建设是中国人的必然选择。社会主义国家生态文明建设的制度路径是人类探寻生存与发展方式的一种难得的样式。

三是“第三条道路”的生态文明路径模式。当今世界除了社会主义、资本主义两种制度路径选择外，还有剩下的各种非资非社的发展路径，可以称为“第三条道路”。这里的“第三条道路”是一个多元概念，并非是一个特指的某一种制度模式，而是对所有非资非社的制度模式的统称。目前，有相

---

① 胡锦涛：《在中国共产党第十七次全国代表大会上的报告》，人民出版社，2007，第17页。

当部分的学者、国家正对资本主义、社会主义之外的其他制度形态进行探索，他们具有国家传统制度依赖和超越非资非社的本民族特性。生态社会主义、生态马克思主义、拉美民族社会主义以及市场社会主义等便是其突出的代表。其中的一些思想、主张以及方法也是值得研究的。

总之，人类社会的发展是丰富多彩的，各种发展模式的制度路径探索也是各具特色的。我们不能简单地断定何种模式最成功或最优越。目前来看，各种制度路径模式都处于发展变化中，彼此之间的影响、较量、竞争正处于一个胶着状态。

第二章
生态文明视域下的资本主义路径：多元自救与实质困境

工业文明以人类征服、控制、支配自然为基本特征，资本原始积累过程充满了暴力与血腥。世界工业化的发展使人类征服自然的程度达到极致，西方工业革命对资源的残酷掠夺严重破坏了自然界及人与人之间的和谐。资本已经深深浸入到社会和人类生活的每一个细胞，世界金融危机充分暴露了资本的丑恶与贪婪的嘴脸。工业文明的生产方式，从原料到产品到废弃物，以及废弃物的处理，是一个非循环生产过程；生活方式是以物质主义为原则，以高消费为特征的，人为更多地消费资源就是对经济发展的贡献，更多地攫取资源就是对环境的保护，更多的投资就是对污染问题的重视。资本主义工业文明以重过程而不计后果为价值取向，以更高、更快、更强的激励机制，在资本的推波助澜之下，将人类推进毁灭的深渊。信贷危机、信心危机、道德危机、价值危机、生态危机及其他各种社会危机充斥资本主义社会。西方社会赖以存在的工业文明价值受到前所未有的挑战与质疑。一个时代的结束意味着一种文明的终结。线性工业文明的思维方式与科学技术，把生态问题作为处理和处置的对象，作为人类现代生活的对立物，“掩盖”与“消灭”的方式符合工业文明的价值理念。彻底解决生态问题，需要人类从文明转型的高度来重新思考问题，需要换一个角度，换一种思维方式，站在生态文明的时代界碑前，按照环境友好和资源节约的新标准和新要求进行社会建设。应树立生态思维，确立生态观念，践行生态行为，发展生态经济，完善生态法规，建立生态机制，在生态文明理性和精神下寻找生态问题解决的有效途径。全球性生态危机说明地球再也没有能力支撑工业文明的继续发展，需要开创一个新的文明形态来延续人类的生存，这种新的社会文明形态就是生态文明。

一　西方资本主义语境下生态文明的提出及研究概况

（一）西方生态文明的提出

“生态文明”（ecological civilization）这个概念最先出现在西方，是在美国学者罗伊·莫里森（Roy Morrison）1995 年出版的《生态民主》（*Ecological Democracy*）一书中，他将生态文明作为工业文明之后的一种文明形态，生态民主是其设想的工业文明向生态文明过渡的必由之路。生态文明由 ecological 和 civilization 二词构成，ecological 指“生态的，生态学的”，生态是指人与自然之间的相互作用、相互影响、相互养育；civilization 是指“文明、文化”，以 ecological 来修饰和限定 civilization，从字面意义上看，能够实现人与自然相互作用、相互影响和相互养育的文明才有可能成为生态文明。之后，西方学者对生态文明展开了广泛的研究。

美国著名生态经济学家、过程哲学家和建设性后现代思想家小约翰·柯布博士指出，西方的文明进程是一个与自然相疏离的过程，因而造成了今日全球性的生态危机，从人与自然的关系以及大多数人的生活质量来判断，不能说这种文明使人类社会处于日益进步当中。进步的文明必须回归生态的视角或精神，恢复一种合乎生态的存在方式，为此，生态问题不仅需要技术上的解决方案，“我们还需要改变或改善我们看待世界的方式和最深层的敏感性”。[①] 要实现生态文明，首先要寻找新的解决问题的方法，要从孤立、片面的直接方法向历史性、整体性的间接方法转变，关注事件的背景和那些无形的关系。

总之，西方学者对生态文明的态度相对是消极的，是作为应对生态危机的一种替代工业文明的文明形态而提出的。他们对于生态文明并没有太多的期望，也没有形成比较系统的理论。

（二）西方生态文明研究概况

西方资本主义语境下生态文明的研究是与对资本主义的反思和批判分不

---

① 〔美〕小约翰·柯布：《文明与生态文明》，李义天译，《马克思主义与现实》2007 年第 6 期，第 21 页。

开的。西方发达资本主义国家学术界对资本主义的反思和批判逐渐成为一个新的学术潮流，学者们掀起了对新自由资本主义的批判。这种批判是以资本主义的生态危机、环境保护运动、绿色政治等为背景的。法国知名政治学者皮埃尔·布迪厄，是一位抗击新自由主义的战斗士，他出版了一系列简短的图书，如《反击》《反击2》。美国外交政策批评家诺姆·乔姆斯基提出美国在资本主义全球化过程中建立起经济霸权的论断，得到很多学者的赞成。苏珊·乔治、托尼·内格里、迈克尔·赫特等学者也提出了反对新自由主义的类似主张。“反资本主义运动著作和运动的再现标志着后现代主义在过去的20年中独霸先锋思潮的格局已经被打破”。[①] 日本著名马克思主义哲学家岩佐茂以大量翔实的环境问题资料为依据，从环境保护运动的实践出发，探求环境保护实践与马克思主义的结合点，形成了独特的“环境保护哲学”。韩国的学者具度完在研究本国的发展模式的改革时把乔姆斯基提出的模式称为“工业范式”，[②] 并借用该模式提出“生态范式”话语的四类模型。[③]

西方发达国家首先受到生态环境问题的挑战以及生态危机的威胁，作为当今世界经济最发达、标榜为自由民主的国家，其经济增长遇到极限和资源有限的挑战。资本主义的工业文明能否持续下去？发达资本主义国家学者从生态的视角进行思考，提出了可持续发展、经济生态化、生态现代化、生态中心主义等众多议题。这些成果在工业文明向生态文明转变过程中有一定的借鉴和对照作用。事实上，这些成果与生态文明的本质是有一段距离的，但是在现存的资本主义体制下还是具有进步意义的。

二 西方资本主义路径下生态文明的哲理思想

（一）西方生态文明的基本哲理

西方国家生态文明理论的研究与发展对生态环境问题的认识具有一定的启发意义。西方国家在生态哲学、生态伦理、生态政治、生态社会及生态经

---

① 〔英〕阿列克斯·卡利尼科斯：《反资本主义宣言》，罗汉、孙宁、黄悦译，上海世纪出版集团，2005，引言第10页。

② “工业范式”是以工业为核心的发展模式，不承认生态体系承载能力的有限性。

③ “生态范式”认为，环境问题或环境危机在解决各种问题时应得到考虑。生态范式分为四类：生态权威主义（权力归国家和官僚）、自由环境管理主义（权力归市场）、福利国家生态主义（通过资本主义实现生态和福利）、生态自治及联合体（权力归生态社区或联合体）。

济等方面提出了一些主张及观点，对探究人类的生存方式与持续发展路径有借鉴意义。

1. 突破二元机械观，建立生态哲学思想

每一种文明形态都有自己独特的世界观，以及相应的价值观、道德观、发展观、社会制度及生活方式。西方学界面对生态环境问题、资源危机等现实问题，对西方传统二元论主导下的世界观、自然观等进行检讨、反思，提出了一些新的观点与主张。

西方传统哲学的主客二元论，导致支配自然、控制自然的价值观。西方传统哲学认为，只有人是主体，生命和自然界是人的对象；因而只有人有价值，其他生命和自然界是没有价值的；因此只能对人讲道德，无需对其他生命和自然界讲道德。生态环境是人的生命活动的基础，同样是被消灭的对象或被处理、处置的客体。这是工业文明人统治自然的哲学基础。

近代的欧洲走出黑暗的中世纪，摆脱封建神学思想的桎梏，走出宗教的妄念，获得了民主精神的自由，获得了以数学和物理为代表的近代科学的力量，取得了人类历史上前所未有的进步。近代文明是人类理性发展的结果。这种观念，直到20世纪中叶在欧洲世界都是十分流行的，也是欧洲人引以为荣的。西欧文明向全球推广，白种人所向无敌。第一次世界的“两大发现”① 对欧洲人的理性主义神话提出了质疑，同时也证明了人的才智无论如何提高也是不可能了解世界的全部真谛的。

西方文明在世界观上把人视为孤立的原子，把个人和外部世界对立起来，在方法论上认为文明是从思维到思维的人的理性的完善，一切文明进步都以个人主义为目的。它认为，自然的山谷或者野生的动植物，这些存在基本上都是恶的，人类必须要征服它们。人是上帝的管家，自然是管理对象，西欧人不存在对自然的恐惧心理，而是致力于获得一种征服自然的成功感。也因如此，西方人才能客观、科学地分析自然，成就近代科技革命。但是，基于这种自然观的西方文明在资本主义社会已经显出僵化的迹象。资本主义社会带给人们的是不断的发明创造，生产力水平的提高，物质生活水准的提升等，实际上，这些都已经超越了地球能够承受的限度。环境破坏的无止境，发达

① 两大发现：1927年海森堡的物理学的“不确定性原理”，1931年哥德尔的逻辑学的“不完全性定理”。

国家人们心灵的荒芜，使社会的冲突与矛盾的潜在危机不断浮出水面。而正是这种“支配自然”的观念滋生了人类中心主义的恶习，从而带来了人类至今挥之不去的自然危机。

在西方主客二元观主导的逻辑思维与理性哲学思维领域，对世界的生态思考随着生态危机的爆发而生发、深化，不断产生了环境哲学、环境伦理、生态政治、生态哲学、生态经济等理论、思想。尽管西方学者对自然界的定义与理解不同，但有一点是共同的：自然界对人类是有意义的，不是可有可无的。西方环境哲学家对自然界从道德、价值层面上进行思考，认为人类不仅应为了自己的利益才遵循大自然，我们还应该在某种拟伦理的意义和价值论的伦理意义上遵循大自然。霍尔姆斯·罗尔斯顿的自然价值论认为，“价值就是自然物身上所具有的那些创造性属性。这种创造性的属性不仅为人所具有，动物个体和植物个体也具有，因此，不仅人有价值，动植物也有价值。而大自然则具有最大的价值，因为它具有最大的创造性，它不仅创造出了各种各样的价值，而且创造出了具有评价能力的人，作为整体的大自然所拥有的不仅仅是工具价值和内在价值，它更拥有系统价值（systemic value）。这种价值并不完全浓缩在个体身上，也不是部分价值的总和，它弥漫在整个生态系统中”。[①] 该理论指出，自然具有某种“引导功能”，人类应该遵循大自然，通过反思自然学会如何生存。一个人不仅捍卫同类的利益，还应遵循大自然，捍卫大自然的价值，“因为我们不仅仅把自然视为一个纯粹的自然事实的领域，它还是一个自然价值的领域，它有其自身的完整性，它是人类能够、也应该与之心交神会的”。[②] 而人真正的完美性是对他者的无条件关心。

2. 以“生态”为本位的生态整体主义世界观

深生态学（deep ecology）抛弃了人类中心主义的“人处于环境中心的形象”，采用更整体的和非人类中心的方法来进行研究。其代表性人物有挪威哲学家阿恩·奈斯（Arne Naess）和美国哲学家乔治·赛欣斯（George Sessions）。该理论认为，地球上的人类和非人类的其他形式的生命都具有内在价值，非人类的其他生命形式的内在价值独立于其对人类的工具价值。按照深

---

① 严耕、杨志华：《生态文明的理论与系统建构》，中央编译出版社，2009，第106页

② 〔美〕霍尔姆斯·罗尔斯顿：《环境伦理学：大自然的价值以及人对大自然的义务》，杨通进译，中国社会科学出版社，2000，第54页。

生态学的理论，生态文明的基础在于确立一种生态整体主义世界观，在于承认非人类存在物的内在价值，即实现价值观的转变。整体主义强调“我们对个体组成的集合（或关系）有道德责任，而不仅仅针对那些组成整体的个体”。[①] 整体主义的环境伦理从关注个体生物转向关注集团和整体，道德身份的标准判断从个体主义的对个体的合理性考察转向整体主义的对整体、集合的合理性考察。整体主义建立在一种正确反映事实的自然观基础之上，“人们应当出于对物种的持续存在与环境体系的持续健康的关怀而限制自身的活动，从而走向人与自然之间的整体和谐”。[②]

3. 女性主义话语下的生态平等

生态女性主义是20世纪70年代西方环境运动和女性运动相结合的产物。作为一种理论形态，该词首先出现在美国学者英内斯特拉·金著的《生态女性主义准则》（*The Eco-feminist Imperative*）一书中。生态女性主义是一种多元文化的视角，它包括把统治人类社会中处于从属地位的人们尤其是妇女的社会制度与统治非人类的自然联系起来的各个方面。生态女性主义从女性的视角看待自然，认为环境恶化和性别压迫是西方男性统治的结果；在父权制社会中，对妇女的统治与对自然的统治之间有某种必然的联系；它承认男性偏见的存在，并试图消除这一偏见；反对性别歧视，主张消除任何从制度上统治、压迫妇女的因素。该理论的目标是“实现全球的可持续发展和终结压迫”，[③] 要改善生态环境，就必须终结男性对妇女和自然的统治，寻求建立一种女性主义和生态思想相结合的平等的、非等级的结构。

4. 基督教视域中的生态思想

生态神学（ecological theology）正式崛起于20世纪60年代的神学运动，是对当时日益严重的生态问题的一种基督教觉醒和回应。这种对生态的关怀不仅是某一特定的神学课题的强调，而是使生态关怀主导整个神学方向，将很多传统的神学课题，放在生态关怀的亮光中予以重新诠释。一是人类对自

① 〔美〕戴斯·贾丁斯：《环境伦理学—环境哲学导论》，林官民、杨爱民译，北京大学出版社，2002，第13页。

② 〔美〕彼得·S. 温茨：《环境正义论》，朱丹琼、宋玉波译，上海人民出版社，2007，第371~372页。

③ Elizabeth Carlassare，“Socialist and Cultural Ecofeminism：Allies in Resistance”，*Ethics and the Environment*，Vol. 5，No. 1，2000，p. 106.

然具有托管职责。生态神学家根据传统的“托管理论”① 来重建基督教的环境主义传统。他们认为，作为上帝管家的人类，不具有统治权，不可以对大自然滥砍滥伐，随着自己的私欲胡乱支配神所创造的万物。自然界不是人类的所有物，根据上帝与人之间的契约，人类是上帝在地上的看管者，保存并维护归上帝所有的创造物。所以人类当以托管的心理治理、保护和爱惜大自然。二是人类对自然承担尊重职责。生态神学家强调人类与自然界的相互依赖，强调人必须从道德上尊重和关怀自然界，并把这种依赖、尊重和关怀升华到价值论和世界观的高度。人类所居住的自然环境，都应适当地维持上帝原初的创造，使之像原来那样完美和谐。三是人类拥有对自然的关爱职责。如果人诚心地爱上帝，他也必须爱他的朋友和一切为他所爱的物。这是博爱诫命的普遍性的最深理由，同时也是爱惜受造物的理由。爱护自然最终奠基于上帝的慈善、智慧及和蔼之上，因为大自然反映了上帝属性中的某些善、真、美。生态神学旨在一方面重寻基督教传统中的生态智慧，用以应对当前的生态灾难和不公正；同时，又尝试因应生态危机所提出的挑战，来更新甚至批判基督教传统。这种两层的检视为生态灾难中的文化习性提供了一种基督教神学的批判，同时也是基督教的一种生态式的清算和整理。

（二）生态中心主义的生态伦理

所谓“人类中心主义”，是指一种以人为宇宙中心的观点，又称“人类中心论”，其实质是一切以人为尺度、一切以人为中心，或一切从人的利益出发、一切为人的利益服务。“人类中心论”的生态文明思想从人是唯一具有内在价值的存在物这一理论前提出发，认为人类保护自然环境的根本目的不是为了自然环境本身，而是为了人类自己，为了人的利益；人的利益才是生态文明的出发点和归宿点，是生态文明何以可能的价值本体。古典人类中心主义主要提供了四种基本论证方式，即自然目的论、神学目的论、理性优越论和灵肉二元论。现代人类中心主义秉承了理性优越论的哲学传统，以人有理性来论证人是具有内在价值的存在物，人之外的其他的存在物只具有工具价值。现代人类中心论以人类的整体利益和长远利益为价值本体，但作为利益

---

① 托管理论的核心观念是：世界属于上帝；大自然是神圣的；各种生命形式（包括地球自身）都拥有权利；这种权利源于它们是上帝的作品。

主体的“人”是抽象的。人类中心论的生态文明理论以人的利益作为生态文明的价值本体，这里的“人”，也具有抽象性和非现实性。

作为对“人类中心主义”的否定，生态中心主义已成为当代西方社会中处于主流地位的绿色思潮，其基本特点在于它们从生态系统整体性规律出发，把生态危机的根源归结为人类中心主义的世界观和价值观。生态中心论的生态文明理论是以大自然本身拥有的权利和内在价值为基础，将大自然的内在价值视为生态文明的价值本体的。以动物解放论、动物权利论、生物中心论和生态中心论等为代表的非人类中心主义，都承认生命和自然不仅具有工具价值，还具有内在价值，并从生命和自然所承载的内在价值推导出人类对除人以外的其他物种，直至整个自然和生态系统应承担的义务。

1. 解放动物、反对传统人类中心主义和物种主义，促进生态与伦理发展

澳大利亚哲学家和行动主义者彼得·辛格（Peter Singer）提出了最有影响的动物解放论观点，将处理人与人关系的权利义务体系延伸到人与动物之间。在彼得·辛格看来，人与动物是平等的，人不仅对人负有义务，人对动物也负有直接的道德义务。人们伤害动物的行为是错误的，因为这种伤害会给动物带来不必要的痛苦。人的义务与道德应同样存在于动物身上，因而拓宽了伦理学的思路。彼得·辛格认为是否具有对苦乐的感受能力是判断存在物具有利益与否的根据，“如果一个存在物能够感受苦乐，那么拒绝关心它的苦乐就没有道德上的合理性。不管一个存在物的本性如何，平等原则都要求我们把它的苦乐看得和其他存在物的苦乐同样重要。如果一个存在物不能感受苦乐，那么它就没有什么需要我们加以考虑的了。这就是为什么感觉能力是关心其他存在物的利益的唯一可靠界线的原因”。[①] 彼得·辛格认为，动物的解放是人类解放事业的继续，“动物解放运动比起任何其他的解放运动，都更需要人类发挥利他的精神。动物自身没有能力要求自己的解放，没有能力用投票、示威或者抵制的手段反抗自己的处境。人类才有力量继续压迫其他物种……我们是继续延续人类的暴政，证明道德若是与自身利益冲突就毫无意义，还是我们应该担起挑战，纵使并没有反抗者起义或者恐怖分子胁迫我们，却只因为我们承认了人类的立场在道德上无以辩解，遂愿意结束我们对于人类辖下其他物种的无情迫害，从而证明我们仍然有真

① 〔澳〕彼得·辛格：《所有的动物都是平等的》，《哲学译丛》1994年第5期，第28页。

正的利他能力?"[①] 动物解放论提倡动物具有免遭不应遭受的痛苦的权利，主张平等地关心所有动物的利益，反对传统人类中心主义和物种歧视主义，无疑在客观上促进了生态保护运动，也促进了生态伦理的发展和人类的道德进步。

2. 世界上所有生命是平等、神圣的，都需要伦理关怀

1923 年，生物中心主义的代表人物阿尔贝特·施韦泽（Albert Schweitzer）在其代表作《文明与伦理》一书中首先提出了“敬畏生命”的伦理观。他认为，到目前为止，所有伦理学的最大缺陷就是它们相信，它们只需处理人与人的关系。在他看来，一个人，只有把所有的生命都视为是神圣的，把植物和动物都视为是自己的同胞，并尽可能地去帮助所有需要帮助的生命的时候，他才是有道德的。因为，“善的本质是保持生命、促进生命，使可发展的生命实现其最高的价值；恶的本质是：毁灭生命，伤害生命，阻止生命的发展”。[②] 他预言：“总有一天人们会感到奇怪，人类竟然要花如此长的时间才认识到这一点：对生命的无谓伤害与道德格格不入。”[③] 生物中心主义者把所有生命都当作道德关怀的对象，主张物种平等主义，避免了以往生态伦理观中的物种歧视主义。

3. 人与自然是地球生命生态整体的构成部分

生态中心主义强调用整体性和运动、联系的观点看问题，强调人类在自然中的地位既不在自然之上，也不在自然之外，而是在自然之中，从而反思人类在自然面前的狂妄和自大，反对人类中心主义把人类置于至高无上的“中心”地位。美国学者奥尔多·利奥波德（Aldo Leopold）在他的《大地伦理学》中用“大地共同体”来表示包括人、生物、环境在内的自然界或“大地”。他把自然界看成是一个呈现着美丽、稳定和完整的生命共同体，并认为大地共同体及其部分，包括植物、动物甚至河流山脉都是自为的存在。挪威哲学家阿恩·奈斯（Arne Naess）认为，“以往的生态理论虽然注意到保护环境的重要性，但它们在世界观上仍然是人类中心主义的，因而其保护环境的主张是改良主义的”。[④] 与此相反，生态中心主义主张人们对世界观实施革命

① 〔澳〕P. 辛格：《动物解放》，光明日报出版社，1994，第 200 页。

② 〔法〕阿尔贝特·施韦泽：《敬畏生命》，陈泽环译，上海社会科学出版社，1996，第 23 页。

③ 〔美〕罗德里克·弗雷泽·纳什：《大自然的权利》，杨通进译，青岛出版社，2005，第 75 页。

④ 王水汀：《简论生态中心主义动物保护的伦理主张及策略》，《自然辩证法研究》2002 年第 12 期，第 76 页。

改造，把人真正看作整个生物圈的一部分，认为人离开生态的完整性将无法生存。生物圈中的任何存在物都具有其内在的价值，可以说，“生态中心主义将人视为与自然平等的存在，认为人是自然界长期发展的产物，人不能离开自然界而生存和发展，人是自然的一部分，人与自然应该和谐相处、共同发展”。[①]

总之，生态中心主义把人类视为全球生态系统的一部分，并且必须服从于生态规律。这些规律以及以生态为基础的伦理道德要求限制人类行动，尤其是加强对经济和人口增长的限制。生态中心主义还包括一种对自然基于其内在权利以及现实的“系统”原因的尊敬感。优先考虑非人类自然或者至少把它放在与人类同等地位的“生物道德”是生态中心主义的核心方面。生态中心主义将生态问题的根源归咎于“人类中心主义”，将现代社会中的自然的严重破坏归咎于启蒙理性的传播，进而反技术、反理性。生态中心主义将生态问题的解决寄托于人们世界观和价值观的改变。事实上，人们“在工业中的不安全感加剧了：没有人知道谁会是下一个遭到生态伦理学抨击的人”。[②]

（三）可持续发展理论的生态诉求

可持续发展观是20世纪60年代以来，在全球经济社会发展与环境保护的矛盾日益凸显，环境问题危及人类的生存和发展的窘况下，人类基于对自身行为的反思及对现实与未来的忧患，提出的一种全新的发展观。“可持续发展”概念形成于20世纪80年代，并在90年代初成为一种全球战略。1983年，第38届联合国大会决定成立以挪威首相布伦特兰夫人（Gro Harlem Brundtland）为主席的世界环境与发展委员会（WCED），就如何看待环境与发展的关系等问题进行专门调查与研究。1987年，WCED向第42届联合国大会提交研究报告《我们共同的未来》，认为，经济与生态问题并不一定是对立的，需要在决策中将经济考虑和生态考虑结合起来；人类有能力使发展持续下去，并明确提出了“可持续发展”观点及其战略目标。WCED把“可持续发展”定义为“既能满足当代人的需要，又不对后代人满足其自身需要的能

① 刘宽红：《论实践观对人类中心主义和生态中心主义的超越》，《青海社会科学》2004年第2期，第93页。

② 〔德〕乌尔里希·贝克：《风险社会》，何博闻译，译林出版社，2004，第33页。

力构成危害的发展”。在1992年里约热内卢联合国环境与发展大会（UNCED），即第一届地球峰会上，有关可持续发展的问题得到广泛讨论，会议通过的环境宣言将可持续发展原则纳入其中，并专门通过《21世纪议程》为全球可持续发展事业作出了战略规划。

可持续发展首先需要解决的是当代经济社会发展中普遍存在的非持续性问题，使之转移到可持续发展的健康轨道上来，将经济社会发展的生态代价和社会成本减少到最低限度。它由关于自然价值的认识和环境代际公平的伦理道德规范等思想构成，以环境伦理学“人与自然和谐发展的价值观”为基础，建立起一种包容性更强、内容更丰富、学说更完备的理论体系。其主要观点包括五个，第一，人是地球上唯一的有道德的存在物，只有人能够设身处地地为其他存在物着想。人类应该充分应用本身所拥有的理性和道德，帮助实现生态系统的稳定和其他生命的繁荣。第二，环境问题的实质是文化和价值问题，而非技术和经济问题。不能只从经济利益的角度来理解人和自然的关系，要认识自然存在物的内在价值。第三，后代对地球拥有的权利和我们的同样多，我们有道德义务留给后代一个适宜他们生存的自然空间。第四，对人和非人类存在物要区别对待，人与非人类存在物拥有平等的道德地位，但并不拥有相同的道德重要性。第五，人与非人类存在物是一个密不可分的整体。人的生存离不开一个稳定的生态环境，离不开非人类存在物的存在。

可持续发展的生态诉求有三个明显的特点：一是它要求在生态环境承受能力可以支撑的前提下，解决当代经济、社会和生态发展的协调关系，即社会与生态的关系问题；二是它要求在不危及后代人需要的前提下，解决当代经济发展与后代经济发展的协调关系，即代际发展关系问题；三是它要求在不危及全人类整体经济发展的前提下，解决当代不同国家、不同地区以及各国（地区）内部各种经济发展的协调关系，及人类整体与局部国家（地区）间关系的问题。可持续发展作为一种发展目标和发展模式，要求适度开发、注重代内公平与代际公平，要求注重环境保护、唤起最普遍的公众参与意识，要求各部门与不同地区之间为了实现人口、资源与环境的持续利用与协调发展的终极目标而互相配合等。可持续发展是一个全球目标，人类应当以一种整体的思维和共同努力去追求、实现。

可持续发展的核心观念在于：制约不是绝对的，人类可以通过对技术和社会组织进行有效管理和改善来改变它。可持续发展强调的是发展的公平性、协调性和持续性，追求的是可持续的经济、可持续的生态和可持续的社会等的多维和谐。在由经济、社会、人口、环境等要素组成的人类可持续发展复合系统中，人口持续是核心，经济持续是条件，环境持续是基础，社会持续是目的。经济、环境与社会乃至科技之间是协调和统一的，经济增长、环境保护、社会公正都是可持续的，它们可以共同取得进展。不管是适度开发、代内公平与代际公平，还是公众参与等，不难发现，可持续发展的核心伦理内涵仍然是指向人与人之间的，仍然是一种基于调整人与人之间关系的人际伦理。同传统的人类中心主义相比，虽然不可否认这是一种认识上的巨大进步，但它仍然是一种弱化的人类中心主义。它所要求的保护环境也仅仅是着眼于人类利益的保护，并没有将自然作为一个系统整体来对待，其理论预设也是主客二分，并未将人类作为自然整体的一个部分来考量。

生存主义提出的“限制”背景，以及在20世纪80年代人类经济与社会发展所遭受的环境危机和经济低迷、社会贫困等多重困扰面前，可持续发展表露了一种谨慎乐观、让人安心的态度或情绪，它认为人类应该仍然可以取得发展或进步，而且这种发展或进步将会持续下去，从而提出了一种有关可持续发展的远景追求。这种远景追求以及可持续发展核心观念所内含的整体协调平衡原则更多地从理想意义上体现了生态文明的核心诉求。加拿大学者布鲁克斯（D. B. Brooks）指出，自WCED提出可持续发展概念后至少出现了40种有关“可持续发展”的定义。约翰·贝拉米·福斯特认为可持续发展应具备以下特征：①对可更新资源的利用率必须低于它们的再生率；②对不可更新资源的利用率不能超过其替代资源的替代速度；③对环境的污染以及破坏不能超越“环境的同化能力。”[①] 因此，可持续发展在概念或战略实践上可能会由于历史境遇的不同出现不同程度的分化现象，人们对可持续发展的关切也就在更大程度上仍然处于一种远景追求或者说价值追求的层面。

（四）风险社会理论的生态意识

“风险社会”的概念是1986年德国著名的社会学家乌尔里希·贝克（U. Beck）在《风险社会》一书中提出的，该书的出版标志着“风险社会”理论的诞生。他指出：“风险概念是个指明自然终结和传统终结的概念。或者

---

① John Bellamy Foster, *The Vulnerable Planet*, Monthly Review Press, 1999, p. 132.

换句话说，在自然和传统失去它们的无限效力并依赖于人的决定的地方，才谈得上风险。”[①] “风险概念表明人们创造了一种文明，以便使自己的决定将会造成的不可预见的后果具备可预见性，从而控制不可控制的事情，通过有意采取的预防性行动以及相应的制度化措施战胜种种的副作用。”[②] 对于风险社会理论，学者们形成了诸多不同的观点，其中关于生态文明的思考包括以下几个方面。

一是唤起生态启蒙，关注对科技的应用。针对风险在当代社会的潜伏性和无处不在，乌尔里希·贝克提出，必须对现代化进行反思，实施第二次现代化，呼唤生态启蒙。他认为生态启蒙是“启蒙的启蒙”，它将自己的利刃磨得更为锋利，对第一次启蒙的苛求与普遍主义进行鞭策，并在这种意义上成为第二次启蒙。我们生活在文明的火山上，风险威胁的潜在阶段已经接近尾声了，不可见的危险正在变得可见。对自然的危害和破坏越来越清晰地冲击着我们的眼睛、耳朵和鼻子；生态的脆弱性超过我们人类的想象，自然的新陈代谢和自我恢复性越来越微弱；风险社会开启一种学习过程，人们开始关注环境危机的全球性，人们开始关注政府之外的治理和协商，一种自由的治理正在形成；更加强调将对风险社会的反思纳入科学研究行动与技术行动的逻辑中。贝克的“生态启蒙理论”要求人们不仅要有更高的环境意识，而且要始终保持对科学及其使用的领域与范围的警惕意识。

二是风险社会中存在不可避免的生态风险问题。安东尼·吉登斯在现代性的基础上考察风险社会，认为“不管我们喜欢与否，有一些风险是我们大家都必须面对的，诸如生态灾难、核战争等等”。[③] 沃特·阿赫特贝格在《民主、正义与风险社会》一文中从风险社会和生态民主关系方面提出，自由民主政治模式不一定适合风险社会，协商民主政治模式才是风险社会的适宜模式。风险社会理论对当今时代存在的社会风险进行了描述，认为生态风险、环境危机、核风险、金融危机等已成为人类不可避免的境遇；工业文明在为人类创造了丰厚的物质条件的同时也为我们带来了足以使整个地球毁灭的风

---

① 〔德〕乌尔里希·贝克、约翰内斯·威尔姆斯：《自由与资本主义——与著名社会学家乌尔里希·贝克对话》，路国林译，浙江人民出版社，2001，第119页。

② 〔德〕乌尔里希·贝克、约翰内斯·威尔姆斯：《自由与资本主义——与著名社会学家乌尔里希·贝克对话》，路国林译，浙江人民出版社，2001，第121页。

③ 〔英〕安东尼·吉登斯：《现代性的后果》，田禾译，译林出版社，2000，第29页。

险；旧的工业社会体制与文化意识在这些史无前例的生态风险面前显得苍白无力。

三是批判科学技术，建立生态民主。乌尔里希·贝克认为要解决风险社会的问题，关键在于打破第一次启蒙理性的话语，进行生态启蒙。生态启蒙的本质是建立生态民主，主要采取以下措施。第一是实行权力分配，剥夺科学技术对自身的垄断权。生态民主并没有否定科学理性，而是强调社会理性与科学理性的制约关系，以剥夺科学技术对自身的垄断权。第二是社会理性与科学理性的和解、和谐。“自然的终结”的重要表现就是自然与社会已经内在地成为一个问题性的共同体，纯粹的自然与纯粹的社会都已不再存在。“在20世纪结束的时候，自然就是社会而社会也是‘自然’”。[①] 自然与社会的问题性实现统一，使社会理性与科学理性都失去了独立存在的基础。一方面，社会理性、社会科学研究受到自然科学的强大影响；另一方面，科学理性也日益受到社会理性的制约。因此，乌尔里希·贝克认为，“没有社会理性的科学理性是空洞的，但没有科学理性的社会理性是盲目的”。[②] 风险社会理论同反工业化理论一样，是对科学技术进行批判的理论。

四是以社群意识培育人类生态整体观。风险社会的反思不是个人化的、利己主义的，而是需要站在全球化、地球村、人类整体的高度上进行。因为风险社会的风险早已超出了一定的地域、某个地区或某个国家的范围，所有的风险都是全球的、世界性的。一国的风险迅速在各国蔓延，一个地区的风险会影响到全世界。这一状况告诫我们，当代反思需要具有社群意识，需要从共享的角度思考问题。个体生存同样需要社群意识，没有一个人能够脱离群体而生存，个体生活状态的好坏与他者、与周围环境休戚相关。将“自我”和“我们”协调起来是当代反思的特征之一。只有形成一种“社群”意识，我们才能对风险社会进行整体的、全面的、方向性的关照。

五是反思现代性社会，提高生态责任意识。风险唤醒人类的责任意识。风险预示着有未来发生危机的可能性，是对人的警示，提醒人们提前思考未来，为积极面对未来提前做好准备。当代风险社会的“人造的风险”的特点是人类自己追求理想、满足物欲导致的不良后果。面对日益迫近的风险，人类有责任

---

① 〔德〕乌尔里希·贝克：《风险社会》，何博闻译，译林出版社，2004，第98页。
② 〔德〕乌尔里希·贝克：《风险社会》，何博闻译，译林出版社，2004，第30页。

时刻提醒自己，不但要对眼前负责，还要对未来负责；不但要对人类自己负责，还要对自然负责。安东尼·吉登斯等风险理论学者又把“风险社会”称为“反思性现代性”，告诫人类，以反思性的态度面对生活，反思性就是责任意识；警示人类检讨自己的选择，修正自己的错误，反思自己的言行。只有这样才能增强人类的责任意识，认识到不能只顾眼前利益而毁坏人类的未来。这也是个体生存需要具有的态度，以一种批判的视角看待自己，随时检讨，保持反思，不能一意孤行，要对自己的选择保持敏感度，不断自省、自我检查、自我审视。

总之，风险社会理论的生态意识是以“自然的终结”[①] 为基础的，乌尔里希·贝克指出：“自然史正在结束，但人类的历史刚刚开始。在自然终结之后，历史、社会、自然，或无论过度庞大的野兽被称作什么，最终都可归结为人类的历史。”[②] “自然的终结”主要包括两层含义。一是在空间、现实这个意义上，指没有受到人类影响的纯自然界已经不复存在。地球的每一个角落都直接或间接地留下了人类的痕迹，地球上的每一种生物都深刻受到人类活动的影响。二是在变化、发展这个意义上，指不受人类活动影响的纯自然变迁、纯客观变化的终结，人类活动已经深刻影响了自然界的发展方向、变化速度。全球变暖、洪水等“自然”灾害的增加与人类人口数量的增长、实践能力的提高具有正相关性。贝克指出，随着工业社会的推进，自然已经不可挽回地终结了，纯自然已经深刻地转换为文化的自然、社会的自然、政治的自然。“在20世纪结束的时候，自然既不是给定的也不是可归因的，而是变成了一个历史的产物，文明世界的内部陈设，在其再生产的自然状况下被破坏和威胁着。”“如果‘自然的’意味着自行其是的自然，那么它的一分一毫都不再是‘自然的’。”[③] 近代以来，工业发展、科学进步等人的活动使人与自然的互动关系呈现出新变化、新特点，但这些新特点、新趋势并没有为人们所尽知，因而呈现出鲜明的不确定性。在贝克那里，风险的本质是“人为的不确定性”，而“人为的不确定性”也就是“自然的终结”。

---

① 自然的终结，即“被文化整合了的自然”。

② 〔德〕乌尔里希·贝克：《世界风险社会》，吴英姿、孙淑敏译，南京大学出版社，2004，第140页。

③ 〔德〕乌尔里希·贝克：《风险社会》，何博闻译，译林出版社，2004，第97～99页。

（五）西方生态现代化理论的生态主张

生态现代化理论是对可持续发展理论的具体发展，是风险社会理论内涵的延伸，也是自反性现代化理论的创新。

1. 西方生态现代化理论的目标及转向

所谓生态现代化，从其与环境政策的关系而言，是指一种日益被欧洲政治精英所接受的环境意识形态或价值信念，用以为特定类型的环境政策辩护，是伴随经济社会发展和环境议题的转换而出现的具有重要影响的一种新环境理念。生态现代化力图通过生态化的生产与消费转型实现经济增长与环境保护共赢。“生态现代化”概念表明了现代社会中工业化进程的生态转向，其转型的方向是在考虑经济发展时顾及物质基础的维持，目的是使社会继续现代化并克服生态危机。

西方“生态现代化”理论的根本出发点是生产过程与环境的互动。第一，它将消费者的作用放在生产—消费循环的背景中去考察。第二，将市民、个人或者其他行动者的角色与制度发展结合起来进行分析，将关注点聚焦于二者在消费领域中的互动关系。消费行为不是单独由行动者或系统驱使的，而是二者同时作用的结果。

该理论的基本目标是试图转变人们对环境政策难题的看法，从而使清洁环境和经济活力的关系不再像 20 世纪 70 年代那样被视为是矛盾或冲突的。它把环境视为一个新的基本子系统，试图发展出一个容纳社会、经济和科学观念的社会设置，使环境问题变得可计算，从而促使生态理性成为社会政策制定的一个关键变量。

西方生态现代化理论是目前西方发达资本主义国家和资本主义世界比较认可的应对生态危机的主要理论，是在西方对自身进行反思与批判过程中产生的。世界性环境运动主导意识的转变为西方生态现代化理论的产生发展提供了契机。该理论创始人是德国学者约瑟夫·胡伯，该理论的使用者很多，包括环境社会学者、生态政治家、环保主义者等。关于生态现代化的使用范畴，现在有四种方式：一种社会学理论，一种描述环境政策的普遍话语，一种战略环境管理的同义词以及资本主义自由民主对环境改善关系的理论。[①] 这

---

① F. H. Buttel, “Ecological Modernization as Social Theory”, *Geoforum*, 31, 2000, pp. 58 – 59.

四种方式基本涵盖了目前生态现代化理论的应用范围。

2. 该理论经历了萌芽、论证与扩张三个阶段

20世纪70～80年代中期，西方生态现代化理论开始萌芽。德国学者约瑟夫·胡伯（Joseph Huber）认为，“生态现代化意味着一种可持续发展的方式，是现代性得以现代化”。[①] 马丁·耶内克最早使用“生态现代化”这一术语，认为生态现代化是一个首先与经济和技术相关的概念，是使环境问题的解决措施转向预防性策略的过程。约翰·德赖泽克更加关注经济社会制度方面的建构，将生态现代化视为资本主义的生态重建：“生态现代化指的是沿着更加有利于环境的路线重构资本主义的政治经济。”[②] 20世纪80年代中期到90年代中期，该理论进入论证阶段。生态现代化理论的主张开始转入生产、消费领域的生态与制度重建。20世纪90年代中期以来，该理论得到了扩展。该阶段的主要代表人物阿瑟·摩尔、格特·斯帕加伦、马腾·哈杰、阿尔伯特·威尔等发展了生态现代化理论。阿瑟·摩尔、格特·斯帕加伦的最大贡献是把生态现代化引入英文世界。阿尔伯特·威尔的《创新与环境风险》、皮特·克里斯托弗的《生态现代化与生态现代性》等发挥了重要作用。

3. 西方生态现代化的生态理论主张

一是环境保护不应被视为经济活动的一种负担，而应被视为未来可持续增长的前提；应该通过现代社会工业化的更高发展和现存制度的进一步现代化来解决环境危机。这是该理论的核心。二是认为环境保护与经济发展之间应该是协调的，经济增长和环境保护应相互支持、相互促进。三是强调技术革新可以带来经济增长和环境保护的双重改善，将技术革新、制度发展视为解决环境问题的决定性因素。它强调在私有部门特别是制造工业及相关部门（如废弃物循环利用）的环境改善行为，如减少污染和垃圾。四是建议作为市场促进者和保护者的政府更多地使用市场调节手段来实现经济发展与环境保护目标。该理论注重研究政治现代化中政治干预的新形式，如认为政府政策领域包含两个方面：一是补偿对环境的破坏，用额外的技术来将生产和消费对环境的影响最小化；二是改变生产和消费的过程，比如清洁技术、环境资

---

① Joseph Huber, “Ecological Modernization: Beyond Scarcity and Bureaucracy”, in the *Ecological Modernization Reader: Environmental Reform in Theory and Practice*, Rutledge, 2009, p. 46.

② 〔澳〕约翰·德赖泽克：《地球政治学：环境话语》，蔺雪春、郭晨星译，山东大学出版社，2008，第193页。

源的经济评价、改变生产和消费方式等。

总之，西方生态现代化理论并不认同“增长的极限”，对环境风险认识较为乐观。此理论催生了两种意识：一是反对激进环保主义，二是对经济发展与环保运动之间的关系保持乐观态度。

4. 西方生态现代化的使用场域

戴维·索南菲尔德认为，生态现代化首先是一个处理现代技术、（市场）经济以及政府干预的体系的一种概念。“根据主流生态现代化理论家的诠释，资本主义既不是严格的（或激进的）环境改革所不可少的前提，也不是这种改革的重大障碍。”[①] 学者们延伸该理论的使用范围，“他们试图用生态现代化理论来探讨或解释欧亚地区各过渡型社会迥然不同的政治环境下的动态”。[②]

西方生态现代化理论是在资本主义的制度框架和资本逻辑下提出的一种思想观点及主张。该理论对资本主义制度抱着极大的幻想，认为只要运用技术创新，发挥市场主体的生态功能，政府加强环境政策变革，市民社会积极参与，全社会进行生态理性的生产与消费，促进产业的生态转型等就可以挽救水深火热之中的资本主义生态危机。他们没有从资本主义制度的私有制本质上给予根本性的解决，没有认清资本主义私有制对生态破坏的速度远远快于生态环境变革的政策与行动。“当生产资料的私人所有制与资源的市场配置相结合时，则不可避免地导致不平等，政治与经济权力的集中、失业，不良发展成为不适当的发展。更进一步讲，在这个体制中必然会形成的优胜劣汰动力，会导致对政府自然的系统消解，其结果必然是生态破坏。”[③]

该理论认为超工业化能够实现现代化的生态化：“只有重视和解决与生产方式相关的经济和环境不公的问题，生态发展才有可能。对经济的发展，生态学的态度是适度的，而不是更多。应该以人为本，尤其是穷人，而不是以生产甚至环境为本，应该强调满足其基本需要和长期保障的重要性。”“最重要的是，我们必须认识到对资本主义进行批判的浪漫主义和社会主义的批评

---

① 〔荷〕阿瑟·莫尔、〔美〕戴维·索南菲尔德编《世界范围的生态现代化——观点和关键争论》，张鲲译，商务印书馆，2011，第28页。

② 〔荷〕阿瑟·莫尔、〔美〕戴维·索南菲尔德编《世界范围的生态现代化——观点和关键争论》，张鲲译，商务印书馆，2011，第14页。

③ 〔希〕塔斯基·福托鲍洛斯：《当代多重危机与包容性民主》，李宏译，山东大学出版社，2008，第174页。

家们本已揭示的真理：增加生产并不能消除贫困。”①

西方生态现代化是西方环境保护运动应对生态危机在工业社会内部进行的一种自身修复行为。该理论本身存在很大的局限性与不可逾越的障碍，这使其维修资本主义内部问题的效果大打折扣，使得工业文明与生态危机的固有矛盾得不到彻底的、根本的解决，生态文明也就无从谈起。

三　西方资本主义路径下生态文明思想的形成

（一）西方国家反工业文明的新社会运动酝酿了生态文明意识

冷战后，西方发达资本主义国家出现回光返照和反资本主义运动思潮兴起的不协调社会现象。20 世纪 90 年代，随着苏联的解体和东欧社会主义国家的剧变，一些资本主义国家的学者似乎看到了一个新世界的来临。“在这个新世界中，对自由资本主义的质疑，将会导致集权主义的复生，这种集权曾造成了奥斯威辛和古拉格群岛的惨案。”② 自由资本主义的思想在世界舞台上又恢复了生机。资本主义世界里的很多学者对自由资本主义又燃起了新的热情，代表性人物是美国学者弗朗西斯·福山，他提出了著名的“历史终结论”，认为资本主义的复兴代表着“历史的终结”：共产主义的失败，表明除了自由资本主义，任何其他所谓进步的制度都是不可行的，“很明显，资本主义是促进财富增长和自由贸易的最佳制度”。③

这种思想在后冷战时代的资本主义世界的国家政策中得到了大力的推广和执行。具体包括：财政制度、公共支出优先权、税务改革、金融自由化、竞争性汇率、贸易自由化、私有化、放松管制、保护知识产权等。这种在世界范围内的资本主义国家采取的经济政策被称为“华盛顿共识”，甚至一大部分国际左派也接受了这种思想。这种思想的代表之一——“第三条道路”理论在英国托尼·布莱尔同他的幕僚安东尼·吉登斯近乎狂热的宗教式宣讲中，几乎成为资本主义世界的必需的经济安排。一时之间，所有权威人士都接受

① 〔美〕约翰·贝拉米·福斯特：《生态危机与资本主义》，耿建新、宋兴无译，上海译文出版社，2006，第 42 页。

② 〔英〕阿列克斯·卡利尼科斯：《反资本主义宣言》，罗汉、孙宁、黄悦译，上海世纪出版集团，2005，引言第 1 页。

③ N. Hertz, *The Silent Takeover: Global Capitalism and the Death of Democray*, William Heinemann Ltd, 2001, p. 10.

了自由资本主义，政治上的争论空间只剩下次要的技术性问题或人性问题的阐述了。一位资深的西方学者佩里·安德森写道："自宗教改革以来第一次出现这种情况——如果我们把宗教教条斥为腐朽的古训，在整个西方，甚至是全世界的思想界，已经听不到任何显著的系统化的反对呼声了。"①

但是，1999年的"西雅图会议示威事件"②遏制了新自由主义的发展势头。之后两年时间里，同样的示威活动此起彼伏，2001年7月1～20日的热那亚八国峰会上示威活动达到顶点，当时，《金融时报》刊发一系列主题为"受围攻的资本主义"的文章。核心观点是"资本主义因为有多处抵触人类文明的地方，造成人们主观上的厌恶与警觉。正是它通过股票市场，驱使无数的公司企业为了追逐利润而不惜破坏性地掠夺环境资源，毁灭物种，并且拒绝履行救济贫困阶层的承诺。人们担心社会民主已经无力阻止它的扩张，因为那些政治家们可能已经被企业收买，国际政治机构也已经成为企业扩张战略中的棋子"。③越来越多的人认识到，世界正在沿着一条走向疯狂的道路发展，如果不加以抵制，人类的发展前景将变得渺茫。21世纪的今天，反资本主义运动已经在这条道路上迈出了第一步——虽然它并没有明确的指导性战略，只是凭着斗争本身的发展规律来进行。但是，对生态环境的意识，对自然界的关爱，对社会贫穷的关注已经成为越来越多人的共识。

（二）西方国家的环保运动冲击了工业文明，催生了生态文明新形态

西方国家的环境NGO、公众、跨国公司及包括有影响力的个人在内的市民社会在环境保护和促进可持续发展方面作出了重要贡献。1962年，美国海洋生物学家R. 卡逊出版的《寂静的春天》揭示了环境污染对生态系统的影响，引发了人们对生态环境问题的关注和积极参与，群众性环境运动开始兴起。1970年4月22日，美国爆发了2000多万人参加的公民环境保护运动，

① P. Anderson，"Renewals"，*New Left Review*，（Ⅱ）1，2000，p. 17. 参见 Gilbert Achcar's measured critique，"The 'Historical Pessimism' of Perry Anderson"，*International Socialism*，（2）88，2000，p. 17。

② 西雅图会议示威事件是指1999年世界贸易组织第三届部长级会议在西雅图举行新一轮贸易会谈时遭到会外40000名示威者的围攻的事件。示威活动有效地干扰了西方政府在统一行动上的谈判，鼓舞了第三世界国家的代表反对超级大国的不公正方案，最终谈判破裂。

③ 〔英〕阿列克斯·卡利尼科斯：《反资本主义宣言》，罗汉、孙宁、黄悦译，上海世纪出版集团，2005，引言第5页。

这一天后来被称为“地球日”。这是人类有史以来第一次规模宏大的群众性环保运动。1972 年，斯德哥尔摩“人类环境大会”将全球性环境保护运动推向高潮。20 世纪 70 年代末 80 年代初，生态运动已经发展成为集环境保护运动、和平运动、女权运动、民主运动为一体的全球性群众性政治运动。20 世纪 90 年代以来，生态运动出现了新的变化，逐渐从公众关注的生态环境问题转向公众与政府共同关心的“可持续发展”问题。西方国家生态运动在几十年的发展过程中，参与面越来越广，效果也更加明显，其对政府环境保护决策的制定、整个社会环境保护意识的形成和传播发挥了重要影响，从而在西方国家从工业文明向生态文明的历史性转变过程中，发挥了重大的引导和推动作用。

从现代西方国家环境运动的发展来看，它至少有三个方面的表现方式。其一，它们与制度化趋势相反。激进的非制度化团体在许多国家中形成，从“地球第一”、海洋保护者协会和地球解放前线，到美国的环境正义运动和英国的反道路建设运动，都对现存制度提出了挑战与反对。其二，在认知层面上，新自由主义的生态现代化议程的霸权地位受到一个反话语场域的挑战。这种反话语的内容或系列是异质性的，包括从生态中心主义、生物区域主义和女权主义生态学，到生态社会主义与选择性生活方式。它们共有的特点是反抗作为主流环境运动的新自由主义的环境主义。其三，环境主义与其他新社会运动议题的结合，如人权、妇女地位、绿色民主、对科学的批判和第三世界发展等，形成复合式的内容。

西方资本主义国家的“第四世界”[①] 对现存的工业文明进行了猛烈的抨击，工业文明主导的生产方式、生活方式、消费方式、组织方式正在被“第四世界”的人们一点点撕扯，对自然界的关怀、对人类自身生存状态的关注正逐渐纳入人们思考的视野。消费主义和享乐主义越来越在全世界流行，在西方国家已经成为人们生活的主流和核心，物质需求和消费无限的理念把人的需求与消费归结为物质性，并且越多越好，永无止境。在这种情况下，人变成了消费机器，实质上，人们却过着痛苦的生活。消费所需要的东西从何处来？毫无疑问，是要向自然界索取的。于是，需求的越多、消费的越多，

① 第四世界是 K. 塞尔在《土地居住者：一个生物区域视角》中提出的一个概念，是指正如外部的殖民地摆脱帝国形成了第三世界一样，内部的殖民地——第四世界——正在努力摆脱国家。简言之，第四世界是指发达资本主义国家内部反对国家的群体。

向自然界索取的就越多。这种理念促使人们对自然界进行贪得无厌的掠夺，导致自然资源变得越来越匮乏，生态系统越来越脆弱，人与自然的矛盾也越来越突出。人成为消费的机器，人被异化为没有灵魂、没有情感、没有道德的幽灵，社会关系越来越紧张，冲突、战争不断发生。工业文明下的世界已经看不到前途。工业文明的退化，预示着新的文明形态即将出现，这个新的社会形态就是人、自然与社会和谐的生态文明社会。

（三）西方资本主义社会总危机助推了生态理性的张扬

经济危机是资本主义世界的第一危机，是人与人之间的社会矛盾，是资本主义生产关系不适应生产力发展的必然结果，也是不可能从根本上解决的。生态危机是资本主义社会的第二危机，是人与自然之间的矛盾。它预示着生产力条件的破坏，生产力的发展将不可持续。生态危机的到来加剧了人与社会的矛盾，催生了资本主义社会总危机的爆发。生态危机在资本主义世界的表现，正如迈克·戴维斯在《维多利亚时代末期的屠杀》中写的："从政治生态学的角度看，农户、村庄与区域生产系统、世界商品市场以及殖民地国家间关系的同步重构，使得原本脆弱的热带农业经济更易受到极端气候变化的冲击。"[①] 资本主义竞争性积累机制不仅带来影响深远的经济危机，还日益加剧对环境的破坏。苏珊·乔治对此进行了揭露："永远不要指望跨国公司和富裕国家在最终意识到他们的行为会毁灭我们赖以生存的地球时候能够及时收手。在我看来，即使他们为了自己子孙后代的将来考虑，想有所收敛，也是身不由己。资本主义就像是一部飞速行驶着的自行车，永远只能前进，要不然就只有倒下。"[②]

新自由资本主义与新帝国主义促使资本主义世界变得更加不平等：国家内部的不平等、贫富差距进一步拉大；国家间的贫富悬殊也更突出。在资本主义世界体系下，欠发达的资本主义国家在资本主义的市场体制中处于不利地位。现代资本主义发展中出现的众多问题随着生态危机的频发而放大和加深，资本主义世界于是出现众多的反资本主义的声音。一些学术流派和社会

---

① M. Davis, *Late Victorian Holocausts: El Nino Famines and the Making of the Third Wolrd*, Verso, 2002, p. 15.

② 〔英〕阿列克斯·卡利尼科斯：《反资本主义宣言》，罗汉、孙宁、黄悦译，上海世纪出版集团，2005，第26页。

运动对资本主义的存在进行了批判与质疑，生态理性在这场反资本主义的思潮和运动框架下得到宣扬与认同。

（四）西方国家政治和政策的绿色实践推动了生态政治思想的发展

西方国家政治实践的绿化主要体现在绿党参政与政府的绿色政策两个方面。一是绿党的政治实践取得了较大成效。绿党是20世纪80年代以来在西欧兴起的，以突出环境保护、扩大民主、维护人类和平、反对经济过度增长以及反对政治官僚化为奋斗目标的一支新兴的政治力量，它提出了以生态环境问题为中心，以人与自然之间关系和谐为主旨的一种全新的绿色政治学："我们代表一种完整的理论，它与那种片面的、以要求更多生产为牌号的政治学是对立的。我们的政策以未来的长远观点为指导，以四个基本原则为基础：生态学，社会责任感，基层民主以及非暴力。"[①] 绿党政治强大的政治影响力促使传统政党都不同程度地进行了调整，推动了欧洲政治的深层绿化，使得可持续发展成为多数党派的共识，这又反过来在相当大的程度上加大了绿党在政治主张和生态实践上的作用发挥。西方发达国家生态环境保护政策和理念的每一个进步，几乎都离不开绿党的努力。

二是西方国家政府不断改变对内环境策略和对外环境战略，取得了一定成效。一方面，西方发达国家基于对诸多环境危机的反思和生态运动的推动，尤其是绿党政治的生态实践，相继出台了一系列环境政策，推动生态理念不断融入经济社会发展理念。20世纪60～70年代之后，西方国家开始了对环境的认真治理，工作重点是制定经济增长、合理开发利用资源与环境保护相协调的长期政策。20世纪90年代以来，可持续发展理念在西方国家逐渐成为主导性环境理念，在政府的环境政策中鲜明地体现出这一特点。另一方面，西方发达国家制定了一些对外的环境战略。值得一提的是这种战略的作用是双向的，在对全球环境问题的解决方面发挥了一定作用的同时也具有环境殖民主义倾向。在国际制度的制约、国际舆论的压力及发达国家本身的利益考虑下，发达国家的对外环境战略在一定程度上还是适应了世界整体性发展的现实需求，为人类走向生态文明作出了一定贡献。

---

① 〔美〕弗·卡普拉等：《绿色政治——全球的希望》，石音译，东方出版社，1988，第58页。

四　发达资本主义国家生态文明建设的政治路径

（一）发达资本主义国家生态文明建设的政治机遇

欧洲绿党在欧洲国家政府中开始占有一席之地，有的甚至参加联盟组阁，这为欧洲国家生态文明建设提供了一定的政治机遇。关于绿党及其绿色政治思想的研究在西方比较丰富。绿党政策在政府中能否得以贯彻及其绩效对西方国家生态文明实践意义非凡。西方国家的生态文明是在民间社会运动推动、政府制定政策及国际污染转移等多种途径中推进的。从区域生态效益或某一产业领域的角度看，污染已得到一定程度的改善或控制，但是从全球整个人类的生存环境看，是失败的。无论如何，绿党在欧洲国家的政治参与和社会活动是值得肯定的。

1. 西方生态政治理论：生态文明的政治理论基础

西方生态政治理论是基于人类所面临的日益严峻的生态环境危机和生存危机，从生态环境与政治相结合的角度阐发的一种全新的政治思维。它以生态效益为核心价值，以人与自然的和谐关系为追求目标，并且把人类的政治经济活动置于其中进行思考和评价，把发展问题同生态环境问题紧密联系起来，从而与可持续发展的时代要求遥相呼应。“这种政治思维，把政治—社会—自然看作一个环环相扣、联系紧密的巨型系统，自觉地把政治放到一个包括社会环境和自然环境在内的广阔的大背景中，对其理论和行为的正负效应进行多重的、宏观的考察。”[①] 生态政治的基本理论是欧洲绿党的理论基础，其形成发展过程就是绿党政治学的形成发展过程。

西方生态政治理论具有特定的生态政治价值观。该理论认为，在自然界中，每一种有机体都是一个整体和一个生命网络系统，整个自然界就是一个互相联系、不断发展的生态系统，人类、自然环境、人类的生产生活全包含在这种生态的循环之中，因而人们必须同自然界保持和谐关系，不能忽视或违背自然规律和生态学的普遍原则和要求，否则最终将导致地球的毁灭和人类的灭亡。

西方生态政治理论将协调与综合发展看作生态政治的价值追求。这种协

① 刘京希：《生态政治论》，《学习与探索》1995 年第 3 期，第 83 页。

调不仅包括国家间处理政治、经济、社会利益纠纷时的协调，也包括国家内部处理生产关系、人际关系时的协调，更包括人类在利用和开发大自然过程中与各种物种之间的协调；而“综合发展”则包括经济的持续发展、社会的全面进步、人的素质与生活质量的不断提高、环境系统的良性循环、生态资源的永续利用和生态价值观念的构建等。不断追求人与自然的和谐，实现人类社会全面、协调和可持续发展，是人类共同的价值取向和最终归宿。

生态政治理论强调生态政治与民主政治之间有着密切的联系。生态政治必须以民主政治为基础，它是对民主政治在新的视角上的补充、完善和发展；民主政治则是生态政治的前提。民主政治的具体目标是科学决策，条件是公民对政治生活的主动参与，过程是制度化的程序，最大目标是维护绝大多数人的根本利益，而这些也正是生态政治所赖以存在并产生积极影响的根基。

西方生态政治理论强调公民的政治参与，重视发扬基层民主。该理论认为经济和社会的民主化与生态环境保护有着不可分割的联系，经济和社会的民主化既是生态社会的基石，也是走向绿色社会的通道。该理论提出把基层民主原则贯穿在整个党组织的活动之中，基层民主原则内在地包含着直接民主，即通过实行直接民主，让公民直接参与决策和公共事务的管理：“基层民主的政治学意味着更多地实现分散化的直接民主。我们的出发点在于基层的决定在原则上必须予以优先考虑；我们给予分散化的易于管理的基层单位以具有深远意义的独立和自治的权力。”①

生态政治理论带来的新的绿色生态意识是人类宝贵的精神财富，已经成为各国可持续发展的重要思想资源。然而，其在生态文明的实践中也暴露出不少局限性。第一，它提出要淡化阶级、民族和国家利益，树立全人类的价值观，这是一种带有欺骗性的空想。第二，它强调的非暴力原则不具备现实性，还会束缚自己。第三，它并没有提出一个保护全球生态环境的现实方案，忽视了全球性生态问题和全球性发展问题之间相互依存的关系。第四，它认为集中化、官僚化、“技术统治论”导致了现代化大生产和劳动破碎化，并企图用手工劳动取代现代化大生产，这实际上是一种历史倒退。从本质上说，科学技术是治理环境污染的必要手段。第五，它主张的“稳态经济”在现行

① 〔美〕弗·卡普拉等：《绿色政治——全球的希望》，石音译，东方出版社，1988，第68～69页。

的世界经济格局中无法实现。第六，在当代经济全球化的背景下，绿色政治的蓬勃发展使传统的民族国家权威遭遇空前挑战，从而导致了无政府主义政治思潮的再度复兴。

2. 绿色政治思潮与环保运动促使生态文明理念的政治化

在西方，围绕环境保护和生态运动，形成了形形色色的各种思潮和流派，主要分为“绿绿派”和“红绿派”两大阵营。属于“红绿派”阵营的既有一些社会民主主义者，也有一些马克思主义者，他们一般被统称为生态社会主义者。因此，一般的“绿色政治”就是指“绿绿派”的政治。

在环境保护和生态运动的旗帜下，20世纪60年代，一批西方思想家在对人与自然关系的深刻反思和对资本主义工业文明理性批判的基础上，提出了“绿色政治理论”。该理论以生态效益为核心价值，以人与自然的和谐关系为追求目标，通过环保运动和绿党而付诸政治实践，对西方社会产生了广泛、深刻的影响。绿色政治是一种后现代政治，是一种环境保护主义的生态中心主义的政治。

绿色政治理论发展到20世纪70年代，在绿色运动的大本营——德国，兴起了一种典型的左翼社会思潮，它在20世纪80年代末日臻成熟。这一绿色政治思潮虽因发展的不同时期、不同代表人物而有差别，但是在西方有着广泛的群众基础和颇大的影响力。该思潮的共同理论倾向是认为资本主义制度是生态危机的根源；人与自然应和谐统一；生态社会主义是未来社会的理想模式。绿色政治家A. 阿特金森（Andrew Atkinson）推崇相对主义，认为助长普遍理性和二元论的、还原主义的和分析的思维，就等于助长文化帝国主义。

在“绿色”旗帜下，环境保护和生态运动推动着西方政治的绿色化、生态化。在绿色思潮和运动的影响下，几乎所有的西方国家都出现了绿党。它们提出了一系列的政治主张，这些主张得到了众多普通民众的支持，并推动政府实施保护环境的立法和政策。20世纪60年代末期，欧洲从狂热的共产主义、极端的民主意识、性解放等的自由理念中，逐渐形成了绿色的理念和绿色运动队伍，以环境保护、反核、可持续能源等作为其政治诉求，同时在体制内与体制外从事抗争与改革的活动。这样的绿色运动最先在挪威、瑞典、芬兰以及德国出现、发展，运动初期经常有相当激进的街头抗争与国际性的干预行动，最终形成了世界性的环境保护运动。

20 世纪 60 年代后期，欧美国家出现了声势浩大的学生造反运动、和平运动、环境保护运动。“自然之友”“峰峦俱乐部”“绿色和平组织”“世界卫士”“布伦特兰委员会”等非政府组织蓬勃发展，推动着作为国际社会的一种市民运动的“绿色政治运动”的发展，其影响日益深入，并渗透至社会的每一角落，形成了“绿色政治化”的局面。

3. 绿党在西方资本主义国家中的政治活动

绿党是一个在 20 世纪才开始在欧洲扩散的政党，除了欧洲之外，在世界各地多个国家和地区都成立了绿党，如新西兰、澳大利亚、非洲、北美。最著名的就是德国绿党。各个国家和地区的绿党主张多少有些不同，但全球的绿党都有一个共同特性：提倡生态的永继生存及社会正义，帮助建立生态保护区，反对经济对生态的破坏。它有四个基本目标：生态永继、草根民主、社会正义、世界和平。绿党积极参政议政，开展环境保护活动，对全球的环境保护运动具有积极的推动作用。

绿党提出了“生态先于一切”的极富挑战性的口号，它把自然生态系统和人类社会系统看作一个相互作用和相互影响的统一整体，以政治价值观和政治思维的变革为基本点，从政治学的基本原则到政策操作层面，包括政治民主、政治决策、政治参与等，再到国家权力的结构与分配等各个环节和层面，都系统地提出了自己的见解和主张，如政治决策必须考虑生态效益以及扩大基层民主的分散化等。

有一些西方国家的绿党党员是政府官员，直接参与国家的政治活动。1979 年，西德环境保护者组成了德国绿党。德国是欧洲大陆第一个正式意义上的绿党的诞生地。1983 年 3 月 22 日，一支 27 人的绿党队伍进入了联邦德国的国民议会下议院——联邦议院，这是 30 多年来第一个取得下院席位的新党。到 20 世纪 80 年代中后期，比利时、奥地利、意大利、卢森堡、芬兰、瑞士、瑞典和爱尔兰等国的绿党成员也进入各自国家的议会，有的进入了地方政府。1993 年芬兰的一名绿党成员首开纪录，成为内阁成员，之后，绿党成员在比利时、意大利、法国和德国的联合政府中相继出现。在芬兰、意大利、法国、德国和比利时，绿党还成为执政党，从而涌现出一大批绿党高层官员。在欧洲议会和欧盟委员会中也有绿党成员。在欧盟，绿党虽然规模小，但也有不少政党实现了联合。1993 年德国的两个绿党合并，其势力锐不可当，进入了 11 个州议会（总共 16 个州），并在联邦大选中获得 49 个议席。1998

年，施罗德领导的社民——绿党联盟赢得德国大选胜利，绿党在德国政府中获得了3个内阁职位，包括外交部部长、环境部部长和消费事务部部长。除德国以外，法国、比利时等国的绿党也在国会选举中得到了令人重视的席位数，得以参与组织联合政府，并在联合政府中占据环保、卫生、公共运输甚至外交等方面的要职，有效地推动了本国绿色政策的制定与执行。

总体上，西欧绿党的政治实力已超过了有几十年斗争历史的西欧共产党，成为仅次于西欧社会党团和人民党党团的第三大政治力量，在西欧现实政治生活中发挥着重要的作用。绿党已成为一支世界性的政治力量，尤其在西欧——在西欧大部分国家，绿党已成为平衡左翼、右翼的重要力量。欧洲绿党谋求统一，扩大影响，瞄准议会。欧洲生态保护主义组织的领导人2002年在罗马签署了一份文件，宣告了欧洲绿党的诞生。意大利前部长阿方索·佩科拉罗·斯卡尼奥说："我们是欧洲第一支决定联合起来建立一个政党的欧洲政治力量"。[①] 新建欧洲绿党的纲领性文件谈到了五个问题：环保、为社会尽义务、扩大民主、推动和平政策进一步实施，以及从下层开始实施。2004年2月21日，欧洲32个绿党的代表在意大利首都罗马举行的大会上宣布，他们决定组建统一的"欧洲绿党"，作为欧洲历史上第一支涵盖整个欧洲范围的政治力量，参与欧洲议会选举。此前，欧洲的各个绿党在欧洲议会中只是作为一个松散的联盟一起工作，合并后的"欧洲绿党"，将改变这一状况，使原来分散的32个绿党能够以共同的宣言、共同的行动表达它们共同的声音，进一步扩大绿党在欧洲的影响。

4. 生态理念进入国家政府政策层面，制定生态规制

19世纪末20世纪初，两位教会领袖约翰·米尔（John Muir）和杰弗德·平肖（Gifford Pinchot）呼唤美国人从滥用天物中悔改，要求以环保为最长远的目标，敦促美国政府立法保护大自然。从20世纪60年代起，美国政府至少已通过了九条环保法律，生态理念已逐渐进入了政府的环境保护政策之中。

欧洲国家政府较早关注生态问题，绿色的执政理念在政府中逐渐产生并融入到决策中，制定出了一些生态立法、政策和环境保护措施。20世纪80年代后期和90年代，生态现代化概念进入发达工业国家的政治议程。绿色政策

① 《欧洲绿党统一瞄准议会选举　德外长号召夺权》，http://news.sina.com.cn/w/2004-02-26/15181906477s.shtml。

逐渐成为政府施政的重要内容。广义的绿色政策的最坚定支持者是1980年成立的德国绿党，包括生态保持、绿色经济与生态转型、有机农业发展、环境经济政策工具引入、废除核能和发展新能源等，基本上都是由绿党首先提出和引入议会政治舞台的。德国总理安格拉·默克尔在2005年上台后基本坚持了一种亲绿色政策的政治立场，绿色政策取向在德国已经成为一种跨党派政治共识。当前，无论是社民党的主席（前环境部部长）西格马·加布里尔（Sigmar Gabriel）还是基民盟的环境部部长诺尔伯特·罗特根（Norbert Rttgen），都把绿色发展置于其政治理念的核心，因为“未来的市场经济是绿色的”。英国、日本、北欧诸国等也都把生态保护列入政府的基本政策行列。1969年，美国国会批准了“国家环境政策法案”，随后的20年间，又有数百个环境法规出台。“1970年，美国国家环保局重新整编，成为国内最重要的政府管理实体之一；它不仅是国家重大的环境保护工程的制定和实施者，而且负有国家环境法规的执行和监督责任。”①与此同时，美国的各级地方政府也都健全和完善了环境管理的机构。英国、日本、韩国、德国、法国、加拿大等国家先后制定了一系列生态保护的法律法规，生态理念已经成为这些国家制定经济政策的重要考量目标。

5. 发达国家共产党具有生态色彩的政治主张

发达国家的共产党在苏东剧变后，经历了短暂的迷茫、消沉后，开始了新的政治转向——转向生态。西方发达国家的环境运动、生态现代化与反资本主义的新运动等促使共产党对政治斗争的内容进行修订，并积极参与到对发达国家生态危机的批判与斗争中。发达国家的共产党对资本主义的生态批判和生态主张更加注重从实践层面坚持经典马克思主义的阶级斗争理论，强调工人阶级在环保运动中的作用，其最终目标仍是社会主义和共产主义。

一是一些发达国家的共产党开始关注生态，并在各自的党纲和政治文件中把良好的生态环境列入党的斗争目标。2001年美国共产党通过的新党章中，“环境”一词出现了4次，2006年美国共产党28大通过的行动纲领中，“环境”一词出现了30次。2001年加拿大共产党中央委员会通过的行动纲领中，使用大量篇幅专门讨论环境危机问题。意大利共产党认为，生

① 《美国环保运动（一）》，《中国青年报》2001年3月20日，第4版。

物技术成果的运用，使人类参与了对环境、自然、植物、动物和人类生命本源的直接破坏行动。法国共产党在21世纪初指出，资本主义市场竞争不可避免地给人类的生存空间造成新的破坏，因为“资本主义在保护环境上投入的资本，将会以更加大的破坏去挽回，这是恶性循环”。“生态斗争是利益的争夺，是政治斗争的表现形式，环境保护实际上就是保护人类生存的基本空间，是同人的全面发展相联系的。”① 西方发达国家的共产党在新的历史机遇面前，紧抓生态和环境的时代脉搏，及时更新自己的斗争目标，具有重要的历史意义。

二是发达国家共产党深入揭露生态危机的根源。发达国家的共产党对资本主义制度具有深刻的认识，认为资本主义制度本身是产生生态危机的根源。美国共产党从四个方面挖掘了生态危机的根源：“首先，从环境恶化的视角而言，资本主义的利润驱动型体制是生态危机爆发的根本原因。其次，从环境改善的努力看，资本的趋利本性侵蚀了人们的环保战略。再次，从生产方式和生活方式上，美国模式的生产方式和生活方式极大地破坏了环境。最后，在全球范围视阈下，公司帝国主义加剧恶化了全球环境。”② 美国共产党在揭露资本主义生态危机的根源时，既具体又抽象，不仅提出具体的生态斗争策略，还上升到了宏观上对生态环境问题的深刻剖析。

三是发达国家共产党寻求解决生态危机的途径。主要包括四个方面：环保运动应该和劳工运动相结合；根本的社会变革才能彻底解决生态环境问题；环境问题是国际问题，必须号召全世界的工人阶级团结起来进行环境斗争；推翻本国的资产阶级政党政府是生态斗争的最紧迫目标。发达国家的共产党依然把推翻资产阶级政权，实现社会主义和共产主义作为最终目标。如美共认为：“美共构建的社会主义作为超越资本主义的社会形态，将实现下列目标：第一，消灭剥削、不安全和贫穷；结束失业、饥饿和无家可归等现象。第二，消灭种族主义、民族压迫、反犹太主义，以及所有存在歧视、固执、偏见的行为，改变妇女的不平等状况。第三，对民主进行更新和扩展；结束私人拥有国家财富的状况和‘公司美国’的统治；创造一个真正人道、理性、

① 李周：《21世纪初法国共产党的战略调整》，《改革开放与当代世界社会主义学术研讨会暨当代世界社会主义专业委员会2008年年会论文集》，深圳市市委党校编，2008，第287页。

② 余维海：《生态危机的困境与消解——当代马克思主义生态学表达》，中国社会科学出版社，2012，第51页。

计划的社会，最大限度地发挥人类的个性、创造力和才能。"①

（二）发达资本主义国家生态文明建设的政治困境

生态文明建设的推动需要一个生态制度的建立。西方国家的绿党通过社会的环保运动和参与政府政策，将绿色理念、生态环保带入政府决策，具有历史的进步意义。逻辑上，绿党进入政府，参加政府的政策制定将会助推生态环保政策的制定、生态机制的构建。但事实上，欧洲多国的执政绿党并没有在实践中一直表现出令人鼓舞的成绩。这是因为，有的绿党并不认同权力能够带来生态的改善，有的绿党获得执政地位后因为绿党意识形态的影响反而把自身置于选民争取中的不利地位。绿党公开希望超越阶级界线，超越左派和右派，把与人民和自然界共存亡，当作自己的最高目标。绿党的主张既不是资本主义的，也不是社会民主主义的，更不是社会主义的。它的出发点是全人类的，是整个人类和星球的生存，不分阶级与阶层。这种意识形态与现存的国家权力机制与结构是格格不入的，这也导致绿党在推进生态文明实践中效果大打折扣。

1. 绿党对政治权力的认同存在怀疑

欧洲有的绿党并不急于进入全国政府，很多的绿党分子认为全国政府并不是真正的权力核心，议会和政府在应对那些对人类生存来说最为紧迫的议题方面并不是那么有力。"议会代表权也许还可以提供一个将绿色观念与主张传递给更广泛公众的合适论坛，而参与政府最多只能带来微不足道的改变，更糟糕的是，它还可能仅仅服务于为致力增长、军事主义、剥削第三世界和污染的'旧政治'（old politics）的持续提供合法性。"② 欧洲绿党由于各个国家制度环境与体制结构不同，它们在政府中的作用与地位的差异也很大。大多数都或多或少地经历了在地方政府中的机会与约束。

2. 绿党获取权力的道路坎坷

绿党对权力的不认同态度，以及本国政治体制的制约使得它们迈向权力的过程中充满了波折与艰辛。绿党在地方与全国政府中的作用差异很大。绿

---

① 黄宏志：《美国共产党的社会主义权利法案》，《国外理论动态》2000 年第 1 期，第 21 页。

② 〔德〕斐迪南·穆勒－罗密尔、〔英〕托马斯·波古特克主编《欧洲执政绿党》，郇庆治译，山东大学出版社，2012，第 136 页。

党政治经验的不足也影响了绿党进入更大区域甚至全国政治权力中心的进程。

在西欧国家众多的绿党中，德国绿党在进入政府权力的过程中算是一个幸运儿。德国的联邦主义为新党在真正的联邦体制下在中间层次上执政提供了机会，这个政治体制为德国绿党步入政坛提供了便利。但是，即便这样，德国绿党也经历了权力结构的挑战，在它加入政府不久就感受到了改革其政党结构的必要：它需要创建一个能够为协调政党、议会党团和绿党内阁成员提供必要制度框架的、更加有效的权力组织结构。欧洲执政绿党为了便于进入政府而需要进行纲领的修改，但是，新纲领的形成和纲领更新因需要维持派别之间的和平共处而数次推迟，表明它缺乏对一个政党在全国政府中的作用与功能的反思，反映了一个政党由民间在野党变成执政党的政治经历的艰辛。

执政绿党在区域政府的参政经历对该政党将来在全国政府的参政来说意义非凡，这其中，议会参与经历也不容忽视。如果一个政党拥有比较大规模的议会代表，它可以获得对复杂的全国政治运作的充分熟悉度和管理经验；而一个小规模的议会代表往往在政治规则游戏中将会被与现代议会政治相对应的多重任务和需要涉及的各种领域的政策和问题所吞没。对于一个政党来说，如果它处于反对派的位置，它可以选择集中于它自身的核心议题；而一旦进入政府，成为执政党的一员，这种具有自我抑制性的战略将难以持续，甚至给其自身带来严重的困扰。由此推断，绿党进入政府参政乃至执政，不仅受到自身的纲领政策、参政经验的制约，还会受到它在政府机构中的人员数量与职位的影响。

3. 绿党蜕变为执政党需完善自身的组织机构

绿党从一个民间社会运动缓慢成长为一个政党，其组织机构、基层民众和参政意愿等都需要不断更新和改革。欧洲执政绿党正经历一个从抗议政治向获取政府权力转移的过程，这也意味着绿党要经历一个重要的改变：绿党要适应它们选择的参与选举政治的变化了的环境。这些对绿党原有的组织结构提出了挑战：一方面，绿党已经预料到一旦最终进入全国政府，它们的组织结构要适应权力政治制度的限制，要满足它们的集权需要；另一方面，绿党进入政府后很快认识到它们对权力政治的反应时间非常有限，为了应付政治需要应当继续强化领导机构，改革旧的组织结构以适应在政府中的组织需要。为此，大多数欧洲执政绿党都对组织结构进行了调整。意大利绿党在

1993 年废除了集体领导制，德国绿党在 1990 年引入了州理事会进行组织内部协调。这些绿党在进入全国政府后对组织结构适应的认识更加清晰，尤其是拥有区政府执政经历的绿党。它们认识到一旦绿党进入全国政府将会面对新的政治游戏规则，而基层民主的参与在参与全国政府的情况下将变得难以为继。绿党参政后受到政治制度的强力制约的问题将更加突出，对组织机构的改革也势在必行。

4. 绿党的宗旨与参政后面临的结构性制约之间存在矛盾

政府体制或政党制度对绿党进入政府是一个关键的因素。作为社会活动的一支，一个带有政治意愿的民间组织要进入一个政府部门甚至组阁，并非像组织民间活动那么简单，它需要政治架构的安排、政治制度的许可，需要选民的支持。如果没有政治体制上的允许，绿党进入政府的可能性很小。即使绿党进入政府拥有了政治权力，也将面临内部权力争斗的压力。绿党一旦进入权力结构就需要平衡和协调不同的党派利益，处理绿党自身的宗旨与权力之间的矛盾，这些往往使得绿党面临选民意愿与政府规制的两难选择。例如芬兰的绿党进入政府后，制度规定不允许绿党主席担任任何政府职位。德国的绿党——阿加莱佛党实行集体领导制，尽管允许部长担任党的领导职务，但是在绿党中依然受到严格的限制。绿党在政治角色的转变过程中，依然面临新社会运动与绿党政策的不协调，甚至产生绿党的政府政策成为社会运动抗议议题、双方激烈对抗的情况。

5. 绿党在政府中的权力影响制约了其作用的发挥

绿党加入执政联盟参与政府，其在政府权力中的影响差异很大。尽管一个小规模的政党可能获得不成比例的权力，但一般情况下，权力与其所受的制约是正相关的。因为“联盟政府不仅是民主制下政党政府中的主导类型，而且，其实力增长到处都有着明显制约的绿党只能期待这在联盟政府中充当一个相对次要的角色”。[①]

首先，绿党的权力在很大程度上依赖于其阻断联盟伙伴的能力。所谓的阻断能力是指该政党的离开与否与整个政府联盟生存的相关度。换句话说，如果这个政党离开联盟，那么政府就会出现生存危机，这种生存危机

① 〔德〕斐迪南·穆勒－罗密尔、〔英〕托马斯·波古特克主编《欧洲执政绿党》，郇庆治译，山东大学出版社，2012，第 140 页。

与政党的规模不一定相关，却与政党的影响能力相关——它的存在是政府生存的关键部分，是不可缺少的。因为这个政党离开政府后还会有其他的选择，现有政府并非它的唯一。就像德国绿党对于第一个红绿联盟联邦政府的生存拥有否决权一样，绿党领导人可以另择自由民主党，或与基督教民主党联盟。

其次，绿党在政府中的影响力与其所处的战略地位有关。欧洲执政绿党整体上处在一个不利的战略地位，五个国家的三个绿党，明显属于左翼，其中的两个还并入了选举同盟。在政府的组织机构和政治体制中，绿党并不是一个可以转向任何一边的“枢纽型”政党，相反，它明显是左翼阵营的一部分。比利时阿加莱佛党在佛莱芒政府中是不可缺少的联盟伙伴，在政府权力机构中占据战略优势地位，而作为“最强大绿党”的德国绿党却没有在政府权力结构中占据优势；法国和意大利绿党则是作为一个竞选同盟伙伴进入政府的。“从阻断性权力的观点看，作为一个超大规模政府中的弱小伙伴肯定是处在一种最为不舒服的地位。”① 总体来看，绿党在全国政府权力机构中所处的战略地位是相当重要的。对于欧洲绿党来讲，如何得到一个更加有利但也更难获得的战略地位，至今是困扰它们的最大难题。

再次，绿党在政府中的战略选择制约其权力的扩大。从欧洲执政绿党的实践看，控制一个掌管特定政策领域的最高行政部门将赋予一个政党制定该政策领域的政策的特权，并且它能够控制与推动现有法律的落实，这对一个初涉政坛的政党来说无疑是个不错的选择。于是环境部部长的职位便成为欧洲执政绿党的不约而同的选择。而这种结果也无形中给绿党带来单一议题政党的不良公共形象。绿党在欧洲政府中依然是一个合作型伙伴，但是在提高政党形象或实行双重战略的尝试中没有一个欧洲国家的绿党能够获得成功。所有的绿党都尝试从单一议题党的公共形象中解放出来并获得其他领域政策纲领的管治能力，比如努力占有“有前途的”（promising）部长职位，如消费者保护部部长。绿党在全国联盟政府中的权力主要在于它们对一个威胁或实施退出联盟选择的、相对有限的运作空间的熟练运用。退出联盟则意味着回归政党体制中激进一翼的反对派地位，这样或许可以

① 〔德〕斐迪南·穆勒－罗密尔、〔英〕托马斯·波古特克主编《欧洲执政绿党》，郇庆治译，山东大学出版社，2012，第141页。

获得政党温和化过程中失去的部分选民，但是，同时也可能失去政治意向更加温和的选民。绿党的两难选择使得其面临的政治空间有限，改革步履维艰。

五　发达资本主义国家生态文明建设的经济路径

实践生态文明离不开物质基础的支撑，促进经济持续发展与产业转型是生态文明建设的内在要求。发达资本主义经济发展中遇到的生态环境问题制约了经济的增长，加剧了严重的失业问题。民众的生活失去保障、居住环境恶化，民众对政府的不满引发社会的动荡与不安，这些新的问题考验和挑战着现行资本主义政府的政策与战略。面对生态危机引发的生态—社会问题，资本主义国家的政府不得不进行政策调整。从 20 世纪 60 年代开始，资本主义国家通过开展绿色运动、发展循环经济、实现生态现代化及污染产业的国内控制与对外转移等不同途径，修复本国的生态环境，改善本国的经济发展的条件与环境，保持本国的经济增长。

（一）国内企业层面：发展循环经济，保持经济发展

西方国家作为工业文明的先驱，既是技术革命成果的既得利益者，也是自然界报复的首发对象。尽管发达资本主义国家发生了生态危机，但是大多数经济学家依然相信经济的继续增长，认为生态与工业经济之间根本不存在冲突，一些人甚至认为，生态措施能够为工业和贸易带来经济利润。基于此种理念，发达国家对本国企业的污染进行技术、行政及法律的外部治理，并认为通过发展循环经济可以实现经济的持续增长。

1. *循环经济理论*

“循环经济”一词首先由美国经济学家肯尼斯·博尔丁提出，主要指在人、自然资源和科学技术的大系统内，在资源投入、企业生产、产品消费及其废弃的全过程中，以资源的高效利用和循环利用为核心，以“减量化、再利用、资源化”为原则，把传统的依赖资源消耗的线性增长经济，转变成为依靠生态型资源循环来发展、按照自然生态系统物质循环和能量流动方式运行的经济模式。这是一种能够实现废物减量化、资源化和无害化，使经济系统和自然生态系统的物质和谐循环，维护自然生态平衡的新形态的经济。循环经济包含生态系统与经济系统良性互动的生态文明思想，以肯尼斯·博尔

丁的“宇宙飞船地球经济”[①] 思想、赫尔曼·戴利的“稳态经济”[②] 理论和戴维·W. 皮尔斯等的“循环经济”模型为典型代表。

循环经济的特点与优势有三个。一是充分提高资源和能源的利用率，最大限度地减少污染与浪费，保护生态环境。它要求把经济活动组成一个“资源—产品—再生资源”的反馈式流程，对“大量生产、大量消费、大量废弃”的传统增长模式进行根本变革，把经济活动对自然环境的影响降低到尽可能小的程度。二是实现经济、社会和环境的并存共荣。它要求运用生态学规律来指导人类社会的经济活动，通过资源高效和循环利用，实现污染的低排放甚至零排放，保护环境，实现社会、经济与环境的可持续发展。三是循环经济是把清洁生产和废弃物的综合利用融为一体，将生产和消费纳入一个有机整体中，实现经济的可持续发展。

2. 企业发展循环经济的主要措施

企业层面的循环经济属于“小循环”范畴，企业发展循环经济是指进行生态化生产，将生态技术、生态理念运用到企业的整个经营生产过程中，从而实现企业经济的生态效益，其实质是发展生态经济。企业的循环经济是建立在较小封闭区域内，由较少的独立经济个体参与的循环经济。企业层面的循环经济模式特征是推行清洁生产、资源和能源的综合利用，组织企业内部各部门之间的原材料循环，延长生产链条，减少生产过程中原料和能源的使用量，最大限度地降低废弃物和有毒物的排放，最大限度地利用可再生资源。循环经济发展模式将是企业良性发展的必要保障。

一是企业经营必须具备环境保护的条件。比如具备有效的废弃物及污水

---

① 理论内容是：地球就像在太空中飞行的宇宙飞船，要靠不断消耗自身有限的资源而生存，如果不合理开发资源，就会像宇宙飞船那样走向毁灭。宇宙飞船经济要求一种新的发展观：第一，必须改变过去那种“增长型”经济，代之以“储备型”经济；第二，改变传统的“消耗型经济”，代之以“休养生息”的经济；第三，实行福利量的经济，摒弃只着重生产量的经济；第四，建立既不会使资源枯竭，又不会造成环境污染和生态破坏、能循环使用各种物资的“循环式”经济，以代替过去的“单程式”经济。

② 稳态经济理论是指根据生态环境和社会相结合的观念，在必要时放弃短期经济增长、减少资源消耗，以维持整个社会的长期稳定生存，使生态环境能够为全社会提供一个无限期保持下去的较高的生活水平的经济形态。稳态经济是指一个人口和物质存量维持在恒定水平、物质和能量的流通量最小的一种经济状态。戴利将经济系统看作自然生态系统中的一个开放的子系统，巧妙地用“满的世界”和“空的世界”来表述经济规律对自然生态系统承载力的状态大小，将传统经济学关注的限制性要素从人造资本转换成了自然资本，用“绝对稀缺”的思想取代了传统经济学中“相对稀缺”的思想。

处理设备，保证在生产过程中避免废弃物的产生，电器生产商必须同时建立废旧电器回收系统。生产企业必须向监督机构证明其有足够的能力回收废旧产品，才被允许进行生产与销售。产生废弃物的企业必须向监管部门报告废弃物的种类、数量、规模和处置情况，而对于每年排放一定数量以上、危害较大的废弃物的生产企业有义务提交处置废弃物的方案，以方便有关部门监督检查。

二是环境保护成绩成为衡量企业好坏的首要标准之一。环境保护影响企业的社会声誉，很多企业不仅要达到国家规定的环境保护标准，还要超出标准以证明自己对环境、对后代负责的决心。因为决定企业生产销售的不仅是产品的价格与质量，有没有更好的环保标识也是一个重要因素。这种环保标识不带有强制性，只是表示生产者对消费者环境承诺的一种信息与激励，以促进产品和服务在环境保护方面最大限度的竞争。如德国电池业巨头瓦尔塔汽车工业公司（Varta）的电池获得“蓝色天使”标识后销售额迅速上升。

三是企业之间的合作，建立一体化绿色生产经营体系。根据污染的性质、废弃物的处理及再利用的属性，建立污染处理与能源、资源再利用的一条龙企业链。这种合作企业的建立及解决污染处理问题，增加了资源循环利用的再生产价值。德国鲁德尔道夫公司就是把水泥与石灰石技术联合利用的高效率、高资源利用率的公司。

四是企业环境管理系统的建立。企业发展循环经济就要建立企业环境管理系统，结合企业自身的产业特点，促进企业内部各个部门之间的协调合作，把生产过程的每一个环节结合为一个整体，确保企业的各个环节都能实现环保；同时建立内部环境审计和年度环境回顾两个环节。管理系统的硬件与软件相互衔接，确保企业的环保质量。

五是企业注重利用技术，实现控制污染和充分循环利用资源。利用先进技术进行生产是企业节约成本、提高企业竞争力和品牌价值的重要途径。利用洁净能源不仅能提升能源的相对利用率，还可以有效地控制企业生产对周边环境的污染或破坏。比如德国鲁奇公司研制的生物柴油不仅在投入产出方面有优势，而且环境保护效果十分显著。

发达国家已经逐步解决了工业污染和部分生活型污染问题，由后工业化或消费型社会结构引起的大量废弃物造成的环境问题逐渐成为其环境保护和可持续发展的重要问题。在这一背景下，出现了以提高生产效率和废物的减量化、再利用及再循环为核心的循环经济理念与实践。发达国家的循环经济首先是从解决消费领域的废弃物问题入手，继而向生产领域延伸，最终旨在改变“大量生产、大量消费、大量废弃”的社会经济发展模式。如德国的循环经济起源于“垃圾经济”，并向生产领域的资源循环利用延伸；日本的“循环型社会”起源于废弃物问题，旨在改变社会经济发展模式。企业发展循环经济是一种双赢的战略转型，不仅推进了自身发展还承担起了社会与环境责任，企业已成为集环境保护与提高经济效率为一体的新型社会行为体。

（二）国家层面：实行生态现代化发展战略

西方生态现代化是指在不触及资本主义制度的基础上，通过实施“超工业化”来化解经济发展与环境生态之间的矛盾困境，从而实现资本主义工业社会的制度重建与生态重建，实现现代化与生态化的双赢。它既是一种社会发展理论，也是一种环境政策规划，还可以被认为是西方国家应对环境问题的一种准计划方法。

资本主义通过社会化共享外部生产条件来回应生态危机，只不过是国家把某种计划引入到对生产条件的生态管理中。西方资本主义国家在生态危机及社会危机的双重压力下，已把解决生态环境问题作为政府的重点工作。于是，各国根据污染的程度与影响，利用有关的技术，制定相应的政策法规，经过30~40年的努力，取得了初步成效，在一些国家和地区再现了碧水蓝天。在国家层面上，西方发达国家的生态重建过程主要体现在生态现代化战略的实施上。20世纪80年代，德国、瑞典、荷兰、挪威等国家纷纷声称要走“生态现代化”道路，其中德国政府更是将生态现代化列为其国家发展的基本目标之一，赢得了“生态现代化”由理论先锋到实践楷模的双桂冠。

一是建立生态经济发展模式。西方国家通过建立生态工业园，[1] 发展生态

---

① 生态工业园是遵循生态经济学和循环经济理论的指导而建立的，生产发展、资源利用和环境保护形成良性循环，能最大限度发挥人的积极性和创造力的高效、稳定、协调与可持续的人工复合型生态系统。20世纪50年代丹麦的卡伦堡“工业共生体”成为世界上第一个生态工业园。目前，该生态工业园已经成为生态工业学的经典成功范例。美国、日本、加拿大、韩国等都建立了生态工业园，并已经取得了一定的成功经验。

工业；并把生态技术和理念运用到农业、旅游、城市经济甚至是交通、居住环境等方面，发展现代化生态农业、生态旅游业和生态城市经济。

二是政府制定环保法规，进行严格调控。政治干预使环境变革更具动力，政治现代化是生态现代化的前提与基础，体现在法律、法规与政策等方面。英国、荷兰、日本等国家在环保方面制定了领域广泛、门类齐全、内容详细的一系列的法律法规。《清洁空气法案》《控制公害法》《公共卫生法》《放射性物质法》《汽车使用条例》《交通 2025》等是英国制定的主要环保法规，涵盖了从空气到土地和水域的全方位的保护条款。美国政府制定的环境保护法包括《国家环境政策法》《空气污染控制法》《洁净空气法》《污染防治法》等。政府通过制定法规政策规范企业、个人的环保行为和意识，促使该国从结构性生态衰退走向积极的环境转型。

三是政府积极推动、设定标准、提供激励以促进环境变革。政府提高环保意识与责任意识，为生态现代化的实现提供了一种可靠的政治承诺，推动了环境变革。政府的改革要求经济主体通过市场机制来发挥作用，引起环境变革。经济行为者在进行发展规划的时候会遵守一定的生态理性，而不只是根据经济理性来行动，但决定性的是经济逻辑与经济理性。德国生态现代化的核心是利用现有的技术条件，不断降低污染物排放量，达到生态效益与经济发展的协调统一。预防性原则是其基本原则。如德国的法律严格规定了污染物的排放标准，要求企业采用先进的技术、安装净化装置以达到国家的许可标准，从而推动了环境保护技术的不断革新。预防原则不仅成为德国环境保护的基础和可持续发展的主导因素，而且成为保证未来环境安全的重要手段。

四是加大对污染者的惩处力度。一方面，实行污染赔偿原则。德国实行污染者赔偿原则，要求污染者承担治理环境污染的部分费用。污染者赔偿原则的逻辑推论是“产品的责任概念”和“封闭的物质循环概念”，要求生产者对产品在生命周期结束后进行环境无害化处理或产品再循环。另一方面，加大环境执法力度。通过制定一系列的环境保护法规来约束公众的环境行为，而且执法相当严格。如为增强公众的环保法制观念，德国的刑事警察当局还建立了专门负责调查环境犯罪案件的机构。俄罗斯和白俄罗斯等国还成立了专门的“生态警察”，实施生态保护，对不予合作的部门企业进行强行检查，同时负责侦察、取证和提起刑事诉讼等工作。

五是注重对公众生态意识的培育。西方国家比较重视对社会公众的生态环保意识的培育。如，德国联邦政府不仅将生态知识纳入学校的教育与科学研究的范围，而且通过政府、新闻媒介及举办的各种环保展览会，以通俗易懂的方式向公众广泛宣传环境污染给人类带来的各种危害，介绍生态科学的新成果，强调保护环境的重要性。

（三）全球层面：资本主义国际体制下的生态污染转移

发达国家的早污染、早治理、早转移以及对生态文明的追求，使得发达资本主义国家的民众比同一时期的发展中国家民众能更早地过上更加舒适的生活，国家较早地步入了生态文明国家的行列。目前，发达资本主义国家的民众拥有高质量的生活、优美的自然环境以及可持续发展的环境条件。实际上，资本主义的这种生态文明是带有资本主义剥削制度的“原罪”属性的。因为，这种文明是以牺牲发展中国家的生态环境、掠夺发展中国家的资源能源和侵害发展中国家民众的健康甚至生命为代价的。

1. 西方发达国家生态污染国际转移的途径

生态污染转移又称生态污染移转嫁（pollution - transfer），是指一定区域内的人类行为（作为或不作为）直接或间接对该国家或区域外的环境造成污染损害或将自己造成的环境污染治理责任推诿于他人，自己不承担或少承担污染损害治理责任的社会行为。生态污染转移破坏了环境污染的治理秩序，极大地挫伤了环境污染治理者的积极性。它包括国际范围内的污染转移和国内的污染转移。国际范围内的污染转移主要是指发达国家通过越境倾倒废弃物、贸易和投资将污染转移到不发达国家。目前世界上的生态污染转移是发达国家利用其先进的科学技术条件和在国际经济秩序中的有利地位向发展中国家转移污染行业和污染物而引发的。途径主要有三个。

一是国际贸易转移。发达资本主义国家利用其在技术上的优势、通过贸易手段不断掠夺性地使用发展中国家的资源并将环境污染直接转移到它们的国土上。同时，发达资本主义国家采取付给高额污染处理费的形式，将那些难以处理和降解的垃圾输往发展中国家。20 世纪 80 年代以来，发达资本主义国家相继制定了较高的国内环境标准，逐渐将污染行业转移到发展中国家。目前，这种全球性生态污染转移正以每年 3 亿吨的速度增长，其中从发达国家转移出去的占 90%。亚非拉国家每年都要从发达国家“进口”数百万吨有毒垃圾。据欧共体透露，欧美国家1900～2000年每年向几内亚出口300万吨化学废料，从而每年可得到12亿美元的外汇收入。①

二是国际间产业的直接转移。发达资本主义国家通过国际经济合作、国际投资或跨国公司经营的途径，将一些高能耗、高物耗、高污染的产业转移到发展中国家，甚至把垃圾场直接建在这些国家，直接掠夺那里的土地、劳动力、自然资源、洁净的空气和干净的水源，从而实现环境污染转移。在亚马逊地区，跨国公司的污染转移行为已经导致该地区生态环境濒于毁灭。发达国家转移有害技术、工艺、设备和产品，以旧顶新、以次充好，把本国淘汰的技术、工艺、设备转卖给发展中国家，使发展中国家背上了新的包袱。发达国家的投资企业在发展中国家从事资源开发、资源加工利用等经营活动，大量开发有限的自然资源，掠夺和消耗发展中国家的资源，环境也随之被破坏。这也是一种变相的生态污染转移。

三是借助自然界进行生态污染转移。自然力的作用使得污染跨国界转移非常便利。发达国家将一些高污染产业建在国家的边界地区，对邻国的污染是不言而喻的。20世纪80年代，加拿大强烈抱怨由美国电力厂产生的气态污染物经由酸雨落在加拿大境内造成加拿大的湖泊、森林和农场受损，这引起了人们对跨界污染的注意。与此同时，瑞典、挪威等北欧国家与德国、法国之间也曾因酸雨问题而长期争吵不休。

2. 发达资本主义国家生态污染转移的影响与危害

发达资本主义国家生态污染转移的逻辑体现在四个方面：一是实行生态危机分解，即将生态危机分为一系列的资源难题和污染难题，将它们交给非民主的全球制度和社团主义的国内机构来分别解决；二是特定问题的多种转移，即实行介质转移、异地转移、跨代转移；三是推卸责任，即把全球生态危机的根源推卸给人口增长的发展中国家；四是资本主义制度内回应生态危机转移的结果。以此为基础，发达国家的生态污染转移带来了不可避免的危害与影响。

一是发达国家将环境污染严重的产业或有毒有害的废物输入发展中国家，对经济落后的发展中国家的生态环境造成严重损害。随着高新技术的迅猛发

① 陈彬：《污染转移的法学解读》，中国法学会环境资源法学研究会年会论文集，2005，http://www.ried.whu.edu.cn。

展，电子垃圾正成为最大的污染源，它对水、空气和土壤所造成的污染很大。这些污染垃圾在发展中国家由于技术、资金的不足，无法被妥善、安全地处置，而大量被简单地露天堆放或者掩埋于地下，这样做给发展中国家的环境带来的污染后果是无法估量的。

二是跨界生态污染引发的国际边界纠纷增多，影响国家间关系。国家间关系或许不会直接因生态污染而破裂，但生态污染的跨界必定会加剧或恶化双方关系的紧张。此类事件在国际关系中屡见不鲜，已经成为国际关系中一个新的影响因素。比如空气污染、疾病传染、水域污染、森林火灾生态等没有国界限定的传播与蔓延所带来的两国或多国关系出现复杂的变化。核电站安全和核废料污染问题经常造成国家间关系的紧张。西欧有119座核电站，很多核电站坐落在距边界100公里以内的地区，受影响的国家通常极为不满，国家间对此问题经常争吵。瑞典在距哥本哈根不远的马尔默修建核电站曾引起丹麦居民的极大恐慌，丹麦议会要求瑞典关闭该核电站，但瑞典对此不予理会。葡萄牙与西班牙之间，卢森堡、比利时、荷兰之间，德国与法国之间，等等，也曾多次发生类似的核电纠纷。

三是污染转移促使民族—国家范围的矛盾转化为全球性的矛盾。中国学者卫建林指出："资本主义时代是资本主义生产关系在整个人类占据统治地位的时代。在一定范围内，南北关系正是资本主义生产关系的具有全球性质的延伸和扩展。无论是富国和穷国的关系，还是'全球的北方'和'全球的南方'的关系，归根到底都是资本与雇佣劳动的关系。"[①] 资本扩张的全球化和利润最大化的追求促使发达资本主义国家在国内环保运动和生态污染压力下，通过对欠发达中国家进行污染转移来缓和本国的矛盾，这种自私自利的行为根本不考虑对欠发达国家造成的后果。一方面，发达国家把自身的生产方式强行扩张到欠发达国家，这种以高消耗、高污染、高浪费为特征的生产方式本身就是对欠发达国家的直接污染，直接导致欠发达国家的农业生产、工业生产不可持续。发达国家的生产方式的全球化将国内的局部矛盾扩大为全球性的矛盾。另一方面，发达国家直接把污染企业转移到欠发达国家，扩大资本主义的生产关系，在全球形成对立的阶级矛盾，使资本主义矛盾全球化了。

---

① 卫建林：《历史没有句号——东西南北与第三世界发展理论》，北京师范大学出版社，1997，第8页。.

3. 全球层面生态危机的解决

（1）建立全球生态维护机制，控制污染转嫁。在西方发达国家，尤其是欧洲等地，一些热衷于环境治理的国家在不断地加强环境限制，通过制定环保法规、限制污染企业经营等措施在本国推行环境污染的治理。但是，在现行的国际机制和框架下，新自由主义思想的盛行与主导，导致这种局部的国家治理行为和环境保护政策在全球范围内不可能出现。因为，从资本全球化角度看，一个国家实行政策限制就会导致该国的企业收益受损，为了改变这种不利的经营环境，企业就会寻找条件相同但环境政策宽松的地方去继续经营生产活动，该企业所带来的污染在地球上的总量并没有发生任何变化，只是具体地点不同罢了。从这种意义上看，彻底解决污染问题并非一国之力能够完成的。只要全球化资本任意流动，污染转移就不会停止，它对环境与生态造成的破坏就不能根除，而且将愈演愈烈。从这种观点出发，为了保护全球的生态环境，需要从全球层面建立国际机制，对资本的全球化活动进行限制。

1992 年里约峰会是一个开端，标志着一种“全球生态政治”的兴起。这是资本主义试图创造某些具有生态的、长期理性的外表的一种方式，在功能上与国家层面上的福利国家制度类似，一些诸如生物多样性、承载能力、人口控制等概念的提出与强调，使得官僚政治的新全球化变得活跃起来。发达资本主义国家发起的、主导的这种全球生态管理机制实行无差别的责任与权力。这种做法明显是不公平的，因为生态危机主要是发达国家造成的，现在要让发展中国家承担同等的责任显然不符合责任与权利对等的原则。而且，为了生存而被迫砍伐森林的、被边缘化的群体与那些为了奢侈生活而无度消费的人是不应该承担无差别的责任的。

对人类而言，21 世纪的最大课题就是地球的生态环境问题。生态环境问题的全球化引发的全球生态危机需要建立一种新的机制来应对，必须超越传统国际机制。因为，在传统国际机制下，“经济强大的国家将努力加强对资源的控制。它们将运用所有的手段和方法，包括像世界银行这样的国际组织，以捍卫它们开始时所处的有利地位，并代表它们的利益”。[1] 因此，新机制的建立应考虑以下几点。一是新机制必须公平解决污染转移问题。实施污染转

① Ursula Pattberg, “Fallbeispiel Thailand: Verfehlte Ressourcenpolitik”, *Informationsbief Weltwirtschaft and Entwicklung*, 1992, p. 5.

移的一方应承担相应的经济责任与污染转移所带来的损失并支付消除污染所需要的费用。接受污染转移的一方有权利要求对方给予经济赔偿并积极寻求污染治理。二是新机制应对的环境破坏应是全球范围的，把全球环境破坏控制在地球自身的净化能力范围之内。三是所有国家平等地参与生态问题的解决，尤其是发展中国家的权利应得到尊重，因为，“在这一过程中，第三世界国家一直被工具化——一个被一直忽略的事实是：它们也有权利追求它们自己的发展”。[①] 换言之，只有广大的发展中国家参与到全球生态危机的解决中，生态问题才能得到真正的解决。

（2）国际层面的技术性污染转移的控制。西方发达资本主义国家的污染转移或生态危机转移是建立在技术性革命或技术环保的观念之上的。许多环境主义者认为，为了保护环境，我们只需要拿出预期的、正常增长的国内生产总值的一部分就可以了。从某种程度上说，投资相关技术领域用于环境保护可以作为一种解决环境污染的不错途径。但是仅仅依靠技术来彻底解决环境污染问题只能解决局部问题、有限污染或污染异地转移问题。“在欧洲等地，热心于环境问题的国家在不断地加强环境限制，但从全球化资本的角度看，如果实行那些限制，就会对收益造成影响，因此，如果存在条件相同而环境限制宽松的地方，企业将会投资到那些地方去。所以，现在的框架下，即使某个国家强化了环境限制，也不可能期待全球范围内有可见的成果。”[②]

实际上，单靠技术并不能真正解决环境污染带来的直接和间接危害。西方发达资本主义国家在解决环境污染方面主要依靠技术手段。赫尔穆特·韦德纳认为，“当然，一个不是针对整个生态内涵的环保政策……能够，通过选择性的、外围的干预手段，达到短期的和中期的改善，但从长期看，可能被证明取得的成功是短暂的，或者老的问题又以高级的形式再现。对此的解释……在于经济增长过程中产生的剩余污染物的积聚，尤其是，在于问题的转移”。[③] 发达资本主义国家生态环境污染的国际转移是其在经济增长与生态

---

① Ursula Pattberg，“Fallbeispiel Thailand：Verfehlte Ressourcenpolitik”，*Informationsbief Weltwirtschaft and Entwicklung*，1992，p. 6.

② 〔日〕中谷岩：《资本主义为什么会自我崩溃？——新自由主义者的忏悔》，郑萍译，社会科学文献出版社，2010，第66页。

③ Helmut Weidner，“Von Japan Lernen？Erfolge und grenzen einer technokratischen Umweltpolitik”，in Shegito Tsuru and Weidner（eds.），*Die Erfolge der Japanischen Umweltpolitick*，*Koln*，1985，p. 184.

成本的考量中实行的低成本高收益的不二选择，通过将高污染、低效益的企业或产业转移到国外，实现国内的经济增长与环境保护的双收益。

发达资本主义国家的生态污染的技术性转移具有很大隐秘性和欺骗性。发展中国家在技术水平和环保意识淡薄的情况下，接受了这种赏赐的“高技术”，它在危害着当地的生态环境。随着发展中国家的科学技术的发展和生态环保意识的提高，对此类的技术性污染转移开始有意识地抵制。但整体上，发展中国家在发展经济的巨大压力下，往往被迫地甚至主动地引进污染性的技术成果。

（3）参与主体的多元化与国际合作协商。全球生态危机的解决单独依靠国家或民间组织的单打独斗是很难奏效的，也是不能真正解决生态危机的。根据生态的整体性特性，解决全球范围的生态危机需要世界上所有的国家、政府间国际组织、非政府组织甚至是个人参加进来，协商合作，共同努力。为了推动更多的行为主体参与到全球生态危机的治理中，应采取积极措施。一是加强沟通。国际生态环境问题引发国家间的冲突和政治紧张局势将成为今后国际关系中的热点问题。为解决国际环境问题争端，避免国际冲突，应建立一套有效的国际环境合作机制和国际环境危机处理机制，要充分发挥外交的作用，用谈判、征询、调和、调停等手段，加强各方的沟通与协商，以系统的科学方式消除在环境问题方面（包括国际环境条约的制定，共享性自然资源的利用以及国际生态环境的权利与义务等）的认识和价值差异等障碍，寻求合理的解决途径。二是建立国际环境新秩序。一方面，目前的国际政治经济秩序基本上是按着西方国家的价值观建立的。世界上存在的环境恶化现象是由现存的不合理的国际经济秩序造成的。另一方面，生态环境问题的全球性，也导致了原有的国际法规无法规范全球生态环境的治理和保护。换言之，一定程度上现存的国际政治经济旧秩序严重阻碍了环境全球合作的实现，任何一个国家的不合作行为都有可能导致全球性生态环境的退化。改变旧的不平等的国际政治经济秩序，建立新的平等的国际政治经济秩序，成为当下规范各国的环境行为，协调国际社会的行动，减少国际环境政治的冲突，从根本上扭转环境恶化态势的重要举措。三是公民个人、环境科学家、环保科研技术成果、环境保护运动和主要的政府管理部门、国际组织等形成立体的全方位的环境保护体系。包括环境保护参与者（个人、国内组织、国家、国际组织）、环境保护技术、环境保护运动、环境保护法规（国内和国际）、环境保护机构（国内和国际）等。所有的行为体都参与全球污染治理。全球污染治理是指世界各民族国家政府与社会、政府与公民、公共领域与私人机构等通过协商与合作等相互认同的方式来治理全球污染，体现了民族国家宏观治理与社会公民自愿参与相结合的特点，从而形成一个以合作协商关系为特征的治理网络。

六　发达资本主义国家生态文明建设的路径模式与选择局限

工业范式是资本主义的核心，诺姆·乔姆斯基把发达工业国家分为四种类型，分别为古典自由主义（classical liberalism）、国家社会主义（state socialism）、国家资本主义（state capitalism）（当代福利国家）、自由社会主义（libertarian socialism）。[①] 发达资本主义国家是工业范式典范，是生态危机的首发之地，发达资本主义国家执政党也面临着严峻的考验。以生态危机为中心的各种危机在冷战结束后发展的势头更加猛烈，这一切都对资本主义工业文明以及制度提出了严峻挑战，工业范式主导的国家发展模式如何应对成为各国政府的关键所在。

从西方国家生态文明建设的进程和效果来看，西方国家较早开始探索实践生态文明的道路。被生态环境危机所困扰的西方国家从20世纪60年代开始，经过20年来自各方面的努力，到80年代它们基本控制住了污染问题，普遍较好地解决了国内环境问题。20世纪90年代以来，西方国家普遍开始追求一种更为合理的、可持续的发展道路，它们对生态环境保护的强调、采取的措施以及所取得的成就都令世界瞩目：法国和德国严禁采原煤，德国和日本发展循环经济，荷兰、丹麦等北欧国家自行车作为交通工具的普及率达到了30%左右，英国建设核电站的谨慎态度，美国大森林的恢复以及对大面积国家公园行之有效的保护，等等。经济发展，社会稳定，人们生活富裕，生态环境良好的现状表明，西方国家的生态文明建设取得了一定成就，可以说，生态文明在这些国家已初现端倪。西方发达国家在资本主义制度框架下对生态发展模式进行了多元探索，资本主义正在再造自我，在未来可能建立新的社会积累与经济结构，但是依然摆脱不了资本主义体制路径依赖。

① Noam Chomsky, *Government in the Future*, Mosaek, 2006, p. 6.

（一）发达资本主义国家实践生态文明的路径模式

资本主义内在矛盾的不断积累，在20世纪30年代爆发了一场席卷资本主义世界的经济大危机，在应对经济危机的过程中，主张通过政府干预推动经济增长的凯恩斯主义应运而生，以此理论为指导的罗斯福新政在实践中的成效充分表明了凯恩斯主义的有效性。20世纪70年代初期，两次石油危机引发西方资本主义世界陷入滞涨，凯恩斯主义对此束手无策。凯恩斯主义的失灵使新自由主义“炙手可热”，随着美国总统罗纳德·里根和英国首相玛格丽特·撒切尔的上台，新自由主义成为英美国际垄断资本主义推行全球经济一体化的重要理论依据，“华盛顿共识”则成为其标志性的事件。新自由主义在西方资本主义国家经济与政治中产生了深刻而广泛的影响。20世纪90年代中期开始，现代新自由主义造成的巨大经济、金融、社会和生态危机，不仅使发达资本主义国家，而且使发展中国家也颇受其害，对新自由主义的批判之声不断出现。在应对社会危机—经济危机的新双重压力下，西方资本主义国家在实践生态文明的道路上选择了不同的发展模式。

1. 西欧“第三条道路”的生态困境：政治生态与市场机制相融合

英国成为改革的先锋。冷战结束前，“平等”是社会民主主义资本家的基本核心，即使在使用公平时，含义也往往接近平等。冷战结束后，公正成了社会民主主义资本家最核心的内容。托尼·布莱尔宣称“第三条道路”将致力于“社会公正和中左政治目标”，要建立一个“开放、公正和繁荣的社会”。1997年5月，改革后的英国新工党以较大优势获得大选的胜利，并开始将“第三条道路”作为政府的旗帜和施政纲领。到1998年，欧洲社会民主党或中—左派联盟在法国、德国、意大利、奥地利、希腊以及斯堪的纳维亚半岛国家掌权，在欧盟15个成员国中有13个国家是中左翼政党单独执政或参政，社会民主党在欧洲政坛再续辉煌。从整体上讲，第三条道路是西方社会民主党根据时代发展的新要求以及国家经济社会发展的需要，为了解决资本主义国家面临的新问题、新挑战而提出的一种新的理论主张、价值观念和施政纲领。其基本主张：一是在意识形态上，主张放弃传统的左派教条主义与立场，淡化意识形态上的对立与分歧，倡导超越“左与右”的基本价值取向；二是在政府政策上，放弃制度替代的传统政治目标，主张对资本主义制度进行改良改革，以适应社会的变化；三是在经济上，放弃对生产资料私有制的彻底改造的传统目标，改变传统左派对市场不信任的态度，主张建立一种在政府与市场之间寻求平衡的“新型混合经济”；四是在社会方面，主张以积极福利政策取代消极福利政策；五是在国际上，主张进行国际合作，试图以新的思路解决人类面临的环境问题、恐怖主义和地区冲突等全球性问题；六是在生态问题上，强调重视生态问题，认为只有解决好生态问题，才能走上可持续发展的健康道路。安东尼·吉登斯宣称，“这种‘第三条道路’的意义在于：它试图超越老左派的社会主义和新自由主义”。①

所谓民主社会主义的第三条道路的实践也是力图以社会主义的养分来挽救传统的资本主义，从而成为资本主义经济调整的又一个样板。在20世纪的大部分时间里，英国、德国、法国等西欧国家，以及中欧国家等欧洲大陆国家一直努力在资本主义与社会主义之间开创一条中间道路。德国选择社会市场经济模式，英国选择自由资本主义、法国选择民主社会主义。这些国家基于国家资本主义的政治生态转型，以社会民主主义的政治意识形态为基础。这种发展路径认为可以通过国家和社会力量来控制和管理资本主义的生态破坏性力量，借以维持资本主义和国家主义的共存。不论是英国托尼·布莱尔的第三条道路，还是德国民主社会主义的第三条道路，都是在资本主义体制下进行的改革，不能克服资本的利润追求与市场机制，在资本主义体制下很难持续下去。事实已经表明，第三条道路的实践是非常艰难的。

2. 北欧慷慨的资本主义福利生态模式

20世纪，瑞典、丹麦等北欧大陆国家通过强化国家对于经济生活的干预，通过社会福利国家建设来抑制市场经济的消极后果，抑制社会的贫富分化，使这种分化不致发展到影响社会稳定的程度。北欧国家尽力在经济繁荣与政治民主中寻找发展的平衡。瑞典的沃尔沃汽车公司和爱立信公司等全球性大企业创造了财富，而开明的政府官员们则打造了“人民之家”。几十年的发展中，中间道路明显转向了左边。瑞典的社民党在1932~1976年执政44年，在1982~2006年的24年里，政府开支不断扩大，税收持续增加。其他北欧国家也在朝同样的发展方向向前，不过前进的步子放慢了些。它们继续实行慷慨的福利政策，但是新的北欧模式着眼的是个人而不是国家，着眼的是财政责

① 〔英〕安东尼·吉登斯：《第三条道路——社会民主主义的复兴》，郑戈等译，北京大学出版社，2000，第27页。

任而不是刺激经济的政府投资，着眼于选择和竞争而不是家长制和计划。某种意义上，北欧国家正在将市场扩展并引进国家，它们已经触及了大政府遭遇的各种限制，重塑着“资本主义模式”。但是，值得一提的是北欧国家的旧模式——高福利国家依然运行。这种旧模式依赖于大企业发挥骨干能力来赚取足够的金钱以支撑国家的运转。事实上，这些企业由于全球竞争而在缩小规模。经济的变动必然影响北欧旧模式变革的推进。与此同时，民众的要求越来越高，对政府的指挥越来越不那么满意。新模式的塑造带来诸多不稳定因素。丹麦历史学家贡纳尔·莫恩森说：“我们拥有的福利国家在大多数方面都很优越。我们只是有着一个小问题。我们负担不起。”①

欧洲国家推行“政府市场化”的发展道路，把资本主义福利国家当作一种替代性模式，通过将政府进行市场化的改革，继续以资本主义国家的高福利来缓解社会危机。它们认为生态环境问题可以通过国家体制和社会福利的生态改革来解决，它们决定走出一条维持高福利的生态资本主义道路。从欧洲福利国家改革的效果看，这种发展模式取得了一定的积极效果。从长期看，欧洲国家维持高福利，就需要经济增长，要发展经济就需要消耗资源——这是一对悖论。经济增长与资源短缺之间的矛盾的不可解决注定这种“政府市场化”的道路很难走远。

3. 美国新自由经济模式“百足之虫死而不僵”：生态市场机制化

美国对市场机制的崇拜已经达到了极致，认为现在的生态危机可以通过市场机制的全球化来解决。为此，美国不仅在国内推动新自由主义经济，而且将美国的自由市场机制推广到世界的每一个角落。“末日博士”努力尔·鲁比尼曾提前数年预测到美国房地产市场的崩溃和全球金融危机，他在英国《卫报》上撰文说，在脆弱的全球环境中，存在着种种风险，如欧元区崩溃、中国严重的失衡以及过分夸大的对金砖国家的信心，在这样的环境中，美国可能是“希望灯塔”。② 日本学者中古岩认为，奥巴马领导的美国面临着三个修复任务：“第一，‘修复经济大萧条’的美国经济。第二，‘修复中产阶级’这个在新自由主义政策中消失的人群。第三，‘修复道德领袖的作用’。总之，

① 《重塑资本主义模式》，《参考消息》2013 年 2 月 5 日，第 11 版。

② 安东尼·芬瑟姆：《在反弹吗？美国和日本》，《参考消息》2013 年 4 月 10 日，第 4 版。

几年过后，美国必定会像不死鸟一样重新站立起来。”① 真的会这样吗？

美国全力推行全球化资本主义，是美国人的精神制度——普世的价值观所决定的，美国推崇高度的自由、民主、平等，不重视人与社会的联系。在美国人的信念中，市场机制就是世界通用的、具有普遍性的经济原理，自由民主主义是市场机制的保障。美国有特殊的历史使命，就是向全世界普及自由民主以及市场机制。苏联解体，美国式的资本主义迎来了全球“布道”的时机。美国对新自由主义更加钟爱，对市场机制更加崇拜，甚至认为环境问题中的难题只能通过市场的彻底自由化和私有制来解决。“当然，如果政治权力能够制衡市场权力并为其设定生态系统的极限，那么市场机制就能作为在极限范围内为生态系统平衡而服务的一种机制来运作。”② 然而，在美国这种自由主义为主导的国家环境管理中权力归属市场，经济主导生态和社会，资本作为自由主义的主人，使得国家只能服务于资本所有者的利益。美国的新自由主义对环境的管理不可避免地陷入市场治理措施与环境持续恶化之间的恶性循环。

事实上，现代经济学理论体系的主要部分是美国人创造的。经济中心和国际政治中心转到美国，美国成了世界的统治者，由于美国本土没有经历两次世界大战，美国人把自由主义发挥到更大的空间。但是资本无限制地跨越国境移动带来的全球化资本主义的负面效应即使经济实力雄厚的美国也不能避免，2008 年的次贷危机就说明了这一切。现在的美国全球化资本主义对实体经济而言具有一种暴力性，因此，世界经济从根本上失去了稳定性。事实上，在美国式的新自由主义中，文化和社会因素等通常被置于考虑范围之外。新自由主义不断地进行创新，实现前人所未及，才是资本主义的发展动力。文化、传统、人与社会的联系等被认为是保护主义和限制政策的温床。从这个角度思考，历史和传统之类对于资本主义经济的健康发展是绊脚石。不断扩张受到鼓励，随之而来的是环境遭破坏、资源争夺战以及粮食价格高涨等。为了满足自己的心理需要，美国人必须不停地向外部世界寻找“未开垦地”，不停地向外扩张。美国的这种生态殖民扩张注定是不能长久的，这与全球的

---

① 〔日〕中谷岩：《资本主义为什么会自我崩溃？——新自由主义者的忏悔》，郑萍译，社会科学文献出版社，2010，第 125 页。

② 郇庆治主编《重建现代文明的根基——生态社会主义研究》，北京大学出版社，2010，第 231 页。

整体系统是相悖的。美国试图向全世界普及的全球化资本主义将迎来重大挫折，世界上的人们对美国传播市场福音的做法投以不信任的眼光，人们逐渐开始怀疑美国的新自由主义经济还能走多远，因为市场本身就是生态危机产生的根源之一。

4. 韩国与日本的制度路径构想："替代发展模式"

（1）日本的"资本主义生态化模式"构想。20世纪初，日本开始发展现代工业。20世纪60年代日本实现了经济的高速发展，日本政府采取了"生产优先"的经济政策，片面地注重工业化发展，忽略了环境保护，最终带来了前所未有的环境污染和生态问题。

面对日益严重的环境污染，日本成为世界上较早开始生态治理的国家。日本采取了一连串的政策、法令与技术，并取得了一些积极效果。迄今为止，日本是目前发达资本主义国家中生态改善较好的国家之一。日本在几十年的生态治理中走着自己的独特道路。日本并没有采取北欧资本主义国家的"福利+生态"模式，也没有采取美国的"市场自由化"模式，也没有像西欧国家那样进行民主社会主义改革，而是全方位地利用技术、法律和政策实现生态化转型，从而在城市、农村不同的生活空间营造生态的生活环境，在农业、工业等产业中实行生态化生产。日本的生态化转变完全是在资本主义的基础上通过技术或行政的外部干预下实现的。至此，日本创造了技术生态转化的典范，如工业生态园区的建立、生态城市的建设、现代生态农业的发展以及生态旅游。日本的资本主义生态化发展模式是全方位的。从实施主体看，是地方政府为主导、企业为主力、中央政府为辅助的；从实施的空间看，在整个日本，不论是城市还是农村，都以生态为重，全面改造生存空间；从行业看，日本的每一个行业都以生态为本，从技术上进行生态的转化；从保障措施看，主要是制定各种具体而全面的法律法规。日本的生态环境改善与保护取得明显成效，这一点是有目共睹的。应该说，日本在修复资本主义的生态裂痕上取得了不可小觑的成效，但它能走多远呢？

全球化资本主义获得了把各国的劳动力、货币、土地商品化以追求利润的机会，在资本主义的原理下，全球化市场交易的一切都自由化了。而对地球的环境污染也达到了几乎不能修复的程度，日本生态修复的成果将渐渐地被全球化的生态危机所吞噬，因为技术或行政不能铲除生态危机的根源。

（2）韩国"生态替代性发展模式"的构想。作为一个"成功的发展性国家模式”，1987年以来，韩国社会成功地实现了民主化转型发展，并显示出强劲的发展势头，从以官僚主义为本转向以资本为中心的发展政策，民主和公民社会也有所发展。但是，这种发展模式是基于工业和资本的，在强化自身持续性的同时，也导致了社会及生态的不公平在全世界的不断蔓延，即生态—社会的双重危机。多数学者认为，克服双重危机的出路就是对现行发展模式进行改革、进行生态的替代。

20世纪80年代以来，发展性理论与进步话语成为韩国学界主流。韩国学者对本国的现行发展模式及其生态替代进行了大量研究。多数学者认为，单纯从技术或行政上实行的改良性政策不足以应对经济高速发展过程中造成的日益严重的污染问题。韩国生态专家赵明来（Cho Myeong - rae）提出了“绿色进展”（green progress）的概念，主张通过四项战略来实现韩国的生态后现代化：在国家层面上建立生态后现代化模式；将发展国家转换为绿化国家；使工业制造和市场体系向环境友好型结构转型；促进具有“绿色自我意识”的市民的融入和参与，从而建立“绿化”的民间社会，即加强公共领域的绿色运动。洪成泰（Hong Seong - tae）则提出“生态福利社会”（ecological welfare society）的概念，认为“资源循环型农业社会”是生态社会的最终模式，为了达到这一最终模式，采取“生态工业社会”这样一个迂回的方式是有必要的。韩国学者具度完认为，生态化范式中的福利国家生态主义是韩国最为可行的发展模式，但它也有不少局限。为此，韩国应该选择“自下而上的生态社区和联合体转型策略与生态福利国家的自上而下的改革战略相结合，是一种更为现实可行的替代性发展战略”。[①] 而实现替代性发展战略有两种方式：“第一种方式，通过绿色消费主义和公民激进主义直接控制市场，将市场置于生态和社会的限制之下。另一种方式，通过民族国家和全球治理机制来控制资本。”[②] 在韩国，生态化理念已经成为学者们对国家资本主义工业发展范式进行改革的基本选择。这种绿色资本主义的选择是以全球资本主义为背景，以韩国的可持续发展为目标的。

---

① 〔韩〕具度完：《替代性发展：超越生态社区与生态联合体》，郇庆治主编《重建现代生态文明的根基——生态社会主义研究》，北京大学出版社，2010，第222页。

② 〔韩〕具道完：《自下而上，建构生态福利国家——韩国的生态社区和协会运动》，《绿叶》2008年第6期，第79页。

（二）发达资本主义国家生态文明建设路径选择的局限

生态资本主义是西方学者提出的对生态危机在资本主义框架下运用科技进行解决的一种替代方案。"生态资本主义"可以概括为："在现代民主政治体制与市场经济机制共同组成的资本主义制度架构下，以经济技术革新为主要手段应对生态环境问题的渐进性解决思路与实践。"① 生态资本主义的基本观点有两个。一是生态化的市场是解决生态问题的最好方法。认为资本主义市场经济可以利用经济手段和机制，特别是价格机制、生态税费等解决生态问题。二是生态问题的解决等同于失业问题的解决。认为需要采取大规模的劳动密集型的国家行动，进一步发展生态技术和生态工业，国家应该通过计划创造需求，积极促进这一发展。西方发达国家进行的生态文明实践本质上是生态资本主义实验。无论发达资本主义国家在实践生态文明的道路中选择何种路径模式，都不能摆脱资本主义的制度路径依赖。实际上，它们的各种模式都是在资本主义现有基础上结合生态经济，利用科学技术，在市场机制的作用下，进行的经济调整与政治修复，走的是一条生态资本主义的道路。西方资本主义企图在现行资本主义框架下借助生态技术的力量扭转现在的困境，而一个局部调整后的生态资本主义并不能提供对环境破坏和社会正义的解决方案。由于资本主义制度的局限性，生态危机虽在资本主义框架下有所缓解，但终究不能摆脱工业文明的桎梏，也不能超越资本主义的工业文明范式。

1. 资本主义的总危机在资本主义社会是不可避免的

生态资本主义没有提出解决社会危机与生态危机的方法与策略，在生态资本主义社会，这两种危机不会因为选择生态资本主义而自动消除。生态资本主义的资本主义制度没有改变，该制度引起的社会危机和生态危机也不会因为生态技术或手段而获得最终解决。资本主义总危机是一个整体性危机，包括政治危机、经济危机、道德危机、生态危机和社会危机等。资本主义总危机是历史的发展，在不同阶段有不同的特点与内容。生态资本主义是资本主义的发展阶段，资本主义总危机的发展趋势是越来越明显。

资本主义已经严重破坏了人类社会以及其生存环境的新陈代谢，表现出

① 郇庆治：《21 世纪以来的西方生态资本主义理论》，《马克思主义与现实》2013 年第 2 期，第 109 页。

它在生态和社会上的不可持续。资本主义生态危机的产生引发了资本主义社会的生产方式和生产条件的分离。根据尤尔根·哈贝马斯提出的资本主义的“系统”或结构危机①和“身份”或主体危机②可以将资本主义的总危机分为资本主义系统危机和资本主义内部危机。生态危机属于资本主义内部危机，生态危机可以被理解为资本主义社会内部存在的一种深层的、根本性经济危机，并由此引发了资本主义本身的危机。生态危机作为一种内部存在的危机，表现为生产成本的增加和利润的降低，这是由于生态容量已达极限、污染者付费的法规、资源匮乏导致的原料价格上升等造成的。为了解决这一问题，资本主义试图进行意识形态和经济等方面的重构，但是，这种重构所追求的并非是生态的可持续，而是一种作为全球经济和社会形式的资本主义的“系统可持续”。在资本主义全球化的重构过程中，发达资本主义国家企图通过污染转移来应对它所导致的生态外部性、污染、生物种类的减少以及气候变化等各种难题。这种以“自然资本化”来应对生态危机的方法只能使之“转移”而不能根本解决，因为发达资本主义国家并非是从全球的、整体的系统角度来解决这些难题的，而是继续着生态污染的异地蔓延。资本主义的生态危机本质上是生产条件的破坏，这种破坏必然导致生产方式的不可持续。

生态危机也就是资本主义生产的“外部条件”的危机。资本主义在利润的驱使下，不断破坏着其赖以生存的自然基础。发达资本主义国家基于个体行为利益，在利润追求的内部机制下，为降低生产成本，选择污染转移是低价而有成效的途径。发展中国家成为其污染转移的主要场所。个体资本主义国家的资本为寻求利益最大化，继续破坏全球资本的生产条件，导致恶性循环——全球性生态危机的出现。事实上，资本主义与更广大的生态系统是完全不同步的，隐藏生态问题的转移逻辑只是加剧了这种不同步而已。

资本主义不只是寄生于非资本主义的社会世界和非人类的自然界之上，作为一种全球体系，它还剥削着发展中国家。资本主义生态外部性已经超出了全球生态系统消化能力的极限，引起了全球性的生态危机。资产阶级的内在逻辑驱使它朝着不断增长的方向发展，而其逻辑中却没有正义、平等、友

---

① 系统或结构危机是指过度生产与价值实现危机，系统危机是资本主义整体的结构的内部危机。

② 身份或主体危机是指生命受到威胁，并且个人意识到此系统的不合理性和破坏性。主体危机是资本主义本身的危机。

爱、同情心、道德准则以及伦理标准的位置，这种生态危机必然也将激化固有的社会危机，导致资本主义总危机的爆发。

2. 资本主义的反生态本性带来各种矛盾与危机

"只要有资本的地方就会滋生危机，这就是资本的特性。"① 生态马克思主义者从不同角度分析了资本主义制度及其生产方式的反生态本性，指出资本主义的这种反生态本性来源于资本基于追求利润的扩张逻辑和资本主义的社会生产方式。安德烈·高兹认为，资本主义在资本逐利本性的驱使下，必然会破坏生态环境，并产生生态危机以及与此相关的全面的社会危机。

为了证明资本主义的反生态本性，安德烈·高兹从经济理性的两个原则：计算与核算、效率至上两方面进行剖析。安德烈·高兹指出，资本主义社会，"在计算与核算的原则下，人们关注单位产品所包含的劳动量，而不再顾及劳动中自身的感受，不关心劳动能否带给自身幸福还是痛苦，不关心劳动成果的性质，不关心自身与劳动产品之间的感情和美的关系"。② "结果生产只是被商品交换所支配，被自由市场交换原则所驱使。"③ 这种原则必然驱使整个社会不断改进劳动手段，并把劳动手段的改进所节省下来的时间尽可能地用来增加利润，以便能生产出更多的剩余价值。这就是资本本性的体现。还有，效率原则成为资本主义评价社会生产力的标准。安德烈·高兹指出，"效率就是标准，并且通过这一标准来衡量一个人的水平与效能：更多优于更好，能多赚钱的人又要优于少赚钱的人"。④ 显然，在效率的原则下，生产数量必须要和生产效率联系起来；利润成为整个社会全新的衡量标准，改变了社会的价值体系。由此，这种经济理性使得人与自然关系异化，引起严重的生态环境问题。事实上，这种危机是现代化过程中非理性动机的危机，是哲学层面经济理性的后果。

资本本性与自然价值是相脱离的。资本本性是创造更多的剩余价值，增加利润，这些需要通过经济增长来实现。从长期和全球看，经济增长与资源极限之间是矛盾的。提高经济增长，就必须利用资源，而大多数资源，至少在工业经济中是不可再生的。如果经济增长的提高是与促进增长的资本投资

① 郭强：《新新相映：新资本主义—新社会主义》，中国时代经济出版社，2010，第161页。

② Gore Andre, *Critique of Economic Reason*, Verso, 1989, pp. 109 - 110.

③ Gore Andre, *Critique of Economic Reason*, Verso, 1989, pp. 109 - 110.

④ Gore Andre, *Critique of Economic Reason*, Verso, 1989, p. 113.

相结合，那么总的资源消耗就会上升，随之而来的是对环境的不利影响。约翰·贝拉米·福斯特总结了资本主义经济生产的反生态法则，即事物之间仅存的永恒关系是金钱关系；只要不再次进入资本循环，事情走向何处是无所谓的；凡是懂得自我调节的市场便是最好的；自然的施予是财产所有者的免费礼品。① 美国著名学者乔尔·克沃尔（Joel Kovel）从马克思关于使用价值与交换价值相互矛盾的关系出发，论证了资本主义对生态系统的破坏性。他认为，“资本主义的增长不是物质生产要素或产品的增长，甚至也不是经济总量的增长，而是交换价值的增长”。② 在交换价值至上的逻辑支配下，自然的一切都变成可以在市场中进行交易的商品，并且被私人占有。资本的积累和扩张成为资本主义社会的整个内在逻辑，资本变成了一种存在方式。自然界在资本主义的内在逻辑作用下被控制、被支配，失去自身的价值。

从人与自然的新陈代谢方面看，资本主义的新陈代谢社会秩序具有天然的反生态本性。在资本主义生产关系中，技术并非是中性的，它或者用来促进劳动分工，或者帮助剥削劳动和自然以提高生产力；而技术创新只是作为增加并扩大资本的社会新陈代谢的附加手段而已。因此，社会生态问题是不可能通过技术修补来完成的。资本主义国家把生态污染的问题通过技术转移到其他领域或其他区域甚至是其他国家，也只是生态问题的形式变化而已，本质上并没有任何的改变。当资本家在世界各地通过军事或市场手段控制更远更大范围的自然资源，推动本国的工业化发展时，也就是全球层面上新陈代谢的断裂的开始。资本主义国家这种转移生态破坏的方法造成了整个生态系统的新陈代谢的断裂。“只要自然服从于资本需求，生态问题就不可避免……自然过程、自然循环的断裂，废弃物的积累循环使得任何技术的创新都服务于扩大商品生产的需要，于是整个资本主义走向‘杰文斯悖论’——在资本主义生产关系中，生产效率的提高增加了对自然资源的利用，同时消除了基于技术修补的可持续生态社会的可能性。”③

---

① 陈学明：《谁是罪魁祸首——追寻生态危机的根源》，人民出版社，2012，第484页。

② 余维海：《生态危机的困境与消解——当代马克思主义生态学表达》，中国社会科学出版社，2012，第67～68页。

③ Brett Clark and Richard York, "Rifts and Shifts: Getting to the Root of Environmental Cises", *Monthly Review*, Vol. 60, Issue 6, Nov. 2008, p. 20.

3. 资本主义固有的逻辑在于利润最大化与可持续之间的矛盾

当前资本主义基本矛盾变化的根源是资本家对财富的无限追求，矛盾所反映的实质是资本家对利润最大化的追求遇到了生态资源有限这一事实的阻碍。马克思把资本主义描绘成一个蛊惑人心的、扭曲的、颠倒是非的世界，资本主义体制的逻辑中存在着与生态文明社会本质相矛盾的特质要素。

一是利润最大化和竞争导致社会科技成果转化不能为大多数人提供公平的生存机会。在资本主义社会，利润最大化的动力和竞争的存在，不断驱使着企业家去努力发明或引进更好的技术，否则将面临破产的威胁，在这种逻辑的支配下，新型的科技成果不断被创造并运用在企业中，从而导致大多数企业降低单位成本并提高利润，同时大批的工人因此而失业。结果，维持失业穷人的生存费用在很大程度上转化为社会成本，这种社会成本反过来又刺激企业发明新的技术降低生产成本，如此一来，便形成一种恶性循环。而用更高科技成果取代劳动力的好处却被极少数的企业或更大的资本家所占有，社会的贫富差距进一步被拉大。“资本主义继续从生理上和心理上使人类堕落，要把人们变成纯粹的赚钱机器。它的特定逻辑限制了人类和社会的更大潜能——不能产生利润的潜能。其基本原则——自私自利、贪婪和竞争——促动了犯罪。”[①] 由此推断，资本主义体制的逻辑所带来的社会问题不是技术本身能够解决的，它需要用道德进步的方法来拯救，需要一种新的能够自我牺牲的道德价值来实现。但事实表明，发达资本主义国家的大多数公民显然并没有牺牲自我利益的道德意识。

二是资本主义增长动力与可持续经济发展之间存在根本性矛盾。一方面，资本主义经济本身具有一种内在的增长动力，这一动力就是资本主义的贪婪。资本家不仅要赚取生活所需，还要为下一个阶段赚取更多的利润作准备。另一方面，资本主义世界的市场机制运行遵循优胜劣汰规律。生态资本主义者强烈崇尚市场与价格机制的效率，而市场经济的“现在时间”是有限的，因为利润的计算不能超过资本货物的分期付款偿还时间。因此，市场机制看重的是现在而不是将来，是当代而不是后代。这种极度自私自利的驱动力和“为后人着想”之间是相互矛盾的。资本主义社会是强者生存的世界，没有最

① 〔印〕萨拉·萨卡：《生态社会主义还是生态资本主义》，张淑兰译，山东大学出版社，2008，第185页。

强只有更强。资本家只有在竞争中不断扩大自己的实力，才能在与对手的竞争中立于不败之地。在资本主义国家，要想把完美世界留给后代，市场机制是没用的，而道德的作用永远在国家和法律规则之下，资本主义的无能无效已经表现得一目了然。“无休止的经济增长所引出的问题是，在一个由不可能扩大的地球所限定的环境中，增长最终是不可持续的。”①

生态资本主义仍然是资本主义，资本主义的不断竞争与扩张，是需要以无限的资源为基础和代价的。从短期看，资本主义的增长似乎是可以实现的。但是，长期的增长需求与资源的有限度短缺之间的矛盾将越来越突出。工业经济发展所需要的资源是不可再生的，资源的稀缺增加了工业经济的资本投入，而这必将影响经济的增长。如果经济要保持持续增长，资源的生产率也必须提高，而这在资源日益减少的情况下是不可能的。资本主义体制下，经济变得不可持续，生态与资本也是不能兼顾的。如果不采用道德的方法，没有做好牺牲自我利益的准备，生态资本主义经济转换成可持续经济几乎是不可能实现的。

七　发达资本主义国家生态文明建设路径的本质

价值是人类活动的尺度，离开了人无所谓价值，人的一切活动围绕价值而展开。价值观是人们基于生存、发展的需要，在社会生活实践中形成的关于价值的总观点、总看法，是人们的价值信仰、信念、理想以及具体价值取向的综合体系。资本主义被看作一个体系，“把资本主义当作一个建立在剥削基础上的社会系统来对待，有很多意义。”② 资本主义不仅是一种经济制度、政治体制、一种文化，还是一种价值体系，它是集经济制度、政治制度、文化价值等为一体的系统整体。从人类社会发展的过程来看，它是人类社会发展过程中的一个阶段。人类诞生之日就是人类与自然界之间的关系问题开始之时，资本主义把这对关系推向了极端对立而不是统一的状态。从17世纪开始，科学技术的发展与工业文明和市场经济相结合，由此发展并逐步形成工业文明的价值观——以人为中心的价值观。在这种价值观框架下，人类仅仅

① 〔美〕维克托·D. 利皮特：《资本主义》，刘小雪、王玉主译，中国社会科学出版社，2012，第174页。

② 〔英〕阿列克斯·卡利尼科斯：《反资本主义宣言》，罗汉、孙宁、黄悦译，上海世纪出版集团，2005，第14页。

将自然界视为可利用的工具，为了获取更多的财富而肆意开发和破坏自然，这就是生态危机产生的深层次原因。从人类整体价值观看，资本主义把人与自然的关系对立并割裂开来，主张“控制自然”，违背自然规律，导致自然环境破坏、生态失衡；“只有在资本主义制度下自然界不过是人的对象，不过是有用物，它不再被视为自为的力量”。[①] 西方科学技术的发达，表面上是尊重自然规律，实质上是为了改造自然规律，使自然界成为资本的附属物，自然界被异化了，于是产生了严重的生态环境问题，包括土壤的盐碱化、沙漠化，资源的匮乏，能源的不足，气候变暖、饥饿、传染疾病等。这些问题越来越严重，已经超越了国家界限，成为全球性问题。这已经是人所共知的事实。同时，资本主义价值观下的道德丧失、精神空虚、奢侈消费，导致人性的极度异化。资本主义的价值观加剧了人与社会的分裂与冲突，加剧了人类自身的异化，引发了社会冲突与危机。总之，资本主义价值观导致人与自然、人与自身以及人与社会的整体价值背离了生态文明的基本价值，是发达国家生态文明建设的路径本质。

（一）过度消费造成自然资源的快速消失，引发社会道德沦丧

生产与消费是社会的逻辑存在。马克思指出：“生产直接是消费，消费直接是生产。每一方直接是它的对方。可是同时在两者之间存在着一种中介运动。生产中介着消费，它创造出消费的材料，没有生产，消费就没有对象。但是消费也中介着生产，因为正是消费替产品创造了主体，产品对这个主体才是产品。产品在消费中才得到最后完成。”[②] 然而，资本主义的生产是受利润动机支配的，生产不是为了满足人们的使用价值和基本需求，而是为了进行市场交换和实现利润。生产和消费的辩证关系决定了资产阶级注定要在全社会范围内宣扬消费主义价值观和生存方式，进而导致社会中消费主义价值观的盛行。安德烈·高兹在其《经济理性批判》中指出，前资本主义社会到资本主义的转变导致了社会消费价值观的转变；到了资本主义社会，人们的生产不再是单纯为了满足人的需要，而是为了进行市场交换以获得利润。在资本主义社会，劳动目的的转变导致了人们价值观的转变，“够了就行”转变

---

① 《马克思恩格斯全集》第46卷上，人民出版社，1979，第393页。

② 《马克思恩格斯选集》第2卷，人民出版社，1995，第9页。

为"越多越好"。人们消费的不再是商品的使用价值，而是商品的"符号"，资本主义社会使人的消费变成一种异化消费、虚假消费。本·阿格尔指出，异化消费是"人们为了补偿自己那种单调乏味的、非创造性的且常常是报酬不足的劳动而致力于获得商品的一种现象"。[①] 异化消费是建立在虚假需求的基础之上的，这种消费主义的生存方式在本质上也是异化的。资本主义社会要得以延续，加之资本家追求利润的不懈努力，客观上要求资本主义社会不断扩张其生产规模，必然要使这种异化消费延续。人们不断扩大的虚假需求和无限扩张的生产能力必然会和有限的地球资源和生态承受能力之间发生矛盾，从而"导致资源不断减少和大气受到污染的环境问题"。[②] 结果，自然界的资源不断被作为能源与原料，用于资本主义扩张生产的需要，随着自然资源的急速衰减，大自然的生态系统将失去平衡，人和自然的矛盾将进一步激化。

消费主义作为一种社会文化现象，它的显著特点是消费至上，把物欲的满足、感官的享受作为人生追求的主要目标和最高价值。在现实生活中具体表现为两个方面。一是对物质财富的占有欲极度膨胀，享乐主义、物质主义成为全部生活的轴心。过度消费、奢侈消费成为社会各阶层相互仿效、竞相攀比的现象。二是对感官文化的痴迷与追求。不仅娱乐消遣作为主要的消费内容，占据了绝大部分的文化生活空间，而且各种渲染色情、暴力的低级庸俗的不健康的文化产品、服务走进市场，获得合法地位甚至受到追捧。消费主义作为近现代工业文明的价值观，虽然以社会进步为背景，却是一种扭曲了的、畸形化了的文化观念。而消费主义的价值倾向实际上是与资本主义制度的客观逻辑相一致的。消费主义适应了资本增值的需要，是资本增值的一种必然结果，也是资本增值的一种文化策略。"消费主义的广泛蔓延，反映了社会不同领域在平等上的非均衡性或片面性；而世俗化的社会心理取向，则成为消费主义持久、隐蔽的驱动力量。"[③] 奢侈、浪费、享乐成为社会主要的消费方向，对物质主义的追求，引发了社会道德的滑坡。

---

① 〔加〕本·阿格尔：《西方马克思主义概论》，慎之等译，中国人民大学出版社，1991，第494页。

② 〔加〕本·阿格尔：《西方马克思主义概论》，慎之等译，中国人民大学出版社，1991，第486页。

③ 李金蓉：《消费主义与资本主义文明》，《当代思潮》2003年第1期，第59页。

生态文明下的社会是一个消费适度、自然资源利用合理的社会。物质主义、享乐主义、奢侈消费已经不是人们的追求，精神的愉悦是人们的主要追求。在生态文明的社会里，消费与生产是为了满足人们的真正需要，消费与生产回归到使用价值的本色。

（二）个人利己主义的价值观加深对自然的掠夺、人的极度异化与社会危机

个人主义也称个体主义，是西方近现代思想中的一种基本价值观，也是资本主义生存方式的基本价值观念。个体主义认为，只有个体才是真实存在的实体，而物种和生态系统都只不过是个体的集合，它们本身不是真实存在的实体，因此，只有个体才是利益、价值和道德的承担者，也才有内在价值或天赋权利，物种和生态系统则是没有内在价值和天赋权利的。基于每个个体才具有内在价值或天赋权利，个体主义者坚持一种强的平等主义。个体主义的思维逻辑是本体思维。“正是在本体思维的引导之下，借助于技术，人类开创了一个控制自然、以自身为价值原点和中心的主体性时代。”[①] 资本主义的本体思维与现代科技结合在一起形成了控制自然的价值观。

控制自然是近代西方人取代神的地位的理性思维的发展。思维着的理性成为“自然立法”的口号，坚定了近代西方人在自然界面前的主体性，认为理性可以完全控制人的心灵，并借助人的活动而控制外部环境。19 世纪中期以后，控制自然的观念上升到现代科学主义层面，此后再也无人郑重地向统治自然的观念发起挑战。通过科学技术征服自然的观念已经成为现代社会的主流观念。

控制自然与控制人是不可分割的，控制自然是手段，控制人才是目的。在资本主义制度下，人们把全部自然作为满足自身欲望的材料来理解和占有，把全部自然转化为生产资料。结果，自然资源就遭到资本家的疯狂侵占和掠夺。现代科学技术为人类“控制自然”的合理性提供了技术支撑，释放了人对自然的“冲动力”，从而使人类依照科学合理性的价值尺度活动，加强了对自然的掠夺和征服。

---

① 董军、杨萍：《本体思维的伦理转型与生态价值观的确立》，《江西社会科学》2009 年第 1 期，第 61～62 页。

资本主义制度下，统治阶级和特殊利益集团，将“控制自然的观念”变成激发人们非理性欲望的工具，“对自然和人的控制在社会统治阶级的引导下，内化为个人的心理过程；它是自我的毁灭，因为消费和行为的强制性特征破坏了人的自由”。[①] 在资本主义的控制自然的观念下，人类陷入一张无法挣脱的巨网。在这张网中，“控制自然从抽象的意识形态中走出来并和资本主义制度纠结在一起，使得控制自然观念推动人类走向一条不断扩大并满足自身需求的不归路，人类社会成了追求满足无止境欲望的手段的名利场，并由此必然引发了无穷的对抗和争斗”。[②]

自利是行为主体的所有行为的唯一动机，作为行为主体的人在选择自己的行为时完全遵守自利的原则。在人与自然、人与他人甚至人的肉体与精神的选择中，这种自利也表现得淋漓尽致。一是人与自然的关系方面，资本主义过分强调人的主体性，加剧了人与自然的对立与分裂。随着科学技术的发展，人类掌握了毁灭自身的武器。现代人对自然的过度开发与掠夺，引发了自然界对人类的报复。生态平衡的破坏不仅破坏了自然和谐，也破坏了人与自然的和谐，甚至威胁到人类的生存条件。二是人与人（社会）的关系方面，造成人与人关系的紧张，引发国家间、民族间的冲突与战争。资本主义片面追求个人物质利益，过分注重金钱和物质享受，造成人与人之间的猜疑、不信任，人与人之间关系的紧张、心灵的孤独、社会的冷漠，人与人之间心灵上的隔阂、情感上的失落以及信任危机，使得人与人之间失去温暖与关爱，导致社会生活的瓦解。个体利益的追求延展到民族、国家领域中，引发民族之间、国家之间为了各自利益的对抗、争夺甚至战争。三是人与自我的关系方面，导致自我精神空虚和心灵的扭曲。科学理性占据人们的信仰高地，从根本上动摇了人们传统的基本信仰和对真善美的追求。作为主体的人，在资本主义科学技术的推动下，开始了永无止境的对财富的追求、对物质享乐的追求，导致人们自身内在心灵的空虚，以致产生人格分裂、精神颓废、酗酒、杀人、自杀等自我身心扭曲的现象，大量社会问题也严重影响了社会的安宁。

---

① 〔加〕威廉·莱斯：《自然的控制》，岳长龄、李建华译，重庆出版社，1993，第8页。

② 余维海：《生态危机的困境与消解——当代马克思主义生态学表达》，中国社会科学出版社，2012，第88页。

总之，人与自然关系的紧张和人与人关系的紧张是相互激发的恶性循环。人类主体性地位的凸显引起人类对自然资源的争夺，进而导致对生态环境的破坏，并造成人与自然关系的紧张；同时，人与自然关系的紧张又使人类的生存环境受到影响，而改善自己的生存环境、扩大自己的生存空间又会导致人与人之间的争夺。人与自然、人与社会之间的危机交织衍生、互相推动、共同恶化，因此，这种价值观是生态文明价值观所应摒弃的。

（三）二元对立的逻辑思维割裂了人、自然、社会的和谐统一

西方人一直把征服自然看作自己的首要任务，把自己看作主人，把自然看作奴隶，形成二元对立的思维方式。在思维对象上是以人与自然为关系，强调主客对立，强调人与自然的冲突；在思维方法上，以归纳演绎等逻辑分析为主要特征。主要表现三个方面。一是主体与客体之间的对立。近代人重新发现并认为人是唯一具有理性、主观能动性与创造性的存在，而一切自然就是“机器”，不具有理性能力、主观能动性与创造性，只能是客体。这种思维确立了“人类中心主义”的观念，人取代神成为世界的主体，甚至是唯一主体，人之外的其他一切均沦为人的对象——客体。主客二分的思维将主体的人与客体的自然对立起来，导致人与自然之间的对立。二是物质与精神的对立。在西方哲学世界里，关于物质与精神之间关系的探索是一个古老的话题。笛卡尔认为，世界存在两种实体，即物质与心灵。这两种实体是相互独立的，它们分别具有广延与思维两种不同的属性。他认为，外部世界是一个不会自我运动的、死的、进行机械运动的世界，从此开启了客观研究外在物质世界的近代实验科学的大门，也确定了近代的机械自然观地位。而人却同时具有物质与精神这两种实体，人不仅能运动，还能根据对世界科学的认识来决定如何运动，因此，人是世界上除了神之外的最有灵性的、最宝贵的存在实体。这种自然是死的、不变的、可以被干预和支配的机械论自然观怂恿人类征服自然、控制自然。三是二元价值论。二元价值论是以事实与价值的区分为基础的。近代开始，价值与事实被截然对立起来，表现为价值与事实的二分。这样，价值就是一个关系范畴，表征的是价值客体对价值主体某种需要的满足。如果价值主体没有认识到客体，客体的价值也就无从体现；如果客体不为主体所用，客体也就无所谓价值。在这个价值的主客关系中，只有人才是价值主体的中心，价值离不开人的主观需要，价值只孕育在人类社会之中。于是，自然的价值就是对人类需要的满足，人类需要的就有价值，不需要的就没有价值。这种思想鼓励人们为了满足自己的需要不断向自然索取。

二元对立的逻辑思维造成的矛盾和危机已经把资本主义送上不归路。简单来说，资本主义社会存在的基本矛盾：一是生产资料私有制与社会化大生产之间的矛盾；二是资产阶级与无产阶级之间的矛盾；三是自然资源的有限性与生产的无限扩张之间的矛盾。资本主义社会存在的三大危机是：经济危机、社会危机、生态危机，生态危机加深了社会危机、经济危机，并推动了资本主义总危机的爆发。

二元对立的逻辑思维将资本主义社会的基本矛盾深化并扩展，加深了资本主义的总体危机。在资本主义的工业文明背景之下，人们对自然价值的认识基础建立在自然界与人类的主客体关系上。作为“类”的人被定义为自然界的改造者与荒原的开拓者，而自然界的价值则建立在自然界对人类需求的满足之上。这种传统主体价值论是站在自然界从属于人类的角度来认识自然界的价值的。换言之，以满足人作为主体的需要来界定自然界作为客体的价值，由人类单方面地、孤立地决定作为客体的自然界的价值。人与自然的互为关系仅被视为自然对人的效用关系。在这个意义上，作为“类”的人的价值观转变，主要是改变那种以实现主体价值作为目标的传统价值观而建立新型的价值观。作为个体的人，因主观价值论，价值的存在是满足主体利益和需要的属性，它源于主观意志。由主体来定义，不同的个体主体，具有不同的主观意志，具有不同的利益与需要，因此，自然界的价值也就不同。由于自然界总价值的不变，不同的价值主体为取得自然界的价值而展开争夺，尤其是不可再生资源、能源的争夺，必然引发冲突与战争。

显然，这种二元对立的逻辑思维是与生态文明的整体系统思维方式格格不入的，将人类与自然界的关系完全割裂开来，也破坏了人与社会的和谐关系。

（四）机械世界观加剧资本主义社会异化现象

18世纪，人们从古希腊以来一直固守着的古老的“实体性观念微观不变”的思维模式发展到了极致。“笛卡尔、牛顿等人曾经断定，宇宙是一个巨大的精密的机械，宇宙中一切物体的全部运动状态，都可以根据基本定律巨细不遗地得出。这是一个机械的世界、一个数量的世界，一个可以用数学方法进行计算的世界。”① 在这样一个机械论的世界图景中，自然界是可分的、孤立的、静止的和互不关联的。这样的科学研究方式不但割裂了各学科之间的联系，而且也割裂了作为有机整体而存在的自然界，缺少一种宏观的、综合的、系统的和错综复杂的联系的研究，因此它也就不能揭示自然界的本质面目。

人类出于自身生存的考虑，崇尚物质和精神满足，把自然界当作人类的对立面，通过观察、描述和评价进而利用、改造、征服和统治自然界，把自身与自然界对立起来，认为人是不同于自然界的其他物种并高于它们的理性存在，而其他的那些存在则成为服务于人的对象。到工业革命时期，人类为了自身的生存和发展，迅速地发展了生产力，极大地提高了利用和改造自然的能力并取得了前所未有的物质财富。可是工业文明过度地消耗资源、向环境排放大量的污染物、无节制的人口膨胀等，破坏了生态平衡和人类赖以生存的地球环境，出现了全球变暖、臭氧层被破坏、生物多样性逐渐消失、沙漠化、水土流失、水资源短缺等一系列环境与资源问题。这不仅严重地制约了人类社会经济的进一步发展，而且对人类的继续生存构成了严重威胁，这是工业文明所带来的严重后果。

问题的关键在于价值观的取向和判断，机械世界观只把经济发展作为最重要的价值取向，忽视甚至割裂经济发展与生态环境的相互制约关系。产生这种片面价值观的根本原因在于当时科学所揭示的自然界就是一幅简单的、机械的和线性的世界图景。技术使人类走入了控制自然的误区，现代技术对自然“严刑拷打”，强迫自然“交出”其秘密，这也导致人们把人和自然的关系归结为控制和利用的关系，破坏了人与自然的和谐关系。自然界越来越脱离自在状态，被“人化”，而人却越来越被“技术化”。人类凭借现代技术手段，不顾长远利益而盲目掠夺自然，加剧了人与自然的冲突，使人与自然的关系异化。

在机械世界观的主导下，人类与自然界产生了剧烈的对抗，同时也在强化着每个个体的自我中心主义思想，淡化了人们在解决一些诸如全球气候变

① 王国聘：《探索自然的复杂性——现代生态价值观从平衡、混沌再到复杂的理论嬗变》，《江苏社会科学》2001年第5期，第95页。

暖等重大问题上的牺牲精神，一些基本的道德意识也逐渐丧失了。西方科技人文主义的价值观指导人们去征服自然，造成人与自然的剧烈对抗，同时也在人们的内心深处把理性与情感、物质与精神、个人与社会分割开来，严重地扭曲了人的个性。

资本主义在一定意义上确实给人类带来了财富和繁荣，但是资本主义在发展的同时，也在持续地破坏着人与人的关系。进入全球化资本主义时代以来，这种倾向越发严重。互联网的出现，将人类生活的地球空间变成了一个“地球村”。随着互联网的发达，人与人之间不再需要“自由”了。但同时，人与人之间的关系，人与社会的关联度也逐渐消失了。当前人的消费活动、日常生活，乃至科学技术，都与人相异化了，人被支配和压抑着。资本主义社会，人、自然、技术等在某种程度上都被极度异化了。

八　小结

生态环境问题不仅是人与自然的生态关系的矛盾，更是人与人的社会关系的矛盾；不仅是一个国家或地区的问题，更是全球性的问题。西方资本主义国家希望通过采取科学技术手段、转嫁国内污染的方式来解决自身的生态环境问题，这是资本主义自私自利的本质体现。俗话说：“皮之不存毛将焉附。”如果整个地球的生态环境被破坏了，一个国家的生态环境又怎可能“风景这边独好”？而且西方资本主义国家对非西方发展中国家的不平等的污染转移引发国际社会的矛盾与冲突，将使国际社会更加动荡不安。因此，从全球生态环境以及国际社会关系的范畴看，人与自然的关系矛盾、人与人的社会关系矛盾还没有得到根本的解决，生态文明也就无从谈起。

生态危机的发展将人类的生存处境推到极度危险的境地，不改变这种处境，人类的生命物种延续将面临严峻的挑战。一方面，资本主义与生态经济之间存在不可协调的矛盾；另一方面，资本主义又需要一种真正的生态经济。这种二律背反的逻辑证明资本主义是几乎不可能真正实现生态文明的。因为在资本主义社会不可能出现生态经济这一最基本的生态文明的物质基础，其他的生态政治文明、生态社会文化等相关的生态文明要素也很难产生。

在资本主义私有制度存在的前提下，几乎不可能从根本上解决生态问题。当代西方国家既想解决生态危机又不想放弃资本主义制度；既想要资本增值又想要生态环境，这种“既要马儿跑，又不让马儿吃草”的逻辑是不成立的：

鱼和熊掌岂能兼得？整个世界的生态系统本来就是一个不可分割的整体，在广大发展中国家环境日益恶化的情况下，发达国家要独自享受生态文明的成果是不现实的。“从全球环境保护的现实来看，作为当今生态文明建设暂时领先的西方国家，其生态环境质量的改善，有相当大的部分是通过让发展中国家‘吃下污染’而实现的。”[①] 如果从长远和整体的眼光来看，面对实现人类与自然界和谐共生的整体利益，西方国家应该肩负起它们的历史责任和道义责任，而不是仅仅局限于自己狭隘的利益而置整个世界于不顾。

① 〔美〕约翰·贝拉米·福斯特：《生态危机与资本主义》，耿建新、宋兴无译，上海译文出版社，2006，第53～55页。

第三章
生态文明视域下的中国特色社会主义路径：理论视野与实践策略

生态文明不仅是一个概念、一个指标性问题，也是一种新的发展理念、发展方略。当代中国社会主义生态文明的开启既是马克思主义生态思想中国化的创新，也是中国特色社会主义理论发展的必然内涵。建设生态文明就是要从根本上解决工业文明不可持续发展的问题，要对几百年来形成的工业文明的发展理念、道路和模式进行革命式的变革和调整，也就是要进行一场全方位的深刻的社会革命，需要从思想、观念、体制、政策等层面推进，需要国家意志的自上而下的全面推动，需要社会公众的自下而上的积极参与。中国特色社会主义生态文明建设是集历史机遇、现实背景、国外经验、本国根基及领导力量为一体的一项伟大工程，是中华民族伟大复兴及建设美丽中国的必由之路，是将生态文明理论与建设实践统一于整个中国社会主义的发展建设之中，是一条与众不同的制度创新路径。

一　中国特色社会主义生态文明的提出及必然性

（一）生态文明在中国提出的理论与现实

1. 理论层面：地位及生成

（1）生态文明既是一个社会发展过程，也是一种发展方式。从唯物史观的角度看，整个人类社会是一个包含众多要素、复杂而有机的系统整体。社会发展是动态的，这些要素在不断地调整、更新与优化，从而促进了系统的发展与演进。不同要素在整个系统内是对立统一的，其矛盾关系与相对运动构成了社会统一有机体。在这个有机体中，包含众多的要素结构，如经济结构、政治结构、文化结构、社会结构和生态结构。整个社会中每一个结构都是独立的、自成一体的，同时又与其他结构相互联系、相互影响。在众多的社会结构中，生态结构具有明显的独特性，它对其他结构产生的影响更加突出。在某种意义上，生态结构对其他结构的存在与发展将产生至关重要的制约——生态条件、自然环境、自然资源等对经济发展、社会稳定、政治体制、文明程度等的发展甚至有决定性的影响。在人类社会的整体运行过程中，社会的进步也就是文明的进步，在不同阶段，生态价值或隐或现。人类对自然界的作用及自然界对人类的反作用交互演进，随着人类智力的发展与对科学技术的发展与运用，生态文明已成为人类社会发展的更高社会形态，也成为人与自然关系演进的进步性标志。

从文明发展的历史规律看，生态文明是继采猎文明①、农业文明、工业文明之后的新型文明形态，与其对应的社会形态分别是原始社会、奴隶社会和封建社会、资本主义社会、社会主义社会和共产主义社会。由此判断，生态文明是社会主义和共产主义社会的固有文明形态，是独立的文明形态，是人类与自然界关系的和谐平衡状态。历史上，人类文明的强盛与衰落，几乎同人与自然的关系是否和谐都有关联。没有良好的自然生态系统，经济发展与人口环境资源之间的矛盾难以消解，经济发展也难以持续，更不要说增长；没有良好的人居环境，人类的生态利益难以共享，安居乐业也难以实现，政治文明也将受到消极影响；没有关爱自然环境的生态理性与意识，文化繁荣与文明理念也将受到制约；而没有人与人、人与社会关系的和谐，生态文明的建设也将失去意义。总的来讲，生态文明虽然不是唯一的文明类型，但却对人类的生存与发展有着深远的影响。

马克思主义是以探索人类社会的一般发展规律为内容的，它的国别化成果只有与人类发展规律实现对接，才能体现出马克思主义的本质要求，才能使自身的改革实践获得进一步的发展，也才能对其他民族的发展进程产生积极影响。和谐社会目标的确定，在很大程度上是对社会主义思想资源和中华传统文化资源的重新审视。其中，社会主义对社会平等的追求以及中华文化

① 一般观点认为，文明的形态包括渔猎文明、农业文明、工业文明、生态文明。也有观点认为，人类的文明的第一个形态是农业文明而并非采集渔猎文明，人类早期的采集渔猎时期没有文明，产生的只是文化。本书的文明形态包括采猎文明、农业文明、工业文明、生态文明。

对社会关系的重视，完全有可能形成一种合力：前者确定方向，后者寻找道路，但这并不意味着弱化市场体制的作用。现代市场经济内在地包含着市场机制和政府调控两个环节。如果说，全面建设小康社会目标主要由市场机制来体现的话，那么，和谐社会目标应主要由政府调控来体现。从根本上说，二者是不能截然分开的，但是，相对的区别是存在的。社会主义政治权力可以依靠自身整合两种文化所形成的新理念施展作为。生态文明具有社会主义的基本特征和根本属性，是马克思主义理论的当代创新；作为超越工业文明的高级文明形态和替代工业发展的新模式，是应对全球性生态危机的历史必然，是人类智力更高进步的表现。一句话，生态文明是中国马克思主义理论发展的新要求。

（2）生态文明的生成是马克思主义理论中国化与中国社会发展实践的共同成果。生态文明是中国社会主义事业发展理论的基本组成部分，是随着中国马克思主义理论的不断发展而提出来的。中国特色社会主义是比资本主义社会优越的新社会，生态文明作为新社会的构成要素合乎逻辑地内含其中。将生态文明建设融入经济、政治、文化、社会等建设的各个方面和全过程，努力建设美丽中国，实现中华民族永续发展。因此，经济建设以生态文明为基础，政治建设以生态文明为指引，文化建设以生态文明为内涵，社会建设以生态文明为导向。

中国特色社会主义实践具有丰富的内涵与外延。具体来讲，在社会主义建设中，坚持改革开放、坚持全面发展、全面进步，在各个领域和各个层次展开社会主义事业的实践进程。生态文明贯穿于社会发展的各个形态中，与各个形态形成水乳交融的状态。在社会主义事业的建设中，生态文明是中国特色社会主义实践的固有成分。

在当今世界，大多数国家选择了资本主义的市场机制和民主，还有极少数国家敢于选择与西方保持一定距离的生存方式。它们的存在与发展对资本主义的生存方式是一种反证。中国历届领导人提出的“共同富裕”“科学发展观”“和谐社会”“中国梦”等已经向世界昭示了，一个国家追求经济社会发展的同时，也要进行理论的发展，实践发展离不开理论的指导，否则很难长远。

作为中国社会主义理论的一部分，生态文明的提出是一个渐进过程。在党的十六大会议上，提出了“使经济更加发展、民主更加健全、科教更加进步、文化更加繁荣、社会更加和谐、人民生活更加殷实”[①] 的目标，并将增强可持续发展能力、促进人与自然和谐发展、推动整个社会走上生态文明发展道路作为全面建设小康社会的目标之一。这表明，生态和谐已经成为中国特色社会主义发展的必然要求。

江泽民同志 2001 年“七一”讲话提出：“要促进人和自然的协调与和谐，使人们在优美的生态环境中工作和生活。坚持实施可持续发展战略，正确处理经济发展同人口、资源、环境的关系，改善生态环境和美化生活环境，改善公共设施和社会福利设施。努力开创生产发展、生活富裕和生态良好的文明发展道路。”[②] 这里虽没直接提出生态文明，但也蕴含了生态文明的理念，体现在生产、生活与生态三个方面的内容，三者是相互联系、相互制约与相互促进的，其中良好的生态是基础。这是我们党和国家面向 21 世纪努力创造生态文明的宣言。

2005 年，胡锦涛总书记在中央人口资源环境工作座谈会上指出，完善促进生态建设的法律和政策体系，制定全国生态保护规划，在全社会大力进行生态文明教育，是我国当前环境工作的重点之一。提出了“生态文明”概念。从此，我们党和国家开始大力推进生态文明建设。

2006 年，《中共中央关于构建社会主义和谐社会若干重大问题的决定》中明确将“人与自然和谐相处”作为社会主义和谐社会的基本特征之一，再一次将生态文明的要义提升到国家战略高度。

2007 年 10 月，党的十七大提出，建设生态文明，并将其列为全面建设小康社会的目标之一。具体来说，当代中国建设生态文明的基本目标是：基本形成节约能源资源和保护生态环境的产业结构、增长方式、消费模式。循环经济形成较大规模，可再生能源比重显著上升；主要污染物排放得到有效控制，生态环境质量明显改善；生态文明观念在全社会牢固树立。这一重大命题的提出，标志着中国在认识、发展与自然资源和环境关系方面实现了重大飞跃，具有划时代的意义。

2009 年 9 月，党的十七届四中全会把“生态文明建设”提升到了与经济建设、政治建设、文化建设、社会建设相并列的战略高度，作为中国特色社

① 《江泽民在中国共产党第十六次全国代表大会上的报告》（2002 年 11 月 8 日），http：//china. caixin. com/2012 - 10 - 29/100453556. html。

② 《江泽民在庆祝建党八十周年大会上的讲话》，http：//www. southcn. com/news/ztbd/jzmqyjh/200112260775. html。

会主义事业总体布局的有机组成部分。

2010 年 10 月，党的十七届五中全会提出要把“绿色发展，建设资源节约型、环境友好型社会”，“提高生态文明水平”作为“十二五”时期的重要战略任务。

2011 年 3 月，我国“十二五”规划纲要明确指出，面对日趋强化的资源环境约束，必须增强危机意识，树立绿色、低碳发展理念，以节能减排为重点，健全激励与约束机制，加快构建资源节约、环境友好的生产方式和消费模式，增强可持续发展能力，提高生态文明水平。

2012 年 7 月 23 日，胡锦涛总书记在省部级主要领导干部专题研讨班上指出，必须把生态文明建设的理念、原则、目标等深刻融入和全面贯穿到我国经济、政治、文化、社会建设的各方面和全过程，坚持节约资源和保护环境的基本国策，着力推进绿色发展、循环发展、低碳发展。十八大报告提出，建设生态文明，是关系人民福祉、关乎民族未来的长远大计。面对资源约束趋紧、环境污染严重、生态系统退化的严峻形势，必须树立尊重自然、顺应自然、保护自然的生态文明理念，把生态文明建设放在突出地位。十八大报告不仅将生态文明建设纳入中国特色社会主义五位一体的总布局，而且明确将建设生态文明作为全面建设小康社会的新目标和新要求。党的十八大将“生态文明观念”修改为“生态文明理念”，并对其内涵和贯彻提出了具体要求，不仅提升了生态文明的理论层次，还界定了生态文明的属性。

2013 年 5 月 24 日，习近平总书记在中共中央政治局第六次集体学习时强调，要正确处理好经济发展同生态环境保护的关系，牢固树立保护生态环境就是保护生产力、改善生态环境就是发展生产力的理念，要更加自觉地推动绿色发展、循环发展、低碳发展，决不以牺牲环境为代价去换取一时的经济增长；节约资源是保护生态环境的根本之策；要实施重大生态修复工程，增强生态产品生产能力；要建立责任追究制度，对那些不顾生态环境盲目决策、造成严重后果的人，必须追究其责任，而且应该终身追究；要加强生态文明宣传教育，增强全民节约意识、环保意识、生态意识，营造爱护生态环境的良好风气。[①] 2013 年 11 月，中共十八届三中全会提出，建设生态文明，必须

---

① 习近平主持政治局第六次集体学习，http：//www. ce. cn/xwzx/gnsz/szyw/201305/24/t20130524 - 24417883_ shtml。

建立系统完整的生态文明制度体系，用制度保护生态环境；要健全自然资源资产产权制度和用途管制制度，实行资源有偿使用制度和生态补偿制度，改革生态环境保护管理体制。

生态文明对中国来讲，不仅是社会主义实践体系的组成部分，更是完善社会主义理论的实践探索，是提升社会主义现代化建设水平的助推器。生态文明是中国共产党和政府遵循人类认识规律和社会发展规律的创新成果。

由此判断，“生态文明”命题的提出是一个新时代的标志。它证明中国的马克思主义者开始在全球化的生态危机环境下，寻求通过实施生态文明发展战略来解决生态环境与社会经济发展之间的矛盾与对抗，实现人与自然的协同并进。

中国在构建有自己特色的生态文明的伟大实践中所进行的理论探索和实践创新，无疑具有重大的实践价值和深远的历史意义。因为，作为当今世界最大的、最具影响力的发展中的社会主义国家，中国在生态文明建设上的成就，从一定意义上来说，也就是社会主义在生态文明建设中所取得成就的集中体现。同时，从中国在生态文明建设的实践来看，其光明的前景也预示着生态文明的未来一定是社会主义的。社会主义现代化进程中的中国正在成为生态文明理论与实践的时代前沿或试验场。

2. *现实层面*

生态文明建设在中国当代的提出是基于国内生态环境与国际生态环境的双重场域。工业化生产对自然环境的破坏导致人类生存的威胁出现，中国国内严峻的生态环境问题严重影响了社会经济的持续发展，必须改变西方工业化生产主导的发展模式，这是历史使命和生态文明时代的共同要求。同时，西方发达国家对生态危机的转嫁、对全球生态污染的规制等对中国生态文明建设带来挑战；这种严峻的国际环境增加了中国生态文明建设的复杂性和艰难性，但是，西方国家的生态环境保护运动、生态污染的处理技术和反资本主义的思想理论成果等也为中国生态文明建设提供了可资借鉴的经验。全球生态危机的到来，推动中国社会主义实践的时代创新。

（1）国内生态环境：压力与动力。30 多年的改革开放，中国现代化建设取得突出成就的同时，人口、资源与环境的压力也逐渐成为中国社会经济持续发展的一大瓶颈。

目前，生态污染在中国是一个严峻的问题，众多数据触目惊心：21 世纪初，中国工程院院士刘鸿亮教授对全国55000公里河段的研究显示，23.3%的河段水质污染严重而不能用于灌溉，45%的河段鱼虾绝迹，85%的河段不符合人类饮用水标准，而且河流自洁等生态功能也严重衰退，形势异常严峻。生物物种也在加速灭绝。全国草地面积逐年缩小，草地质量逐渐下降，全国草原退化面积达0.67亿公顷，目前仍以每年134万多公顷的退化速度在扩大，使本来已较脆弱的生态环境更加恶化。森林资源总体质量下降，森林的生态功能严重退化。全国水土流失面积已达36500万公顷，并以每年100万公顷的速度在增加；全国荒漠化土地面积已达26200万公顷，并继续以每年246000公顷的速度扩展。[①] 生态环境的恶化已经在一定程度上制约了社会、经济的可持续发展。事实表明，中国的生态环境问题相当严峻。环境保护部部长周生贤对中国的生态环境问题并不回避，他用“局部有所改善，总体尚未遏制，形势依然严峻，压力继续加大”来描述当前中国的环境现状。[②]

改革开放以来，我国工业化迅速发展，鉴于环境污染和资源短缺问题特殊的尖锐性、严重性和复杂性，再加上中国人口众多、自然资源相对不足，如果自然资源和生态环境得不到有效保护，可持续发展和现代化的建设也将难以为继。我国环境污染和生态破坏的问题，能源和其他资源短缺的问题，同时并全面、综合地凸显出来，成为经济进一步发展的严重制约因素；与此同时，社会和民生的各种问题，又与之错综复杂地交织在一起，共同形成一个非常复杂的问题，形成一种巨大的压力，向社会发展提出了非常严重的挑战。当发达国家依靠环保产业、产业升级和污染转移，一定程度上解决了环境污染问题、环境质量有所改善的时候，同时也丧失了从工业文明转向生态文明的强大动力，而中国生态环境问题的严重性使得实际需要变成了强大的动力。

中国环境现状的复杂程度和特殊性是世界上任何一个国家都无法比拟的，中国目前所要应付的挑战，可以说，几乎是西方发达国家在过去200多年里所遇到困难的总和。中国要应对这些问题，世界上没有任何一个国家可以成为中国的样板。这种复杂性和历史使命的特殊性形成一种巨大压力、一种严

---

① 《中国环境现状与人民生活》，http://news.sohu.com/20060525/n243414208.shtml。

② 吴晶晶：《局部有所改善 总体尚未遏制》，《新华每日电讯》，http://news.xinhuanet.con/mrdx/2010-11/27/c 13624608.htm。

峻的挑战。面对这种压力和挑战，中国试图用工业文明的方法解决问题，结果付出了巨大代价，问题不但没有得到解决反而在持续恶化。压力和挑战在给中华民族带来极大危机的同时，也逐渐转化为一种内在动力。理性地回应挑战，科学地选择策略，负责任地履行使命是中华民族的时代担当。事实证明，西方工业文明的发展路径并非康庄大道，只有依靠自己的智慧与经验走自己的路，进行生态文明建设才是中国人民的明智选择。

中国确立了生态文明发展战略，提出建设资源节约型和环境友好型的国家，21 世纪以来，许多地方按工业文明的途径和方法发展经济的弊端已经越来越突出，生态环境遭到严重破坏，生产条件已经非常恶劣，经济发展已付出惨痛的环境代价。一些省、市、县等地方政府开始积极探索改革、修复的发展方式，生态省、生态市、生态县建设探索已开始。浙江的安吉于 2006 年建成全国第一个生态县，创造了建设生态文明的“安吉模式”。浙江省、福建省、云南大理等也已开始生态文明建设的探索，生态文明在中国的建设已经有了良好的开端。

生态文明是应对生态危机而兴起的，它的首要任务是解决环境污染、生态破坏和资源短缺对人类生存的威胁。现在的问题是，几十年来，人们对解决环境污染、生态破坏和资源短缺的问题，虽然作出了巨大的努力，投入了先进的科学技术、众多人力和资金，问题并没有彻底解决，并且还在继续恶化。根源何在？当代世界，人们认识社会发展规律的能力不断提高，但是人类对自然界的作用是双重的。人类的建设和创造能力空前强大的同时，也带来了巨大的破坏和毁灭力量。一方面，人类能力的提高增强了向自然界索取资源的速度和规模，加剧了自然生态失衡，带来了一系列灾害。另一方面，人类本身也因自然规律的反作用而遭到“报复”。基于此，人们对问题的认识已经有了紧迫感，也作出了巨大努力，但事态还在恶化。唯一能做的是，改变生产方式，进行发展模式变革。

目前，中国建设生态文明面临的主要国内问题有五个。一是如何在保护环境、节约资源的背景下继续推进现代化的发展，实现现代化的历史任务？二是如何在社会经济水平和自然环境条件差别很大的不同区域开展多样化的生态文明建设？三是如何构建符合自然生态环境的经济结构、运行规则和社会运行秩序？四是如何实现工业文明主导模式下的经济发展方式、经济增长方式和公众消费模式的生态化转变？五是如何规范和制定社会中主要生态文明建设主体（政府、企业、公众）行为选择的标准、协同的原则和方法？

（2）国际生态环境：机遇与挑战。中国生态文明建设处于全球生态文明系统之中，必然受到全球生态环境、世界生态政治运动、生态环保思潮等的外部性的影响，对中国生态文明建设的有利机遇属于正外部性，不利的挑战属于负外部性。在生态环境问题的全球治理过程中，中国还要与发达国家进行斗争和博弈，当然也有协调与合作。这其中充满机遇与挑战。

中国生态文明建设的负外部性是指中国生态文明建设面临的众多挑战，包括全球资源环境危机、世界社会公正危机、生态帝国主义、全球性生态环境问题等。面对生态环境问题全球化和经济全球化，中国社会主义生态文明建设的国际环境是严峻的，也是充满风险的。世界政治经济发展不平衡，发达资本主义国家较早地占用和掠夺了世界资源和能源，并带来环境问题和生态危机，这些是作为后发国家的中国必须面对的国际环境。具体体现在以下方面。

一是全球生态资源危机危及人类生命的基本生存条件，中国也难逃避。目前的生态危机意味着人类两种自然规定性（即人类生命存在的边界和人类生命活动的方向）之间发生冲突，也就是人类生命活动能力的发展开始破坏自身生命生存的条件。这种危机是人类整体面临的生存条件的困境，是人类生存的生态资源危机。目前，人类利用自然资源的总量已经接近自然界所能承受的极限。对于发展中的中国而言，其自身的基本生存需要还要求扩大对自然资源的利用，但人类占有自然资源的总量已经亮起红灯，这对中国经济发展的自然资源需求来说是一个重要的限制。

二是全球化背景下生态帝国主义的扩张恶化了中国的外部生态环境。资本全球化的发展与扩张，把生态危机推向世界的各个角落，生态帝国主义给全球带来不可避免的生态灾难。“资本主义通过大面积的工业化和全球化的生态帝国主义行径进行扩张，引起了生态危机和社会失范。”① 生态帝国主义的全球扩张污染了地球的生态系统，消耗了大量自然资源。由于资本自我扩张的需要，在国家内部资源有限和生态污染的压力下，资本主义企业通过对发展中国家进行生态掠夺和污染转移来缓解内部矛盾。具体方式：一是资本主

① Joel kovel, Michael Lowy, “An Ecosocialist Manifesto”, *Capitalism*, *Nature*, *Socialism*, Vol. 13, No. 1, March 2002, p. 2.

义通过全球化的资源配置，凭借经济与技术优势，最大限度地抢占和消耗全球性资源；二是发达国家直接在发展中国家开设工厂，设立子公司或分公司，利用当地廉价的劳动力和宽松的环境政策，大肆攫取他国的自然资源和剥削当地工人；三是把自身高消耗、高污染的生产方式扩张到后发国家，给当地的生态环境带来灾难性后果。西方发达国家为实现垄断资本的最大利益，把更多地使用地球的自然资源看作增加国力的不可替代条件，既大肆掠夺发展中国家的自然资源，又无情地实行"生态殖民主义"，把"肮脏"企业和废物转移到发展中国家，造成其生态环境的退化和恶化。中国处于发达国家污染转移的重要链条上，承受着严重的生态污染后果。

三是全球生态环境问题恶化，中国生态环境安全受到威胁。"生态失衡""环境恶化""能源危机""资源匮乏""气候变暖"等全球性的生态环境问题，对中国生态环境的保护与修复产生了负面影响。生态环境问题的关联性、持久性、跨国性与交织性等影响到中国生态环境的变化。生态环境问题损害了国家赖以生存和发展的自然支持系统，直接影响到国民的生命和健康安全，也对国家经济安全构成重大影响，从而对国家安全构成重大威胁。

四是国际经济政治秩序的不平等、不公正影响到中国自身的权益。当今世界各国在全球生态环境问题上因认识不一致和行为不协调产生了许多分歧和矛盾。最突出的是南北之间的矛盾。发达国家与发展中国家在环境问题的责任分担、经济发展和环境保护的相互关系、资金和技术转让问题等方面存在很大的分歧，甚至是对立。这些分歧和矛盾，实质上反映了因全球生态环境问题而产生的国家之间政治和经济利益的冲突。国际政治经济旧秩序是由发达国家主导的，这种不平等、不公正的国际机制影响并损害了发展中国家的权益与利益。中国作为发展中国家，不可避免地受到这种不公正、不平等秩序的剥削与掠夺。

任何事物都是有两面性的，挑战与风险存在的同时，也存在一些机遇与机会。中国生态文明建设在经受国际不利因素的挑战与压力的同时，也遇到了一些有利的机遇和条件，即国际生态环境的正外部性，包括国际生态公约、环保协约、生态环保运动、社会主义运动等。具体体现如下。

一是国际生态公约的制定与签署，为中国生态文明建设提供了一些基本的法规和保障。目前国际社会为了保护生态环境，已经制定了众多不同领域的国际生态公约。世界多数国家也签署了相关的生态保护协定与约定。其中包括，生物多样性公约（中国1993年1月7日加入）、卡塔赫纳生物安全议定书（中国2005年4月27批准）、世界遗产公约（中国已经申报自然及文化遗产多处）、濒危野生动植物物种国际贸易公约（1981年4月"公约"对我国生效）、防治荒漠化公约（1996年12月26日正式生效后，中国积极参与）等。被称为法律旗帜的各种国际生态公约都不是单纯由法学家们起草完成的，而是广泛征询涉及自然保护的专业人士意见，总结自然保护第一线、从事实际工作的人们及广大公众的经验教训和意见后才制定的。这些国际生态公约不但具有专业性，还有实践性，对于中国生态环境保护的法律法规体系的健全与完善具有重要的借鉴意义。同时，我国还可以利用国际生态公约赋予的权利维护自身的生态环境利益，在与发达国家合作进行国际环境保护活动时维护自己应有的合法权益。

二是全球生态运动的展开，有利于中国社会主义生态文明建设的推进。全球性生态危机，使得北方国家与南方国家都出现不同程度、不同规模的生态运动。北方国家生态运动的主题是防止污染，南方国家生态运动的主题是防止资源衰竭。要解决全球环境资源困境，就要全球协商，形成全球共识，就要在全球范围内有计划地放弃西方传统工业文明模式，转变资本主义生产方式。而要根除生态危机就必须消灭资本主义，实行社会主义。中国既是世界上最大的社会主义国家，也是最大的发展中国家。在这场生产方式、发展方式与社会制度的较量中，中国迎来了历史的机遇，承担着改变人类命运的重大责任。全球生态运动，推动中国走上社会主义生态文明建设之路。

三是利用世界先进的生态管理与污染治理技术，推进中国生态环境事业的发展。西方发达国家较早研发和使用污染处理技术，已经取得管理生态的一些经验，这些对中国生态环境的发展是有益处的。"新的环境管理与技术管理体系也从发达国家传播到了发展中国家，这种传播既有直接渠道——通过南北间管理机构的合作，也有间接渠道——通过确立全球性的环境规范与目标。"[①] 中国生态文明建设中对污染问题的处理和生态环境管理，与西方先进国家相比，还是有一定差距的，引进和学习西方的先进技术与经验是必要的。

四是全球各种社会主义思潮及运动，为中国生态文明建设提供了许多的

---

① 〔荷〕阿瑟·莫尔、〔美〕戴维·索南菲尔德：《世界范围的生态现代化——观点和关键争论》，张鲲译，商务印书馆，2011，第346页。

借鉴与启发。20 世纪 90 年代以来，国际社会中各种反对资本主义的思潮与运动此起彼伏，既有发达资本主义国家内部的反对资本主义的运动与思潮，如绿色政党运动，也有市场社会主义、生态社会主义，以及拉美的各种民族社会主义等。社会主义重新成为世界摆脱危机、寻求共同生存的一个选择，虽然它们的社会主义并非马克思等人开创的科学社会主义，但是这股社会主义浪潮对社会主义事业来说是一个激励。社会主义相对于资本主义制度来说更能达到生态平衡，因为社会主义的出发点不以利润为生产目的，现实环境问题并非是社会主义的内在本质造成的——恰恰是违反这种内在本质的结果。世界资源环境矛盾为社会主义重新崛起创造了条件。走社会主义道路的中国并不孤单，这些国外社会主义思潮与运动中包含的生态思想与理念无疑为中国生态文明建设提供了诸多"营养"，吸收其有益成分，将会使得中国社会主义生态文明建设更加科学、理性、完善。

五是国际生态环境问题催生环境外交，中国可以利用环境外交舞台宣传自己的生态文明主张，树立起负责任的良好大国形象。跨境污染已成为国际性、地区性和全球性的问题，它将愈益深入地渗透到各国的对外政治事务中。在国际国内的强大政治压力下，多数国家把生态保护作为对外政策的重要内容。外交政策受到生态环境运动的影响，外交活动中不可避免地增加了生态环境的内容。除了国家之外，一些解决污染问题的地区性国际组织不断出现，并影响一国的外交活动。在当前的国际政治经济秩序下，国际生态环境问题，如温室效应、臭氧层空洞、跨境酸雨、国际性水域污染、外层空间环境污染和各种资源短缺等，已经日益深刻且不同程度地影响到发展水平不同、地域不同国家的切身利益，使得生态环境问题超越了自身领域而成为重大的国际政治问题。中国可以在环境保护领域与其他国家和国际组织进行合作，提出自己的生态保护主张，寻求共同的理念，加强了解与沟通。在环境领域，中国外交将开辟一片新天地。

六是工业文明向生态文明转变的时代机遇。随着生态问题的政治化和国际化，"绿色共识"正逐步瓦解传统的价值观念，过去那种建立在对自然界肆意掠夺基础上的传统工业文明和环境殖民主义实践终将寿终正寝，人类已经开始实施崭新的发展战略，这无疑是人类社会发展的重大进步。当今世界正面临一个发生根本性大变革的时代，世界正处于从工业文明向生态文明转变的历史时期。中国进行生态文明建设面临极佳战略机遇。事实已经表明，走西方工业文明模式发展之路，已经没有出路，需要依靠自己的优势，结合本国实际，借鉴他国经验与教训，实现社会发展模式的转变，推动本国生态文明建设。建设生态文明是实现中华民族伟大复兴的需要，又是破除制约中国经济社会发展障碍（环境和资源危机、社会问题）的需要。

（二）生态文明在社会主义中国建设的必然性

1. 生态文明是马克思主义理论中国化的应有之义

中国的马克思主义理论与实践，经历了近百年的风雨，寄托了无数志士仁人的光荣与梦想、理想和骄傲，渗透了几代人的激情与汗水、鲜血。现在“它已经演化成为巨大的历史资源，以各种我们想到或想不到的方式，影响和作用于中华民族的政治生活”。[①] 马克思主义是对资本主义的超越，包含着对工业文明的反思，包含着最先进的生态哲学思想——生态文明思想也是马克思主义的内在要求和社会主义的根本属性。

中国社会主义生态文明体现了马克思主义理论中国化与中国社会主义实践发展的共同需要。从认识规律的意义上讲，我们还有很长的路要走。“生态文明”的提出表明，中国的马克思主义者开始重新正视社会主义发展的现实性与危机性。以往，我们主要是在社会主义市场经济体制的背景下看待经济发展与社会问题，往往把克服这一弊端的希望寄托于社会主义本质的自身内化与消解；而现在，在全球化的生态危机环境下，需要把生态文明建设作为主要的目标。

生态文明将人的自然依存性与社会发展性紧密结合在一起，在人类与自然界之间架起一座同生共存的桥梁。中国的生态文明必然要实现，这不仅是中华民族自身生存发展的使命，也是人类的生存希望。正如恩格斯说的，“我们越来越有可能学会认识并因而控制那些至少是由我们的最常见的生产行为所引起的较远的自然后果。但是这种事情发生得越多，人们就越是不仅再次地感觉到，而且也认识到自身和自然界的一体性，而那种关于精神和物质、人类和自然、灵魂和肉体之间的对立的荒谬的、反自然的观点，也就越不可能成立了”。[②] 因此，建设生态文明就是坚持和发展马克思主义。

---

① 余金成：《试论现时期马克思主义发展的理论生态环境》，《探索》2006年第1期，第114页。
② 《马克思恩格斯选集》第4卷，人民出版社，1995，第384页。

2. 生态文明体现了社会主义的基本原则，成为社会主义文明体系的基础

社会主义首先强调以人为本，同时反对极端人类中心主义与极端生态中心主义。极端人类中心主义制造了严重的人类生存危机；极端生态中心主义却过分强调人类社会必须停止改造自然的活动。同时，社会主义的物质文明、政治文明和精神文明都离不开生态文明。人类要追求高度的物质享受、政治享受和精神享受，离开良好的生态条件是无法想象的；没有生态安全，人类自身就会陷入不可逆转的生态危机。

生态文明认为人是价值的中心，但不是自然的主宰，人的全面发展必须促进人与自然关系的和谐。生态文明是多样性与整体性价值的有机统一。生态文明的价值观强调尊重多样性，“各不相同的地区、千差万别的生活经历理应导致全球范围内多姿多彩的文化经历和各具特色的生活方式”。[①] 生态文明强调国家不论大小、强弱、贫富都应是国际社会中平等的成员，各种文明形式都应得到充分的尊重。同时，生态文明更加强调整个人类、整个地球的整体性与统一性。“没有胸怀全球的思考，便不能树立环保的严正性与完整性。全球责任并非限于考虑全球性的利弊得失，它也意指应用一种整体思维方式，改变公共政策和公民行为中屡见不鲜的支离破碎、见木不见林的思维方式。”[②] 生态文明的整体性要求从根本上反对对任何地区的人民进行经济剥削或政治压迫，它认为这种情况不仅从人道主义角度看是无法接受的，而且从现实角度看也将无法维系环境保护的完整性。生态问题不再局限于特定的区域、特定的国家之内，而是全球性的。另外，在可持续发展与公平公正方面，生态文明也与社会主义的原则基本一致。生态文明的未来必定是社会主义的，它符合社会主义的固有属性。正如英国学者、著名的生态社会主义理论家戴维·佩珀认为的那样，“真正基层性的广泛民主；生产资料的共同占有；社会与环境公正；相互支持的社会－自然关系”[③] 等基本原则恰恰构成了社会主义社会的基础。

---

① 〔美〕丹尼尔·A. 科尔曼：《生态政治：建设一个绿色社会》，梅俊杰译，上海译文出版社，2002，第117页。

② 〔美〕丹尼尔·A. 科尔曼：《生态政治：建设一个绿色社会》，梅俊杰译，上海译文出版社，2002，第132页。

③ 〔英〕戴维·佩珀：《生态社会主义：从深生态学到社会正义》，刘颖译，山东大学出版社，2005，中译本前言第3页。

3. 生态文明与社会主义制度的本质属性是一致的

生态文明不仅是一种发展方式、一种制度文明，也是一种体现人性与生态性相统一的文明。资本主义社会发展了工业文明，生态问题只能在制度外围解决。生态问题不仅是技术问题，也不仅是生态理性问题，还是一种社会和政治问题，归根到底是社会制度问题，克服工业文明带来的生态弊端只能从制度入手。正如恩格斯指出的那样，“但是要实行这种调节，仅仅有认识还是不够的。为此需要对我们的直到目前为止的生产方式，以及同这种生产方式一起对我们的现今的整个社会制度实行完全的变革”。[①] 社会制度是从处于支配地位的生产关系中产生的，它能够允许生产关系及其所含的阶级关系充分发挥作用，政治和法律将因不同的经济结构而有所不同。生态文明需要的是一个能够体现人性与生态相统一的制度文明。只有社会主义制度文明才能最终把实现“人类同自然界的和解以及人类本身的和解”确立为人类社会在发展过程中正确处理人与自然、社会三者关系的最高价值目标。

中国特色社会主义坚持了科学社会主义的基本原理，马克思主义所揭示的社会主义的本质与核心价值也就是中国特色社会主义的本质特征与核心价值。而马克思主义所揭示的社会主义的本质特征与核心价值必须把生态文明建设置于社会主义建设的重要地位。马克思提出超越资本主义的社会主义制度主要在于这种制度的优越性会把人引向一种更人性化的生活方式。而这种生活方式是以实现人的全面发展为宗旨的，以真正满足属于人的功能与需求为主要内容的。新的生活方式形成的一个重要条件就是建立起人与自然之间的和谐联系，也就是创立生态文明。仅有生态文明是不够的，我们还需要一种新的社会主义实践，即从工业文明基础上的社会主义，过渡到生态文明基础上的社会主义。社会主义生态文明不是自然生成的，需要科学的理念、遵循生态规律、合理的体制、健全的法规等引导生态文明在社会主义社会健康、有序地推进。

4. 生态文明是经济压力与经济发展方式转变的客观需要

工业发展模式、粗放式经济增长、GDP目标、非生态导向的现代化生产和技能的应用，已造成生态系统受损、环境污染、生存的基础条件被破坏，生存危机出现。中国在选择市场经济的同时，也不可避免地把工业发展的模

---

① 《马克思恩格斯选集》第4卷，人民出版社，1995，第385页。

式带到了生产中来，资源的消耗、环境的污染也不可避免地出现了。从逻辑上看，生态文明建设本质上是保护生产条件、为永续发展提供生产潜力的，应该节约资源、保护环境、体现为新的生产力发展手段。否则，很难脱离资源有限与生产无限的矛盾窠臼。这意味着，生态文明建设将通过节约资源、降低生态成本的方式达到节省经济成本进而实现生态发展的目标，属于更为进步的发展模式。

目前，我国经济建设面临两个突出矛盾：一是经济总量扩张与自然资源的有限性以及自然资源生产率相对低下的矛盾；二是经济快速增长与环境容量有限以及环境容量利用效率相对低下的矛盾。如何有效缓解和克服两大矛盾？在生态文明理念指导下进行经济建设，将致力于消除经济活动对大自然的稳定与和谐构成的威胁，坚决摒弃“经济逆生态化、生态非经济化”的传统做法，大力实施产业生态化、消费绿色化、经济生态化等战略，做到经济又好又快发展，又能够在“人不敌天—天人合一—人定胜天—天人和谐”的螺旋式上升过程中实现新的飞跃。

中共十八大报告指出，“要适应国内外经济形势新变化，加快形成新的经济发展方式，就要把推动发展的立足点转到提高质量和效益上来，着力激发各类市场主体发展新活力，着力增强创新驱动发展新动力，着力构建现代产业发展新体系，着力培育开放型经济发展新优势，使经济发展更多依靠内需特别是消费需求来拉动，更多依靠现代服务业和战略性新兴产业带动，更多依靠科技进步、劳动者素质提高、管理创新驱动，更多依靠节约资源和循环经济推动，更多依靠城乡区域发展协调互动，不断增强长期发展后劲”。[①] 经济发展方式的转变本质上是实现经济社会发展与生态环境保护的同步，这是生态文明的基本要求。

5. 生态文明建设是和谐社会的内在要求

社会主义生态文明的根本宗旨，在于使现代社会主义文明发展具有高度的和谐性和可持续性，它的基本要义是实现人、自然、社会以及自身的整体和谐共生与全面可持续发展。一是社会主义生态文明是对传统文明形态特别

---

① 胡锦涛：《坚定不移沿着中国特色社会主义道路前进　为全面建成小康社会而奋斗——在中国共产党第十八次全国代表大会上的报告》，2012 年 11 月 8 日，www. xj. xinhuanet. com/2012 - 11/19/c - 113722546. htm。

是资本主义工业文明反人性和反生态性深刻反思的成果。现代社会主义文明发展的协调性、和谐性和可持续性集中体现在社会主义有机体的协调发展关系中，也就是作为社会有机体的人与自然、人与人、人与社会、人自身的整体协调共生的发展，这种发展关系构成现代社会主义的本质，是现代社会主义文明发展的主要标志，也是21世纪人类文明进步的基本尺度。二是社会主义生态文明是人、自然、社会以及自身关系的和谐发展。生态和谐不仅是人与自然的生态和谐，也是人与人、人与社会、人自身的生态和谐，四大生态和谐是社会主义文明社会的基本内容和价值目标。生态和谐是社会主义生态文明的核心价值观，它渗透和体现在和谐社会建设的所有过程和环节中。三是社会主义和谐社会同社会主义生态文明本质上是一致的。社会主义和谐社会是人与自然、人与人、人与社会、人自身和谐共生的社会，从这个意义上说，四大生态和谐建设是社会主义和谐社会建设的核心内容。

“社会和谐是社会主义的本质属性”科学论断的提出是把和谐规定为社会主义的本质属性和价值目标，是中国特色社会主义文明发展的根本体现。中国和谐社会实现的前提是社会主义，和谐社会必须体现我国制度的社会主义本质。因此，和谐社会的基本标志就是实现人与自然的和谐相处。

6. 生态文明建设是国家发展战略的基本内涵

在历史与现实的时空坐标中，生态文明作为中国当代的发展战略隐含着社会的本质属性与发展的内在机理。生态文明建设的提出是以社会主义基本制度为依托的。作为社会主义发展道路的政治保证，中国社会主义基本制度在一开始就具有自己的特色，以社会主义价值取向和共产党的执政理念为支撑。

十七大首次把“生态文明”概念写入了中国共产党的政治报告，对发展中国特色社会主义提出了新的战略要求。十八大提出大力推进生态文明建设，并提出具体的实施战略。“在国家政权的引导下，生态文明建设不但成了自上而下的国家战略选择并体现为具体的法律政策，还必将唤醒自下而上的公民生态意识和生态行为。”① 生态文明建设已经上升到国家战略层面，成为具体的战略内容。

从国家发展战略层面解决环境问题，将环境保护上升到国家意志的战略

① 余维海：《生态危机的困境与消解——当代马克思主义的生态学表达》，中国社会科学出版社，2012，第177页。

高度，融入经济社会发展全局，从源头上减少环境问题是国家生存的基本战略。在国家发展战略内容上主要包括三个方面：一是政策方面，制定有利于环境保护的价格、财政、税收、金融、土地等方面的经济政策体系，采取总体制度一次性设计、分步实施到位的办法，使鼓励发展的政策与鼓励环保的政策有机融合；二是遵循自然规律，开展全国生态功能区划工作，根据不同地区的环境功能与资源环境承载能力，按照优化开发、重点开发、限制开发和禁止开发的要求，确定不同地区的发展模式，引导各地合理选择发展方向，形成各具特色的发展格局；三是在发展规划上，进一步优化重工业的布局，调整产业结构，转变发展方式。由此，生态文明建设是中国社会经济建设的核心，是中国社会发展的战略目标。生态文明建设要融入和贯穿到社会建设、文化建设、政治建设、经济建设中。简单地讲，就是社会与生态相结合。法国经济学家米歇尔·于松认为，“在中国向现代社会主义——人类的需要（社会和生态需求）在这种新型现代社会主义中将占据核心位置——迈进的进程中，其进程将取决于这两个指导方向在实际中的结合程度”。[①]

7. 天人合一传统生态思想在当代社会创新再现的必然

对中国而言，传统文化中固有的生态和谐观，为实现生态文明提供了深厚的哲学基础与思想源泉。具有几千年历史的中华民族积累了丰富的人、自然、社会及自身之间的和合共荣的思想与理念。以儒释道为中心的中华文明，形成了系统的生态伦理思想。

儒家生态智慧的核心是德性，“尽心知性而知天”，主张“天人合一”，其本质是“主客合一”，肯定人与自然的统一。“天”与“人”的关系问题是中国古代哲学的基本命题，是中国古代思想的最深层的观念和最基本特征，是中国古代思想的基本支柱。在中国文化中，“天人合一”实际上是整个中国传统文化思想的归宿。天人合一思想中具有深刻的生态智慧。西周《周易·文言》中蕴含的“与天地合其德，与日月合其明，与四时合其序，与鬼神合其吉凶；先天而天弗违，后天而奉天时”，指的是人类要顺应自然、适应自然，实现天、地、人的和谐。孔子《论语·泰伯》中的“大哉！尧为君也。巍巍乎，唯天为大，唯尧则之”，孟子的“亲亲而仁民，仁民而爱物”，董仲

① 潘革平：《用“经济社会主义”替代“资本主义”——专访法国经济学家米歇尔·于松》，《参考消息》2013年2月15日，第11版。

舒的“事物各顺于名，名各顺于天，天人之际，合而为一”，程颢的“天地万物为一体”等思想散发出的价值观念可以统归于天人合一。儒家认为，天、地、人是宇宙万物最根本的存在、最有价值者，并对于“天人合一”，通过“内圣”，即格物致知，修身养性，实现“外王”，即治国平天下，从而实现人与天的伦理合一，达到“天人合一”的境界。儒家以入世的态度用人道来塑造天道，使天道符合人道要求，同时又以伦理化的天道来论证人道，从而实现天人合一。

道家的生态智慧是一种自然主义的空灵智慧，通过敬畏万物来完善自我。老子在《道德经》中写道，“道生一，一生二，二生三，三生万物”。老子认为“道”是万物之根，人要遵循“天道”，以尊重自然规律为最高准则，进而“道法自然”，体现了天人合一的思想路径。庄子在《庄子·齐物论》中提出的“天地与我并生，而万物与我为一”的精神境界，就是一种“天人合一”的境界。道家认为，天人合一是各自应保持其差异性的自然融合，也就是要保护天与人各自固有的生存权利和生存方式。人类应该按照自然之道来对待万物，提倡“自然无为”的生活方式，达到天人和谐。而对于其实现的根本途径，道家认为，就是要通过自我参悟，实现形而上的自我超越，最终实现人与道的合一。

中国佛教的生态智慧核心是在爱护万物中追求解脱，它启发人们通过参悟万物的本真来完成认知，提升生命。佛学思想提倡在佛的面前人与其他所有的生物都是平等的，“一切众生悉有佛性”——所有生命都潜藏着天赋的佛性。佛学提出众生平等、善待生命、净心惜福的主张，从众生平等的立场出发，强调对地球上的生命和生态系统的保护，主张人类善待万物和尊重生命，帮助所有生命一层一层地向上提升，直到佛的境界。佛学思想在人道主义与保护生态之间画上了等号。

中国传统的儒释道思想中包含的丰富生态理念与思想已经被越来越多的学者重视并挖掘，用来化解当代中国社会发展中出现的严重生态环境问题，并提出中国生态哲学与思想的深刻见地。“中国儒家学者有史以来第一次就环境问题作出论述。学者对具有破坏性的中国当代发展的基本原理提出质疑，并提出人类要发挥关爱、而非破坏作用的观点。”[①] 中华文明的基本精神与生

---

① 彭马田：《儒家思想能拯救中国环境?》，《参考消息》2013年8月7日，第15版。

态文明的内在要求基本一致，从政治社会制度到文化哲学艺术，无不闪烁着生态智慧的光芒。中华文明精神是解决生态危机、超越工业文明、建设生态文明的文化基础。

8. 中国共产党的领导是生态文明建设的关键

中国共产党是历经考验的社会主义事业的实践者，创建社会主义制度、改革社会主义和发展社会主义的主体。中国共产党是无产阶级的先锋队，在人类生存发展的重要关头要发挥支柱的作用，承担起历史重任。历史将证明，久经考验的中国共产党能够在重要的历史关头再次不辱使命。

在物质文明、政治文明、精神文明的基础上，党的十七大报告首次提出“建设生态文明”的新要求，党的十八大报告提出大力推进生态文明建设，提出了生态文明建设的具体实施战略与策略。这是我们党对新形势下推动科学发展、促进社会和谐、全面建设小康社会认识上不断深化的结果，彰显了中国共产党与时俱进的先进性和作为一个领导集体特有的历史责任感。

生态文明建设是对和谐社会理念在经济与社会方面的升华，与社会主义有不可分割的历史联系，这种历史联系决定了其产生和实践贯穿着中国共产党和政府领导人民对社会主义的坚定选择和创新探索。

建设生态文明，体现了我们党和政府对新世纪新阶段我国发展呈现的一系列阶段性特征的科学判断和对人类社会发展规律的深刻把握。“一方面，我国人均资源不足，人均耕地、淡水、森林仅占世界平均水平的32%、27.4%和12.8%，石油、天然气、铁矿石等资源的人均拥有储量也明显低于世界平均水平；另一方面，由于长期实行主要依赖增加投资和物质投入的粗放型经济增长方式，能源和其他资源的消耗增长很快，生态环境恶化的问题也日益突出。”① 人类社会的发展实践证明，生态系统是持续提供资源能源、清洁的空气和水等要素的基本保障，是物质文明持续发展的载体和基础。如果生态系统被破坏，也就意味着整个人类文明都会受到威胁。建设生态文明是实现全面建设小康社会奋斗目标的内在需要，体现了中国共产党对经济社会发展与资源环境矛盾的更科学、更客观的认识。

① 周生贤：《积极建设生态文明》，《人民日报》2007年12月24日。

二　国外生态文明的理论与实践对中国特色社会主义生态文明建设的启迪

生态文明建设是一个历史性的使命，是新时代的最强音。国际社会在生态环境问题上的探索和失误对中国生态文明建设具有重要的借鉴意义。本书基于以下理由进行选择与分析：西方生态现代化是发达国家应对生态危机的主要“处方”，取得了一定“疗效”；生态社会主义是国外非资本主义路径下最有代表性的声音；苏联是第一个社会主义国家却止步于生态文明建设的进程；古巴是当今世界上除中国之外进行生态文明建设富有成效的现实社会主义国家之一。

（一）西方生态现代化理论与实践的借鉴与警示

西方生态现代化的理论与实践是在西方发达资本主义国家生态危机的前提下提出的，针对发达国家工业现代化引起的生态危机，提出了一些有效的方法和手段，对中国出现类似工业化引起的生态问题的处理具有借鉴意义。当然，由于生态环境问题产生的具体场域不同，方法与措施的选择也要谨慎。笔者将从西方生态现代化理论自身的主要观点和基本主张、存在的困境以及实践发展的瓶颈等多个层面说明，西方生态现代化道路不是人类社会未来发展的最佳之路。

1. 经验与借鉴

“生态现代化”表明了现代社会中工业化进程的生态转向，其转型的方向是将物质基础的维持考虑进经济发展中，目的是使社会继续现代化并克服生态危机。西方生态现代化的目标就是分析当代工业社会如何处理环境危机，在不偏离现代化道路的基础上进行一种生态重建和社会重建。事实上，该理论某种意义上是对现代化理论与可持续发展理论的一种结合，从欧洲到美国及亚洲的新兴经济体，在拉美、东南亚一些国家也被政策制定者和社会科学家当作解决长期存在的环境冲突和争端的一种有效手段。生态现代化已经是资本主义国家的普遍发展趋势，是对工业文明带来的生态环境破坏后果的一种修正。对于发达资本主义而言，主要是处理和应对工业文明过程中造成的各种严重污染问题；而发展中国家面对的则主要是资源的枯竭和自然环境的恶化。无论是对发达的资本主义国家还发展中国家，生态现代化对生态环境的修复与保护无疑是一种不错的选择。

第一，注重技术创新与应用。约瑟夫·胡伯认为，“技术创新是生态现代化的核心要素并不代表一种技术狂的态度。它只是反映了社会功能结构中人与自然进行新陈代谢的场所正是工业活动的领域。工业活动包括由技术增强型的人类工作所实现的生产和消费的所有活动”。[①] 同时，技术能够“改变生产和消费的操作结构和生态属性的新技术和实践，并且因此减轻对资源和环境污染水池的压力或者甚至能够建设一种人类社会与自然界之间生态的良性联合发展。这就是为什么技术，包括技术增强型的生产和消费行为，实际上是生态现代化的核心要素的原因”。[②] 技术创新有两个维度，一是技术在环境问题中的作用；二是从单个技术到复杂技术。西方生态现代化看待科学技术的角度从“科学技术是导致环境问题产生的原因”转为“在治理和预防环境问题中能起到实际作用和潜在作用”，[③] 西方生态现代化对科学技术作用的认识发生了变化。西方国家加强对生态技术和污染治理技术的研发与应用对中国生态文明建设中推动对生态技术的创新与应用具有重要的作用。

第二，经济增长与环境保护能够协调统一。生态现代化从与可持续发展有关的经济、社会与环境相协调统一的角度认为，真正可持续的经济增长与可持续的社会福利和环境保护是一致的，可持续的经济增长应该是促进或保证社会可持续以及环境可持续的前提；反过来说，严格规范的环境标准或生态可持续原则也将真实地促进经济的可持续发展并提升其竞争力。因此，经济增长与环境保护二者之间并不矛盾，人们可以在经济增长与环境保护两方面实现共赢，达成一种“正和”的结果。西方生态现代化认为，“通过经济重组、可靠的技术革新、工商组织的积极参与，平衡考虑政府与市场的作用，

---

① Joseph Huber, "Pioneer Countries and the Global Diffusion of Environmental Innovations: These from the Viewpoint of Ecological Modernization Theory", *Global Environmental Change*, 18, 2008, p. 361.

② Joseph Huber, "Pioneer Countries and the Global Diffusion of Environmental Innovations: These from the Viewpoint of Ecological Modernization Theory", *Global Environmental Change*, 18, 2008, p. 361.

③ Janicke M and H. Weidner, "Successful Environmental Policy: An Introduction", in Janicke Mand H. Weidner (eds), *Successful Environmental Policy: A Critical Evaluation of 24 Cases*, Sigma, 1995, p. 10.

生态现代化是可以实现的”。[①] 可见，生态现代化理论重新界定技术、市场、政府管治、国际竞争和可持续性等基础要素的作用，对环境保护与经济增长之间的关系作了良性互动意义的阐释。这种观念对中国生态文明建设中处理经济增长与环境保护之间的关系提供了一个有益的理论指导。

第三，促进经济领域的生态变革。西方生态现代化强调市场的主体作用、科技的污染治理作用，促进经济领域生态变革，实现又好又快发展。一要确立科学的市场机制，予以合理把握，努力克服市场自身的弊端与局限性，引导其发挥生态变革的主导作用。二要激发经济行为主体的活力，发挥其在生态文明建设中的主体作用。生态现代化认为，在环境改革中，越来越多的机会被给予非国家的行动者和新兴的各种超国家机构等经济行为主体，它们是生态重建和环境变革的承载者，践行并直接影响着生态变革的效果，在生态现代化的建设中发挥着主要作用。通过引导这些行为主体树立科学、可持续的价值观和发展观，吸引其参与到生态变革的事业中来。三要加大科技投入力度，促进科技创新在生态变革中的引导作用。四要推行经济生态化与产业结构调整，尤其是要加快环保产业的发展。环保产业是有利于扩展生产领域以及消费领域绿化的支柱型产业，有机农业、清洁生产和可再生能源等产业具有较好的发展潜力及产业竞争力。在未来的中国，随着生态导向现代化进程的推进，这类产业领域将会越来越受到投资者的青睐。

第四，推进政治领域的生态变革。西方生态现代化理论强调生态现代化进程中的政治现代化，包括自治、权力下放等，并认为一种可持续的、绿色的资本主义是可实现的。社会主义是超越资本主义的新型制度，社会主义社会的政治必然也要优越资本主义政治，不论是民主的认识、实践，还是公民基本权利，都应该是高于资本主义社会的。西方生态现代化提出的符合社会进步的生态理念如不能在资本主义社会实现，在社会主义社会必定要实现。生态政治政策和主张也是社会主义优越于资本主义的基本体现。建立良好的政治生态体系，提升非政府组织和学者在政策制定中的作用，营造出社会参与的良好氛围是生态文明建设的基础。

第五，推进社会领域的生态变革。“生态现代化”理论的核心观点认为，

---

① Ar Thur P. J. Mol, David A. Sonnenfeld, “Ecological Modernization Around the World: An Introduction”, *Environmental Politics*, 2000, 9/1, pp. 3 – 16.

应该通过现代社会工业化的更高发展和现存制度的进一步现代化来解决环境危机。它把环境视为一个新的基本子系统，试图发展出一个容纳社会、经济和科学观念的社会设置使环境问题变得可计算，促使生态理性成为社会政策制定的一个关键考量。生态理性强调生产领域以及消费领域的生态理性，认为这是生产和消费的经济进程得以被重新组织、分析和判断，并引起经济和政治理性的变革的根据。生产领域的生态理性在经济建设中较为突出，消费领域的生态理性更多的是一种社会性事务。推进生态文明建设的社会举措之一就是倡导消费领域的生态理性，倡导公众选择绿色生活方式、接受环保产品、进行绿色消费。推进社会领域的生态建设，必须坚持以人为本。一方面，要消除贫困，稳定生态文明建设的社会根基。贫穷不是社会主义，贫穷不仅影响了人作为社会的人所应该具有的自由而全面发展的根本物质条件，而且会影响人与自然之间的消除贫困与进行生态建设之间的联系。另一方面，发动群众，提倡绿色生活方式与绿色消费。生态现代化理论与实践发展了一种政府、企业、民众、环境工作者以及科学家共同重建生态经济的合作框架，并特别强调民众的参与。由此，提升全体国民的现代生态意识，加强生态文明道德观和环境保护意识的培养，树立人与自然相和谐的观念，是生态文明建设的前提。

第六，西方生态现代化理论对可持续发展概念或战略在经济全球化背景下的操作性尝试，是具有现实意义的政策实践和实际行动，对中国生态文明建设的实践具有借鉴意义。2002 年约翰内斯堡可持续发展世界首脑大会（WSSD）上，生态现代化理念被纳入大会有关可持续发展的具体执行计划当中，该计划对生态取向下的技术手段、工商界参与、伙伴合作作了较为细致的说明，环境问题的解决已经与绿色经济和绿色科技紧密地结合起来。[①] 从正当性上说，生态现代化符合科学发展观的基本要求。生态现代化力图通过全面的技术革新实现经济生产与社会消费的生态转型，从而形成一种绿色的经济与社会体系。这种生产与消费的生态转向体现了人类社会的生态理性向度，符合科学发展观“统筹人与自然和谐发展”的基本要求。生态化的生产与消

① WSSD, “Plan of implementation of the World Summit on Sustainable Development”, http: //www. un. org/es a/s us tdev/documents /WS S D_ P OI_ P D/Eng - lis h/WS S D_ P lanImpl. pdf, 2006 年 9 月 23 日访问。

费不仅是环境危害及其引发的环境议题背景下对经济结构与经济增长模式的更新，也是社会进步的动力与标志，符合科学发展观“统筹经济社会发展”的基本要求。生态现代化对严格环境标准的推行贯彻既能提高国内资源利用和生产效率，又能提高自身经济的国际竞争力，符合科学发展观“统筹国内发展和对外开放”的基本要求。从可能性上说，生态现代化虽然最早出现在欧洲资本主义国家，但它并非仅仅适用于资本主义。原因在于，环境问题本身没有特定边界，它是现代工业模式造成的普遍存在的问题；而已有的环境治理实践也证明，生态现代化是克服现代工业模式弊端及其造成的环境难题的一种新型发展方式或手段。况且，生态现代化并不寻求对现行政治经济体制做大规模或深层次的重建，它没有太多的意识形态色彩。人们对可持续发展的追求是普遍的。生态现代化作为对可持续发展思想内涵的一种承继，能够从可持续发展的视角统一思考经济增长与环境保护的关系。总体而言，生态现代化从现实角度出发对经济增长与环境保护关系的协调平衡，以及对可持续发展内涵的承继在很大程度上体现了生态文明的现实诉求，意味着它有可能成为生态文明建设道路的一种现实选项。

2. 弊端与警示

第一，资本主义制度下的生态现代化不能根除生态危机。在资本主义社会，工业化与生态危机具有内在的必然联系。工业化是现代化的经济基础与核心要素，是现代化的基本组成部分。资本主义社会，追求经济增长、利润增加、生产提高，却不关心经济增长所需要的资源是否可持续、环境是否被污染、被破坏。实际上，作为社会发展的一种文明形态——工业文明或工业社会本身并不会直接带来生态的破坏和危机，正如马克思、恩格斯所认为的那样，“大工业把巨大的自然力和自然科学并入生产过程，必然大大提高劳动生产率，这一点是一目了然的”。[①] 资本主义的生产方式、资本逻辑才是引发生态危机的真正罪魁祸首。生态现代化理论强调进行环境变革，要求资本家、企业主投身到环境改革中，但是，资本逻辑的力量胜过任何绿色理论的引导和警示，资本家、企业家不会主动放弃对利润最大化的追求。事实上，“现在，全球气候联盟（包括一些大公司，如壳牌公司、埃克森-美孚石油公司、德士古公司、福特汽车公司）试图对全球气候变暖进行怀疑并破坏消减温室

① 《资本论》（第1卷），人民出版社，1975，第424页。

气体的谈话。……石油燃料游说集团花费数百万美元试图劝说政府不要限制能源使用”。① 更重要的是，生态现代化认为，“环境退化是个结构问题，它只能通过专注于如何组织经济得到解决，而不是寻求一种完全不同的制度来取代现有的政治经济体制”。② 由此可见，资本逻辑支配下的工业文明不能消除自身带来的生态危机，资本主义制度下的生态文明只能是镜中花、水中月。资本主义制度因为自身的局限性创造不出绿色的资本主义制度。中国进行生态文明建设必须坚持社会主义制度，只有这样才能根除生态危机。

第二，对科学技术作用要有理性认识，不能夸大也不能忽视。西方生态现代化理论的核心要素首推技术创新。它认为先进的技术“超越了旧工业时代，社会的现代化现在也引起了生态现代化，即通过诸如一种科学知识的基础和先进的技术来更新地球的承载能力并发展更为可持续的现代性的方式，使全球化地理圈和生物圈对工业社会进行重新适应”。③ 当然，我们承认，技术在一些环境污染问题的解决方面的确有一定的功效，在某一方面或地区可以暂时消除某项污染，或通过技术手段将该项污染转移到他国，从而解除该地区、该国家面临的该种污染问题。但是，技术手段并不能真正解决生态危机，技术只能延缓或转移生态危机，甚至会加深生态危机的恶化。这种“自私自利”的技术至上的心态最终将引发更严重的生态危机，技术只能治标不能治本。“生态现代化”理论将技术革新、制度发展视为解决环境问题的决定性因素。它强调在私有部门特别是制造工业及相关部门（如垃圾循环利用）的环境改善行为，如减少污染和垃圾。技术只是一个工具，对生态文明建设中科学技术作用的认识要有正确的认识，不能过分夸大它的作用，也不能无视它的效果。一方面强调科技的促进作用，另一方面也要避免早期西方生态现代化理论的技术乐观主义。我们强调的科学技术是指那些既能产生生产力、又有益于环境的科学技术，例如清洁技术、回收利用技术等。随着生态文明建设的推进，这类环保型技术在经济发展中的作用会越来越大。在中国生态

---

① Maarten A. Hajer, *The Politics of Environmental Discourse: Ecological Modernization and the Policy Process*, Claredon Press, 1995, pp. 25 –65.

② David Pepper, “Sustainable Development and Ecological Modernization: A Radical Homocentric Perspective”, *Sustainable Development*, 6, 1984, p. 4.

③ Joseph Huber, “Pioneer Countries and the Global Diffusion of Environmental Innovations: These from the Viewpoint of Ecological Modernisation Theory”, *Global Environmental Change*, 18, 2008, p. 360.

文明建设过程中，要科学、理性、辩证地看待科学技术在污染解决问题中的作用。

总之，西方资本主义生态现代化是工业文明与现代化进程中的一种自我调整与修正，是在资本主义的体制、逻辑与规律下的一种自我修复。西方发达资本主义国家所走的是一条“先污染、后治理，先破坏、后建设”的现代化道路。实践证明，这种现代化道路是与自然界相对抗的，是以破坏生态环境和牺牲后代资源为代价的，是不可取的。

（二）生态社会主义的理论启发与实践缺陷

西方的环境危机触发了绿色生态运动，生态运动产生了可持续发展理念，可持续发展集中体现于生态社会主义的理论与实践中。经济增长、社会公正、环境保护是世界可持续发展的核心，而生态社会主义正是这个核心的内核。生态马克思主义对生态危机的本质、根源认识最深刻，提出的策略也最有积极意义。生态社会主义“不仅使生态运动有了马克思主义的理论导向，而且又让马克思主义勇敢地直面当今最大的现实问题的挑战，从而摆脱了马克思主义教条化的倾向”。[①] 客观地说，生态马克思主义从理论上对生态文明的理论设想是宏观而长远的，具有极强的前瞻性，对中国社会主义生态文明建设具有指导意义。正如日本著名的马克思主义理论家岩佐茂所说的，“生态社会主义者的根本主张就是要建设一个不破坏自然物质循环的，或者说不破坏生态系统的社会主义，这是我们要向生态社会主义学习的”。[②] 社会主义的内在本质要求实现由工业文明向生态文明的转变，这是生态社会主义给我们的最大启发。

1. 生态社会主义的理论启示对中国社会主义生态文明建设的借鉴

第一，坚持马克思主义理论指导。生态社会主义根据马克思主义基本原理，总结出资本主义存在经济危机和生态危机，论述了经济危机和生态危机相互依赖、相互转化的辩证关系，揭示了资本主义社会存在的严重危机，反映了马克思主义在经济全球化时代的理论价值和现实意义。中国生态文明建

---

① 陈学明：《生态文明论》，重庆出版社，2008，第136页。

② 〔日〕岩佐茂：《环境的思想——环境保护与马克思主义的结合处》，韩立新等译，中央编译出版社，2006，第255页。

设必须以马克思主义生态文明思想为指导。

第二，反对生态殖民主义，维护生态权益。生态社会主义指出，经济全球化在给各国带来经济繁荣的同时，也给发展中国家带来了严重的生态灾难。由于存在经济危机和生态危机的双重危机，资本主义国家通过经济全球化进行产业转移，将高污染高能耗产业转移到发展中国家，从中获取廉价的资源、能源、土地和劳动力，并将经济危机和生态危机转移到发展中国家。作为发展中国家的中国在进行生态文明建设的过程中应反对生态殖民主义，维护公平与平等的生态权益。

第三，必须用生态理性取代经济理性。生态社会主义认为，马克思对资本主义生产方式的批判就是对经济理性的批判。经济理性只会使劳动者失去人性变成机器；只会使人与人的关系变成金钱关系；只会使人与自然的关系变成工具关系。而生态理性则力图适度动用劳动、资本、资源，多生产耐用的、高质量的产品，满足人们正当的、适度的需求。这是两种截然对立的动机，即利润动机和可持续发展动机。中国社会主义生态文明建设必须选择生态理性道路。

第四，勇于面对和承认生态环境问题的现实。生态社会主义的缘起是因关注人类面临的现实的生态环境问题。生态社会主义者对生态环境现实问题的关注提高了自身的政治地位，赢得了西方许多国家执政党的重视。生态社会主义者对原苏东社会主义国家的生态环境问题的分析，客观地促使现实社会主义国家更加关注自身的生态环境问题。生态环境问题不仅在资本主义国家存在，在社会主义国家也会发生，它是工业化生产模式的产物，只要是生产主义至上，就不可避免地导致生态环境问题的出现。一些生态社会主义者对苏联的生态环境问题进行了深入的剖析，指出生态环境是需要构建与维护的，良好的生态环境不会自动出现。对传统社会主义忽视环境保护，错误理解人与自然的关系，将人对自然统治极端化的做法进行了严厉的批评。不回避、不隐瞒、客观分析生态环境问题，有助于中国更加主动、积极地应对生态环境问题，对社会主义生态文明建设更加求真务实。

第五，揭露危机的真正根源，坚定社会主义信念。对于生态危机的根源，目前的解释众多，有技术说、贪婪说、工业化罪孽论等，而生态社会主义深刻认识到，生态危机是资本主义追求利润最大化的内在逻辑，是资本主义工业化长期对自然环境破坏的结果，其根子在资本主义制度本身。这一论断是对资本主义制度的最严厉的声讨，对处于低谷状态的社会主义事业的发展是极大的鼓舞，对中国生态文明的建设是一个强有力的信念支撑。

第六，抑制消费主义，建立适度消费价值观。全球的资源尤其是自然资源是有限的，大多数工业经济所需要的自然资源都是不可再生的。在工业化发展模式下，生产不是根据消费需要而生产，是为了利润而生产。在消费领域，工业化生产导致异化消费、奢侈消费、过度消费、提前消费成为消费的主流模式，消费得越多越好，消费成为衡量人们能力、身份的一个凭证。资本主义倡导的“消费者就是上帝”的价值理念刺激资本家源源不断地生产，资源被大量浪费。资源被不断地消耗掉，经济危机转化为生态危机。中国社会主义生态文明建设要摒弃过度消费主义，确立适度消费的价值观，减少对自然资源的过度消耗，维持生态系统的平衡。

第七，对生态环境与危机的深切关注，完善可持续发展理论。生态社会主义对人类生存状态的忧患意识，对生态危机和环境问题的深切关注是生态社会主义产生和发展的一个主要的逻辑起点。它把解决生态危机的途径以及保护人类生存环境的措施与社会主义联系起来，作为其社会主义理论的一根主线贯穿其整个理论体系，并将生态哲学作为其政治哲学的基础融于其政策选择和价值取向之中。它强调经济增长的环境代价，将生态成本作为整个社会发展的一个重要参数，将它置于整个社会发展的世界体系之中，从世界体系论和整个人类现代化的立场出发提出了自己的社会发展观。他们倡导世界和平和生态保护，着眼于全人类的明天，寄希望于社会主义，要求废除家长制，尊重妇女的权利，主张裁军，团结第三世界，建立国际政治经济新秩序，等等，从宏观的理论层面和历史视野中完善和发展了可持续发展理论。

2. 生态社会主义的实践缺陷对中国社会主义生态文明建设的启示

生态社会主义作为一种新的社会主义理论模式具有较大的理论价值和实践意义，但它毕竟不是科学社会主义，它是在发达资本主义国家中出现的一种超越传统的社会主义、走向“社会主义”的非科学的社会主义理论和实践。囿于其特有的历史条件和现实原因，它不可避免地存在一定的理论缺陷和失误。生态社会主义是在脱离现实社会主义实践基础上产生的一种纯理论的设想，与社会主义发展的实践存在一定差距，不能与社会主义实践需要相结合。生态社会主义方案并不适合现实的社会主义实践，因为生态马克思主义关于生态文明的理论理想色彩太浓，“没有采用历史唯物主义的观点和方法，所以始终在理论上没有建立起完整的体系，在实际运作上往往限于空谈”。[①] 由于生态社会主义理论构建时把生态危机作为出发点和归宿，其理论的乌托邦色彩致使生态社会主义社会理想的实现存在一定的局限，中国社会主义生态文明建设过程中应摒弃其不切实际的想法，实事求是地结合社会现实环境进行生态文明建设。

第一，对资本主义社会危机的分析——以生态危机代替经济危机。生态社会主义者对资本主义社会的现状进行了颇为深刻的解剖，对资本主义社会的种种社会危机也有很深入的分析，尤其对资本主义社会的生态危机剖析得最为深刻和周全。但是它将生态危机置于资本主义社会各种危机的首要地位，认为它是资本主义社会最主要的危机。这种对资本主义社会主要危机的界定，模糊了资本主义社会的主要矛盾，迷失了资本主义社会政治经济斗争的方向，消解了资本主义社会阶级斗争的着力点。其实，经济危机也是资本主义生产方式的结果，资本主义生产方式及其经济危机直接产生并加剧了生态危机，经济危机与资本主义产生方式直接相连，不能认为生态危机已取代经济危机成为资本主义社会的主要危机。

生态社会主义虽然提出生态危机的资本主义根源——这是一种突破，但是试图用“生态危机论”取代“经济危机论”是不客观、不现实的。因为资本主义基本矛盾没有发生根本性的改变，生态危机实际上是经济危机本身的衍生物。2008～2009年，美国次贷危机引发了新一轮的金融危机，这场危机是马克思的经济危机论并不过时的最好证明。可见，资本主义由于制度性的原因根本无法摆脱经济危机的阴影，而生态危机只不过是经济危机的衍生物。经济危机、生态危机以及社会危机都是资本主义社会危机的表现形态，不能忽略任何一种危机的解决，而应共同解决。中国生态文明建设应是一种系统而整体的社会文明建设，包括物质文明、政治文明、社会文明，并将生态文明融于其中。

第二，生态社会主义对于解决生态问题有一定进步意义，但是对实现社会主义的途径与方法却与经典马克思主义主义的基本主张相左。表现如下。①在实现生态社会主义的动力方面，它们把实现生态社会主义的动力归结为人的需要，认为只有当人们发现资本主义无法再满足他们的生活需要时，才能

---

① 欧阳志远：《关于生态文明的定位问题》，《光明日报》2008年1月29日，第11版。

发动革命。②在实现绿色社会变革的力量上，部分生态社会主义者直言马克思所定义的社会变革力量不可靠，认为包括依靠工人运动在内的大规模群众运动实现社会转变的观点已经过时，未来社会的理想由于缺乏必要的实践载体而难以实现。生态社会主义认为具有生态意识的中小资产阶级、知识分子是新兴的中坚力量，并企图得到资本主义政党的同情和资助，这必然导致它的软弱性。传统社会主义一直强调变革的力量是工人阶级。生态社会主义者认为社会变革的主体力量，首先是知识分子和青年学生为主体的“中间阶层”，然后才是工人。工人阶级虽然缺乏足够的“生态意识”，但他们毕竟是遭受环境污染影响最直接的阶级，仍蕴藏着最终革命性，是未来社会变革的主体力量。③在变革资本主义制度的途径和策略上，对于马克思主张无产阶级通过暴力革命推翻资本主义、实现人民当家做主的社会主义理论，生态社会主义者并不赞成，他们主张以“非暴力”方式变革资本主义，寄希望于在渐进式的非暴力革命中实现资本主义自身的改良。他们认为在资本家仍然控制国家的情况下，通过暴力推翻资本主义几乎丧失了可能性。“当资本家控制国家时，试图暴力地击溃资本主义可能不会奏效，因而，国家必须以某种为所有人服务的方式被接受并解放出来，试图通过教育和示范性生活方式实现的一种大众意识的革命是有局限的。介入管理资本主义生产不能形成解决环境危机的根本方法，而由一个先锋队发动然后成为独裁者的无产阶级专政也是不可接受的。”① 可见，生态社会主义对其实现的途径表现出彷徨和苦闷，大大地降低了生态社会主义理论的革命性。中国进行社会主义生态文明建设必须坚持马克思主义的革命性、彻底性，超越资本主义才能实现科学社会主义。

第三，整体理论构建不足，启发中国生态文明建设实践的理论要不断完善。生态社会主义反对资本主义，因为它是造成生态危机的根源，也反对苏联式社会主义，认为它是一种集权的工业制度，因此要重新定义社会主义——生态社会主义。经过30～40年的发展，生态社会主义理论已经有了长足的进步，但是比起资本主义和社会主义理论，它还只算是一个蹒跚学步的幼儿，还远远没有完成理论模式的整体性构建。一些非绿非红的学者如美国政治学者杰

① 〔美〕戴维·佩珀：《生态社会主义：从深生态学到社会正义》，刘颖译，山东大学出版社，2012，第284页。

夫·福克斯（J. Faux）认为生态社会主义理论过于宽泛，失去了精确性。罗伊·埃克斯利（Robyn Eckersley）认为，“生态社会主义的目标至少存在两大困境：一是作为集中型的生态计划经济如何保证获得充分的信息和得到基层组织的完全信任，因为正是这方面的缺陷导致了传统中央计划体制的种种问题；二是一致有效的经济计划要求和参与民主之间的矛盾如何解决，所谓和谐社会机制形成过程的缓慢性和目前紧迫的生态环境状况有着难以协调的一面”。[①] 事实上，这种理论上的缺陷其实也反映了对生态学原则能否上升为人类社会发展的普遍原则的拷问。严格地讲，生态社会主义还不是一种完备的理论，只是一个关于资本主义社会经济条件的确定的、积极的和建设性的分析。

第四，对实现社会主义手段的分析——主张以消灭异化消费、非暴力、生产过程分散化、基层政治民主化以及变革垄断资本主义生产方式来实现社会主义，具有主观性。由于生态社会主义者对资本主义社会基本矛盾、主要矛盾以及社会危机性质作出了错误的判断，他们对实现社会主义道路的探索也就必然偏离了科学社会主义的轨道。他们主张消灭异化消费，只有消灭异化消费才能最终消灭人与自然之间的矛盾对立；他们奉行非暴力原则，提出“人民的不服从”和“非暴力对抗”，主张“以宽容对待不宽容”，和平步入社会主义；主张把主要权力交给基层组织，实行分散化和基层自治的“基层直接民主制”，这样才能体现社会主义的本质要求；把具有“生态意识”的中小资产阶级、知识分子和青年学生视为社会主义运动的主要力量。事实上，走“非暴力”之路只能陷入改良主义的泥潭，仅仅依靠“直接民主”必然导致极端的无政府主义，忽视工人阶级的革命力量只能误入歧途。毫无疑问，这样的社会主义道路是重归西方马克思主义的“社会批判”之途，只能是一条主观的、改良的道路，不可避免地具有“乌托邦”的性质。对建设生态文明的主体力量的选择不符合科学社会主义的正统思想。生态社会主义没有彻底坚定马克思主义的立场、观点、方法，认为生态文明可以通过生态运动、环境保护运动，依靠广大知识分子、青年大学生和一些中小资产阶级来实现。中国社会主义生态文明建设的实践必须依靠工人阶级，团结一切可以团结的力量。

---

① Robyn Eckersley, *Environmentalism and Political Theory: toward an Ecocentric Approach*, State University of New York Press, 1992, pp. 139 - 140.

第五，对社会主义经济模式构建的分析——“稳态”的社会主义经济模式的非现实性。生态社会主义者设计的经济模式就是所谓的“稳态经济”模式，具体地说，就是追求产品质量和经济的“零度”增长来满足人们的物质文化需要，同时向人们提供非异化的、创造性的劳动，使人们的生产和消费真正根植于人与自然的完全和谐一致之中；建立一种“小国寡民”式的经济单位，缩小工业规模，用手工替代现代化大生产，降低生产率；通过重新分配社会个人财富，建立一种超越私有制和公有制这两种对立的所有制之外的第三种所有制。显然，这种“稳态经济”模式不能适应社会发展的实际需要，具有浪漫的“乌托邦”特质，同时具有回避社会现实的反历史倾向，不符合人类社会发展的历史潮流。主张稳态经济发展模式，追求产品质量和经济零增长，不适合发展中国家。生态社会主义主张只是适合于已经解决温饱问题的发达资本主义国家，但对于大多数贫穷的发展中国家来说，解决生存问题还是最主要的问题，零增长是根本不可能的。由此可见，生态社会主义在具体的策略上暴露出其软弱性、妥协性。中国社会主义生态文明建设必须科学、理性、生态地发展经济。

第六，对资本主义社会主要矛盾的分析——以人与自然的矛盾代替资本主义社会的主要矛盾。生态社会主义揭露和批判资本主义社会的生产方式是从分析资本主义社会的主要矛盾入手的，从人与自然关系的对抗性出发，把人类社会历史发展中始终存在的人与自然之间的张力看成是资本主义社会的主要矛盾，这完全取代了资本主义社会最为主要的生产资料的私人占有与生产的社会化之间的矛盾，把人类社会共同存在的普遍性矛盾看作资本主义社会的主要矛盾。其实，人与自然的矛盾自人类社会存在以来就不同程度地存在着，只是在资本主义社会由于资本主义特定的生产方式使这一矛盾更加尖锐而已，但它并不是资本主义社会的主要矛盾，资本主义社会的主要矛盾是由资本主义社会的根本性质决定的，仍是生产资料的私人占有与生产的社会化之间的矛盾。因此，生态社会主义这种对于资本主义社会主要矛盾的误置直接地决定了生态社会主义理论模式的核心内容，直接地影响了其对社会主义发展道路的选择和其基本的政策取向，也成为其背离科学社会主义的逻辑起点。

第七，主要从生态角度出发构建其理论基础——将生态因素视为决定因素，主张生态问题高于一切，偏离了唯物主义历史观。生态社会主义者以生态学和系统论作为指导思想，夸张地演绎了晚期资本主义社会出现的新情况、新问题的内涵，尤其是片面地强调生态问题，仅仅从人与自然的关系角度来分析和批判资本主义社会的现状，将生态哲学当作其社会政治哲学的基础，导致了历史观和方法论上的根本失误。根本原因在于其自身不彻底的唯物主义甚至是唯心主义的世界观和方法论。因而，其建立一个绿色的、社会公正的、消灭私有制和剥削的，从整体上超越科学社会主义的生态社会主义必定是一种非科学的社会主义，是一种“绿色乌托邦”。目前，中国的生态文明建设是立足于本国的现实生态环境问题与制度、经济、文化等空间领域的，既要保护环境，又要为人们的生活需要提供必要的物质产品，需要保持适当的经济增长。

（三）苏联模式社会主义生态文明建设失败的教训与警示

苏联版的社会主义失败了，给现存的社会主义国家进行社会主义建设带来了压力，苏联社会主义建设中对生态文明的忽视与其错误行为是值得我们警惕的。

苏联社会主义建设处在一个与西方资本主义国家经济竞赛的国际背景下，对于苏联来说，要体现出社会主义对资本主义的优越性，就必须要实现经济上赶超资本主义，满足消费者日益增长的欲望的目标。苏联模式的社会主义经济建设具有得天独厚的资源条件，使它在社会主义建设初期能够初露锋芒，显示出比资本主义经济发展速度快的优势。但是，苏联的粗放式经济发展模式很快也受到了“增长的极限”规律的制约，生态破坏的现象和后果逐渐暴露出来。在工业化生产引发的生态危机的助燃下，苏联社会主义的生态文明建设止步于人、自然、社会关系的失衡中。

1. 苏联国内的自然资源与生态问题

苏联是当时世界上国土面积最大的国家，拥有丰富的自然资源。苏联人口密度较低，地广人稀。苏联重视发展军事工业，与美国争霸成为其主要的政治目标，追求经济增长成为实现政治目标的手段。结果，无节制地开采自然资源、无限度地污染环境，导致自然环境被破坏，给苏联经济社会发展带来了灾难。

一是自然环境保护中断，控制自然成为主导意识。事实上，苏联是世界上第一个建立自然保护区的国家。苏联对于保护环境曾经很积极、很重视。

1925～1929年，苏联建立了自然保护区，并将保护区面积从4000平方英里增加到15000平方英里。为了保护环境，苏联设立了法律章程。20世纪20年代后，苏联的环境保护运动却销声匿迹了。到20世纪50年代初，环境保护区从48000平方英里下降到5700平方英里。尽管1977年保护环境被写进了苏联宪法，但是在苏联的五年经济计划中，赶超欧美的工业化发展和军事强国的目标，促使其将保护自然环境抛诸脑后。于是在国家的决策层面，经济战胜了生态。在国家追求经济的无限增长的情况下，自然变成了人类利用、征服和控制的对象与工具。

二是生态环境治理资金不足，治理效果甚微。事实上，苏联在生态环境治理上并非没有投入多少资金，而苏联在工业化道路的过程中大规模地开发并过度使用自然资源，引发的破坏生态环境的重大事件和严重的生态后果使得这些资金更犹如杯水车薪。1975～1985年，苏联投入的资金取得了一些积极效果，但直到20世纪80年代中期，情况并没有得到改善。事实上，苏联从20世纪70年代以来经济增长速度开始放缓，并且追求经济增长使得花费在环保方面的资金打了水漂。

三是关注生态的意识淡薄，环境破坏严重。苏联是一个像美国一样的工业化国家，而任何一个工业社会都存在经济与生态之间的基本矛盾。苏联的工业化进程开始得要比欧美等工业化国家晚得多，苏联要在短时间内赶超欧美，对经济增长的追求必然超过对生态环境的关注。据估计，苏联的工业淤泥中，没有经过任何处理的比例达到60%～75%，50万平方公里的土地受到侵蚀的影响：1958～1964年，全国9%的可耕地被侵蚀，24%的实际上被耕种土地遭受了同样的命运。[①] 苏联在工业化过程中，对自然环境的破坏相当严重。1977年，苏联人居面积中有17.5万～22万平方公里由于采矿而被破坏，变得不适合人居，5万平方公里由于采矿而变成了垃圾场，12万平方公里被河坝水库淹没，50万～55万平方公里由于森林砍伐和森林火灾变成荒地和沼泽，63万平方公里以前是农业用地，后来要么被侵蚀，要么变成盐碱地、沙地，或变得沟壑纵横。[②] 苏联国内自然环境的破坏导致生态问题不断增多，生

---

① Marhsall I. Goldman, *The Spoils of Progress: Environmental Pollution in the Soviet Union*, the MIT Press, 1972, p. 23.

② Boris Komarov, *The Destruction of Nature in the Soviet Union*, M. E. Sharpe, 1980, pp. 130－131.

态环境相当糟糕。咸海、里海、亚速海、波罗的海、贝加尔湖等湖泊的污染相当严重，顿巴斯煤矿则成为污染的重灾区，中亚地区和克拉半岛的耕地出现沙漠化现象，全国大片森林被毁，城市空气污染严重，大型工业城市的环境污染带来各种严重疾病、导致死亡率提高，西伯利亚的沼泽、森林、大草原和其他自然景观的破坏引发整个地区的生态失衡。令人记忆犹新的是20世纪80年代中期切尔诺贝利核电站发生的核泄漏事故，对附近居民以及生态环境的影响与破坏简直就是生态灾难。这种破坏的后果至少需要几百年才能逐渐消除，子孙后代未来的生存环境因此变得越发恶劣。

2. 生态问题带来的经济与社会危机

（1）生态资源的破坏致使资源的开采和利用达到极限，严重制约了经济的增长。20世纪80年代，苏联境内的原料和燃料的开采利用率大大下降，生态环境承受的压力日渐增大。产量的下降主要与采矿的地质和经济条件的恶化有关。由于大规模的矿业开采，苏联相当迅速地耗尽了其最容易获得的自然资源。为了维持开采的水平，就得挖得更深，就必须发现新的矿床、寻找新的开采地点。最终导致燃料和原材料的成本不断提高，资金投入也异常迅速地增加。合乎逻辑的是，随着时间的推移，原材料、燃料的开采条件日益恶化，人们使用矿山的效率越来越低，开采难度越来越大，这种情况导致开采成本的逐步上升，价格也随之增加。据统计，苏联1959～1978年石油开采成本提高了46%，天然气开采成本提高了1倍，铁矿石开采成本提高了36%。[①] 1988年苏联每吨石油的开采成本已经从3卢布上涨到12卢布。除了石油开采成本的上升，经济发展所需的主要原材料，包括燃料、冶金、木材和建筑材料以及所占工业总投资的比例却在下降，这同样不利于经济的再发展。随着基础资源和能源、原材料投资支出的增长，国家经济的增长和资本的产出率等明显下降。从1971～1975年到1981～1985年的五年计划时期，国民收入的增长率从28%下降到16.5%，资源的增长率从21%下降到9%，资本的投入率从41%下降到17%，农业增长率从13%下降到6%。[②] 总体上，苏联经济发展导致的资源和生态条件的恶化已经严重影响到经济的可持续发展。

---

① 林跃勤：《增长方式转换与后发国家赶超研究——前苏联样本及其启示》，《经济学家》2012年第3期，第8页。

② 〔印〕萨拉·萨卡：《生态社会主义还是生态资本主义》，张淑兰译，山东大学出版社，2008，第36页。

（2）农业生产生态的破坏致使粮食增长达到极限，不能满足人们更高的需求。苏联在20世纪50年代中期到80年代中期，粮食生产都能满足人们的基本生理需求，尽管苏联的人口从1922年的1.36亿增长到1988年2.83亿。但是苏联共产主义意识形态造成国家带给人们不切实际的高许诺，这超出了苏联经济发展的承受极限，从而影响了国内经济的良性发展。为了增加粮食生产，苏联政府开始增加生产投入，使用更多的化肥、农药来增加产量，同时修建大型水利工程、改建河道、增加灌溉来提高粮食产量。苏联大量施用化肥，不但浪费严重，而且还污染了河流。改良后的土壤地质变得松软沙化，不宜植被生长，破坏了原有的生态环境。苏联的水利建设往往得不偿失。在许多灌溉区，尤其是一些水坝密集区的土地中，一半以上淹没地区是那些已经被耕种过的或处于耕种状态的土地，收成不仅没有增加反而减少了。从土地资源的有限性看，苏联国内有限的耕地和土地条件不能无限度地提高粮食产量，粮食生产也达到了极限。

（3）经济物质的缺乏不能满足人们的基本需求，引发信任危机和道德水准下滑，出现社会危机。苏联进行经济建设的过程中，由于高度集中的计划经济体制，使得企业和经济部门有意识地给中央计划制订者提供虚假信息。企业与国家之间存在互不信任，企业之间也是如此。人与人之间应有的合作与诚信在自私自利的观念下化为乌有。由于物质稀缺，一些人监守自盗，把他们偷来的东西高价卖给想要的人或者送给那些他们希望得到交换品的人。20世纪70年代，这种盗窃行为相当普遍。1972年《真理报》披露，在相对较短的时间里，全国有200起国有资产盗窃曝光的事件，其中50%的是那些组织严密的犯罪集团。《消息报》1975年1月1日报道，1972～1973年，1/3的汽车拥有者使用的汽油是盗窃的国家汽油。盗贼、各种腐败、非法的经济活动充斥整个苏联的社会经济。为了发财、赚钱，人们寻找各种机会，倒卖火车票、飞机票、门票和各种购物券，甚至为了得到自己想要的而行贿和受贿。此时的人们已经没有了职业道德和做人的道德底线，社会中到处是投机、虚伪、无耻的行为。大多数苏联民众已经丧失了基本的尊严，结果导致信任危机的爆发和社会关系的恶化。

3. 生态环境与社会问题无力解决的原因

（1）资金缺乏影响生态问题的解决。苏联在生态环境的控制与治理方面受到资金与技术的双重制约，而资金方面的局限更明显。1959～1967年俄罗斯共和国花费了大约1.556亿卢布用于控制空气污染。[①] 这一数字与只占同期美国用在空气污染控制上的费用的10%。实际上，苏联用于环保的开支仅占其国民生产总值的1%，而保护环境实际需要的费用至少是其5倍之多。"勒梅斯修在20世纪70年代中期认为，苏联的经济无力负担要把15%～20%的工厂生产成本用于环境保护。"[②] 比如，给汽车排气管道安装过滤器能够改善城市的空气质量，但这种做法在当时情况下是"不能允许的奢侈"。资金的缺乏使得苏联政府不能及时解决污染问题，在污染还没有来得及解决时，大自然就开始了它的报复，而且几乎是不可避免的，从经济方面看这是苏联的经济政策与战略失误所造成的。破坏环境的经济政策变成了对社会主义制度生存至关重要的东西。作为减少污染的紧急措施，苏联政府在1989年关闭了240家工厂，但是苏联采取的局部污染问题的纠正举措却产生了固有的消极后果，而这些消极后果又需要另外的修正，导致生态环境的修复处于恶性循环之中。

（2）赶超美国的政治目标以及经济发展优先的政策先于生态环境保护。在特殊的时代背景和国际形势下，苏联的生存压力是巨大的。苏联的工业化起步相当晚，想要而且不得不在经济和军事方面追赶已经是高度发达的且怀有敌意的西方，不得不在经济和生产中积累更多的剩余，并尽可能将其投入经济发展。第一个社会主义国家苏联的政治环境是严峻的，从时代背景看，当时的决策者在面对保护生态环境优先还是经济增长优先问题时，选择了经济增长，这是因为"在摆脱了资本主义的枷锁后，对科技的飞速发展、无限制的进步、人类的无限能力等的迷信成为占主导地位的时代精神。这一时代精神导致苏联的知识分子忘记了马克思和恩格斯那些警示性的话语"。[③] 在西方国家与苏联敌对的背景下，苏联为了"加快社会主义建设"和"赶超西方"，采取了外延型经济发展方式，"生产主义的逻辑就是以这样一种自然观为基础的，即将自然世界看成一种'环境'，从实用性的立场出发，把它看成

① 〔印〕萨拉·萨卡：《生态社会主义还是生态资本主义》，张淑兰译，山东大学出版社，2008，第53页。

② 〔印〕萨拉·萨卡：《生态社会主义还是生态资本主义》，张淑兰译，山东大学出版社，2008，第54页。

③ John Bellamy Foster, *The Ecological Revolution: Making Peace with the Planet*, Monthly Review Press, 2009, p. 267.

一种生产力”。[①] 从这一点上，苏联将自然简化为资源，用于经济增长和政治目标，“在决策层面上，经济战胜了生态”。[②] 这里，自然环境外在于国家和人类之外，自然的价值从属于人的需求。

4. 苏联生态环境问题引发的经济社会危机带来的启示

苏联模式的社会主义建设中人与自然的关系遭到严重破坏，资源不断地被过度消费，污染不断加剧，经济生产所需要的条件不断遭到破坏，结果导致经济增长率的下降与环境状况恶化的并行发生。当然，政治意识形态的对立使得苏联人在对待生态环境问题的态度上明显不同于西方，他们从社会经济政治制度中探寻原因，他们认为，社会主义的生态危机是能够也应该得到控制的。如果所有的自然资源和所有的生产力方式都归国家所有，那么，就不会存在像资本主义经济才有的任何外部成本。社会主义国家环境退化被看作一种临时现象，当生产力得到充分发展的时候，它能够而且将被克服。落后国家建设社会主义需要处理好两大问题：一方面是生产力的发展，另一方面是自然生态平衡。从这个意义上讲，“把苏联时期看作错误的发展或许更正确，它是由资源配置不合理、劳动力浪费、环境破坏和非人化的经济与社会力量所推动的”。[③] 换言之，苏联的国内自然资源与生态环境被破坏，主要在于没有处理好人与自然之间的平衡，根源在于政治问题。正如詹姆斯·奥康纳所说，“社会主义国家的资源耗竭和环境污染更多的是政治问题而不是经济问题，与资本主义不同，社会主义并不内在地会造成大量的环境退化……当然，环境退化内在于苏联工业化进程中，因为它的领导人认为他们的国家要赶超美国，因此鉴于苏联经济的弱势，就很少耗资在环境保护上”。[④] 从人与自然关系的和谐共处层面看，社会主义的发展必须要高度重视自然资源与生态环境的保护，也就是经济发展的条件必须要保护好，这既是社会经济发展的基础，也是生态文明建设的经济基础，更是人类社会生存的基础。

---

① Joel Kovel, *The Enemy of Nature*: *The End of Capitalism or the End of the World*? Zed Books, 2007, p. 229.

② 〔印〕萨拉·萨卡：《生态社会主义还是生态资本主义》，张淑兰译，山东大学出版社，2008，第46页。

③ 〔美〕霍华德·威亚尔达主编《非西方发展理论——地区模式与全球趋势》，董正华等译，北京大学出版社，2006，第144页。

④ James O'Connor, “Political Economy of Ecology of Socialism and Capitalism”, *Capitalism*, *Nature*, *Socialism*, 3, 1989, p. 99.

律、符合本国生态环境需要，生态文明建设才有实践价值和战略意义。生态文明建设没有固定的模式和标准，只有适合本国的生态环境需要，符合生态运行规律，就能实现人与自然关系的协调同步，才能推进生态文明建设。

1. 社会主义古巴的生态环境及问题的产生

（1）古巴的自然环境与经济发展。古巴国土面积为110860平方公里，由古巴岛（104555.61平方公里）和青年岛（原松树岛）等1600多个岛屿组成，是美洲加勒比海北部的一个群岛国家。它位于美国佛罗里达州以南，牙买加和开曼群岛以北，墨西哥尤卡坦半岛以东，以及特克斯群岛和凯科斯群岛以西，东与海地相望，南距牙买加140公里，海岸线长约6000公里。古巴大部分地区地势平坦，东部、中部是山地，西部多丘陵。古巴大部分地区属热带雨林气候，仅西南部沿岸背风坡为热带草原气候。古巴是一个工业化发展资本和能源不足的国家。

古巴经济长期维持以蔗糖生产为主的单一经济发展模式。古巴工业以制糖业为主，是世界主要产糖国之一，被誉为“世界糖罐”。农业主要是甘蔗种植，甘蔗的种植面积占全国可耕地的55%，其次是水稻、烟草、柑橘等，古巴雪茄享誉世界。矿业资源以镍、钴、铬为主，此外还有锰、铜等。古巴主要出口镍、蔗糖、蜂蜜、龙虾及对虾、咖啡、浓缩果汁、酸性水果、雪茄、朗姆酒等，主要进口石油、粮食、机械产品、化肥、化工产品等。古巴旅游资源丰富，几百个景点像翡翠般散落在海岸线上，自然风光使这个享有“加勒比明珠”美誉的岛国成为世界一流的旅游和疗养胜地。近年来，古巴充分利用其优势大力发展旅游业，旅游业已成为国民经济的第一大支柱产业。

1998~2008年，飓风使古巴遭受了206.64亿美元损失，严重旱灾造成13.5亿美元损失，再加上美国对古巴近半个世纪的经济、金融和贸易封锁导致的上千亿美元损失，不改革原有体制，国家经济就有崩溃的危险。2011年4月，古巴通过经济改革计划，明确古巴经济体制继续以基本生产资料的社会主义全民所有制及依据个人能力和劳动进行分配的社会主义原则为基础。住房、机动车买卖解禁，提高农产品收购价格，决定实行政企分开，并将逐步废止粮食、香烟补贴和职工免费食堂。

（2）社会主义古巴生态问题的产生。1959年古巴革命取得胜利后确立了社会主义国家制度，推行农业改革法，对全国土地进行分配，实行家庭耕种模式。随着社会需求的变化，古巴农业逐渐转向传统农业，农业生产出现了明显的增长，但是在经济、生态和社会方面都出现了很多问题，包括：过度的专门化和密集化，种植模式单一；过分依赖外部投入（肥料、杀虫剂、浓缩动物饲料、农机和灌溉设备）；大面积森林被砍伐；土地盐碱化、土壤被侵蚀，以及紧密度和肥沃性的丧失；不可持续的密集型工厂化农业系统，如牛、猪、鸡的养殖生产；大量的农民涌入城市，城市基本公共服务不足，产生城市病问题。

2. 社会主义古巴解决生态问题的策略

（1）改善农业发展环境，构建生态农业。一是成立研究体系，自主研究农业生产投入的外部依赖性，解决农业生产高投入问题和不可持续问题。20世纪70年代，由于世界能源危机，进口燃料、肥料、浓缩饲料、杀虫剂以及其他产品的价格上升等，古巴政府提出研究进口替代问题。为此，古巴农业部建立了17个研究中心和38个实验站，组建高等教育部（MES），形成由各研究中心和高校联合而成的网络，政府积聚国内专家学者集中研究农业生产的可持续方法与技术。

二是危机变机遇，研究成果转化为实践，转变农业发展模式。古巴有2/3的粮食、几乎全部的能源、80%的机器和零部件依赖从社会主义国家进口。苏东剧变使古巴遭遇了突如其来的严重危机，致使古巴的购买力下跌到原来的2/5，能源进口减少到了原来的1/3、肥料进口减少到了1/4、杀虫剂减少到了2/5、动物浓缩饲料减少到了3/10，所有的农业活动均受到了严重影响。[①] 这使得所谓的“现代的”工业化农业系统面临严峻挑战：如何在外部进口能力严重下降、不能继续维持出口生产的情况下提高农业生产。为了解决这一危机，古巴政府实施了经济紧缩政策并做出了紧急调整，将近几十年发展起来的新农业技术第一次广泛性地应用到农业生产实践中。具体措施包括：通过新的组织形式和生产结构进行国营农场部门的权力下放；分配土地以鼓励在全国不同地区种植不同的作物；减少农业生产的专业化；进行生物害虫控制剂和生物肥料的生产；农业生产中重新使用牲畜；城市、家庭和社区耕作运动的宣传；成立农贸市场。古巴政府开始走向一种低外部投入的发展模式。

---

① Fernando Fune：《古巴的有机农业运动》，《开放时代》2010年第4期，第33页。

（2）建立了促进生态产业发展的组织机构体系。古巴在推行农业生态化生产过程中，组建了完善的研发推广组织机构体系。首先是农业部。农业部是以最高效率统筹调节农业和林业生产，以满足人民的粮食需求、工业的原材料需求、旅游业需求、取代进口和鼓励出口的全国性组织。同时，农业部还在动植物健康、环境保护和工作环境安全方面提供服务并进行检查。其次是制糖部（MINAZ），负责管理将近150万公顷的土地，其职能类似于农业部在农业和农工业中的职能。其他相关组织还有：全国小农协会（ANAP），为农民提供组织上和生产上的支持，包括培训、宣传、销售和国际合作方面的服务；教育部（MINED），通过农业中专技术学校在乡村进行技术理论和实践教育；高等教育部（MES），负责本科生和研究生教育；科技环境部（CITMA），负责制定和实施有关科学、技术和环境方面的国家政策；粮食部（MINAL）、外国投资和经济合作部（MINVEC）、全国水利资源研究所（INRH）等和农业有密切关系的机构。

（3）发动有机农业运动，提高农业有机生产。一是生态农业理论和技术研究。古巴科技环境部批准了有关作物多样化、农业生态、作物和畜牧的综合生产、有机和可持续性农业等方面的研究项目，把可持续性研究放在了优先地位。二是开展有机农业教育。哈瓦那农业大学可持续农业研究中心设立了农业生态学的研究生和博士生学习项目，从1997年起全年提供有关农业生态学的相应课程，并在全国范围内得到很高的参与度，并开设了有关有机产品、有机咖啡的生产和认证方面的课程。三是专门的生态农业技术培训。古巴农业大学可持续农业研究中心（CEAS）为农民召开了很多的会议和举办了各种的工作坊。农民除了接受农业技术学校正规课程的培训外，还接受农业部、制糖部和全国小农协会组织的技术性培训。

（4）保护生物物种和海滩生态，恢复自然生态系统。古巴在发展生态农业的同时，也没有忽视对自然生态系统的保护。20世纪70～80年代，古巴的法拉德罗海滩生态环境被严重破坏，为了恢复海滩的生态环境，古巴政府在海滩填充了100万立方米的白沙，为生态环境恢复项目投资170万美元，还重新规划了当地的建筑格局，拆除了沙丘上杂乱无章的旧房屋，并采取了保证海滩的环境质量的安全措施等，古巴政府恢复此地生态功能的项目使其旅游业兴旺发达，法拉德罗海滩已经成为世界五个最美的海滩之一。古巴政府也重视对稀有植物物种的保护，比如皮纳尔茉莉花，为了让它能够继续存活下去，加强了对其生存所需土壤条件和生态系统的保护，以防止其灭绝。

（5）推行平等教育体系与公费医疗服务，促进社会公平，实现社会文明进步。生态问题不仅是自然生态系统问题，本质上还是人自身发展的问题。古巴在解决农业生态、自然环境生态问题的同时，注重解决人的教育与医疗等基本需求问题。古巴推行免费教育和医疗制度，构建了覆盖全体公民的社会服务保障体系。古巴已经初步建立了包括学前教育、初等教育、高等教育、职业技术教育以及特殊教育在内的完整的教育体系。古巴教育的各项指标在拉丁美洲都独占鳌头，并已跻身世界教育强国行列，多次受到联合国教科文组织的赞扬，成功创造了世界教育领域的奇迹。菲德尔·卡斯特罗曾自豪地向全世界宣布：在所有国家中，无论是大国还是小国，富国还是穷国，古巴在教育领域中名列第一。1984 年，古巴开始建立以家庭医生和社区联合诊所为核心的基础医疗制度。家庭医生制度花钱少、效果好，深受世界各大组织和专业人士的褒奖。母亲和儿童计划是古巴政府投入最多的免费医疗项目，以孕妇、婴儿和儿童为服务对象。联合国调查数据显示，古巴医疗卫生保健事业在平均人口拥有医生数量、居民预期寿命、婴儿死亡率等指标上均达到了世界先进水平。古巴政府在倡导医疗卫生改革时，坚持国民平等，把实现医疗服务的公平作为政府的职责，大力推行公费医疗制度，让人人都能病有所医。公平，作为衡量一个社会进步与文明的重要标尺，是古巴政府追求的目标。古巴政府在人民最基本需求的教育和医疗领域实现了公平，是社会文明进步的重要体现。

3. 社会主义古巴生态文明建设的初步成绩

（1）从人与自然关系层面看，古巴农业生产方式的转变开启了一种新的发展方式。古巴的有机农业和生态农业不仅代表了一种技术模式上的变化，更是代表了人们对待农业的方式的转变。这一过程自然地反映了人们社会意识的变化，并与社会现实相一致。在古巴社会经济的大背景下，有机农业和生态农业的发展具有重大的意义，因为这一农业模式体现了革命性的世界观，它坚持的原则与新自由主义鼓吹的资本全球化本质上不同，它更具社会正义，更能体现人性的全球化。古巴的有机农业和生态农业致力于自足，立足于生态，生态农业不会破坏环境，它能减少中介的作用，提高农民的生态意识，还能很好地应用知识而不是那些粗糙的技术“处方”。古巴的生态农业创建了一个大自然的同盟，农民不仅是生产的单位，更是文化的单位。人类不能因为短期利益过度开发利用大自然，而需要理性地有计划地运用生态学原理丰富它。农民在生态系统中，是依赖自然系统的一个组成部分，他们不仅是自然生态系统的资源攫取者，更是生态系统的保护者和平衡者。古巴生态农业的发展改善了人与自然的关系，使两者向着协调一致的方向发展。

（2）从人与人的社会关系层面看，古巴建构了一种和谐的社会关系。古巴在教育和医疗领域的成功作为主要归功于社会主义制度的保障作用。在社会主义公平理念的引导下，古巴政府一直把改善民生作为政府工作的首要任务。人人有学上，能够上得起；人人都能病有所医，能够医得起。这是社会公平理念的最直接的体现，它们在古巴社会主义制度下实现了。教育公平乃是整个社会公平的基础，受教育权利则是公民的基础权利。古巴政府教育公平原则主要表现为教育平等，包括教育机会的平等和教育过程的平等两个方面，重在帮助弱势群体共享教育资源。此外，古巴教育注重纠正片面追求入学率的行为，注重提高教学质量。古巴的医疗卫生体系建设有一个很重要的特色，就是站在努力实现最大限度社会公平的战略高度来对卫生体系进行建设与改革，注重对全局的把握。古巴的医疗体系注重惠及所有的公民，尤其是农村和山区的居民。在古巴的医疗卫生体系中，弱势群体的利益和权益得到了有效的维护，古巴民众无论是贫穷还是富裕、在城市还是在农村，都享有同等的医疗卫生服务，体现了社会的真实公平。人与人之间在国家的福利面前是同等的，不会因为没有钱而看不起病、上不起学。每一个人在教育、医疗等基本需要方面的公平促进了社会的稳定。在古巴，公平正义、团结合作、社会公平是人的全面发展的重要内容，是社会主义生态文明建设的核心内容。

（3）从农业发展角度看，农业生态恢复取得明显成效。古巴农业生产中已经充分使用有机肥料，实现土壤保持。通过使用生物防治剂，减少使用杀虫剂，依靠本土的生态去与害虫和疾病抗争，实现了对害虫、疾病和杂草的生态管理，这方面古巴是国际上的模范。作物轮作和混合种植在有机农业中得到了普遍的应用，并在土地使用和收成方面取得了积极的成果。以豆科植物为基础的畜牧业系统、林牧复合生态系统以及作物和畜牧的综合系统在古巴农业生产中形成，实现了土壤的生态管理和生物的生态平衡循环。1992 年，古巴开始组织生产药用作物，重新利用这些“绿色药物”来防治各种疾病以及在特殊时期填补药物短缺。古巴充分推广有机农业，建立了可持续农业体系。美刊《每月评论》2007年5月号刊登了丽贝卡·克劳森题为《治愈裂痕：古巴农业中的代谢恢复》的文章，认为，在全球农业和自然生态危机日益严重的今天，古巴农业取得了成功的经验：社会主义建立的新的劳动关系、新的参与式决策机制和新的土地和粮食分配体系，使得古巴农业在产量和可持续发展上取得了极大成功，成为世界可持续发展农业的典范。

（4）从国际社会层面看，古巴生态农业注重国际交流与合作。古巴在发展生态农业的过程中，非常注重与国际社会的合作与交流，从而使本国的生态农业发展保持在世界领先水平。意大利有机农业协会（AIAB）为古巴培训了两名国际有机督察专家，并获得欧盟认可。古巴专家和农民代表团积极参与国际会议以及到世界各地调研，并向世界很多国家推广有机农业和可持续性农业方面的经验。他们在调研的同时与当地居民广泛交流并推广了古巴的有机农业实践，他们到过的地方包括玻利维亚、哥伦比亚、委内瑞拉、危地马拉、尼加拉瓜、哥斯达黎加、墨西哥、海地、西班牙、澳大利亚、新西兰、老挝、马来西亚、尼泊尔、美国、斯里兰卡和荷兰等。古巴举办生态农业技术和经验国际会议，向世界其他国家的农民传授生态农业技术和经验。2011年，印度卡纳塔卡邦政府派遣1000名农民赴古巴学习生态农业技术，印度农民在古巴认识到不使用化肥的好处并学习了其生态农业技术。

4. 古巴社会主义生态文明建设的特点及启示

20世纪60年代的经济封锁、90年代的苏东剧变、21世纪以来自然灾害的频发和全球经济危机的打击……古巴社会主义事业数次被打断并被迫调整，其坚持与发展证明了古巴社会主义道路的正确性和可行性。

（1）生态农业理论研究与实践应用的密切结合。农业生产是第一产业，是国民经济的根本，是满足人的生存需要的产生，如果农业不能持续，其他产业也将失去基础。中国是一个农业大国，生态农业发展是中国生态文明建设的根本，古巴生态农业的成功经验对中国生态农业发展具有重要的借鉴价值。古巴生态农业的成功之处在于其进行了系统、长期而专门的理论研究。古巴成立了由科学家、专家组成的研究中心，从生态农业的理论上进行科学的研究，提出改变高投入造成的弊端的具体措施和技术。同时，古巴成立生态农业的教育机构和培训机构，通过对学生进行生态农业教育，培养学生的生态农业理念；通过建立生态农业培训机构，向农民直接讲授生态农业的知识和进行操作的技能。古巴为全国小农协会的农民开办了包含理论性和实践性的课程，举办了各种大型会议和研讨会。同时在全国不同的省份也开办了有关生态农业和有机农业的很多课程和工作坊。这样，从研究中心到学校和培训中心，生态农业直接实现了生态农业理论的转化。值得一提的是，古巴生态农业的研究是建立在本国农业生产的具体问题上的，因此，研究本身就是对实际问题的解决。我国的生态农业发展也应建立“研究—教育—培训—操作”为一体的体系，实现现代农业的具体有效的生态化转变。

（2）政府主动、人民参与、上下协同。古巴政府通过农业部、制糖部、科技环境部、高等教育部、有机农业协会的形成小组[①]等政府机构展开生态农业的政策引导和技术研究，进行自上而下的推动。古巴农民发展了“生态农业灯塔”计划，[②] 农民直接参加到生态农业发展的具体活动中，生态农业的效果直接而突出。古巴的不同部门、组织之间紧密合作，围绕生态农业形成一个共同体。古巴有机农业协会和农业部、制糖部、高等教育部和科技环境部等不同政府部门和组织合作，并和全国小农协会与古巴教会理事会保持密切联系。这些合作通过可持续性农业方面的教育、研究和发展项目，促进有机产品的生产和销售。我国的生态农业建设与发展应该取消各个农业部门之间的界限，实行资源共享、信息互通、技术互传，生态农业不能在理论研究和技术推广机构、高等教育院校、教育部门、农业行政部门和农民之间割裂开来。发展生态农业不是一个机构、一个部门的事，也不是农民自己能够独立完成的，而是需要所有相关部门的合作与互助，应形成发展生态农业的共同意识、共同努力推动其发展。

（3）科技成果的转化激励人们的生态意识，促进环境保护。古巴在20世纪90年代前取得的研究成果在全国范围内得以应用，加上其他的政府机构和组织也纷纷采取了法律、经济和社会方面的措施以应对新情况，很快这些替

---

① 形成小组（ACAO），其主要目标是：1. 形成一种全国性的意识，在经济可行的条件下生产充足的、价格适中的健康食品，同时保持农业系统和人类自然的和谐；2. 发展本土生态农业计划，推进在农村发展中涉及的人们的教育和培训工作；3. 鼓励生态农业的研究和教育，并刺激传统生产体系所依据的原则的恢复；4. 协调农民的技术辅助和推进建立有机、自然的农业生产体系；5. 鼓励和国外组织、可持续农业和农村发展方面的专家进行经验交流；6. 宣传有机产品的重要性。

② “生态农业灯塔”计划，指建立应用生态农业理念的，并在全国不同地区推广可持续性生产体系的农场的计划。

代方式都成为了现实，而且在很多农民、技术员、专家、学者和官员之间形成了一种信念：他们可以创建另一种农业模式：可以在不污染土壤、水、空气的基础上从生产中获得收益；在不过分使用能源或是减少资本投入的情况下也能生产健康的食品。人们逐渐树立了保护环境和自然的信念。在中国生态农业建设过程中，培育人们的生态信念也很重要，坚持保护环境和自然是农业生产的根本，是生态农业建设的基础。

（4）循序渐进，持续不断。古巴坚持按照渐进转变的原则实现有机农业，尊重生态农业的规律，根据生态问题的严重程度和影响，逐渐实施技术和修复措施，缓慢改善失衡的生态环境，而不是骤然地变化或是突然割断与原有生产体系的关系。在危机当中，古巴综合了各地区的作物种类、生产目的、技术和经济条件等各方面的具体情况，根据不同情况制定不同的投入与改善的步骤与举措。一些商品化作物加快了向有机方向的转化，如咖啡、柑橘和其他新鲜的或是加工的水果、甘蔗和蜂蜜。即便如此，基于战略性和实践性的考虑，在有机和生态农业体系全面推进的同时，仍保留了一些传统的农业体系。在中国，生态农业的建设也将是一个长期的过程，需经历改善、修复、恢复、维持等阶段。应逐步改善失衡的生态条件，保留部分旧的体系，维持整个系统的整体平衡。

三 中国特色社会主义生态文明建设路径的特征

中国生态文明建设是中国特色社会主义理论体系的重要组成部分，植根于实践的土壤之中。事实表明，中国特色生态文明建设具有明显的时代意义。就此而言，科学考察中国特色生态文明建设的实践与理论，对丰富和创新社会主义发展的理论和中国社会主义的实践具有重要的理论意义和现实意义。必须结合中国特色社会主义发展的理论基础、客观条件、中华文化及改革过程和发展趋势来深入理解这一论题。社会主义生态文明是对生态资本主义的制度超越，也是对生态社会主义的实践创新，在中国特色社会主义生态文明建设中形成了理论与实践相统一的独特特征。

学术界对生态文明的本质基本达成了共识：生态文明作为一种新型的文明形态，以尊重和维护自然为前提，以人与人、人与自然、人与社会和谐共生为宗旨，以建立可持续的生产方式和消费方式为内涵，以引导人们走上持续、和谐的发展道路为着眼点。从人类文明的视域看，生态危机的到来凸显了人类与自然界旧文明范式的终结，促成了对采猎文明、农业文明、工业文明的扬弃，预示新的文明范式的到来。从人类文明的形态上看，生态文明是对资本主义工业文明的超越，是新制度社会的内在要求和根本属性。从社会发展的形态上看，生态文明是超越资本主义的社会发展新阶段。中国特色生态文明是社会主义实践发展的根本需要和中国社会主义理论发展新成果的统一，是马克思主义中国化理论创新与实践的共同成果。

（一）中国生态文明建设进程的上下联动体现了理论与实践的统一

1. 生态文明建设的提出：从学术思想到政策启动

中国学术界，一批学者如余谋昌、陈学明等早在20世纪80年代就提出了生态思想。中国知网的数据显示，中国学术界最早出现生态文明思想是在20世纪90年代初。学术期刊上最早发表的直接以“生态文明”为题的是李绍东在《西南民族学院学报》（人文社科版）（1990年第2期）发表的《论生态意识和生态文明》一文。学术会议的最早研讨论文是徐春、刘文静在“全国第二届人学研讨会”（1998年8月）上发表的《生态文明与人的全面发展》。2000年中国国内多家报纸开始刊登题为“生态文明”的文章，包括《科技日报》在2000年7月8日刊登的两篇文章——李宝才的《发展生态文明镇》和罗国杰的《从生态伦理到生态文明》，2000年7月12日刊登《全国生态文明、生态产业与农业结构调整高级研讨会（摘要）》；《社会科学报》2000年8月17日刊登了常绍舜的《生态文明是社会文明的最高形式》的文章；《河南日报》2000年9月15日刊登了张世军的《走可持续发展之路建设21世纪生态文明》，《中国环境日报》2000年11月15日刊登夏学海、王继业的《播种生态文明》一文。之后，中国学术期刊公开刊登的“生态文明”方面的文章越来越多，研究也更加深入。

中共中央的生态文明意识的形成及将认识纳入政策是一个渐进深入并逐渐明确的过程，从江泽民2001年提出“开创生产发展、生活富裕和生态良好的文明发展道路”到胡锦涛2005年提出“生态文明”概念，中国的生态文明建设经历了从民间学术研究到政府政策出台的转变、从学术思想到具体政策的升华的过程，这个过程本身就体现了思想与实践的统一。

2. 生态文明建设的实践：从理论转化为行动

马克思主义的生态文明思想在西方生态马克思主义理论的挖掘和研究下

重现光彩。国际社会主义各种思想流派的发展在生态文明的高度上得到凝聚，为社会主义的发展方向与目标确定了更加坚定的路标。潘岳指出："生态文明为各派社会主义理论在更高层次的融合提供了发展空间，社会主义为生态文明的实现提供了制度保障"。[①] 1991 年，刘思华教授强调，"我们把保护和改善生态环境，创造社会主义生态文明作为社会主义现代化建设的一项战略任务，努力实现经济社会和自然生态的协调发展"。[②] 这大概是国内外理论与学术界中最早明确提出"创建社会主义生态文明"命题的。而党的十七大首次把"建设生态文明"写入报告，使它从学界马克思主义的视野进入政界马克思主义的视野，成为中国特色社会主义理论体系中的一个重要支点。党的十七大标志着我们党最终确立的社会主义生态文明已成为一种独立的崭新的现代文明形态，是中国特色社会主义现代文明体系的一个重要组成部分，从而实现了社会主义现代文明的整体形态从邓小平理论的社会主义物质文明和精神文明"二位一体"到"三个代表"重要思想的社会主义物质文明、政治文明、精神文明"三位一体"，并向社会主义现代文明"四位一体"的转变。2012 年党的十八大深化了生态文明建设的路径，提出了生态文明建设的战略目标和将生态文明建设融入经济建设、文化建设、社会建设等具体建设中去，实现"五位一体"的转化。这是马克思主义全面发展文明观和生态文明观在当代中国的新发展。生态文明在中国共产党的推动下，将从理论的认识进入实践的活动中，并接受检验。社会主义生态文明建设已经落实到中国经济社会发展的具体行动中。

3. 生态文明建设的推进：行动深化理论，理论指导行动

生态建设与发展在中国很多地方已经出现了一些成功的案例，而真正具有影响和突出意义的生态文明建设是从 2003 年开始的。20 世纪 80 ~ 90 年代，中国很多地方是按照工业文明的路径和方法发展起来的，经济发展的同时付出了沉痛的环境代价，走了弯路，破坏了生产持续发展的环境和条件。进入 21 世纪以来，水、空气污染严重，自然环境遭破坏，资源短缺等制约了经济社会的再发展，一些地方率先认识到生态环境的重要性，开始保护环境、修

---

① 潘岳：《社会主义生态文明》，《学习时报》2006 年 9 月 25 日。

② 刘思华：《企业生态环境优化技巧》，张辉旺主编《管理思维经营技巧大全》第 6 卷，科学出版社，1991，第 477 页。

复生态，开始了生态村、生态镇、生态市、生态省等地方生态文明建设的探索。浙江的安吉于2006年建成全国第一个生态县，创造了建设生态文明的“安吉模式”。全国各地开展的生态文明建设的行动推动了学术界对生态文明建设研究的具体化、多样化，学术研究成果又反过来指导地方生态文明建设的科学化、理性化。学术研究、政策制定与实际行动集中在生态文明建设的统一目标中，发挥了乘积效益。

中国生态文明建设在民间、地方的思想与实践行动与政府的战略规划和政策引导结合在一起，整个过程中体现了理论与实践的高度融合。简单地说，中国生态文明建设是来源于马克思生态文明思想、生态文明建设战略的推动，来源于思想、经历于实践，升华于理论，是一个螺旋式的理论与实践的相互升华过程。

（二）中国生态文明建设中解决生态问题与科学发展观相结合体现了实践与理论的统一

1. 生态问题深化了对科技作用的再认识，坚持永续发展是硬道理

科学技术是现代工业文明的基石，人类运用不断发展的科学技术改造自然，改造社会，创造并实现了今天的物质文明和精神文明，在人类发展史上写下了辉煌的一页。但与此同时，人与自然关系的不断恶化及一系列全球性生态问题的出现，也是科学技术的伴生物，它表明现代科学技术具有明显的两面性。作为一种比工业文明更先进、更高级的文明形态——生态文明，其发展也依赖科学技术的进步，但为了避免科学技术在工业文明中产生的种种问题，必须对科学技术进行生态化的改造，按照生态学原理的要求进行科学技术的研究、发展、管理与应用。

长期以来，人们对科学技术有一些误解，形成了“科技至上”的观念：一种是科技是人类的天然的解放力量，世界性的科技进步能够把人类推向理想王国；另一种是只要是“符合科学”的都可以去做，不管后果如何。生态问题的出现，使得人类开始重新思考科技的作用，于是出现了两种不同的观点。一是放弃论。认为生态问题的出现是因为科技的使用，要避免生态问题，就要放弃对科技的使用，重新使用传统的方法。这是一种历史的倒退。二是修正论。认为工业生产中利用科学技术产生的诸如“三废”等生态问题不能归罪于科技本身，而是科学技术的利用者造成的，要建立科学的“天人合一”

的生态文明观，依靠科技进步，营造可持续发展的社会文明。

科技虽然是人类智慧的结晶，但更体现了人的价值观念。科技的使用关键在使用者的价值观，因此，在发展科技过程中应当以生态文明为指导，尽量避免科技的负面效应。生态意识融入科技进步之中，使其研究使用都遵循生态规律，化解生态问题也应遵循生态规律，不能急功近利、追求一蹴而就。坚持用生态的意识发展科技，用生态规律推进发展，将生态与科技紧密结合在一起，实现永续发展。

2. 生态文明理念融入科技发展观，推动人类社会和谐发展

科技与生态并非对立，科技本身也不能自动地生态化、促进生态文明的发展。这里的关键是人的推动。科技与生态的对立与统一本质上是价值观念是否一致的问题。

生态危机的产生表明人类的发展不应是单纯的经济增长，人类对自然资源的利用也不应仅是无限开采与使用，人类应该尊重自然、顺应自然、保护自然。人类生存发展是以自然环境的良性生态平衡为基础的，失去生产发展的基础条件，人类的发展也将难以为继。科学发展不仅是生产力的发展，也是生产条件的发展。生态问题的出现丰富了发展的内涵，使人们认识到，不仅要经济社会的发展，也要自然环境的和谐；发展不仅是人的发展、社会的发展，也是自然的发展。简言之，人类社会的发展是人、自然、社会的和谐发展。

3. 生态文明建设是处理生态环境问题与经济社会发展之间矛盾的金钥匙

生态文明建设的目标是资源节约、环境友好，生态文明建设的提出在于解决经济社会与自然环境之间的矛盾，将经济社会发展建立在自然环境基础之上。“在创建生态文明的实践中，必须注意贯彻科学发展观，必须坚持以改革为动力，必须加强区域之间的沟通和协调，使创建生态文明的实践纳入科学发展的轨道”。[①] 生态文明建设就是实现可持续发展，实质是以人的全面发展为基础，解决经济社会发展需求的无限性与自然生态供给能力的有限性之间的矛盾，实现自然、经济、社会构成的复合系统的持续、稳定、健康与良性发展。

---

① 吴凤章主编《生态文明构建：理论与实践》，中央编译出版社，2008，第17～18页。

（三）中国生态文明建设中客观理论与主观实践具有内在的逻辑统一

生态文明不仅是一种社会形态，还是一种合理的发展方式。“从逻辑上说，一种生产方式只有在实践中证明了自己的优越性，才可能被人们普遍选择，才会推广成为人类一般的生产方式。”[①] 如果这个判断成立，中国生态文明建设首先是作为特定国家的发展方式，然后成为人类共同选择的生产方式。

1. 社会主义发展道路是生态文明建设的基础

中国特色社会主义道路有两个含义：一是坚持科学社会主义；二是具有中国特色，也就是根据中国的实际发展社会主义，包括民族特色、时代特色、实践特色、理论特色。“生态文明体现了马克思主义中国化发展的目标，其实践模式向世人昭示当代社会主义将作为一种优越的发展方式完成对资本主义的超越。”[②] 社会主义社会应该是人类文明史上的一场重大变革，应该是一个经济发达、社会公正、生态和谐的新型社会。这个社会必然采取可持续发展方式，必然走生态经济的发展道路。生态经济发展方式是可持续发展对所有人都有制约的经济发展方式，而社会主义制度正是实现生态经济的根本保证。

生态文明作为一种新文明形态，只能是社会主义的。生态文明为社会主义理论在更高层次的融合提供了广阔的发展空间，而社会主义则为生态文明的实现提供了一定的制度保障。从政治选择来看，生态文明建设可以解释为对日渐严重的人与自然紧张关系的解决，是一种具有很强现实性的对策。它对发展派生出来的一系列具体问题，例如自然生态退化问题、环境污染问题、贫富问题、城乡问题、地区问题等都有很强的针对性。生态文明建设是一种新的发展方式，是人与自然关系的和谐发展，社会主义是超越资本主义的新模式。社会主义选择生态文明具有历史必然性。

2. 社会主义市场经济为生态文明建设提供了客观条件

中国改革选择社会主义市场经济，为生态文明建设提供了物质基础。物质是精神的基础，精神反映物质。二者密切联系，辩证统一。政府的宏观调控将制约市场的自发性，发挥平衡市场的作用，扬市场竞争机制之长，弃市

---

① 余金成：《社会主义的东方实践》，上海三联书店，2005，第88页。

② 余维海、王红光：《生态危机视域下马克思主义的当代发展》，《山西师大学报》（社会科学版）2008年第6期，第27页。

场自由无序之短，保障经济健康稳定发展，从而为生态文明建设奠定坚实的物质基础。

社会主义在实践生态文明的同时也离不开市场经济。客观上，中国科学发展观与和谐社会的提出也推动市场经济为实践生态文明提供经济基础。社会主义市场经济依赖制度优势，发挥制衡市场自发性的作用。市场经济这只“无形之手”将在社会主义制度的规制下扬长避短，社会主义市场经济将呈现独特的功能与作用，在生态文明实践上别具一格，走出一条不同于西方发达资本主义国家的发展道路。社会主义市场经济为实践生态文明不遗余力。市场方式从根本上是运用利益差别调动劳动者的积极性，但是在资本主义体制下，市场经济的自由放任导致个人利益至上，并造成贫富分化，而社会主义则可以运用国家宏观调控对市场运行机制进行计划性的积极干预，限制市场的放任行为，运用政策修正市场自发带来的社会财富分配不均问题，使社会中的个体利益差异得到有效的纠正，逐步实现共同富裕。生态危机在社会主义制度的框架下，通过市场外部行为内部化、政府行为科学内部化等化解生态危机，创建生态文明的新形态。

落后的社会主义国家实践生态文明离不开市场经济的作用，市场机制是不会退出社会发展进程的。社会主义国家是在生产力欠发达条件下建立的，发展生产力是社会主义的基本任务之一，而市场方式则是发展生产力的最好途径。生态文明是社会主义的价值体现，是社会主义取代资本主义的基本目标，生态文明建设是社会主义市场经济的主要指标，是社会主义市场经济发展的内在要求。

3. 中华文化是生态文明建设的不竭源泉

中国社会主义生态文明既是中国传统生态精神与思想在当代的创新，又是中国社会主义发展实践的客观需要。生态文明不仅是中国社会主义现代化建设的现实选择，还是社会主义固有价值的回归，是马克思主义生态思想在当代中国的发展。

一方面，中国社会主义生态文明是以中华文化的生态思想为基础，以马克思主义理论为指导的。社会主义生态文明是中华文化生态精神的当代发展。中华民族创造了几千年的中华文明，形成了自己独特的文化精神和生存发展的方式。中华文化博大精深，尊重自然、顺应自然、保护自然的生态文明理念深深根植于中华民族生态思想之中，“和而不同”“天人合一”“道法自然”

的生态哲学思想，“以人为本”的政治传统，为中国率先走上建设生态文明的道路奠定了浓厚的思想根基。

另一方面，中国社会主义发展实践是对文明的内涵与范畴的不断创新，选择生态文明是中国社会主义建设的必然要求。中国改革开放实践从一个中心、两个文明到科学发展观、和谐社会等理念的提出是中华民族文明进步的进程。尤其是“在建设小康社会过程中提出和谐社会的目标，是一个伟大的尝试。这种尝试体现出对人类现有文明模式的超越，是中华民族利用自身传统文化去整合西方先进文化的实践”。[①] 在社会发展的一个个目标的追求中，不断向着生态方向迈进。这是对工业化发展弊端的反省，是对工业文明的反思。

中国文化的融通精神能够将传统的生态和谐理念、科学发展观以及建设社会主义和谐社会（包括环境友好型社会）等一系列新的政治理念，与生态社会主义、世界可持续发展理念相互借鉴、彼此融合，促成中国特色社会主义生态文明的理论与实践的统一。

4. 国家政治权力是生态文明建设的根本保障

事实上，生态文明的实现与建设是以国家政治权力为保障的。国家权力是生态文明建设的主导力量，它运用自己特殊的力量可以协调各方面的利益和权利，处理各方面的关系和矛盾。社会主义国家政权具有建设生态文明的独特优势，它可以通过宏观调控进入市场，使资源配置向社会主义价值目标倾斜。在国家政治权力的引导下，中国把生态文明建设纳入国家战略轨道，置于所有建设的基础地位，提出具体的实施策略，在全国倡导生态意识和行为，树立生态价值观，使政府在生态文明建设中的主导者、引导者的作用得到有效发挥，推动生态文明建设获得全方位的发展。

生态文明理论成果转化成一种新的发展模式是中华民族在人类生存发展中张扬智力的必然结果。不论是制度基础、改革经验、社会主义市场经济、中华文化，还是国家权力，中国都为生态文明从理论走向实践提供了可靠的保障。历史经验表明，中华民族具有海纳百川的胸怀和融通异质文化的智慧，在全球性生态危机的考验中能够再创文明辉煌。

简言之，“实践是理论的载体，是理论生命力、影响力的源泉，是直接面

① 余金成：《中国特色社会主义与人类发展模式创新》，《理论探讨》2013 年第 2 期，第 24 页。

向民众的、更基本、更重要的‘理论’；一种理论在实践中的命运如何，将决定它的基本面貌和基本地位”。[①] 生态文明是社会主义的社会形态，中国特色社会主义是实践、理论、制度紧密结合的统一体，它既把我们的实践上升为理论，又以正确的理论指导新的实践，还把实践中已经见成效的方针政策及时上升为党和国家的制度。中国选择社会主义道路，也就是选择了不同于资本主义的发展方式——中国特色社会主义发展方式：起点落后的中国社会主义要超越资本主义，第一步是追上它，为此就要采用有所区别的发展路径；然后才能形成优越于资本主义的社会形态。落后国家在实践社会主义的道路上，历经艰难和抉择，要不断修正和创新理论。生态文明建设在中国社会主义事业五位一体布局中基础地位的确立，有深刻的实践基础。生态文明建设是当代中国的鲜明主题，是全国各族人民在社会发展进程中形成的最大共识。当代中国之所以取得历史性成就和进步，重要的是我们党勇于推进实践基础上的理论创新，形成和贯彻了科学发展、和谐发展、生态发展的永续发展观，具有历史的内在联系逻辑。中国特色社会主义生态文明建设充分显示了生态文明的实践意义和社会主义价值的回归。

四　中国特色社会主义生态文明建设的路径选择

中国作为发展中国家，既要考虑避免走西方工业化道路面临的环境困境，又要考虑资源短缺的问题。中国和众多发展中国家一样在现代化进程中属于后发式现代化，在生态文明建设中既有优势也有劣势。根据亚历山大·格申克龙的“后发优势”理论，后发国家可以学习和借鉴先进国家的成功经验，避免或少走弯路，同时采取优化的赶超战略，较快地实现自身的发展。而劣势是先进国家较早地开发和利用了地球上有限的资源与能源，并在利用过程中带来大量的环境污染和资源匮乏的问题，而这些是后发国家在生态文明建设中必须承担的一项“自然之债”。

（一）社会主义制度是中国生态文明建设的根本政治保障

社会主义是对资本主义的超越，包含着对工业文明的反思，从而使生态文明成为马克思主义的内在要求和社会主义的根本属性。社会主义文明，与

---

① 余金成：《试论现时期马克思主义发展的理论生态环境》，《探索》2006年第1期，第113页。

历史上其他形态文明的本质区别不在于物质文明或精神文明，而在于制度文明。因为作为制度文明的基础的生产关系，在社会主义社会实现了生产资料公有制。这种公有制，在人与人的关系中、人与类群的关系中，消除了由于“物对人的全面统治”而产生的物质对抗关系，这是文明进化中的质的飞跃。社会主义社会的制度文明，它的根本制度与组织体制，它的民主与法制、纪律与管理，它的基本社会关系，都是建立在类群中的协进性关系、民主原则和科学精神的基础上的。

马克思主义的生态哲学认为，只有扬弃资本主义的生产方式，彻底变革资产阶级的官僚体制，建立社会主义制度，用社会主义生产方式取代资本主义生产方式，才能真正走向生态文明。恩格斯指出：“我们的目的是要建立社会主义制度，这种制度将给所有的人提供健康而有益的工作，给所有的人提供充裕的物质生活和闲暇时间，给所有的人提供真正的充分的自由。”[①]

“社会主义国家有个最大的优越性，就是干一件事情，一下决心，一做出决议，就立即执行，不受牵扯……就这个范围来说，我们的效率是高的，我讲的是总的效率。这方面是我们的优势，我们要保持这个优势，保证社会主义的优越性。”[②] 社会主义制度的优越性在于能够运用国家的宏观调控有计划、有步骤地实施发展规划。社会主义制度优越于资本主义制度的地方就在于能够做资本主义制度做不了的、不愿做的事情。生态危机本质上是资本主义制度的自由放任造成的，社会主义将运用国家的政权力量进行全方位的自上而下、自下而上的上下贯通的办法，制定国家层面的生态环境发展战略与规划，并通过强有力的国家权力进行政府作为。“对人民群众来说，社会主义政治权力决不属于‘不能没有的坏东西’，而是‘不能离开的无价宝’。”[③] 事实上，生态文明的建设与实践完全依赖于国家政权的主导与引领。国家权力对生态文明建设的政治保障体现在：一是国家政权通过各种渠道与方式的生态宣传与教育，提高人们的生态文明意识和对生态文化的认同；二是国家运用法律、法规和行政等手段，对生态文明建设进行管理，并建立与生态文明相适应的经济制度、政治制度、文化制度等；三是国家运用政治权力可以规范政府、

① 《马克思恩格斯全集》第21卷，人民出版社，1972，第570页。

② 《邓小平文选》第3卷，人民出版社，1993，第240页。

③ 余金成：《马克思“两大发现”与现实社会主义——中国社会主义基础理论研究》，天津社会科学出版社，2000，第249页。

企业、个人的生态行为，实现行为体的行为生态化。

（二）发展生态经济是中国生态文明建设的经济支柱

一是运用生态理念，树立正确的科学态度。生态问题的产生与科技水平的提高并非成正比，科技是中性的，但在具体运用中作用的发挥却是不同的。不同的文化背景对科技的理解和运用也是不同的。科技改造自然的力度随着科技水平的提高而增强。科技是一把双刃剑，一方面带来生产力的提高，一方面也会因使用不当而产生副作用。我们不能因其具有负面作用而拒绝使用它。人的智力发展是能动的，人的思维是不断进步的，社会发展规律表明，人类能够通过提高智力来解决社会中出现的问题。生态是对科技问题的纠偏，要求在科技发展中注重自然界、资源、环境等客观物质世界的自身规律，科技的应用应该尊重自然、顺应自然，而不是控制自然、主宰自然。生态理念修正了人类利益至上的科技观，建立了人与自然互利共存的生态科技观。

二是推进社会主义市场经济的生态发展。社会主义更应该认识到经济增长的生态后果，因为马克思和恩格斯在19世纪已经警告过。马克思说："在现代农业中，也和在城市工业中一样，劳动生产力的提高和劳动量的增大是以劳动力本身的破坏和衰退为代价的。……在一定时期内提高土地肥力的任何进步，同时也是破坏土地肥力持久源泉的进步。一个国家，例如北美合众国，越是以大工业作为自己发展的起点，这个破坏过程就越迅速。因此，资本主义生产发展了社会生产过程的技术和结合，只是由于它同时破坏了一切财富的源泉——土地和工人。"① 社会主义市场经济在发展中违背生态规律的行为是不符合社会主义发展的本质要求的。

三是构建生态文明发展的体制。在体制上，要将生态文明建设纳入社会主义小康社会建设整体中来，将资源节约和环境保护融入综合决策和经济社会发展全局，从国家层面综合运用政治、经济、法律、行政、科技和社会的力量来推进生态文明建设。一方面，要加强环境保护部门、机构和队伍建设，进一步完善环境保护机制，形成统一管理体制；另一方面，要让各个部门、各个企业，以及每一个工作人员承担起其环保职责，建立政府为主导、企业为主体，社会组织推动、全体公民参与的生态文明建设一体机制。

---

① 《资本论》（第1卷），人民出版社，1975，第552～553页。

四是完善环境保护和资源节约机制。通过合理定价，让资源环境成为经济要素；通过市场调节，提高资源能源利用率，降低消耗、减少污染，建立起资源环境要素构成的市场机制。要让资源环境要素参与分配，收益用于环境保护和生态补偿。通过市场手段遏制牺牲环境、浪费资源的行为，同时体现资源环境共有共享的原则，形成有利于环境保护和资源节约的财政、金融、税收、价格和土地等方面的经济政策体系。特别是在“扩内需、保增长”投资规划中，政府应更多地支持环境保护、生态建设和绿色技术创新，使刺激增长与调整结构、保护环境有机融合在一起。

（三）推进公众的生态文明教育可以形成中国生态文明建设的社会基础

生态文明建设作为一种现代社会的公共选择，需要得到社会的认同、接受和内化。当社会个体的非理性因素与社会生态价值选择保持一致时，能够促进生态文明意识的社会认同；当社会个体非理性因素与社会生态价值发生冲突时，生态文明意识的社会认同速度就会减缓，此时就需要通过强有力的文明教育去调整这种关系。而要增强生态文明意识，“在表层操作方面包括公民对于生态文明知识的知晓和认识，对生态文明建设的态度与评价以及对生态文明建设的预期与参与程度；在深层的理性认知方面，应该包括公民对自身在生态文明构建中的社会角色、承担的社会责任、享有的社会权利和对社会基本规范所持有的认知与观念”。[①] 因此，通过教育社会个体，优化非理性因素，激发和活跃公民保护生态环境的热情，促使生态保护意识为个体所接受和认同，这个过程就是生态文明教育。教育是提升人类文明进步的重要力量和传播文明的有效途径，对建立全民生态文明观与价值观，推动生态文明建设，具有重要的基础性作用。通过生态文明教育，可以帮助人们认识自然、尊重自然，帮助人们反思在处理人与自然关系方面的失误，树立人与自然和谐相处的生态价值观，树立人类平等、人与自然平等的生态道德观，树立以人为本的生态发展观。因此，推进生态文明教育，提高全民生态素质，是建设生态文明最基础的社会工作。

一是广泛开展生态环境教育。将环境保护列入素质教育的重要内容，强

---

① 卓越、赵蕾：《加强公民生态文明意识建设的思考》，《马克思主义与现实》2007 年第 3 期，第 8 页。

化青少年环境基础教育，教育部门形成从幼儿园、小学、中学到大学等不同教育阶段的生态教育一条龙，进行生态科学知识的教育与生态保护意识的培育，培养基本的生态价值意识、生态责任意识和生态良知，树立人与自然和谐相处的生态价值观。

二是建立生态文明教育体系。生态文明教育是全民教育，教育主体和对象具有广泛性。政府职员、企业员工、学生等都是重要的教育对象，同时也都应承担生态文明教育义务。在进行生态文明教育中，政府是主导、学校是阵地、企业是支柱、社区是舞台。生态文明教育的内容十分丰富，主要包括：普及生态环境现状及知识的教育；推进生态文明的安全、哲学、价值、道德、消费等观念教育；强化生态环境法制教育；注重生态文明技能教育。要建立起政府、社区、学校、企业“四位一体”的生态文明教育体系，建立生态文明教育的公众参与机制，鼓励企业和各种社会团体参与生态文明教育。

三是进行生态文明教育宣传。推进生态文明教育还要加强生态文明教育宣传，重视并发挥社会舆论的监督作用，增强全民节约意识、环保意识、生态意识，形成合理消费的社会风尚，营造爱护生态环境的良好社会风气。因此，通过教育、宣传，可以提高全民的生态文明意识，全社会形成保护环境、热爱自然的新风尚，形成共建家园的强大社会凝聚力，为生态文明建设提供强大的社会基础和动力。

总之，生态文明教育是提高全民族的生态素质、生态意识，建设生态文明的精神依托和意识基础。只有大力培养全民族的生态意识，使人们对生态环境的保护转化为自觉的行动，才能解决生态保护的根本问题，才能为生态文明的发展奠定坚实的基础。

（四）马克思主义生态文明理论是中国生态文明建设的理论基础

马克思主义作为科学的世界观和方法论，是人们认识世界和改造世界的强大理论武器，是我们立党立国的根本指导思想，是社会主义意识形态的旗帜和灵魂，也是社会主义建设的根本理论指导。马克思主义的生态思想、自然观以及文明观等是马克思主义理论的重要组成部分，是社会主义生态文明建设的基本理论指导。当今世界关于生态文明的理论、观点与主张不少，如生态马克思主义、生态现代化、绿色政治等，但是能够科学认识人与自然的关系、人与社会的关系以及人与自身关系的一般规律的，非马克思主义生态文明思想莫属。

建设社会主义生态文明，最根本的是坚持马克思主义的理论指导地位，牢牢把握社会主义生态文明的前进方向。马克思主义是在实践中不断发展的科学，具有与时俱进的理论品质。建设社会主义生态文明，需要坚持以马克思主义的基本理论为指导，坚持马克思主义的理论主导地位不动摇。这是已经被社会主义建设实践与经验证明了的。马克思主义理论是一个开放的理论体系，包含着丰富的生态文明理论思想。

一是马克思主义创始人阐明了生态文明在社会文明系统中的地位和作用。马克思认为，全面的生产是构成社会各个要素的系统整体的生产。主要包括物质生活资料的生产和再生产、精神生产和再生产、社会关系的生产和再生产、人口自身的生产和再生产以及生态环境的生产和再生产等紧密联系的内容。全面的生产派生出全面的文明，形成物质文明、精神文明、政治文明以及生态文明所组成的文明系统。

二是马克思主义原创理论的社会有机体理论是始终将“自然—社会—人”联系在一起的、研究社会整体文明进步发展的理论。马克思指出：“现在的社会不是坚实的结晶体，而是一个能够变化并且经常处于变化过程中的有机体”。[①] 马克思的社会有机体理论揭示出社会类似于生物有机体，也是按照一定的系统规律活动着的有机体，具有由政治、经济和精神文化等多方面内容所构成的复杂结构。马克思关于社会有机体的形象比喻，显示出强烈的生态文明思想，将生态环境与社会紧密地联系起来，将社会发展的主体因素与客体因素、物质关系与思想关系、社会发展规律的特殊性与普遍性、社会发展动力的客观性与社会活动主体的能动性等多种因素综合起来，认识社会有机体，体现了社会的整体—系统性。

三是马克思主义原创理论的生态文明思想与社会形态理论和社会进步、社会解放理论紧密联系在一起。马克思对社会形态发展阶段进行了概括：“人的依赖关系（起初完全是自然发生的），是最初的社会形态，在这种形态下，人的生产能力只是在狭窄的范围内和孤立的地点上发展着。以物的依赖性为基础的人的独立性，是第二大形态，在这种形态下，才形成普遍的社会物质变换，全面的关系，多方面的需求以及全面的能力的体系。建立在个人全面

① 《马克思恩格斯选集》第2卷，人民出版社，1995，第102页。

发展和他们共同的社会生产能力成为他们的社会财富这一基础上的自由个性，是第三个阶段。”① 这里，马克思和恩格斯运用唯物论和辩证法以及唯物史观，阐明了自然解放、社会解放和人的解放的辩证统一性，正确地论述了人与自然的关系以及社会与自然的关系，揭示了生产力发展、科技进步与环境保护的内在关联性。马克思主义的生态文明理论将生态问题始终放在人与自然的关系和人与人的关系下进行考察，既说明了生态问题产生的原因，又提出了解决生态问题的对策；既分析了生态恶化对人类的危害性，又揭示了解决问题的可能性。

总之，马克思主义生态文明理论解释了生态文明建设的本质内涵与前进方向，指出生态文明是代表人类社会发展方向的更高文明形态和文明发展阶段，社会进步和社会解放不能脱离生态文明的发展。因此，中国社会主义生态文明建设必然要以马克思主义生态文明理论为指导。

（五）中西生态文化思想的有机整合是中国生态文明建设的思想文化基础

文化是一个国家民众的精神家园。中国社会主义生态文明建设离不开思想文化的支撑。中西方文化发展到今天各自呈现绚丽夺目的光辉，它们都曾经在人类社会发展的历史长河中各领风骚。中国文化创造了中国五千年的灿烂文明，西方文化也带来了近代的科学发展与物质繁荣。现在，人类社会发展进入了一个历史的拐点。事实表明，任何一种文化都难以担当化解目前人类生存危机的重任。而解决问题的办法只有一个，就是整合中西方文化。中国生态文明建设的思想文化也必然是中国传统生态思想精华与西方生态理性文化的融合，是民族思想特色与科学理性的整合，是一个新生的思想文化体系。

近代科学技术的发展，使西方社会走上了一条“以人为中心、征服自然界”的道路，人类成为“万物的尺度”。近代自然科学强调人是世界的中心，形成了“人类中心主义”，这在康德先验哲学、笛卡尔“我思故我在”的主体性哲学、培根的关于人类可以凭借科学技术征服自然的思想中得到了深刻体现。以人类为中心的西方科学理性文化促使人们创造了丰富的物质财富，使人类对自然界的开发、控制与支配发展到了极致，人类在改变自身生存环

① 《马克思恩格斯全集》第46卷（上），人民出版社，1979，第104页。

境的同时也在破坏它，形成了一种发展趋势：人类对自然资源掠夺与剥削得越多，获得的财富也就越多；而要获得更多的财富就要更加掠夺自然界的资源。自然资源是有限的，当人类的掠夺达到自然界的承受极限时，自然界就开始对人类进行报复。如恩格斯所说："但是我们不要过分陶醉于我们人类对自然界的胜利。对于每一次这样的胜利，自然界都对我们进行报复。每一次胜利，起初确实取得了我们预期的结果，但是往后和再往后却发生完全不同的、出乎预料的影响，常常把最初的结果又消除了。"[①] 生态危机正是西方科学理性与自由主义、个人主义在二元分离的逻辑思维下的产物，资本主义则将这种理念推至极端，从而导致了全球性生态危机。目前，这种以人为中心、主客二元分离的科学理性文化显然是不能解决这一危机的。

在这种时代背景下，中国传统文化中的"天人合一"生态思想的优势显得尤为重要与突出。儒家传统所强调的天地是万物和人的养育者，人与天地万物为一体，人的行为应当尊奉天时，尊重自然，效法自然；自然界的万事万物有各自存在的合理性，要彼此尊重各自的生存权利。简言之，儒家的基本生态思想是"三才"为一，即天、地、人的协调一致。为实现"和"的理想状态，儒家进而将"与天地参"的概念具体化为各项政策设计和制度建设，提出了一系列禁止人类破坏自然和生态的行为的主张。道家所倡导的"道"和"德"既囊括了人际关系，也涵盖了生态关系。"道"是万事万物的根据，也是一切价值，包括生态价值的最终根源；"德"则是具体的道。简言之，道家的基本生态思想是"四大"为一，即道、天、地、人的协调一致。道家更强调掌握天道万物变化的自然规律的重大意义，揭示了人和自然的系统性，认为人类应该以认同天地万物和谐一致的方式来对待世界万物。老庄学派所追求的"和"的理想境界，就是一种人与自然和谐统一的社会状态。以儒、道两家为代表的中国传统哲学，形成了一种具有鲜明辩证思维特征的自然观体系——"天人合一"，即都把自然（天、地）与人作为一个统一的整体来思考，都要求建立两者之间的和谐关系。"天人合一"的生态理念为现代伦理学提供了一种哲学架构：人与自然的和谐、协调的思维模式和价值取向。这正是以"主客二分"为主体的现代西方工业社会的思维方式和价值观念所缺乏的。

---

① 《马克思恩格斯选集》第4卷，人民出版社，1995，第383页。

从人与自然关系发展的需要考察，中西两种文化模式各有所长：在农业文明时期，天人合一的传统文化占优；在工业文明时期，人类中心主义的科学文化占优；在生态文明时期，应该是两种文化模式的辩证统一。

中国社会主义生态文明建设是在世界经济发展背景下展开的，既要与西方发达国家进行发展经济的较量，又要保护生态环境，因此，要客观看待中国的社会主义生态文明建设进程。我们既要看到科学理性的重要作用，又要认识生态理性的重要意义，用人文精神来校正科学理性的绝对化倾向，用道德原则来审视实用主义，用中华文明来校正现代化方向，理顺文化结构，将科学理性与生态理性有机地结合起来，构建一个全新的科学生态思想文化体系，使中华文明的生态智慧成为生态文明的重要组成部分。

（六）严格、完善的法律法规是中国生态文明建设的法律保障

生态环境的法律法规是生态文明建设的基本保障，明确而具体的法律法规可以更好地规范人们的生态行为，不但要惩罚生态环境的破坏者，也要奖励生态环境的保护者，赏罚分明，引导社会形成保护生态环境的良好风尚。中国的生态文明建设是在极其复杂而严峻的生态环境中进行的，必须依靠严格而完善的各种法律规章制度进行保障。

一是制定和完善国内关于环境保护的各项法律法规。我国虽然已经制定了环境保护法，但是随着生态失衡、空气与水质污染、资源短缺等问题的加剧，有的条款力度已显不足，再加上新出现的许多危害生态环境的问题，需要对现存的法律条款给予完善、调整和修改，并适当增加新的法律法规，还要突出法律法规的可操作性、针对性和应用性。

二是细化生态环境保护的各项规章制度。保护生态环境已经到了关键时刻，刻不容缓。严峻的生态环境问题要求必须加快出台具体而详细的规章制度，修订其不合时宜的内容，确保能够应对变化了的污染与环境保护问题。

三是组建维护生态环境的专门机构、组织以及部队，进行针对性的专业执法护法。为了保障法律规章的有效性，必须建立相关的机构和组织进行监督，对违法者进行制裁。建立生态警察部队、生态监督机构、生态环境技术检测中心等以加强生态维护效力。

四是建立生态环境补偿机制和奖励制度。对受到污染和环境危害的个人、单位要给予经济补偿。在社会发展中，由于生态价值的公共性，在保证生态

价值实现的同时会损害某些个人或团体的经济利益。社会中一些企业、个人污染、破坏了环境，产生了生态负值，却不必付出经济成本；另一些部门、单位或个人却在保护生态，创造了巨大的社会生态价值，但是他们的经济利益却得不到保障。这种生态价值与经济利益的不对等，严重影响了社会的公平公正。为此，明确生态价值的“所有权”，建立完善的生态补偿机制和奖励机制，可以改善社会的生态环保风尚，促进生态文明建设事业健康发展。

（七）全民参与是中国生态文明建设的动力之源

生态文明是人类文化战略的转变，是人的思维方式、价值观念的转变，也是人类的生活方式、消费观念的转变。实现这些转变需要全社会的共同努力。生态文明建设是一项长期、艰巨的历史任务和走向可持续发展的渐进过程，是中华儿女的共同事业，是全体中国人的分内之事，需要所有的中国人共同参与到生态文明建设的事业中来。保护生态环境是中华民族的责任，必须紧紧依靠群众，充分调动一切积极因素、引导全社会共同努力。

一是动员全民学习生态环境知识。从某种意义上说，当代人类面临的全球生态危机在一定程度上是人本身的危机，是人类没有发展自身的素质和能力、听任蕴藏在自身内部的各种巨大潜能休眠的结果。只有实行以提高人的素质、开发人的各种潜能为目标的人的革命，才能改变人们的生活态度，提高人的内在价值，开发人的生态潜能意识。因此，“建设生态文明，应以全社会牢固树立生态文明观念为根本前提。当前迫切需要在全社会深入开展生态文明教育，大力普及生态文明理念，为生态文明建设夯实基础”。[①]

二是加强各政府部门之间的协作。环境保护部门是推动环境保护事业发展的“总设计部”，其他有关部门是环境保护事业的共同建设者。环境保护部门与其他相关部门之间要协同合作，密切配合。中央与地方的环保部门之间也应该职责明确、分工合作。同时要加强环境保护部门的各种机构、队伍和行为能力建设，进一步完善环境保护的统一监督管理和协调体制。

三是强化社会监督力度。为了确保生态文明建设的效果，要公开环境质量、环境管理、环境保护以及企业环境行为等信息，维护公众对环境的知情

① 《生态文明教育是建设生态文明的基础——访北京林业大学党委书记吴斌》，《中国绿色时报》2010 年 2 月 4 日，第 A03 版。

权、参与权和监督权。在涉及公众环境权益的发展规划和建设中，要通过听证会、论证会、辩论会或社会公示等形式，听取公众意见，接受社会监督。

四是提高全民生态环保意识。要多形式、全方位、多层面地开展对环境保护知识、政策和法律法规等的宣传活动；弘扬环境保护理念，倡导生态文明行为，营造全社会关心、支持和参与环境保护的良好文化氛围。为了加强公民的生态意识，应加强对领导干部、重点企业负责人等的环保知识培训，提高其依法行政和守法经营的意识。大力开展全民环保科普宣传，提高全民保护环境的自觉性，使全社会形成热爱自然、热爱生命、热爱地球的良好生态道德风尚，形成生态审美、生态消费、生态生产、生态生活的生态文明理念。

五是健全公众参与机制，加强基层单位的环保工作。发挥社会团体的基础作用，积极为各种社会力量参与环境保护搭建平台，鼓励公众检举揭发各类环境违法行为，推动环境公益诉讼的发展。同时，要把环境保护作为社区、村镇等基层社会单位建设的一项重要内容，大力引导和动员广大人民群众参与环保，使每个公民在享受环境权益的同时，能够自觉履行、承担保护环境的法定义务和社会责任。

（八）参与全球生态环境问题的解决是中国生态文明建设的国际责任

由于各个国家和地区的生态利益不确定，它们在参与全球生态环境问题治理中的政治意愿也不同。从环境保护角度看，生态环境问题涉及全球所有的国家和地区，需要所有的国家和地区共同解决；从国家政治角度看，由于世界的无政府状态，生态环境的公共产品属性，导致一些国家“搭便车”，结果生态环境的“公地悲剧”出现。再加上，生态环境问题的强大的渗透性，生态环境问题已经与人权、经济、技术、民主、政治等交织在一起，各个国家和地区在国际舞台上以生态环境为阵地展开新一轮的政治博弈。现实的国际生态环境问题的话语权掌握在发达资本主义国家手中，解决的机制也是西方发达国家主导的国际机制、国际机构。中国是发展中的社会主义大国，既要维护国家的生态权益，建设生态文明，又要承担国际义务，为全球生态环境问题的解决作出应有的贡献。主要途径如下。

一是强调责任有别，进行原则合作。当今全球环境恶化和生态危机的存在，发达资本主义国家负有不可推卸的责任，它们是世界资源的主要消耗者和污染物的主要排放者。所以，必须敦促发达国家在解决全球性问题上担负更多的责任，它们有义务提供充分的资金和技术援助，帮助发展中国家保护环境。中国强调在责任有别的原则基础上，展开与世界各国的生态环境保护合作。主权国家在日益严峻的生态环境危机面前，不仅应致力于国内的环境建设，也应表现出更多的意愿与主动，争取尽可能地促进全球环境的改善与发展，加强全球环境的协调与合作。这是全人类生存与发展的根本利益所在。

二是协同行动，共同应对。污染减排、可再生能源、循环经济技术，低碳经济等方面的合作，以及控制人口、应对气候变化等方面的共同努力，都需要建立全球和区域性合作机制，制定共同行动目标，加强沟通对话和交流合作。应对全球性生态环境问题、建设生态文明离不开全球合作，各国和地区应在更深层次和更广范围上采取协同行动，共同应对全球环境问题的挑战。

三是积极参加和发起生态文明建设的国际组织、国际条约与国际会议。2013 年 3 月 21 日，“生态文明国际契约组织科学家联盟”在北京设立，联盟致力于全球荒漠化地区生态环境改善、整体减贫脱贫和绿色经济发展，推动中国生态文明和世界绿色文明的发展。中国加入世界环境保护组织；积极参加联合国环境与发展大会等国际会议；积极参与加强生态立法和督促执行生态立法的行动，通过参与国际环境法规则的制定，使其最大限度地符合发展中国家的利益和政策。中国已经参加了《联合国气候变化框架公约》等 50 多项涉及环境保护的国际条约，并为《联合国气候变化框架公约》等重要国际环境公约的起草和通过作出了重要贡献。《联合国气候变化框架公约》中明确了南北双方的责任是“共同的但是有区别的”。

四是积极利用环境外交与谈判，参与全球生态环境问题的磋商与解决。在全球化时代，各国在环境保护问题上既有共同的利益，也有不同的需求，这就需要中国积极参加国家间、地区内乃至全球范围的生态环境问题的商谈与讨论。环境外交已成为中国外交的一个新领域，中国政府已经参加了多次实质性筹备会议，提出了设立“绿色基金”等一系列建议，并派出大型政府代表团出席了联合国环境与发展大会。在国际外交舞台上，中国的行动还应更加积极主动。

五是承担国际责任与维护生态权益相结合。基于现存的国际秩序与国际机制并非是完全平等的，发达国家在全球生态治理上处于强势地位，中国生态文明建设在承担国际责任的同时，在主权原则的基础上，应注意维护本国的生态权益。中国应在遵循公平、平等、互惠的原则，统一性与多样性相结合的原则，主权独立的原则以及尊重生命、尊重自然的原则的基础上加强与世界各国的协调与合作。

六是参与联合国活动，推进全球政策与技术协调机制和国际监督机制的建立。联合国环境机构为各主权国家提供政策指导与技术支持，健全了国际环境法体系，使各国的活动有法可依。同时，联合国环境规划署在研究与开发有利于改善全球环境的科学技术、发展绿色科技上作用突出。为了实现各国的环境保护行动与效果，联合国应建立有效的监督机制，定期与不定期地进行监督检查。因此，中国应积极参加联合国的各项政策法规制定，促使联合国的各项规章制度能够实现对严重违反国际环境法的行为予以法律追究，使世界环境保护运动做到有法可依、有法必依，实现各国在环境保护问题上的通力合作和环境权益上的公平、公正，最终达成保护与改善全球生态环境的目标，促进全球生态文明建设的实现。

总之，中国特色社会主义生态文明既包含社会主义制度的根本属性，又符合实行社会主义市场经济发展的本质要求，从制度逻辑和发展规律性上，能为生态危机的解决提供一条与众不同的破解之路，实现中华民族的永续发展。中华民族运用智慧解决人类生态危机问题，这是中华民族之福，是人类社会发展之福。

五　中国特色社会主义生态文明建设路径的价值意义

"哲学上的'价值'是揭示外部客观世界对于满足人的需要的意义关系的范畴，是指具有特定属性的客体对于主体需要的意义，通常具有所谓客观性、主体性、社会历史性、多维性的特点。"[①] 价值是主体、客体、实践、文化"思维一体"的关系概念。马克思的价值理论范畴包括经济学、哲学层面的价值概念理论与社会层面的价值理论，从"实践—文化"的维度看包括四个方面的价值规定性：价值的主体性、价值的客观性、价值的实践性、价值的文化性。价值的规定性表明，价值的生产与创造只有符合人类目的，才是真正的价值实践。人类价值实践所作用的客体是价值的天然存在方式。价值关系作为主客体间的一种特殊关系，是实践的，是以活动为基础的。只有实践才

① 《马克思主义基本原理概论》，高等教育出版社，2007，第68～69页。

是价值关系的最终确定者，只有实践才是“作为事物同人需要它的那一点的联系的实际确定者”。① 价值的创造与实现过程也就是人的不同层次的需要的依次满足过程，是自然不断被人化的过程，也是文化的过程。人与自然的关系经由人类实践活动由原始的直接同一关系转化为以文化为媒介的间接关系。在人类实践活动中，自然界对人类形成的否定关系通过人类实践来否定，从而扬弃自然界的自在性和异已性，也扬弃人自身当下的实然态而转向应然态。这个过程从人类进入文明时代便已开始，由于人类处在不同民族、国家、阶层，呈现出不同的经济发展水平、政治制度、意识形态、历史条件，因此，人类与自然界的关系便呈现出特定的人文理念，出现西方文化与东方文化之别。

当代人类价值实践所展开的时代背景是人类对资源的占有总量超出了自然界的承受能力，人类的实践对自然界带来致命的伤害，反过来也威胁到人类自身的生存。严峻的现实促使人类反思自身的行为——从根本上说是人类的文化模式。当代人类价值实践是以西方文化为主导的，西方工业文明以及物质财富的快速增长与人类文化全面发展不协调。这种文化将技术理性全面渗透到人类生活，引起社会生活技术化，人的理性与价值发生背离，人成了技术的一个环节，丧失了在历史、传统文化中的主体性地位，人生活的现实文化层面出现了公平与效率、经济与伦理、历史与道德、科学与人文、物质与精神、现代与传统等一系列的矛盾和冲突。由此可见，解决经济增长与社会文化的整体性进步之间的矛盾和冲突，促进人的价值的不断丰富和实现，已成为当代人类价值实践必须要解决的问题。中国社会主义生态文明建设是人类一定历史发展阶段的社会实践活动，是价值的创造与实现过程，也是一种价值关系。作为客体的生态与作为主体的人的需要相互作用，这种价值关系已经不仅仅是观念形态的东西了。中国选择社会主义生态文明建设是中华文化的当代创新，是中华民族的传统生态精神与西方先进文化的融合与升华的结果，体现了人类文明的进步，反映了人类的普遍价值理念。

中国社会主义生态文明集人性、社会性与生态性为一体，代表了人类在新的实践水平上对自身生存以及自身存在与外部世界关系的一种新的科学认知。它不仅是现代科学思维方式的重要内涵，同时也对当代人类思维方式的

---

① 《列宁选集》第4卷，人民出版社，1972，第453页。

转变产生重大的影响，涉及道德、价值、义务等人类终极问题。它集中解决人与自然关系、人与社会关系、人与自身关系等层面的问题，具有重要的价值意义，即人与自然的哲学层面的关系问题——一般价值尺度；人与社会关系呈现的社会核心价值观；人与自身的关系问题——人自身的解放、对生命个体的终极价值的追求。

（一）一般价值尺度新原则：人与自然的和谐共生

资本主义工业文明模式下，人与自然是分裂与对立的，技术理性进一步加剧了人对自然的控制与支配，导致了生态危机的产生。中国提出建设社会主义生态文明是对这一价值观念的否定与扬弃。基于中国哲学的生态理念与马克思主义生态思想的融合与升华，提出富有时代特征与进步意义的人类整体价值尺度——人与自然和谐共生，也就是生命和谐。

人首先是一个有生命的存在，人的生命存在是通过代内生命活动和代际生命延续来体现的。从个体层面来看，每个人都是一个生命存在物，通过呼吸、意识、理性等来表现人的生命的存在；从类层面来看，自地球上出现人类以来，人类在这个地球上代代相传、繁衍生息、绵延不断。自然也是一个有生命的存在，它主要是通过草木的枯荣、动物的生老病死、细菌的繁殖、四季的更替和轮回、资源的再生以及物质的新陈代谢等来呈现的。人是有生命的，自然也是有生命的，人的生命与自然的生命不是敌对的、你死我活的关系，而是共存共荣，共同构成一个生命整体。在这个生命整体中，人的生命和自然的生命都是彼此的组成部分，缺失了其中任何一方，生命共同体将变得不再完整。在人与自然共为一个整体的生命世界里，人的生命和自然的生命相互依赖、相互支持，两种生命和谐并存。人类要生存，也要让自然生存。因此，人与自然是相互依存、互利共生的，二者是和谐的或同一的。强调突出或偏向任何一方都是偏激的，极端的“人类中心主义”和“生态中心主义”，要么从人的利益出发，单向度地将人类的利益置于最高地位而忽视自然的内在价值，要么从自然的内在价值出发，片面地强调自然的内在价值至高无上而忽视人类的利益。这两种倾向要么以人类为中心、要么以生态为中心，从根本上来说，都是主客二分的价值传统在人与自然之间的再度架构。

西方工业文明主导下的现代化进程将人与自然的关系极端对立起来，生态危机便是这样一个后果。中国社会主义生态文明提出人与自然的和谐观念，科学而理性地看待人与自然的生命关系，转变人与自然的对立冲突关系。社会主义生态文明建设提出了尊重自然、顺应自然、保护自然的生态文明理念，以及一系列具体可行的保护环境与资源的生态政策与战略。党的十八大提出，“要节约集约利用资源，推动资源利用方式根本转变，加强全过程节约管理，大幅降低能源、水、土地消耗强度，提高利用效率和效益。推动能源生产和消费革命，控制能源消费总量，加强节能降耗，支持节能低碳产业和新能源、可再生能源发展，确保国家能源安全。加强水源地保护和用水总量管理，推进水循环利用，建设节水型社会。严守耕地保护红线，严格土地用途管制。加强矿产资源勘查、保护、合理开发。发展循环经济，促进生产、流通、消费过程的减量化、再利用、资源化”。[①] 中国社会的生态文明建设将经济发展与生态环境保护紧紧地结合在一起，实现人与自然的共存共荣。

人类若要走出生态危机，就必须由工业文明转向生态文明，必须破除工业文明带来的天人对立的人类中心主义价值观，破除生态中心主义的价值观，树立人与自然共生共荣、和谐相处的价值观。

（二）社会核心价值观：人与社会的基本关系

“在一个社会里，多元的非核心价值观能增进社会活力，统一的核心价值观能阻止社会分裂。”[②] 社会核心价值观是反映基本的、稳定的社会关系的价值观。“基本的社会关系”是社会构成的骨架。从文明角度看，生态文明是人类文明的重要组成部分。生态文明在现代人类文明系统中是社会的基础和根本。从社会发展角度看，人类社会发展内容包括社会主义市场经济、社会主义民主政治、社会主义先进文化、社会主义和谐社会、社会主义生态文明。十八大报告提出，把生态文明建设放在突出地位，融入经济建设、政治建设、文化建设、社会建设各方面和全过程。由此判断，中国社会主义生态文明建设是以生态为导向的集经济、政治、文化、社会等建设为一体的社会文明建设，其核心价值观反映了社会的整体社会关系，体现了一定历史条件下人们的主要价值取向和价值追求。

---

① 胡锦涛：《坚定不移沿着中国特色社会主义道路前进　为全面建设小康社会而奋斗——在中国共产党第十八次全国代表大会上的报告》，2012 年 11 月 8 日，http：//news. xinhuanet. com/18cpcnc/2012 - 11/08/c_ 113637931. htm。

② 潘维：《论现代社会的核心价值观》，《电影艺术》2007 年第 3 期，第 7 页。

1. 生态思想融入富强、民主、文明、和谐等社会核心价值观念，形成富有新意的核心价值观

富强是中国特色社会主义经济建设的首要价值目标和基本价值诉求。富强包含两层含义，即富裕强盛。共同富裕的价值目标是建立在发展生产力和强大综合国力的基础之上的，评价中国社会主义最根本的价值尺度，“应该主要看是否有利于发展社会主义社会的生产力，是否有利于增强社会主义国家的综合国力，是否有利于提高人民的生活水平”。[①] 生态文明融入经济建设意味着发展生产力的前提是确保生产条件的发展，也就是经济发展是以生态环境的平衡为前提的，失去生态环境也就失去了经济发展的条件。十八大报告指出，要着力解决收入分配差距较大问题，使发展成果更多更公平地惠及全体人民，朝共同富裕方向稳步前进。社会主义生态文明建设不仅要建设经济强国，还要建设文化强国；人民不仅拥有物质财富，还要拥有精神财富。

民主法治是中国社会政治建设的核心价值观与基本目标。邓小平“没有民主就没有社会主义，就没有社会主义现代化”的著名论断，科学地指出了民主和社会主义、民主和社会主义现代化的不可分割性。民主法治作为社会主义政治的核心价值观，就是在中国共产党领导下，在人民当家做主的基础上，依法治国，发展社会主义民主政治。胡锦涛指出：“人民民主是社会主义的生命。发展社会主义民主政治是我们党始终不渝的奋斗目标。”“人民当家做主是社会主义民主政治的本质和核心。”[②] 人民民主是社会主义的生命，国家的一切权力属于人民，中国社会主义民主政治建设取得了重大进展，为实现最广泛的人民民主确立了正确的方向。为更好地促进人民民主作用的发挥，就要更加注重法治在国家治理和社会管理中的重要作用，维护国家法制的统一、尊严、权威，保证人民依法享有广泛的权利和自由。生态环境保护逐渐纳入国家的法治层面，生态环保议题也已成为人民行使权利的重要内容，生态文明思想必然融入法治建设的目标中。

“文明”是中国特色社会主义文化建设的核心价值观。“文明”是从各种文化价值关系中抽象概括出来的，是对社会主义文化价值的根本看法和根本

---

① 《邓小平文选》第3卷，人民出版社，1993，第372页。

② 《胡锦涛强调，坚定不移发展社会主义民主政治》，新华社，http：//cpc. people. com. cn/GB/100798/6378816. html。

观点，是衡量各种文化价值的标准，也是中国特色社会主义在文化上的价值追求。精神文化是非物质性的，而其来源是物质的。作为客体的文化与作为主体的人的需要的价值关系是在一定的经济和政治的基础上形成的，这种价值关系全面地反映了一定形态的政治、经济，而一定形态的文化又影响和作用于一定形态的政治和经济，为一定形态的政治和经济发展提供了一定的理论和道德基础。

公正和谐也是社会主义社会建设的价值目标。和谐社会的形成是以公正为基础的。没有公正，社会和谐也难实现。公正即公平正义，是中国特色社会主义的内在要求，是社会主义主流意识的核心思想，也是社会主义和谐社会的总要求和重要目标。公正的主旨就是让发展成果惠及全体人民。以司法公正奠定社会公平正义的基础；没有公正，就没有社会主义，社会也就没有和谐可言，社会的安定也就不存在。正义是人类社会具有永恒意义的基本价值追求。“和谐”是中国特色社会主义社会建设的基本目标，社会和谐是全人类的共同愿望，是全人类共同的价值诉求，也是社会主义的本质属性，是中国共产党长期不懈奋斗的目标。社会和谐的实质就是人的和谐，是人与人之间处于一种协调、和合与和睦的状态。公正和谐是人类社会文明进步的标志，是人们追求的一种理念，是一个社会发展的基础。生态环境问题因生态资源的公共产品属性成为人们之间的一个新生矛盾问题。一部分人或集团使用资源获得利益并带来环境污染和生态破坏而不受制裁或惩罚；另一部分人或团体为保护生态环境付出重大代价而得不到补偿或奖励。公正与和谐受到生态环境问题的挑战，生态文明思想的融入是为解决这一新生矛盾提供了新的选择。

2. 生态文明直接指向平等、自由等基本价值诉求，是社会基本核心价值观

平等指的是生命个体之间平等的价值关系。一般理解的社会平等实质上属于外在的平等，而真正的平等是内在的平等，就是“每个人的自由发展”，体现了能力基础上的社会平等，是主体自身在生命活动领域所表现出的自主性；人们的自由具有了这种自主性，也就实现了真正的平等。生命自由展示的是人类在历史发展过程中始终追求的一般价值。生态文明体现了自然存在的人与社会存在的人在人类历史发展中的一般价值。

首先，自然存在的人是自然界的有机组成部分，人与自然之间应该建立一种平等的关系。人类的实践活动只有在充分尊重自然界发展规律的前提下，

才能有效实现其目的，才能实现长久的、可持续的发展。马克思深刻指出："我们连同我们的肉、血和头脑都是属于自然界和存在于自然之中的；我们对自然界的全部统治力量，就在于我们比其他一切生物强，能够认识和正确运用自然规律。"① 人与自然的关系并不是对立关系，而是一个互利共生的平衡关系。生态文明强调人与自然平等互利，反对简单粗暴的征服与统治自然。这种价值导向，应该是当代世界的主流发展方向，是人类社会进一步获得健康发展的最根本的价值原则。生态文明呼吁重新考量自然的价值，重新构建人的价值与自然价值之间的平衡关系。从现实的角度考量，人的存在是一种对象性的存在，必须要和自然界进行不断的能量交换，这是一个根本性的前提。生态文明所指向的首先是人与自然的平等和谐的价值向度。

其次，生态文明蕴含的平等价值向度还存在于人与人之间，是社会发展的价值诉求和引导，更是生命个体行动的价值原则。生态文明认为，社会发展的一个基本路径就是可持续发展，是内含了代际可持续的，这也是生态文明所蕴含的平等关系中最为深刻的一个价值向度。因为代际平等意味着人类对于自身的物种属性的深刻自觉，这种自然物种的自觉醒悟内在地要求人类这一物种的延续，而不仅是当下生命的延续，这是一种高度的自觉。在这个意义上，生态文明是当代人类智慧所能探索到的最高级文明形态。代际平等这一价值向度彰显了人类理性和智慧的最新进展，是人类自我认识和理性视野的一种提高和拓展。社会主义追求的一个核心目标是人与人之间的平等，既包括当代人之间的平等，也包括代际平等。据此判断，人与自然、人与人的平等就是社会主义生态文明的基本价值向度。

最后，平等实质就是生命自由。人类历史的第一个前提是有生命的个人的存在，第一个需要承认的事实就是人的肉体与自然的客观联系，"任何历史记载都应当从这些自然基础以及它们在历史进程中由于人们的活动而发生的变更出发"。② 从人的发展角度讲，人类社会发展进步的价值指向是"自由个性"的实现。而"自由个性"的实现需要两个基础性前提。一是个体层面，个人获得全面发展。个人发展不再束缚于物质需要，不再受到地域、部门的限制；物质需要不再成为生活的主要目标，精神生活成为生活的主导；劳动

① 《马克思恩格斯选集》第4卷，人民出版社，1995，第384页。

② 《马克思恩格斯选集》第1卷，人民出版社，1995，第67页。

不再是谋生的手段，而是人的生活的一个本质存在；人可以自由地支配自己的时间。二是社会层面，国家、阶级被联合体取代。在联合体中，生产能力是全社会的、共同的，不再被私人占有、被资本控制，生产能力因而成为全社会创造的共同财富。这两个前提是以社会发展为条件的，包括物质方面、实践能力方面、社会关系方面等。都是历史的产物，而并非自然的产物。而“自由个性”的最终实现既然是历史的产物，就必然要经过历史的发展过程，而生态文明和社会主义的理论与实践即是这一过程的展开。

生态文明和社会主义要建立的是联系性、整体性、公共性、生态性的社会，是致力于人与人、人与自然两大关系和谐的社会，这需要观念与制度、个体与社会等层面的根本变革与更新。其中人是两大关系的主体和主导，是观念的拥有者、制度的创造者，只有人具备了全面自由发展的条件、获得了“自由个性”，这个社会才能走向和谐的共产主义（社会主义）；而理论上构想、实践生态文明和社会主义，就是在自由平等的条件下，为每一个人创造全面发展的机会，其终极目标和价值指向正是人的“自由个性”的实现。社会主义生态文明就是实现“自由个性”的必经过程。

3. 爱国、敬业、诚信与友善是生命个体最基本的道德价值观

通过提升个人的基本道德价值观，提高个人道德、家庭道德、职业道德、社会道德，使全社会形成良好的道德风尚，推动社会和谐和美丽中国的建设。爱国、敬业、诚信与友善等基本的个体道德品质，不仅要体现在人与人、人与社会的关系上，还要体现在人与自然的关系上，体现人、自然与社会的和谐统一。

爱国是一种高尚的情操和一种崇高的精神。以爱国主义为核心的民族精神是社会主义核心价值的精华。经过五千多年的孕育和积淀，中华民族形成了以爱国主义为核心的团结统一、爱好和平、勤劳勇敢、刚健有为、自强不息、不畏强敌的伟大的民族精神，成为各族人民团结一心、共同奋斗的价值取向。美丽中国的建设和中华民族的复兴需要每一个中华儿女献出对祖国的无限热爱，只有有了对祖国的无限热爱，才能激发无限的热情去建设我们的家园。生态文明建设使得我们对祖国的热爱更加真实和更加具体。爱国首先要热爱我们生存的土地、自然环境，爱祖国的一草一木、一山一水，也就是要首先热爱我们的生存条件。如果我们肆意破坏自然环境、浪费资源、制造垃圾、排放污染物，就是对我们的家园的破坏与伤害，也就不是爱国的行为。

敬业是一种基本的职业道德。现代的工业化生产模式对环境造成严重的破坏与污染，要求各行各业的从业者形成高度的生态责任意识，在实践活动中形成保护环境、热爱环境的生态意识，并把生态意识融入到自身劳动的实践活动中，形成生态习惯，提升环境质量。社会主义生态文明建设提出现代化的中国社会建设以生态建设为中心，每一个劳动者都要具有高度的生态责任感，进行生态的生产。

诚信就是诚实守信，是作为个体的人应该具有的一种普世价值观。诚是指一种真实无妄、表里如一的品格，也是道德的根本。信是指一种诚实不欺、遵守诺言的品格。诚信更是一种基本的道德素养，它要求个体言必信、行必果、言行一致、表里如一、讲究信用、遵守诺言。诚信是中华民族的传统美德。中国社会主义生态文明建设强调诚实守信既是市场经济条件下个人从事经济活动应遵守的一项基本道德准则，也是对个体的一项基本的职业道德要求，也是构建社会主义和谐社会的重要目标和要求。生态环境问题进一步考验着人们的诚信，表现在政务诚信、商务诚信、社会诚信和司法公信等方面。

友善是指作为个体的人的一种基本道德品质。所谓友就是有良好的朋友关系，善则是善良的品质、言行等。友善就是个体人友好地善待他人和他物，是个体与其对象之间形成的良性互动关系。作为个体的人对待他人的友善有助于形成和谐的社会关系，对待非人的对象如自然界友善，就会形成良好的人与自然的关系。生态环境问题的出现要求每一个人善待自然，构建人与自然的良性关系。

（三）生命个体追求的价值目标：人自身的解放

人与自身的关系问题也就是消除人的异化，实现人的自身解放；而人的解放与自然解放是同一的。只有彻底实现人的解放，人的生命也才能实现真正的自由。人自身的解放是个体生命价值的终极目标。

“解放”一词含有解除束缚、获得自由之义。著名的唯物主义生态女性主义者玛丽·梅洛指出，“父权制的资本主义通过将生产从再生产和自然中分离出来，创造了一个忽视生物和生态因素的‘虚假’自由的领域”。[①] 人类只有从这种虚假的自由中解放出来才能获得真正的生命自由。“解放只意味着脱离

① Mary Mellor, *Breaking the Boundaries: Towards a Feminist Green Socialism*, Virago, 1992, p. 51.

资本主义的和其他的剥削性社会关系，但并不‘脱离’我们作为脆弱的、需求性存在的本性，或脱离我们的自然生态背景。因此，真正的解放是一种被嵌入的和受制约的自由——处在外部自然之中、并与内部自然一致。”①

作为人类在社会历史前进中获得的最新的，也是最先进的文明形态的生态文明，显然与人的解放不可分割。在一定意义上说，生态文明在于人的存在状态。这种生存、生活的状态首先是一种自由的、平等的、和谐的状态。而这种状态的获得过程，就是人的解放的过程。因此，建设生态文明从最根本的意义上说，具有人类社会终极价值的向度——人的解放。人的解放是社会主义制度和社会主义生产方式的一个根本特征，更是一个终极的价值诉求。这也是马克思主义的一个根本理论要旨。马克思对资本主义制度以及资本主义生产方式的批判，都是围绕人的解放展开的。在资本主义的生产方式下，个体人的存在呈现出一种全面的异化状态，因此失去了其本质。这种全面的异化状态，是在两个层面上展开的。一是在人与自然的关系层面，人的存在由于受到人与自然激烈矛盾的牵制，人的自由自在的活动被恶劣的自然环境所限制，人的生活环境由于环境恶化而变成人生存的负担甚至威胁。这样的环境将使人感到焦虑不安与恐慌，而在一些极端地区，甚至会导致疾病，使人们的健康受到威胁。另一方面就是人与人、人与社会关系的层面。工业文明时代，劳动者并不是以人的状态存在，而是作为一种商品、一种工具而存在。随着资本主义后现代化的发展，消费社会、景观社会等相继出现，人与人之间的关系被彻底物化了，人与人之间的交往变成了纯粹的物与物之间的交换，人的存在被虚假的需求所引导，过度消费充斥整个社会，从而导致人的完整性的破裂，人的社会性的日益单一化，人的存在也呈现出一种病态。

中国特色的社会主义生态文明，是要真正彻底地变革资本主义生产方式的现代文明，是要真正摆脱资本主义社会化大生产恶性循环的生态文明。中国特色生态文明建设，是建立在社会主义制度和社会主义生产方式基础之上的。建设社会主义生态文明，首先要求人摆脱商品性，从商品拜物教中解脱出来，真正作为独立的人存在于社会之中；个体的劳动不再以商品的形式存在，而是作为个体生存发展的基本实践而存在。这是人类解放的一个基本前

① 郇庆治：《重建现代文明的根基——生态社会主义研究》，北京大学出版社，2010，第86～87页。

提。因此，建设社会主义生态文明，为人类的最终解放提供了一个和谐的外在环境，使得人与外界的能量交换获得一种平衡态。更为关键的是，生态文明建设还能够使人与自然的能量交换呈现真正的可持续状态，从而直接指向人类在物种繁衍意义上的解放。同样，生态文明建设在解决人与自然紧张对立矛盾的同时，也能够缓解人与人之间的紧张关系，因为人与自然对立的背后是人与人之间关系的紧张对立。

自人类社会诞生以来，自然界的存在就开始处在人类的不断改造下，变成了一种人化自然。当人与自然的关系获得和解之后，人与人之间的关系也会随之变得缓和。“革命导师在一百多年前提出了一个重要命题：人类同自然的和解以及人类本身的和解进而实现自由人的联合体。人作为自为的自因性和自在的自因性的统一，意味着人的自我实现不再以对他者的征服和压迫为前提，与人类结缘的自在者完全可以被尊重和成全。”[①] 这就意味着，伴随着生态文明建设，人与人之间的对立状态日益消融，人的解放将成为现实。社会主义生态文明为人的解放提供了现实基础。在此基础上，人才能够获得自由全面的发展，而每个个人的自由全面发展是所有人自由全面发展的前提条件。社会主义生态文明蕴含的终极价值向度——人的解放自此也展现出来。

六　中国特色社会主义生态文明建设路径对人类社会发展道路探索的贡献

生态文明孕育于现代工业社会的发展进程中，是在全球生态问题的凸显下出现的一种新社会文明形态。马克思、恩格斯认为，生态问题的主要成因在于生产力（科学技术发展）和生产关系（社会制度），人类社会文明的进步也主要体现在生产力的发展和生产关系的进步上。社会主义中国进行生态文明建设所要解决的主要问题在于科学技术的进步与生态环境的保护，而资本主义西方国家则在于生产关系也就是社会制度的变革。中国社会主义制度是建立在生产力落后基础之上的，发展生产力是社会主义初级阶段的主要任务。但是，在工业化过程中同样不可避免地产生了与西方国家相同的生态环境问题，这引发了众多的思考与担忧。如何在社会主义制度下有效地解决生

① 沈立江主编《当代生态哲学构建》，浙江大学出版社，2011，第25页。

态环境问题已成为考验社会主义的又一道难题，这也是对社会主义的又一次历史性的考验。中华民族历来是不畏艰险的弄潮儿，是创新理论的开启者和勇敢的实践者，相信拥有传统生态文明哲理思想和勇于开拓创新的中华民族在全球生态问题面前一定能够走出一条中国人自己的道路，在生态文明建设的历程中再次开创一条发展路径。

（一）坚定社会主义市场经济是对原创社会主义经济理论的发展

在中国社会主义实践中，“当单一计划经济无法解决发展难题，致使社会主义在经济方面扩大了与资本主义的差距时，‘贫穷不是社会主义’的逻辑判断就能够推动社会主义向富于效率的市场经济方式倾斜”。[①] 中国选择市场机制，是因为市场方式能运用利益差别调动劳动者的积极性，能利用竞争机制激励劳动者能力的发展，从而使得人类整体在自然界面前更强大。市场方式在社会主义发展中承担着实现人类理想的重要任务。

中国社会主义改革的实践表明，市场经济的激励作用是不可缺少的。在中国社会主义市场经济的实践中，邓小平理论孕育了中国特色社会主义市场经济理论，江泽民“三个代表”重要思想深化了它，胡锦涛、习近平等进一步发展和完善了它。至此，中国特色社会主义市场经济是将市场对资源配置发挥的决定性作用与国家的宏观调控作用有机结合。在社会不同发展阶段，二者各自所发挥的作用在具体领域也各有侧重。“这是一个在理论上和实践上都与社会主义原创理论观念不同的任务。无产阶级要完成这样一个任务，只能进入另一个战场——经济战场；只能面对另一种挑战——市场体制；只能接受另一种考验——优胜劣汰；但必须选择既定的目标——共同富裕。”[②] 事实上，现实中国社会主义所经历和面临的情况，与马克思时代相比都已经发生了重大的变化。与当代的现实相比，马克思所看到的不过是通向这一事实的特定过程——不管在当初看起来多么合乎逻辑，也只不过是以对事实某种程度的理解为前提的。人类社会发展的实践证明，人类个体劳动能力的普遍发展，必将在市场经济这座炼狱中，经过竞争机制来实现，市场竞争也必将

---

① 余金成、曾凯：《社会主义市场经济意蕴中的思想解放问题》，《探索》2010年第1期，第19页。

② 余金成：《中国特色社会主义理论从邓小平到江泽民的发展（续）》，《河南大学学报》（社会科学版）2004年第2期，第11页。

提高人类自身在自然界中的能力。这并非像马克思所设想的那样，人们先进入消灭商品、货币的社会主义社会，在计划经济的条件下解决这个问题。中国社会主义进行生态文明建设依然坚持社会主义市场经济原则，是马克思主义中国化的理论成果。社会主义是资本主义的替代者，是市场方式的跟进者，因此有条件对马克思主义原创理论展开反思，并在实践中推行。“现代社会主义可以通过改造市场经济的资本主义运用方式，即在一般市场机制基础上强化国家宏观调控力度，就有望为人类展示一个新的市场经济。”[①] 因为，“我们的理论不是教条，而是对包含着一连串互相衔接的阶段的发展过程的阐明”。[②]“我们的理论是发展着的理论，而不是必须背得烂熟并机械地加以重复的教条。”[③] 中国的社会主义市场经济是实践的理论集成，是经过实践验证并得到不断修正与调整的市场经济与中国社会主义的结合，是对社会主义原创理论的创新。

（二）生态文明建设证明了社会主义的优越性，开辟了新的发展路径

社会主义改造资本主义对市场方式的运用体现在生态文明目标上——把生态文明建设作为社会主义市场经济的主要指标，因为生态环境涉及人类共同利益。社会主义要超越资本主义，就要从根本上改变人们的消费观念，进而改变人们的生活方式，并改变人们的价值观念。

社会主义市场经济运行模式是一种不同于资本主义自由放任的市场经济方式、经济运行方式的经济社会发展模式。社会主义市场经济体现了独特的自觉发展特性，“它有可能成就有史以来从未有过的文明创举：政治权力充分利用经济规律允许施展作为的空间，用最小的代价，费最少的时间，取得最快的发展速度，营造最佳的生活条件，从而为人类提供一种更为优越的发展模式”。[④] 因此，在社会主义制度下极有可能有效地化解现有资本主义社会市场经济中的弊端与缺陷。在经济落后的国家发展社会主义，选择优越于资本主义的社会发展模式，在现实的生态危机下是极有可能的。

---

① 余金成：《生命自由、个人平等和社会民主原则论析》，《探索》2011 年第 6 期，第 164 页。

② 《马克思恩格斯选集》第 4 卷，人民出版社，1995，第 680 页。

③ 《马克思恩格斯选集》第 4 卷，人民出版社，1995，第 681 页。

④ 余金成：《中国特色社会主义理论从邓小平到江泽民的发展（续）》，《河南大学学报》（社会科学版）2004 年第 2 期，第 11 页。

因为，“她如果能够把自身从落后变成先进，就比资本主义好；她如果能够帮助弱势群体成为强者，就能成为先进；而她如果能实行精神产品的公有制和计划发展，就能把弱者变成强者”。[①] 中国生态文明建设坚持社会主义市场经济的意义重大：一方面，选择市场方式使它对由此造成的生态问题感同身受，使其能将经济发展与保护生态环境结合起来；另一方面，它始终坚持共同富裕的目标，客观上推动了因贫富分化而加剧的生态危机的解决。社会主义市场方式可以在国家调控环节采取更为积极的干预措施，使其逐步向共同富裕方向转变。

建立在经济落后基础之上的中国社会主义，经过30多年的改革，在工业化的道路上取得了巨大的经济成就。但是，西方工业化道路的弊端也在中国暴露无遗：中国环境污染和生态破坏的问题，能源和其他资源短缺的问题，从东部沿海到西部内陆，从城市到乡村，从政治到经济，从社会到文化，从民生到环境，几乎在所有领域所有地域都综合地呈现出来了。实践证明，中国要应对所有问题，用西方工业文明的方法是行不通的，只能依靠自己的经验与智慧另辟新路：“用生态文明点燃人类新文明之光，以生态文明引领世界的未来，这是中华民族伟大复兴的历史使命，将是中华民族对人类的新的伟大贡献！”[②] 生态文明是社会主义的新发展方式，建设生态文明是中国探寻的不同于西方工业文明的新道路。

十八大报告提出，中国特色社会主义道路，就是在中国共产党领导下，立足基本国情，以经济建设为中心，坚持四项基本原则，坚持改革开放，解放和发展社会生产力，建设社会主义市场经济、社会主义民主政治、社会主义先进文化、社会主义和谐社会、社会主义生态文明，促进人的全面发展，逐步实现全体人民共同富裕，建设富强民主文明和谐的社会主义现代化国家。把生态文明建设放在突出地位，融入经济建设、政治建设、文化建设、社会建设等的各个方面和全过程，构成完整的社会主义建设体系。中国生态文明建设的理论成果如果能够及时转化为一种发展路径、及时修正人类的生存发展模式，将是人类未来之福。就像美国学者罗伊·莫里森认为的那样，“中国

---

① 余金成：《科学技术革命与社会主义运动实践选择》，《当代世界社会主义问题》2008年第3期，第40页。

② 余谋昌：《生态文明：建设中国特色社会主义的道路——对十八大大力推进生态文明建设的战略思考》，《桂海论丛》2013年第1期，第28页。

必将从具有价格优势的全球出口领先者，转变成具有生态优势的全球出口领先者，成为全球生态文明的领跑者”。[①]

（三）丰富了马克思主义的发展理论，提出了人类新的生存方式

马克思主义认为，物质资料的生产和再生产以及人自身的生产和再生产，都要以自然界的存在与发展为前提条件，因为人本身是自然界长期发展的产物，“人靠自然界生活”，[②] 没有自然界就没有人本身。生产力虽然是社会发展的根本动力，但是，离开了生态环境这一前提条件，生产力的发展就是无源之水、无本之木。因此，发展生产力内在地要求发展生态。

中国社会主义生态文明建设强调坚持把科学发展观作为全面建设小康社会的指导方针，将社会发展与生态环境发展紧密地结合在一起，体现了协调人与自然的关系、促进人与自然的和谐发展的思想。由于“人—社会—自然”构成了紧密相关的互馈式联系，发展就是社会发展与生态环境发展的双向共赢过程。在经济和社会发展的同时，必须承认生态环境的应有价值，在可持续发展中促进人与自然的和谐，并以此为基础，协调好人与社会的关系。社会始终是处在生态环境中的社会，人类永远不可能脱离生态环境的制约，社会、人口、资源和环境是人类社会赖以生存和发展的基础，也是构成社会和谐的基本要素。发展不能破坏作为人与自然相互依赖和相互作用的整体生态结构，不能打破自然对人类的可供给能力的协调平衡系统，不能推行“竭泽而渔”式的发展。只有把人与社会融合于自然，使之形成一个休戚与共、息息相关的整体，人才能生存发展下去。

科学发展观的核心是以人为本，这充分体现了马克思主义关于人民群众是社会历史活动的主体并且是首要的生产力的思想，表达了对发展终极价值的诉求。马克思说：“在一切生产工具中，最强大的一种生产力是革命阶级本身。”[③] 它强调了生产力中人的主体地位和作用以及人民群众对于推动历史发展的决定性意义，揭示出在人与物的关系上，人的因素是第一位的，是起主导和决定作用的。因此，在社会发展过程中，既要见物，更要见人，并且要

① 〔美〕罗伊·莫里森：《中国将成为全球生态文明的领跑者》，柯进华译，《中国社会科学报》2012年9月21日，第A05版。

② 《马克思恩格斯选集》第1卷，人民出版社，1995，第45页。

③ 《马克思恩格斯选集》第1卷，人民出版社，1995，第194页。

以人为本。科学发展强调在发展中要高度重视人民群众的主体性和创造性，高度重视、切实保障和不断满足人民群众的物质和文化需要，努力提高人的素质，促进人的自由全面发展。建设社会主义生态文明，就是要促进人的自由全面发展，逐步实现全体人民的共同富裕。人的自由全面发展是社会历史发展的主要动力和最终目的。马克思、恩格斯指出："历史什么事情也没有做……创造这一切、拥有这一切并为这一切而斗争的，不是'历史'，而正是人，现实的、活生生的人。"① 值得一提的是，倡导以人为本并不是要否定生态环境的价值，而是在人的价值与生态价值、人的利益与生态利益之间架起一座双向沟通的桥梁。注重生态价值和生态利益，归根到底是为了人类的利益，是为了更好地坚持以人为本。这些理念体现了马克思主义关于人的生存方式的基本目标：既要保护生态环境又要满足人民群众的物质和文化生活的需要，更要实现人的全面自由发展。

（四）中国传统生态哲学当代化与马克思主义生态思想中国化的结合展现了民族性与先进性的统一

危机的时代也是机遇的时代。中国社会主义生态文明建设从根本上说是价值观的转变。中华民族五千年的文明积淀为中国生态文明建设提供了丰富的思想渊源。蒙培元教授强调，"中国哲学是深层次的生态哲学。这样说并不过分"。② 德国汉学家卜松山教授指出："在环境危机和生态平衡受到严重破坏的情况下，强调儒家的'天人合一'，强调人际关系的和谐，似乎可以弥补西方思想的局限，对于人类应付后现代社会的挑战，也许具有超民族界限的价值和现实意义。"③ 中国古代哲学中的生态理念是丰富而深刻的，儒释道中的生态智慧与精神为解决当代生态环境问题提供了坚实的思想基础。重新审视与开发中国传统的生态思想与精神是当代中国生态文明建设的责任。

马克思主义生态思想是西方文化的组成部分，也是目前先进文化的一部分。马克思主义理论体系丰富而宏大，是社会主义国家进行社会主义建设的指导性理论，其生态思想对认识人、自然、社会的关系有重要的价值。马克

---

① 《马克思恩格斯全集》第2卷，人民出版社，1965，第118页。

② 蒙培元：《人与自然》，人民出版社，2004，第1页。

③ 〔德〕卜松山：《与中国作跨文化对话》，刘慧儒、张国刚等译，中华书局，2003，第9页。

思主义生态思想从人类整体的角度，关照全球范围内的人类生存发展模式，值得深思。

中华民族是一个融合的民族，中华文化也是一种融合的文化。“它无论是在内容上还是在形式上，都具有对外来文化较强的包容能力和吸收能力。”[①]历史表明，中华民族有能力利用中华文化吸收先进文化思想并将其与本民族文化进行融会贯通，形成一个更加开放、包容、进步的文化体系。中国生态文明就是这种融合精神的成果，既体现了民族性，又体现了时代性。它表明，任何一个国家的发展道路选择只有立足本民族的特征、紧跟时代步伐，才能成就自己的民族事业。

---

① 余金成：《和谐社会目标与中国发展模式的初步形成》，《理论与现代化》2006 年第 2 期，第 10 页。

第四章
生态文明视域下的第三条道路：理论探索与实践局限

当今世界关于生态危机引发的解决方案与路径思考是多元的。对未来社会形态的探索也是百花齐放、百家争鸣。一些学者既没有局限于资本主义的框架，也没有完全遵照传统社会主义的原则与方法，而是将资本主义与未来社会主义进行了组合，提出了不同的制度路径理论构想；一些发展中国家在自身社会发展实践中也创造了很多非资非社的另类制度路径实践模式。不论是理论的构想，还是实践的探索，本书将其统称为“第三种制度路径”，或“第三条道路”。这类制度路径中包含了形态各异、颇具特色的趋向生态文明理念的思想、理论、行动与实施策略，这些对丰富人类社会发展路径，促进社会制度建设、文明进步以及创新人与自然、人与社会、人与人的关系等具有重要的理论意义与实践价值。本书将选取生态马克思主义（生态社会主义）、市场社会主义、拉美21世纪民族社会主义等典型代表，从生态文明的视角，分析其思想、理念以及实践行为，剖析其制度路径。事实表明，到目前为止，针对生态环境问题，社会主义的解决方案并不是唯一的，呈现在世人面前的更多的是各种妥协方案。

一　生态马克思主义关于生态文明：理论前瞻与实践困境

生态马克思主义作为当代一个颇具影响力的学术流派和思想理论，对社会制度的构建具有重要的意义。它作为一种非正式制度中的意识形态，对生态文明建设的制度构建产生了不可忽视的影响，其理论前瞻性和学理视野也已影响到既存社会制度的路径变迁与创新。

（一）生态马克思主义与生态社会主义的学术认定

国内外关于生态马克思主义与生态社会主义的研究掀起了西方马克思主义研究的一次新高潮。国内外学术界对二者的研究积累了一批研究成果，其中包含了众多的生态文明思想与理念。本书梳理并分析了生态马克思主义与生态社会主义在生态文明方面的思想观念与理论成果。

1. 国内外研究的路径与范畴

国外的生态马克思主义者和社会主义理论家的研究比较系统而深入，经历了前后两个阶段，取得了比较丰富的成果。

第一个阶段是20世纪70～90年代的初期。代表人物主要有波兰的共产党人和马克思主义者亚当·沙夫、东德共产党人鲁道夫·巴罗、法国学者安德烈·高兹等。该时期的主要成果有1975年安德烈·高兹出版的《作为政治的生态学》、威廉·莱斯的《自然的控制》和《满足的极限》等，它们奠定了生态马克思主义的理论框架。该阶段是生态马克思主义的形成与系统化时期，政治道路从红色到绿色，再到红绿交融。在这一阶段，生态马克思主义与生态社会主义并无本质区别，基本通用。

第二阶段是20世纪90年代以后，生态马克思主义和生态社会主义进入一个飞速发展和逐渐成熟的时期。具体表现在四个方面。第一是研究学者数量的增多，学术队伍不断壮大。詹姆斯·奥康纳、瑞尼尔·格伦德曼、戴维·佩珀、约翰·贝拉米·福斯特、泰德·本顿等都投入到了对生态马克思主义理论的研究中。第二是研究形式多样、成果丰富。随着研究人员的增加，相关研究成果也逐渐丰富。詹姆斯·奥康纳创办了专门性的学术期刊《资本主义、自然、社会主义》，《组织和环境》《每月评论》《美国社会学杂志》《理论和社会》《社会主义年鉴》等相关刊物也大量刊登马克思主义生态分析方面的文章。更突出的是学术著作的大量问世，1991年瑞尼尔·格伦德曼的《马克思主义与生态学》、1993年戴维·佩珀的《生态社会主义：从深生态学到社会正义》、1994年安德烈·高兹的《资本主义、社会正义和生态学》、1996年泰德·本顿的《绿色的马克思主义》、1999年保尔·伯克特的《马克思和自然》、2000年约翰·贝拉米·福斯特的《马克思的生态学》、2004年乔尔·科维尔的《自然的终结》等。第三是研究议题范围广、程度深，形成了马克思主义生态经济、马克思主义关于自然与社会的新陈代谢理论等。第四是全方位的规划生态社会主义的未来方案。生态马克思主义者充分吸收马克思主义关于人与自然关系的相关论述，从政治、经济、社会生活、意识形态等方面深化和细化了生态社会主义的实施方案。生态马克思主义第二阶段发展的显著特点是越来越多的学者投入到生态危机和马克思主义生态学理论的相关研究行列，深化了对马克思主义生态学理论的研究，并产生了一些重要的理论，如以詹姆斯·奥康纳为代表的资本主义矛盾二重性理论和以约翰·贝拉米·福斯特为代表的资本主义社会与自然的物质变换裂缝理论。

国内学术界对生态马克思主义与生态社会主义的研究始于20世纪90年代，主要是翻译、评价与分析。2005年，郇庆治在《马克思主义与现实》上发表《西方生态社会主义研究述评》一文，系统介绍了生态马克思主义，标志着我国学术界正式开始了对生态马克思主义的系统研究。目前关于生态马克思主义和生态社会主义的研究取得了一定的成果，出版了一批学术著作，如郇庆治的《重建现代文明的根基——生态社会主义研究》、刘颖翻译的美国戴维·佩珀的《生态社会主义：从深生态学到社会主义》、王雨辰的《生态批判与绿色乌托邦——生态学与马克思主义理论研究》、郭剑仁的《生态地批判——福斯特的生态学马克思主义思想研究》、徐艳梅的《生态学马克思主义研究》，以及李惠斌、薛晓源主编的《西方马克思主义研究》等。此外，学术研究论文的数量很多，研究内容也很丰富。总之，这些研究以生态学和马克思主义、生态和社会主义为研究对象，以西方的环境保护运动和绿色政治为背景，虽然没有直接提出生态文明的思想与路径，但其中深深包含了生态文明的精神与寓意。

2. 概念解读、学术指向及二者的关系

（1）概念解读与学术指向。生态社会主义是生态危机和绿色运动背景下，以生态学和生态危机为中心议题、以解决生态危机为目标的一种社会运动，是一套关于未来社会的理想方案和政治诉求，是西方生态运动和社会主义思潮相结合的产物。20世纪80年代，人们对环境问题的思考超越了生态学范围，生态运动成为集环保、和平、女权于一体的全球性政治运动。它提出基层性民主、生产资料的共同所有、生产是为社会需要而不是市场利润、社会与环境公平、人与自然和谐等主张。与此同时，德国绿党提出了生态社会主义的行动目标：一是用生态经济模式取代现行的资本主义市场经济模式，实现生态平衡；二是改变人际不平等关系，主张在人与人、人与自然之间实行自主的、创造性的交往，反对利己主义，强调集体利益，要求实现社会正义；三是实现基层民主；四是行动方式非暴力。20 世纪 90 年代，苏东剧变后，生态社会主义成为西方马克思主义的主流，代表了马克思主义发展的最新趋势。生态社会主义不仅是将生态理论与马克思主义相结合的一种思考，更是把生态运动与社会主义运动结合起来、直接面对最大现实问题挑战的。“生态社会主义不失时机地在派别林立的绿色运动中竖起了马克思主义的红旗。”[①] 生态社会主义把生态危机的根源归结到资本主义制度本身，试图用马克思主义来引导生态运动，为社会主义寻找新的出路。生态社会主义是生态运动与社会主义相结合的最新发展形态，从实践的层面推动马克思主义生态学理论的发展，实践着生态文明。

生态马克思主义是西方马克思主义的最新理论形态，其概念是加拿大学者本·阿格尔和威廉·莱斯在 20 世纪 70 年代末提出来的。20 世纪 90 年代以后，在美、英、法、德等国家涌现出了一批生态马克思主义学者。生态马克思主义的学术研究主要集中在两个方面：“一方面，它认为资本主义商品生产的扩张主义动力导致资源不断减少和大气受到污染的环境问题；另一方面它力图评价现代的统治形式——人类在这种统治形式中从感情上依附于商品的异化消费，力图摆脱独裁主义的协调和异化劳动的负担。”[②] 不仅如此，生态马克思主义还具有双重目的：不但要设计出一种打破过度生产的社会形态，还要设计出能够控制过度消费的社会主义形态。其实现的途径是通过分散和降低工业生产的规模来克服过度生产，通过提供有意义的、非异化的生活方式来克服过度消费。生态马克思主义提出生态文明的一些理念，并试图以此来批判当代的资本主义社会、建构新的社会文明形态。

（2）二者关系的认识。中国的学术界关于生态马克思主义与生态社会主义概念有四种基本观点。

第一种观点认为，二者相同，可以等同使用。康瑞华、聂运麟在《生态社会主义在中国》一文中把生态社会主义和生态学马克思主义[③]当成相同的概念来使用。余维海在《生态危机的困境与消解——当代马克思主义生态学表

---

① 陈学明：《生态文明论》，重庆出版社，2008，第 136 页。

② 〔加〕本·阿格尔：《西方马克思主义概论》，慎之等译，中国人民大学出版社，1991，第 420 页。

③ 这里把其他学者提到的生态学马克思主义等同于本书的生态马克思主义，使用中尊重作者的原表述习惯。

达》一书中将生态马克思主义和生态社会主义统称为马克思主义生态学理论。胡建在《“支配自然”的价值观之再剖析》一文中将“生态社会主义”等同于“生态学马克思主义”。郇庆治在《国内生态社会主义研究论评》一文中认为，狭义的生态社会主义概念与生态学马克思主义通用。金纬亘在《当代西方生态社会主义探要》一文中明确指出，生态社会主义也称生态马克思主义。

第二种观点认为，二者使用语境完全不同。王谨在《“生态学马克思主义”和“生态社会主义”——评介绿色运动引发的两种思潮》一文中认为，生态社会主义与生态学马克思主义是绿色运动引发的两种思潮。两者是完全不同的两个理论派别：生态马克思主义是西方绿色运动所引发的第一次社会思潮，而生态社会主义是绿色运动引发的第二次思潮，生态社会主义是欧洲绿党的行动纲领。张薇在《论生态社会主义与社会主义生态文明》一文中认为，生态社会主义的思想基础是生态马克思主义。杨春玉、王军锋在《国际生态文明思想流派及对我国生态文明建设的启示》一文中认为，生态社会主义与生态学马克思主义的产生背景相同，是不同的概念，区别在于关注的问题和提出的解决途径不同。樊至光在《与生态保护相联系的社会主义理论与运动》一文中区分了“生态学马克思主义”和“生态社会主义”，认为前者主要是一种理论探索，它是北美（美国、加拿大）的一些学者把生态学和马克思主义加以糅合而提出“生态危机”理论，并以此去批判现实的资本主义，试图寻找一条既打破“生产过剩”，又避免“过度消费”的社会主义道路的一种尝试；后者则主要是西欧和日本等工业发达国家和地区内部产生的一股政治力量，一场声势浩大的社会运动，运动的口号是“生态高于一切”，要求用一种生态社会主义经济去取代现行的资本主义的市场经济。郭剑仁在《生态地批判——福斯特的生态学马克思主义思想研究》一书中认为，从理论和实践的侧重不同来区分“生态学马克思主义”和“生态社会主义”算是一种尝试。刘仁胜在《生态马克思主义、生态社会主义对中国生态文明建设的启示》一文中对两个概念的不同使用语境进行了详细的分析，指出，生态马克思主义与生态社会主义既有联系又有区别：生态马克思主义注重理论分析，而生态社会主义则注重社会运动；生态社会主义属于生态运动中的中左翼，而生态马克思主义则属于左翼中的左翼；生态马克思主义必然指向生态社会主义，而生态社会主义则不必然源于生态马克思主义；生态社会主义分为传统社会主义和民主社会主义两种类型，前者主要来源于生态马克思主义，后者则主要来源于各国绿党（特别是德国绿党）的政治纲领，基本属于民主社会主义范畴。

第三种观点认为，生态马克思主义是生态社会主义的一个发展阶段。周穗明在《生态社会主义述评》中指出，生态社会主义大致经历了三代历史发展，第一代是以20世纪70年代的鲁道夫·巴罗、亚当·沙夫为代表的生态马克思主义者，第二代是20世纪80年代以加拿大学者威廉·莱易斯和本·阿格尔为代表的“马克思主义和绿色结合”的红绿交融，第三代是20世纪80年代末以乔治·拉比卡、瑞尼尔·格伦德曼为代表的生态运动与社会主义的结合，具有“红色绿党”的特征。刘仁胜在《生态马克思主义概论》一书中认为生态马克思主义和生态社会主义是生态马克思主义发展的不同阶段。

第四种观点认为，二者内容上具有包含关系，广义的生态社会主义包含生态马克思主义，如陈学明在《生态文明论》中指出，生态社会主义包含生态马克思主义；狭义上，生态社会主义则是生态马克思主义的一部分，如刘仁胜在《生态政治与生态马克思主义》一文中认为，生态马克思主义属于生态运动左翼中的左翼，也就是生态社会主义的左翼。郇庆治在《国内生态社会主义研究论评》中指出，广义的生态社会主义研究可以划分为三个密切关联的组成部分：生态马克思主义理论、生态社会主义（狭义）理论和“红绿”政治运动理论。狭义的生态社会主义是指对现代生态环境难题的社会主义政治理论分析和一种未来绿色社会的制度设计及其实现。它的核心性问题是论证现代生态环境问题的资本主义制度根源和未来社会主义社会与生态可持续性原则的内在相融性。因而，它同时是环境政治学和社会主义理论传统的重要分支，是广义的生态社会主义研究的主体部分。这里，郇庆治从广义和狭义上对二者作了较详细的分析。二者的包含关系并不确定。

学者们在研究中的不同使用都有着一定的研究倾向和学术范畴，都是基于对研究的探究，只是领域的差异而已。本书认为，生态马克思主义和生态社会主义都处于发展时期，有很大的变动性，二者既有不同也有交叉。许多学者既是生态社会主义理论家又是生态马克思主义者，因此，不能简单地以贴标签的方式对他们进行分类。可以从生态文明的理论和实践层面对两者进行分析。目前二者的关系是多元而复杂的，不仅不能简单地相互替代，也不能笼统地使用。尽管二者在很多观点及使用中有很多交集和重合之处，但是二者还是表述了不同的含义。余维海博士指出：“就广义而言，生态马克思主义和生态社会主义是当代生态危机背景下西方左翼反思、探讨替代性方案，并吸收和运用经典马克思主义和社会主义的产物。就狭义而言，二者又具有不同的理论场域，各自的侧重点迥异。”[①] 如果说生态马克思主义是西方马克思主义的当代理论创新与发展，那么生态社会主义就是社会主义的生态化的新发展。一方面，生态马克思主义是理论形态的创新，生态社会主义是社会实践形态的发展。生态马克思主义是当代马克思主义和社会主义理论家对马克思、恩格斯等经典作家生态学观点的系统化解释，是一种理论的延伸；生态社会主义则是以生态学和生态危机为中心构建的一种未来的社会理想方案和政治诉求，是一种社会形态的继续。另一方面，二者关系或许可以认为就像马克思主义与社会主义的关系一样，既相联系又有不同，二者同向发展，相互依托。生态马克思主义是一种理论流派，生态社会主义是一条道路，两个术语的语境不同，但是实质是相同的。生态马克思主义是一种理论流派，一种学术思想，是马克思主义的生态文明思想在西方的最新理论成果。生态社会主义的思想基础是生态马克思主义，它与资本主义、社会主义有历史逻辑关系，是实践生态文明的新社会形态。

（二）生态马克思主义关于生态文明的观念与主张

生态马克思主义作为“红绿”理论中最重要的核心力量，运用马克思主义学说中一些观点和方法，使其理论显得科学而深刻，从而富有理论魅力。“一种创新理论的提出，必然有一个完善过程；而它对实践的依赖，又使这一过程从一开始就同社会热点及难点问题紧密联系在一起。应该看到，既为‘热点’就是社会矛盾积聚之所在；大的、长期的‘热点’问题同时构成了‘难点’问题，又进一步体现了社会发展所面临的基本矛盾。人们为了解决这种矛盾，往往已经在理论上作了比较深入、比较系统的探讨，在实践上作了比较认真、比较全面的工作。”[②] 但是，一旦理论和实践没有从根本上走出困境，这就意味着，现有的理论思路和实践模式在总体上是不适应事物发展的客观需要的，因此，需要人们从更深层次上去寻找解决问题的途径和渠道。

① 余维海：《生态危机的困境与消解——当代马克思主义生态学表达》，中国社会科学出版社，2012，第35页。

② 余金成：《从马克思主义的发展认识邓小平理论的历史地位》，《天津师范大学学报》2000年第4期，第2页。

生态马克思主义的价值取向和对科学技术的理性认识，对资本主义制度及其生产方式的分析，对生态危机真正根源的剖析，都是一种超越传统社会主义理论的创新。

1. 确立生态文明的价值观：人与自然的有机统一

在人与自然的关系上，生态马克思主义的主张既不同于西方传统的“人类中心主义”，也不同于一般的西方“深生态”的“生态中心主义”，而是形成了人与自然的有机统一观，形成了关于生态文明价值观的独特见解。生态马克思主义者指出，应当从类主体的角度来理解人类，人类中心主义应当是兼顾当代和后代利益的理念。人类应该立足于“人的尺度”，以全人类的利益作为价值尺度，检讨自身对待自然的态度。戴维·佩珀指出：“生态社会主义的人类中心主义是一种长期的集体的人类中心主义，而不是新古典经济学的短期的个人主义的人类中心主义。”① 生态社会主义的主要特征是实施人类中心主义。“生态社会主义是人类中心论的（尽管不是资本主义－技术中心论的意义上说）和人本主义的。”② 这里的人类中心主义等同于马克思的人本主义。戴维·佩珀认为，资本主义的人类中心主义是以个人感性意愿为价值导向的，通过利用科学技术最大限度地控制自然，最终是为了保证资本家的个人利益。而生态社会主义的人类中心主义是以人的理性意愿为价值导向的，主张在不超越自然限制的前提下，通过集体控制的方式来调整人与自然的关系，以全人类的利益作为价值尺度，目的是为了保护人类集体的利益。因此，生态马克思主义者既不赞同现代理性主义的人类中心主义价值观，也不赞同生态中心主义的价值观，而是坚持人与自然相统一的前提下发挥人类的重要作用。在这种人与自然关系的新模式中，人居于中心地位，自然是人类的生存家园，人与自然形成的是一种和谐共荣的关系，真正实现了自然主义与人道主义的高度统一。生态马克思主义还认为人类应该把价值关系拓展到自然领域，通过建立生态伦理价值观，明确自然的自在性和人的活动限度。生态马克思主义的人类中心主义价值观既体现了人类利益的整体性和长期性，又注重人与自然的密切相关性，为生态环境保护运动指明了方向，对实现生态

---

① 〔美〕戴维·佩珀：《生态社会主义：从深生态学到社会正义》，刘颖译，山东大学出版社，2012，第271页。

② 〔美〕戴维·佩珀：《生态社会主义：从深生态学到社会正义》，刘颖译，山东大学出版社，2012，第282页。

文明具有重要的启发意义。

2. 生态文明实现的基础是改变资本主义制度、生产方式与生活方式

西方生态马克思主义的核心思想是把资本主义制度看作生态危机的根源，认为生态文明实现的基础在于变资本主义的社会制度、生产方式和生活方式为社会主义的社会制度、生产方式和生活方式。生态马克思主义在批判技术乐观主义和技术悲观主义的基础上分析了资本主义制度下技术的社会功能，揭露了科学技术的资本主义使用与生态危机之间的必然联系，并指出，要解决技术的非理性运用实现生态文明，首先就要实现资本主义制度和生产方式的变革。“在这种体制下，将可持续发展仅局限于我们是否能在现有生产框架内开发出更高的技术是毫无意义的，这就好像把我们整个生产体制连同其非理性、浪费和剥削进行了‘升级’而已。我们只能寄希望于改造制度本身，这意味着并不是简单地改变该制度制定的‘调节方式’，而是从本质上超越现存积累体制。能解决问题的不是技术，而是社会经济制度本身。”[①] 詹姆斯·奥康纳指出，“与资本在工厂中对技术的那种配置和运用方式——目的是为了控制劳动和生产剩余价值及利润——相比，也许技术本身不应受到更多的指责。……对工人的那种身心盘剥，其根源在于劳动关系的资本主义本性，而不在于技术”。[②] 因为，“在资本主义制度下，需要促进开发的是那些为资本带来巨大利润的能源，而不是那些对人类和地球最有益处的能源，太阳能当然不属于前一种”。[③]

生态马克思主义者认为，解决生态问题的关键既不在于技术的进步也不是限制经济的增长，而在于改变资本主义制度和生产关系，并在此基础上选择某一种技术。应该通过选择与生态相适应的“软技术”来代替当代资本主义国家广泛应用的对生态环境具有较大破坏性的“硬技术”，从而实现技术的人道化。安德烈·高兹进一步指出，社会主义应有与资本主义不同的技术选择，“倘若社会主义运用与资本主义一样的工具的话，那么它与资本主义就没

① 〔美〕约翰·贝拉米·福斯特：《生态危机与资本主义》，耿建新、宋兴无译，上海译文出版社，2006，第95页。

② 〔美〕詹姆斯·奥康纳：《自然的理由——生态学马克思主义研究》，唐正东、臧佩红译，南京大学出版社，2003，第327页。

③ 〔美〕约翰·贝拉米·福斯特：《生态危机与资本主义》，耿建新、宋兴无译，上海译文出版社，2006，第94页。

有什么区别了”。[①] 生态马克思主义者对资本主义的生态批判体现为一种制度批判，批判的矛头直指资本主义社会本身，他们指出，要解决生态危机，必须变革资本主义制度及其生产方式。他们共同的观点是资本主义制度是生态危机的根源。生态马克思主义透过人与自然之间的冲突看到了人与人之间的冲突，反对生态中心主义，批判资本主义制度，强调资本主义是生态危机的真正根源。

3. “生产性正义”的提出是对社会主义生产的公平正义的创新

“生产性正义”是詹姆斯·奥康纳提出来的，他首先否定了“分配性正义”，认为传统社会主义同资本主义一样都是“分配性正义”。这种“分配性正义”表现在生态或环境上，貌似公平与合理，但实际上是建立在资源成本外化的基础之上的，造成的结果对自然是不公平的，是对生态环境的破坏以及对自然资源的挥霍。因此，他提出的“生产性正义”把关注点转移到了生产领域，认为应该在生产阶段而不是消费阶段实现平等与正义。在詹姆斯·奥康纳看来，“分配性正义”存在着生态上的不彻底性和不合理性，因而社会主义要实行“生产性正义”，才能从根本上解决生态问题。关注社会主义的生产领域，才能使经济实践与生态原则有效结合。生态马克思主义反对生态中心主义“回到丛林中”去的浪漫主义，主张应以社会主义为基础，在生态理性、生态理念、生态价值的基础上建设新的社会，以生态理性取代经济理性、以集体主义取代个人主义、以利益共享取代自私自利，建立一个平等公正、富裕幸福的社会。

4. 挖掘和丰富了经典马克思主义的生态文明思想

在当代生态危机的背景下，生态马克思主义立足于马克思主义理论的经典历史唯物主义、社会主义的原则以及马克思的资本主义经济批判基础之上，对资本主义进行生态批判，重构了马克思主义的自然观、生态观、世界观以及历史唯物主义，挖掘、发展和丰富了经典马克思主义生态思想。基于时代特征，经典马克思主义偏重资本家对人的剥削关系，注重社会理论的两个基本范畴——生产力与生产关系，突出经济矛盾和社会危机，对资本主义对自然的掠夺、第三个范畴即生产条件、生态危机等自然生态的关注相对较少，这也是经典马克思主义理论的薄弱环节。生态马克思主义在生态危机的背景

① 陈学明：《谁是罪魁祸首——追寻生态危机的根源》，人民出版社，2012，第373页。

下，在生态环保运动、绿色思潮等的推动下，运用马克思主义的基本立场、观点与方法，提出了许多新的理论主张，如“资本主义的第二重矛盾”“生态理性”“基层民主”“生产性正义”“稳态经济”“物质变换裂缝”等，并对传统社会主义中的一些概念，如社会主义、社会运动、社会革命、新社会主体等进行了生态语境下的重新解读。这些概念、理论在生态话语的范畴下具有新的含义与指向。

5. 揭示了生态危机的性质、根源，展示了生态文明的前景

生态马克思主义认为，人类所面临的生态问题不是普遍意义上的环境问题，而是全球层面上能够毁灭人类的巨大危险。生态马克思主义者将生态危机置于首要地位。瑞尼尔·格伦德曼认为生态危机不是生态主义者所认可的一般环境危机，而是全球性质的危机，生态危机就是全球性的人类生存危机。法国学者米歇尔·博德认为，资本主义的生产方式破坏了良好的生态系统，资本全球化令生态危机演化成全球性的危机，因此，需要创造出一种新的社会发展模式以防止生态危机的恶化以及解决生态危机在全球蔓延的问题。

资本主义制度是造成全球生态危机的根本原因，这是生态马克思主义者的基本共识。资本主义制度无限追求利润最大化的生产方式，内在地包含着对自然环境的破坏，其各项环境政策也不可能真正得到贯彻执行，要实现可持续发展是难以想象的。威廉·莱斯认为，以私有制为基础的资本主义生产扩张的动力是追逐利润，资本家之间为争夺有利的产销条件而进行竞争必然造成生产的无政府状态，而这种生产的无政府状态又必然造成生态危机，它们之间是一个恶性循环。加拿大学者本·阿格尔指出，当代垄断资本主义已经导致“过度生产”与“过度消费”，虽然延缓了经济危机，但却造成了生态危机。

6. 指出解决生态危机的途径

从经济方面看，生态马克思主义者主张社会主义“稳态经济”模式和小规模技术，希望实现一种理想的“乌托邦”：维护生态平衡，维持人类的长期生存和经济的持续发展。它强调保护自然和理智地使用自然资源以为后代着想，不应把利润的大小作为衡量经济发展的主要杠杆，而应该看其是否符合生态原则。英国经济学家舒马赫提出了一种既能适应生态规律，又能尊重人性的“中间技术”“民主技术”（或“具有人性的技术”）的小规模技术模式，他认为家庭和街道开办的小型生产和服务性企业可以充分开发“软技术”，充

苏联模式社会主义的失败带给我们一些警惕。第一，单纯追求“经济增长”的道路是走不通的。苏联的生态资源在单纯追求“经济增长”的情况下被严重破坏，导致经济发展的不可持续。第二，社会发展应立足于生态的基础上，以牺牲生态换来的经济繁荣是短暂的，只能是昙花一现。第三，政府必须高度重视环境污染，加大对各类污染治理的投资，完善各种环保法规，而且要搞“持久战”，不能“三天打鱼两天晒网”。第四，落后国家建设社会主义受制于工业化水平较低和与资本主义的较量，导致主观上对生态环境问题认识不足。而且理论上对社会主义制度的确立会自动解决资本主义缺陷的认识，也影响了苏联对生态环境的破坏的意识。由此，落后国家在社会主义建设中必须提高生态环保意识，关爱自然就是关爱人类自己。第五，一个发人深省的结论：只有重视自然生态的和谐，国家才能繁荣，人民才能幸福，人类的生存与发展也才能得以继续。

生态环境问题形式上是人与自然的问题，但本质上是人与人的问题，是生产方式与生活方式的问题。人与自然的矛盾掩盖着人和人的矛盾。社会主义社会必须倡导高尚的道德情操，构建稳定有序的社会环境，这是维持人与人之间关系平等的社会基础。用恩格斯的话说，“平等应当不仅是表面的，不仅在国家的领域中实行，它还应当是实际的，还应当在社会的、经济的领域中实行”。[①] 社会主义社会应当为实现这种人人平等的社会创造条件。

（四）古巴社会主义生态文明建设的经验及启示

生态危机是全球性的、时代性的，当今世界任何一个国家都或多或少地受到影响。作为整个地球生态系统的一部分，社会主义古巴也是难逃违背自然规律就要遭到报复的命运的。

古巴的执政党为古巴共产党，实行社会主义制度和计划经济，是目前美洲唯一的社会主义国家，是当今世界为数不多的现实社会主义国家之一。古巴工业化的发展、农业技术的采用，以及不合自然规律的行为引发了一些生态问题和环境污染问题。古巴基于优越的社会主义制度、合乎生态性的政策、传统的自然意识等走上与西方发达国家不同的发展道路。古巴社会主义在生态文明的建设中探索出一条符合本国国情的特殊发展道路。只有遵循自然规

① 《马克思恩格斯选集》第3卷，人民出版社，1995，第448页。

分利用自然资源，如风能、太阳能和生物能源等。这些“软技术”是“绿色技术”，既不会污染自然环境，也不会导致技术异化现象，而且有利于调动和展示每个人的聪明才智和创造精神。

从政治方面看，他们提倡非暴力原则和基层直接民主，视新中产阶级为社会主义运动的主要力量。生态马克思主义者试图以生态的、社会公正的基层民主和非暴力原则，通过进入议会谋求执政。生态马克思主义属于政治生态学，认为生态问题实际上是社会问题和政治问题，只有废除资本主义制度，才能从根本上解决生态危机。法国左翼理论家安德烈·高兹建设性地提出了生态社会主义的现代化道路。他认为，在资本主义条件下，经济合理性与生态合理性互相矛盾，必须对二者进行重建才能解决冲突。资本主义导向的生态重建只能导致“绿色资本主义”“绿色消费主义”。乔治·拉卡比指出，生态运动使更多的人客观上集结在社会主义的旗帜下，其发展结果必然导致社会主义。生态马克思主义者反对在资本主义制度内通过改进技术、分散经济等措施来消除生态危机，认为只有废除资本主义制度、废除由这一制度带来的贫困和不公正，才能最终解决环境与生态问题。

（三）生态文明语境下生态马克思主义的社会制度路径构想

生态马克思主义者认为，资本主义是生态危机的根源，生态社会主义是解决生态危机的一种重要选择。生态马克思主义倡导生态政治、生态民主，实行生态经济、生态技术，实现社会公正、消除异化消费，并构想出了一个全新的理想社会路径——生态社会主义。只有这样才能消除工业文明带来的一切危机，改变不可持续的发展模式，走上一条崭新的发展道路。

1. 生态民主政治体制

生态马克思主义者认为，要把生态主义和社会主义有机结合在一起，西方的绿色运动很难取得积极的效果，一个重要原因就在于这些绿色思潮同社会主义运动之间没有结成同盟。詹姆斯·奥康纳在《自然的理由——生态学马克思主义研究》一书中指出，社会主义需要生态学。因为后者强调地方特色和交互性，并且它还赋予了自然内部以及社会与自然之间的物质交换以特别重要的地位。生态学需要社会主义，因为后者强调民主、计划，以及人类相互间的社会交换的关键作用。生态马克思主义者强调，要彻底解决生态危机，就必须把当代的生态运动同政治斗争相结合，只有这样才能使资本主义高度集中的权力体系瓦解，并在此基础上建立新的政治体制，即生态民主政治体制。生态马克思主义者大都认同“基层民主”的原则，即强调政治过程的分散化和非官僚化，主张实行以工人自治为基础的基层民主。安德烈·高兹指出：“政府的使命就是放弃权力，把它交到人民的手中。”[①] 同时，他们也意识到，“基层民主”是不现实的。詹姆斯·奥康纳指出，大多数生态问题仅在地方性层面上是得不到解决的，必须要借助区域性、国家性和国际性的计划才能实现。因此，按照生态学的原则，要把地方性的对策定位在区域性的、国家性的及国际性的前提之下，即要把地方性和中心论扬弃为民主的社会经济和政治的新形式。在生态马克思主义者看来，资本主义的民主是官僚主义的民主，是程序性或形式上的民主，单靠这种民主解决经济危机和生态危机是行不通的。詹姆斯·奥康纳认为，在新型的生态民主政治体制中，社会劳动是被民主化地组织起来的，只有这种政治形式才能较好地协调生态问题的地方特色与全球性之间的关系。

2. 实行“混合型”的社会主义经济

在生态社会主义的所有制问题上，除少数生态马克思主义者主张实行某种形式的生产资料公有制外，大多数人都不太重视生产资料的所有制形式问题，而是比较重视对生产资料的管理问题。他们试图通过对自然资源、产品及社会财富的公平分配建立一种“共同体财产所有制”。

在经济体制方面，生态马克思主义者既反对现行的资本主义市场经济，也反对苏联模式的社会主义计划经济，主张建立一种市场与计划相结合的“混合型”社会主义经济。他们希望各个地方性组织能建立自己的工作室和工厂，从而进行自由的创造性生产和劳动，并能在任何时间使用这些设备生产他们想要生产的任何东西。安德烈·高兹提出要建立一种“不自主领域和自主领域相结合”的社会主义经济模式，在这种模式下，既强调政府对经济的计划和管理，又强调家庭及个体生产者所享有的自主权。政府主要是在分散的层面上起作用，家庭及个体生产者主要是受市场调节的影响而不是计划的影响。他强调，这不是提倡回到地方性的自给自足，而是重建公共机构的生产及主要共同体的自主性之间的平衡。

瑞尼尔·格伦德曼非常赞同安德烈·高兹的观点，他认为，在生态社会

① Andre Gorz, *Ecology as Politics*, South End Press, 1980, p. 48.

主义社会，应当保留市场的调节作用和国家的社会管理职能。政府的经济职能是指政府通过计划与管理等方式，在遵循生态理性的基础上合理地、有计划地利用自然资源发展生产，真正满足人类合理的物质需要。他大力提倡实行计划与市场相结合、中央政府与地方政府相互作用、集中与分散相折中的生态计划经济。他认为，这种经济模式，既能发挥国家计划的积极性，又不排斥个人在生产领域的自主性及市场在经济运行中的积极作用。

3. 生态理性取代经济理性，实现经济的适度增长与可持续发展

资本主义体制下的经济理性只会使劳动者失去人性变成机器；只会使人与人的关系变成金钱关系；只会使人与自然的关系变成工具关系。生态马克思主义提出批判经济理性的生态理性。安德烈·高兹主张经济合理性服从于生态合理性，经济发展不受利润最大化和追求效率的支配。他指出："生态理性旨在用这样一种最好的方式来满足（人们的）物质需求：尽可能提供最低限度的、具有最大使用价值和最耐用的东西，而花费少量的劳动、资本和资源就能生产出这些东西。与此相反，对最大量经济生产力的追求，则旨在能卖出用最好的效率生产出来的最大量的东西，获取最丰厚的利润，而所有这些建立在最大量的消费和需求的基础上。"① 生态理性主张适度动用劳动、资本、资源，多生产耐用、高质量的产品，满足人们适可而止的需求。生态马克思主义者认为，经济发展要同实现生态的合理目标结合起来，强调人与自然的和谐发展是社会主义的本质要求。采取生态理性的生产，就是实行生态化生产。这种生态化生产进一步深化了科学发展观、可持续发展观，对社会主义的经济社会发展提供了一个生态化发展引导，进一步修正了传统社会主义单纯经济增长的理念，有助于人类发展的永续与和谐。

20 世纪 90 年代以后，绝大多数生态马克思主义者反对"稳态经济"，主张经济的适度增长。安德烈·高兹指出："零增长或负增长只能意味着停滞、失业和贫富之间的差距的扩大。"② 经济的适度增长是指经济应随着人们需求的增长而增长，这种增长是理性的、适度的。这种经济增长不以追求利润为目的而是为了满足人的需要，经济的增长对自然资源的消耗必须限制在生态系统的承受范围之内，必须符合生态原则的要求。因为经济不切实际的过度

---

① Andre Gorz, *Socialism*、*Capitalism and Ecology*, Verso, 1994, pp. 32 - 33.

② Andre Gorz, *Ecology As Politics*, South End Press, 1980, p. 7.

增长必然是建立在过度消耗自然资源和破坏自然环境的基础上的，必然会破坏经济可持续发展的生态基础。“生态社会主义的增长必须是一个理性的、为了每个人的平等利益的有计划的发展。……一个建立在共同所有制和民主控制基础上的社会，生产完全是为了使用而不是为了销售和获利，旨在提供一个人类在其中能以生态可接受的方式满足他们需要的框架。这种社会主义的发展可以是绿色的，它建立在对每个人的物质需要的自然限制这一准则基础上。”① 因此，人类社会要想实现可持续发展，只能采用经济适度增长的策略。

4. *两种不同的社会主义理想路径模式*

生态马克思主义致力于生态原则和社会主义的结合，力图超越资本主义与传统社会主义模式，构建一种新型的人与自然之间和谐共荣的社会主义模式。由于学者们的理论侧重点不同，他们对于未来生态社会主义理想的设计及其实现路径的主张也存在较大的区别，呈现了不同的理论结局。具体说来，主要有以稳态经济为基本特征的生态社会主义和生态运动主导的社会主义两种。

以稳态经济为基本特征的生态社会主义。以威廉·莱斯和本·阿格尔为代表，主张通过把“分散化”和“非官僚化”两者结合起来，② 真正使工人阶级既从资本主义生产过程又从资本主义制度下的权力关系中解放出来，采取“稳态”经济模式。这里所讲的“稳态”经济模式是指既要满足个人的需要，同时又不能损害生态系统，从而使人和自然得到和谐发展的经济发展模式。它具体包括四个方面：第一，国家应当控制对稀有资源的消耗和缩减个人消费，并通过改进税收制度重新分配财富，以保证社会发展的稳定；第二，在不损害生态系统的前提下使人们的基本需求得到满足；第三，倡导新的环境道德，反对那些旨在使资本家牟利而损害人类利益的科学技术的运用，生产的产品应当具有耐用、简便、易修和易于回收的特点，尽可能减少丢弃到环境中的废物；第四，实现人们价值观的转变，使人们把自由和幸福的体验置于劳动过程中，使劳动成为自由和幸福的源泉。

---

① 〔美〕戴维·佩珀：《生态社会主义：从深生态学到社会正义》，刘颖译，山东大学出版社，2012，第268页。

② 所谓“分散化”，就是强调应当在工业生产中运用小规模技术，通过使工业生产“分散化”来缓解人和自然关系的紧张；所谓“非官僚化”，就是要反对资本主义生产过程中集权的官僚管理体制，而代之以工人民主的管理方式，让工人参与生产过程中的决策与管理，成为劳动过程中的主人，从而体会到劳动创造的欢欣，彻底摆脱异化劳动和“劳动—闲暇”二元论思想，进而摆脱异化消费。

生态运动与社会主义相结合的新模式。詹姆斯·奥康纳注重如何将西方绿色生态运动引向激进的政治运动，强调问题的关键在于西方绿色生态运动和社会主义既应该实现某种理论上的转型，又应该相互理解。西方绿色生态运动反对社会主义，认为现实社会主义放弃了对正义性生产的追求而迷恋分配性正义，违背了马克思所论述的社会主义理念，导致社会主义变成了一种盲目追求经济增长的生产主义意识形态，这就意味着生态运动应该重新回到社会主义的传统理念。生态运动在社会主义眼里，被看作一种反生产主义的意识形态。西方生态运动只看到社会和自然的关系，忽视了社会生产关系和社会权力关系。这意味着西方生态运动不能仅仅停留于反对某一特定企业或工业部门对生态环境和社会的危害，还要反对那些导致生态问题的全球性机构，从而触及全球资本的权力核心。因此，社会主义和生态运动不仅不相互冲突，而且还是互补的。同时它阐述了生态社会主义的一般原则。所谓生态社会主义，就是要反对资本对利润的追求和生产目的的不正义，使“交换价值从属于使用价值，使抽象劳动从属于具体劳动，也就是说，按照需要而不是利润来组织生产”。[①] 这样的生态社会主义，抛弃了资本主义和传统社会主义对定量性改革实践的追求和共同坚持的分配性正义，取而代之的是追求定质性的改革实践和坚持生产性正义，因此必然关注生产条件、关注人和自然。

生态社会主义没有固定的模式，它构建的是一种以维护生态平衡为基础的人与自然和谐发展的社会发展模式。生态社会主义描述的未来新型的社会主义社会将是公平正义的，人与自然、人与社会、人与自我都全面和谐发展的绿色社会。这个社会必将是个可持续发展的社会，必将采用生态经济的模式；生态经济是对所有人都有制约的经济活动，而社会主义制度正是实现生态经济的根本保证。生态社会主义构想的未来社会图景：经济上是一种稳态经济，即维护生态平衡，维持人类生存和经济的持续稳定发展状态；政治上追求社会正义和实行基层民主；文化上注重社会文化建设，克服资本主义工业化所导致的精神衰退和精神贫困；实现途径是实行非暴力的社会变革；主体力量是知识分子和青年。在这种“人—自然—社会”和谐发展的绿色社会发展模式下，人们的环保意识很强，能够自主地控制自己的行为来减少对环

---

① 〔美〕詹姆斯·奥康纳：《自然的理由——生态学马克思主义研究》，唐正东、臧佩洪译，南京大学出版社，2003，第514页。

境的破坏，人类物质与社会自由得到充分实现的同时，生态环境也能得到保护，而产生于资本主义时代的生态危机也能随着社会生产关系的改革和科学技术的发展得到解决。

（四）生态社会主义路径的实现及前景

1. 生态社会主义路径的实现

生态社会主义作为一种新的发展路径探索，在世界上有一定的发展空间，不论是学者们在理论上的构建，还是一些国家对生态社会主义实践的探索都是值得关注的。在发达资本主义国家中，德国的绿党、社会民主党，美国的绿党、共产党，瑞典的社会民主党、绿色环境党，奥地利绿党，比利时生态党、改变生存环境党，法国生态联盟—生态党，爱尔兰绿色同盟，西班牙绿党，卢森堡绿党，英国绿党，瑞士绿党，荷兰绿党，意大利绿党，丹麦绿党，芬兰绿色联盟以及葡萄牙绿党等都对生态社会主义展现了极大的热情，尤其是一些欧洲国家政治权力的绿化大大推进了生态社会主义的实践。欧洲绿党是目前在政治舞台上影响比较大的政党，它在欧洲几乎所有的国家建立了绿党组织，从事生态保护活动或开展绿色运动，甚至进入本国议会、政府或欧盟议会中。法国绿党在 1997 年议会选举中顺利进入议会，绿党党首多米尼克·瓦纳进入内阁，担任环境与区域计划部部长，2001 年由伊夫·高歇（Yves Cochet）接任。2004 年欧洲议会选举，绿党以 8.43% 的支持率拿下 6 席；2009 年绿党成为欧洲生态联盟成员之一。2010 年 11 月，绿党与欧洲生态联盟合并为欧洲生态—绿党。德国绿党依靠其专业性和绿色精神吸引了德国选民，在德国 16 个州中进入了 11 个州议会，并在联邦大选中获得 49 个议席，1998 年绿党同社民党一起获得了大选的胜利，2013 年德国大选后拒绝与默克尔组建联盟内阁。加拿大绿党党员超过 1 万，是国内最大的在野党，在 2011 年第 41 届联邦大选中，其党魁进入了国会。美国绿党的党员人数超过 24 万，2004 年大选中，绿党党员戴维·科布成为总统选举候选人，使得绿党的影响进一步扩大。但到目前为止，它还没有获得众议院或参议院的席位，也没有州长级别的职务，只在阿肯色州众议院有一个席位。澳大利亚绿党 1996 年首次获得参议院席位，2007 年联邦大选后绿党在参议院 76 个席位中占有 5 个，是目前澳大利亚的第三大党。2011 年爱尔兰绿党退出执政联盟。全球绿党是一个由 90 个国家的绿党组成的全球性组织，在推动世界的生态环保运动和生态政治的发展中发挥着一定作用。绿党在实践生态社会主义的政治活动中充满不确定因素。虽然短期内，生态社会主义的发展并不顺利，但是作为一种发展趋势，是值得关注的。再有，世界上一些发展中国家，如委内瑞拉、阿根廷、巴西、秘鲁等不断把生态保护纳入国家发展战略与政策，生态政治意识、观念、主张甚至政策等不断进入国家的政治权力层面，这些对生态社会主义的发展起到了重要的推动作用。实际上，一种社会发展路径是否科学合理，只有经过实践的检验才能得到证实。

目前来看，生态社会主义在国家的政治实践中，还没有形成一支强有力的政治势力，还没有占据国内政治舞台的中心地位，仍处于和资本主义的权力博弈过程之中。基于各个国家具体的政治结构不同，绿党、社会民主党或共产党在各国国内的政治影响力差异很大，它们在反对或改进资本主义制度中的力度和效果也是千差万别的。在生态危机的机遇面前，生态马克思主义者的政治主张在各国的政治权力机构中到底能够实现多少并不能够确定。事实上，尽管各国的绿党、社会民主党或共产党的主张具有生态化或绿色化的倾向，对资本主义制度带来的生态危机给予了强烈的批判和指责，但是，它们的政治空间在国内还是比较狭小的，大多数依然处于一个依附或次要的政治地位，其实现生态社会主义的力量还是有限的。

2. 生态社会主义路径的前景

从本质上看，生态社会主义并不是一种新理论、新思想，而是源于马克思主义经典理论中人与自然的关系论述和 20 世纪 60 年代兴起的生态主义理论和马克思主义思想的综合抽象的产物，经过红色绿党①、绿色绿党②、生态运动、环保运动等的论争、交锋、实践而逐渐形成的一套完整而独立的理论体系。生态社会主义所坚持的是经过无政府主义思想改造的社会主义，希望找到一条既能消除生态危机，又能实现社会主义的新道路，但在实践中缺少科学社会主义那样的具体策略、政策、社会理想以及解决问题的方法，因此，生态社会主义作为一种制度路径的前景是不明朗的。

（1）生态社会主义的理论在应对实践问题上显得无力。生态马克思主义

① 所谓红色绿党，是指生态运动中以社会主义为理论基础、主张生态社会主义的派别，包括马克思主义者和社会主义者。

② 所谓绿色绿党，是指生态运动中以无政府主义为理论基础、主张生态（中心）主义的派别，包括生态宗教主义者（生态原教旨主义者、深绿派）、生态无政府主义者、主流绿党等。

者从早期反对权力过分集中，提出“基层民主”和自治，到后来反对基层民主，强调区域性的、国家的、国际性的计划是必要的。他们提出的民主是超阶级的，人性论是抽象的。按照马克思主义的观点，民主是一种国家制度，具有鲜明的阶级性。对人民来说，它是一种管理国家和社会经济的权利，对统治者来说是系统实施的统治。生态马克思主义片面强调民主，反对无产阶级专政，主张用“生物区”代替民主国家，企图建立一个没有暴力、没有剥削的社会，这在目前的国际社会中是不可能实现的。国家权力如何分配？民主如何实现？生态马克思主义最终也没有找到一个有效的解决方法。西方生态马克思主义者受制于本国资本主义经济政治条件、思想文化状况及社会主义实践经历的欠缺，其生态社会主义的设想实施起来具有一定的理想色彩，在现实社会主义的实践中未必经得起检验。现实社会主义总体上比发达国家的资本主义落后，面对经济如何增长、政治制度如何构建、人民生活水平如何提高、民族国家利益如何保证等问题，生态社会主义没有提出具体而有效的解决方法。

（2）目标实现的时机成熟难度推迟了社会主义实现的时间表。生态社会主义目标的实现本身就具有理想色彩，“从历史上看，生态社会主义对历史、社会变化和经济的批判分析主要来自马克思的著作，并部分被威廉·莫里斯在19世纪加以阐释，生态社会主义的未来方案通常再现了莫里斯关于分散化、直接经济民主、生产方式的公共所有制等乌托邦社会主义传统”。[①] 理想型的目标本身就很难实现。

科学社会主义更多地解释经济发展水平较低的国家如何进行现代化的问题，可以在国家层面上一定程度地实现自己的目标。而生态社会主义要解释的是所有发达与发展中国家所共同面对的人与自然的矛盾问题，这一目标只有也必须在全球层面上才能实现。也就是说，只有世界上绝大多数人都希望它被创造出来，并在世界各地都能实现的时候，生态的社会主义才能到来。而这种时机的成熟则需要长期的等待，因为按照社会发展规律，不可能全球在同一时空条件下实现这个目标。

（3）追求一种超越制度的社会形态是空洞的。科学社会主义的目标是追求一种更优越于资本主义的政治经济制度，而生态社会主义则是要构建一种

① 郇庆治主编《环境政治学：理论与实践》，山东大学出版社，2007，第102页。

超越各种主义的、以可持续发展为原则的政治经济制度。现实的生态社会主义者在有意识地弱化阶级，“当今的许多著名环保主义者都自称对所开展的运动采取了超阶级斗争的政治立场”。[①] 对于未来的社会制度，按照罗伊·埃克斯利的说法，“生态社会主义的目标至少存在两大困境：一是作为集中型的生态计划经济如何保证获得充分的信息和得到基层组织的完全信任，因为正是这方面的缺陷导致了传统中央计划体制的种种问题；二是一致有效的经济计划要求和参与民主之间的矛盾如何解决，所谓和谐社会机制形成过程的缓慢性和目前紧迫的生态环境状况有着难以协调的一面”。[②] 这种矛盾导致生态原则与社会原则很难协调起来，也就是人类的发展与自然的限制，即人与自然之间的矛盾是一个根本性命题。这个命题是在发达资本主义国家立论的，必然要与资本主义相联系，脱离资本主义、脱离对资本主义的替代社会形态的追求，它将是一个空中楼阁。

（4）新力量主体间的协调左右着生态社会主义的实现。科学社会主义的政治变革必须依靠一个始终保持先进性与战斗力的政党。传统社会主义一直强调变革的力量主体是工人阶级，但如今西方工人阶级不仅在规模上比其他阶级缩小得快，而且因其依赖于资本主义经济而变得十分保守。生态马克思主义者提出社会变革的主体力量，首先是知识分子和青年学生为主体的“中间阶层”，然后才是工会。工人阶级在生态社会主义者看来已经不再是主体力量，知识分子和青年学生是社会变革的主体力量，但是他们却反对暴力革命，主张资本主义向社会主义的和平过渡，这和马克思主义理论相左。生态马克思主义把绿色组织、新政治运动、传统工人运动、各政党合作等统统作为社会变革动力，并通过依赖一种不同群体、不同党派、不同国家之间的民主协商精神和多元文化价值原则下的对话实现群体间的合作。显然，生态马克思主义的这种观念是有失偏颇的，尽管目前的工人阶级缺乏足够的“生态意识”，但它毕竟是遭受环境污染损害最直接的阶级，仍蕴藏着最终的革命性，依然是未来社会变革的主体力量。

（5）生态社会主义的土壤不利于科学社会主义的实现。生态社会主义是

---

① 〔美〕约翰·贝拉米·福斯特：《生态危机与资本主义》，耿建新、宋兴无译，上海译文出版社，2006，第97页。

② 余维海：《生态危机的困境与消解——当代马克思主义生态学表达》，中国社会科学出版社，2012，第143页。

在西方发达国家出现生态危机、环境保护和生态运动以及绿党政治的背景下产生的，是以发达的经济为基础、以维护富裕的生活水平和改善民众的福利为基准的，是在不打破现有的资本主义制度框架下的一种社会经济可持续的社会形态。生态社会主义的存在土壤是大机器生产的发达资本主义国家，它对资本主义的批判，其道德意义远大于现实意义，是一种“富人哲学”。因此，让这些发达资本主义国家自己动手砸碎自己建立的工业化体系，重走历史上现实社会主义的革命道路，将是痴人说梦。生态马克思主义者给人们描绘了美好的未来，这个未来世界不需消灭资本主义，资本主义会自行灭亡。

当今世界，无论是发达国家还是发展中国家，发展经济依然是硬道理。生态马克思主义设想的稳态经济、零增长经济发展模式，显然，现实中的国家是不愿意尝试的。理论上，若实行“零增长”的经济发展模式，那就要以牺牲经济发展为代价来换取人与自然的和谐。这从理论和实践上都是行不通的。生态社会主义路径设想的众多理论偏离经典马克思主义，实践的推行也缺乏国家的支持。

（五）生态社会主义路径对社会主义生态文明建设的借鉴

1. 生态消费观有助于转变经济发展中的物质享乐观念

生态马克思主义者认为资本主义无节制地纵容人们的“异化”消费造成了资源浪费和环境破坏，他们倡导生态化的消费观念，主张通过合理的生态消费来达成人与自然之间的和谐关系。生态马克思主义所说的生态消费是一种绿化的、生态化的消费模式，具有符合物质生产的发展水平，符合生态生产的发展水平，可以满足人的消费需求，不会对生态环境造成危害等特点。这是一种理想的消费模式，符合生态可持续发展的要求。坚持适度消费原则的观念使人们放弃物质占有而向精神追求过渡。通过学习、娱乐、文化交往的形式来充实自己的生活，将是新世纪人们的生活新风尚。

2. 为社会主义生态文明建设提供一种理论预设指导

生态马克思主义明确了社会主义的生态化方向，为社会主义的生态文明建设提供了理论引导。生态社会主义路径致力于社会主义的生态现代化，理论上展现了社会主义与生态问题的内在联系，把生态问题纳入社会主义问题的核心，并将其与社会主义的前途与命运相结合。生态马克思主义认为绿色社会是社会主义的本质特征，它创造的是一种人与自然、人与社会的整体和谐与全面发展的新社会模式。生态马克思主义的这种生态与社会主义相结合的理念为人们坚定社会主义信念、理解科学社会主义的内涵提供了理论支撑。它基于生态危机的解决对资本主义的未来发展提出了前瞻性的预测判断：发展生态社会主义。生态社会主义超前的理论对现实的社会主义发展提供了有益的理论指导，对解决原创社会主义的理论困境提供了一个新的视角。资本主义自身无法克服的弊端是社会主义存在的根据，虽然发达资本主义国家的共产党只能因应形势作出政治策略选择，但其客观上与正在实践的社会主义是互补互动、相互支持的。

3. 生态社会主义的人与自然和谐理论，为世界各国的生态环境保护提供了理论指导

批判和厘清各种社会思潮，为各国解决生态环境问题提供了较为清晰且有深度的解决路径。生态危机爆发后，整个世界尤其是西方世界为解决生态危机提出了各种各样的解决版本和方案。纷繁复杂、多种形态的学说和理论造成人们的思想混乱，容易陷入歧途。生态马克思主义从批判各种思潮入手，对它们一一进行了批驳并在此基础上提出了生态社会主义的主张，并将理论系统化，为世界各国实际解决国内生态问题提供了强有力的理论根基。约翰·贝拉米·福斯特把有机自然界和人与自然的关系概括为和谐与斗争，“有机的自然（和人与自然的关系）是由和谐和斗争二者共同来标识的”，[1] 这些思想逐渐开始指导各国的生态环境保护与运动，实现了从理论向实践的转化。

4. 社会主义制度是环境保护的前提与保障，但环境保护不能自动实现

西方生态马克思主义者认为，“第一时代”社会主义国家[2]在其自身的发展进程中缺乏对生态问题的关注并造成了大量的环境问题，因此需要对“第一时代”社会主义进行反思，并用“生态社会主义”取代“第一时代”社会主义作为未来社会主义的称谓。生态社会主义的“这种社会主义（如果实现的话）与最初的社会主义学说所指的社会主义并不太一样”。[3] 它强调对生态环境问题的关注、对自然的关爱、对自然环境的保护，生态是社会主义的核心

① J. B. Foster, *Marx's Ecology*, Monthly Review Press, 2000, p. 205.

② 西方生态社会主义者通常将苏联时期的社会主义称为“第一时代”社会主义（“first epoch” Socialism），这是生态社会主义者的专用术语。

③ Joel Kovel, “Ecosocialism, Global Justice and Climate Change”, *Capitalism, Nature, Socialism*, 19, 2008, p. 4.

而并非是附加条款，社会主义制度为生态环境保护提供了保障，但需要主动去构建生态环境的和谐，而不应等待和谐的生态环境自动出现。社会主义制度的建立只是为环境保护提供了前提和保障，并不等于环境保护问题的解决。“在传统社会主义条件下，由于多种复杂因素的影响，自然资源的利用既没有像资本主义那样作为成本核算，也不可能像共产主义时代那样达到人与自然的和谐，而是作为推动社会经济发展的无偿因素遭到毁灭性的开采，粗放型的发展模式甚至比资本主义生产带来更为严重的环境破坏和资源浪费。”[①] 因此，社会主义国家应当把保护环境作为社会主义的核心议题来对待。

总体上看，对于生态问题的探究，生态马克思主义在吸收和坚持了马克思主义学说诸多科学元素的基础上，对马克思主义学说进行了补充、重建（如詹姆斯·奥康纳）；或是立足于马克思主义的理论本身，对马克思主义学说蕴含的生态意蕴进行挖掘和阐发（如约翰·贝拉米·福斯特），这些工作都使得生态马克思主义理论本身更加丰富和成熟、更加彻底和具有说服性。然而，基于当代西方社会发展的现实，生态学马克思主义所形成的关于生态问题的思考对当前的生态文明建设来说，提供的是一种借鉴，这种借鉴不仅局限在解决生态问题本身，还包括如何坚持和发展马克思主义。

二　市场社会主义路径下的生态文明：理论发展及实践局限

生态文明本质上是人、自然与社会的和谐共存，从生产力的角度看是实现为大多数人服务，从生产关系的角度看是建立新的社会制度以促进生产关系的发展。伴随解决生态危机而产生的生态文明，保护生产条件与生产环境是生产力发展、生产关系调整的基础与前提。市场社会主义在保护生产条件、推进生产力发展方面具有独特的作用。正如萨米尔·阿明认为的那样，“西方社会主义民主所建设的社会可不是我们所知道的社会中最可憎的一个。相反，它是其中最先进的，最给人好感的，最有人性的，尽管这只是从其内部看得出的判断，而忽视了在外部——外围国家看来，它经常与纯粹而简单的帝国主义行为联系在一起”。“这些事实表明无资本家的资本主义的设想——市场的社会主义的社会民主形式或国家干预形式——不是一个微不足道而荒唐的产物。实际上，它

① 陈学明、罗骞：《科学发展观与人类存在方式的改变》，《中国社会科学》2008 年第 5 期，第 27 页。

是资本主义意识形态的更进步产物的终结者。”[①] 市场社会主义反映了在当代资本主义条件下通过市场机制实现社会主义的构思和探索，其中也包含着某些生态文明的理念与思想。市场社会主义被视为从资本主义到社会主义的一种过渡方式。

（一）市场社会主义的研究范畴及发展

按照美国《新帕尔格雷夫经济学大辞典》（1987 年版）的定义，市场社会主义是指一种经济体制的理论概念或模式，在这种经济体制中，生产资料公有或集体所有，而资源配置则遵循了市场（包括产品市场、劳动市场和资本市场）规律。“市场社会主义”是世界社会主义运动中一股重要的思潮，是 20 世纪二三十年代以来西方学者探索社会主义公有制与市场机制相结合的理论或模式的统称。它既不同于美国代表的“市场资本主义”，也区别于苏联代表的“计划社会主义”。

从市场社会主义理论研究的阶段划分来看，主要有三种观点。

第一种观点是三段论，即市场社会主义思想的发展主要分为三个时期：20 世纪二三十年代的理论提出时期，20 世纪 40 年代末至 80 年代末的理论确立、实践时期，20 世纪 90 年代以来的深入反思及确立新形态的时期。这是多数学者的认识。

第二种观点是五段论。美国著名经济学家约翰·罗默把市场社会主义划分为五个发展阶段：第一阶段是认识到在社会主义制度下必须把价格运用于经济测算；第二阶段的特征是确定社会主义的一般均衡价格可以通过求解一系列复杂的联立方程式获得；第三阶段的辩论产生了兰格模式；第四阶段与 20 世纪 50 年代以后相继出现的苏东社会主义国家的经济改革相联系；第五阶段是 20 世纪 90 年代以来西方左翼理论家重新建构未来社会主义蓝图的种种市场社会主义模式。

第三种观点是“两个时期四个阶段”论。20 世纪 30 年代产生的计划模拟市场的“兰格模式”市场社会主义；20 世纪 60～80 年代随着原苏东社会主义国家经济体制改革的发展而产生的计划与市场并存、决策分散的“分权模式”的

---

① 〔埃及〕萨米尔·阿明：《世界一体化的挑战》，任友谅、金燕、王新霞、韩进草等译，社会科学文献出版社，2003，第 269～270 页。

市场社会主义；20 世纪 80 年代中后期以英国工党进行政策调整为政治背景，英国左翼理论家发展起来的“市场主导”的市场社会主义；苏东剧变以后，西方左翼理论家对市场社会主义模式的种种新建构。前两个阶段称为近期“传统市场社会主义”，后两个阶段称为新时代“当代市场社会主义”。[①]对此，美国学者约翰·罗默对二者进行了区分，认为，“‘传统市场社会主义’有社会主义的制度背景，但还不是完全以市场作为整个社会资源配置的基础；而‘当代市场社会主义’虽然把市场作为资源配置的基础，但只是一些理论模式，没有现实的社会主义制度基础”。[②]

市场社会主义理论研究的成果主要包括：奥斯卡·李沙德·兰格的“兰格模式”、约翰·罗默的“证券社会主义”模式、詹姆斯·扬克的“实用的市场社会主义”模式、戴维·米勒的“合作制市场社会主义”模式以及托马斯·韦斯科夫的“民主自治的市场社会主义”模式，等等。这些研究不仅在比较经济体制研究上具有重要的位置，而且在世界社会主义运动和思想史上占有一席之地。它表明社会主义可以与市场经济相结合，从而发展了科学社会主义原理；它的理论和“试验”表明，社会主义不是只有苏联高度集中的计划经济一种模式，而是可以根据各国不同的国情选择不同的模式。

20 世纪 90 年代，苏东剧变后，市场社会主义的思潮在资本主义的中心国家重新涌现，在欧美形成了一个新的研究热潮。市场社会主义模式在新的历史条件下重新建构，试图证明市场经济和公有制企业的有机结合在效率和平等上具有双重吸引力，从而为生产资料公有制辩护，对苏联“共产主义体系”崩溃、社会民主主义衰落、新自由资本主义危机进行反思。随着现代资本主义的危机打破了向民主社会主义过渡的幻想以及“现实社会主义”发生深刻危机之后，人们开始寻求替代资本主义的新道路。市场社会主义是在有效的经济体系内实现社会主义价值的一条可行的道路，是“复兴社会主义的机会”。

市场社会主义在 20 世纪 90 年代后进入新的发展时代，形成了不同的具体理论模式，其中包含着一些社会主义社会生态文明建设的思想。社会生态文明建设的重要性使得世界范围内两种社会制度的竞争也不再限于经济、政治、军事、文化等领域，社会生态文明领域成为争夺的重要制高点。因此，生态文明

---

① 余文烈、刘向阳：《当代市场社会主义六大特征》，《国外社会科学》2000 年第 5 期，第 2 页。

② 〔美〕约翰·罗默：《社会主义的未来》，余文烈等译，重庆出版集团，2010，第 151 页。

必然融入两制社会建设的争夺与较量中。当代西方市场社会主义者对哪种社会制度在实现社会文明方面更具优越性进行了积极的探索。

市场机制与社会主义相结合是马克思主义当代化要回答的基本问题之一。生态问题成为新时代对人类具有影响力的一个领域，社会主义要求追求本民族利益的同时兼顾人类利益，这是社会主义与资本主义的重要不同。生态问题客观上是这两种制度共同的问题领域，是双方可以直接较量的领域，双方可以运用和平方式展开较量。市场机制是人类历史上迄今为止在经济发展中最有效的一种方式。重新认识市场方式，在一定程度上修正了传统马克思主义关于资本主义的结论。市场机制不再是资本主义的同义语，它充分调动了人在生产过程中的积极性。表现在，“一是强化生存压力，使智力活动始终处在活跃状态。二是形成了法制管理，规范了智力活动空间。三是完善了市场规制，使劳动成果的衡量有了客观标准”。[①] 市场社会主义的理论成果为社会主义生态文明建设提供了一些积极思想和观点。

（二）当代市场社会主义理论关于生态文明的若干思想

当代市场社会主义主张市场与生产资料公有制的结合，更多体现的是人与人的新关系，具有社会主义的性质，对社会主义生态文明和和谐社会的构建具有一定的积极意义。

1. 社会的公平与效率

市场社会主义的核心观点是把市场与社会主义结合起来，既要发挥市场的效率，又要追求社会主义的基本价值。几乎所有的理论模式注重平等与效率的双重目标：坚持公有制作为争取平等的基础；保持追求利润最大化的企业制度，兼有种种保障措施机制——企业自治、企业竞争、企业破产、银行监督、类似的控股监督等，以保障不低于资本主义的经济效率。具体到当代市场社会主义与传统市场社会主义在平等与效率的取舍上却是不同的。传统市场社会主义是在传统社会主义基本经济制度的基础上探讨如何利用市场发展社会主义经济，其侧重点在于效率。而当代市场社会主义则是在发达资本主义国家市场经济的基础上追求社会主义价值目标，其侧重点在于平等。

---

① 余金成：《马克思“两大发现”与现实社会主义——中国社会主义基础理论研究》，天津社会科学出版社，2000，第212～213页。

市场社会主义强调的是社会公平。戴维·米勒给社会公正下了一个较为准确的定义："社会公正指严格意义上的经济上的平等，而且指每个人得到他应当得到的东西。一个公正的经济制度应基于以个人贡献的大小来付酬。在市场社会主义条件下，每个人的所得都是与他对社会的贡献成比例的，而且对个人贡献大小的计算是公开的、非任意的和易于操作的。如果出现少数人的经济报酬极度背离个人应得的情况，社会主义政府会进行干涉并加以纠正。"[①] 市场社会主义者认为，相比于"计划社会主义"，市场社会主义条件下的市场在实现社会公正方面发挥着不可或缺的作用，市场可以为人们提供更多更好的物质福利、更多的自由和更好的民主。

在收入分配问题上，市场社会主义者主张分配的公平但非绝对平等，正如克里斯托弗·皮尔森所指出的："大多数市场社会主义者都非常愿意接受那种源于市场上不断变化的劳动价值而不可避免地产生的收入差异。"[②] 市场社会主义者反对资本收入的非正义性，但认可劳动收入的差异。按照 A. 诺夫的说法，"要有一定的不平等程度，用以激励人们奋发努力"。[③] 但在市场社会主义条件下，现存的收入差异会被大大缩小。原因在于，一是资本私人所有制这一贫富悬殊的罪魁祸首已被废除；二是至少在工人合作社内部，工资收入的分配将由所有工人民主决定；三是由于废除了资本私人所有，这种工资差别反映的只是购买力的不同，而不是经济决策权力的大小；四是国家实行相应的工资政策，干预工资差异。[④]

市场社会主义将社会主义的价值观与市场经济的效率结合起来，用市场体制解决效率问题，用社会主义解决平等问题。这对改善社会中人与人之间的关系，缓和社会矛盾有着积极的意义。它对不合理、不平等的现行资本主义制度进行批判，也对原苏东国家的社会主义改革进行了总结。

2. 呼唤民主和充分实现民主

当代市场社会主义明确指出，民主就是市场社会主义的本质特色。当代资

---

① 段忠桥：《当代国外社会思潮》，中国人民大学出版社，2002，第 242 ~ 243 页。

② 〔英〕克里斯托弗·皮尔森：《新市场社会主义——对社会主义命运和前途的探索》，姜辉译，东方出版社，1999，第 127 页。

③ 〔英〕A. 诺夫：《可行的社会主义经济学》，徐钟师、王旭、周政懋译，华夏出版社，1991，第 306 页。

④ 〔英〕克里斯托弗·皮尔森：《新市场社会主义——对社会主义命运和前途的探索》，姜辉译，东方出版社，1999，第 127 ~ 128 页。

本主义社会不是市场不民主，而是资本主义不民主。在市场社会主义条件下，政治“将要比资本主义民主国家更为民主，因为资本主义社会里的那种资本家已经不存在了——正是这个阶级拥有经济权力，在很大程度上通过选举与其他途径影响和控制国家政策”。[①]

戴维·米勒提出，在企业组织形式中，工人合作社占主导地位，合作社实行工人民主管理。每个工人都有平等的投票权，所有的劳动者决定本企业的每一件事情，企业的重大决策必须取得全体工人的一致同意。工人们决定生产什么和如何生产，决定收入如何分配，以及其他一切事务，这样既保障了工人广泛的民主，又能将收入差距控制在工人可接受的合理范围之内。

托马斯·韦斯科夫主张企业必须实行民主自治的原则，把企业的控制权平等地授予企业管理直接影响的人们，把一些重大的经济决策事项纳入平等的社会决策范围。企业的所有成员按照“一人一票制”原则选举企业委员会，企业经理由委员会雇用并对其负责，工人可以根据一定的规则自由加入某一自治企业，且必须拥有企业的投票权。企业可以采取任何方式的收入分配政策，但这些政策一定要民主制定。

在当代市场社会主义的论著中，有许多是直截了当地冠以“民主”的标题，突出民主的地位的。如罗宾·阿切尔的《经济民主：可行的社会主义政治》、托马斯·韦斯科夫的《以企业为基础的民主的市场社会主义》、戴维·施韦卡特的《经济民主——真正的可以实现的社会主义》、J. 柯亨和 J. 罗杰斯的《联合的民主》等。甚至，在弗莱德·布洛克那里，“民主”已成为实施他的“没有阶级权力的资本主义”的基本前提。

当代市场社会主义建立在资本主义现有成果的基础上，它进一步的要求是充分的民主、一定程度上的分权和尊重个体自由活动的权利，这当然需要有一定的制度保障，尤其需要一个没有任何特权介入经济活动的民主政治制度的保障。从经济效率的角度考虑也有此种要求，用制度经济学的话讲，一个国家的基础制度安排、制度结构、制度框架、制度环境和制度走向决定了它的经济绩效。总之，种种市场社会主义的新模式都追求某种形式的民主，不仅是经济民主，还有政治民主，或是作为其模式的出发点，或是作为其方案的目标。

---

① 张志忠：《当代西方市场社会主义的民主观及其启示》，《内蒙古大学学报》（哲学社会科学版）2001 年第 5 期，第 95 页。

3. 主张经济、政治与机会等平等，要求实现社会真正的平等

大多数当代市场社会主义追求的平等不仅是经济平等，还包括社会政治上的平等。平等是划分资本主义与社会主义的界限。平等既是人类的基本价值也是每个人充分发挥才能的前提。市场社会主义认为“社会主义根植于平等主义”。[①] 社会主义者的任务就是“寻求报酬、地位以及平等，以便最大限度地减少社会的不满，保证人与人之间的公正，使机会均等”。[②] 从社会收入分配方面看，强调收入在社会全体成员或企业成员之间平等分配，防止资本过分集中在少数人手里，对社会的平等实现具有促进意义。注重消除公害、发展社会公益事业和经济、要求政治上的广泛民主与平等，这些都符合社会主义的价值目标。各种当代市场社会主义模式对“平等”强调的侧重点有所不同。

詹姆斯·扬克提出“实用的市场社会主义”模式，把当代资本主义国家的大型私人所有制企业转为公共所有，以消除资本主义社会中收入分配不平等的现象。社会允许富人存在，人们可以储存大量财富，过富有的生活，但禁止能够带来富有生活方式的非劳动所得的资本所有权收入。其核心是要在保持当代资本主义效率的同时消除其在“非劳动的财产收益”分配方面的极端不平等。这种模式与其他社会主义模式相比，更接近资本主义现实，且建议较为保守谨慎，目的较单一，仅限于经济方面的私人资本所有制的转变，并不涉及其他社会改造问题。

戴维·米勒在《市场、国家与社会：市场社会主义的理论基础》一书中认为，平等不仅仅是经济上的平等（经济上平等的起点和机会），更重要的是“社会地位的平等”，即无阶级社会的那种平等。他指出，国家应通过间接发挥经济调控功能来弥补市场机制的缺陷，以保证经济服从广泛的平等目的，目标是把市场的效率长处与社会主义的人道的和平等的目标结合起来。托马斯·韦斯科夫指出，为了保证资本收入的公平合理分配，应给予每一个成年公民以平等的对所有企业生产性资本收益的索取权利，这可以通过一开始分配给每个成年公民相同数量的共同基金股票的办法加以实现。约翰·罗默的

① Pranab Bardhan and John Roemer, *Market Socialism: The Current Debate*, Oxford University Press, 1993, p. 90.

② 王援朝：《当代西方市场社会主义观探析》，《理论月刊》2007年第11期，第144页。

《社会主义的未来》一书也指出，社会主义者需要三种机会平等：自我实现和福利、政治影响、社会地位。三项“机会平等”中，政治影响和社会地位占据两项，而“自我实现”也不仅仅是经济问题。约翰·罗默认为，可以通过精心设计和改造的“证券”制度来保证公民在间接占有产权和分享企业利润上机会平等。埃斯特林·格兰德从“起跑线原则”来关注人们以有效的方式进入市场并应当拥有资源的问题，认为市场社会主义目标所要求的就是起点上的较大平等，即人们平等地进入市场，人们应当一开始便享有平等，而不是在结果上才享有平等。他指出：“那些准备进入市场而自身又存在着不利条件的人，在上述方面应当得到补偿，以便使他们在尽可能公平的条件下进入市场。”①

总之，“社会主义者寻求报酬、地位以及平等，以便最大限度地减少社会的不满，保证人与人之间的公正，使机会均等。它也致力于减少现存的社会分化。对社会平等的信仰是迄今为止社会主义最重要的特征”。② 因为“社会主义唯一正确的伦理学论据是一种平等主义的论据”。③ 但是，平等这个目标在资本主义社会中是实现不了的，因为资本主义制度本质上是一种不平等的制度。因此，只有寻求平等的社会主义制度，才能减少各个方面的不平等，进而实现真正的平等。平等是市场社会主义思想的实质，当代西方市场社会主义者强调平等作为社会主义价值目标的意义，经济平等、政治平等、机会平等、起点平等、收入和分配的平等、结果平等以及社会地位平等，都是市场社会主义平等的具体内容。在真正实现平等方面，市场社会主义显然比资本主义和“国家社会主义”具有优越性。

4. 社会系统思考与领域关联互构

20 世纪 90 年代的市场社会主义新模式已涉及与经济相关的政治和社会领域，市场社会主义既是一股经济思潮，又是一股政治思潮。它既不同于以美国为代表的“市场资本主义”，又区别于以苏联为代表的“计划社会主义”。它具有生产资料公有或集体所有这一社会主义政治制度的主要特征，又有利

---

① 〔英〕索尔·埃斯特林、尤里安·勒·格兰德：《市场社会主义》，邓正来、徐泽荣、景跃进等译，经济日报出版社，1993，第 84 页。

② Pranab Bardhan and John Roemer, *Market Socialism: The Current Debate*, Oxford University Press, 1993, p. 300.

③ 〔美〕约翰·罗默：《社会主义的未来》，余文烈等译，重庆出版社，2010，第 16 页。

用市场作为经济资源配置手段的属性。该理论模式不再局限于经济领域，而是已经涉及与市场密切相关的政治和社会领域，它们在建构市场社会主义新模式时已经把经济、政治和社会作为一个整体来看待了。这种整体性的思维方式是符合生态学的系统整体性特征的，对社会主义的整体发展是有帮助的，在社会实践的过程中突出了各个要素之间的相互依赖、相互制约。市场社会主义将公平、民主、平等的社会主义价值目标融入经济、政治之中，并将政治与经济结合在一起。

（三）生态文明视域下市场社会主义路径的考量

1. 社会主义是实现社会公正的可行选择

约翰·罗默、戴维·施韦卡特等市场社会主义学者虽身处发达资本主义国家，但仍然有坚定的社会主义信仰，对资本主义社会不平等进行了批判，倡导以社会公正为目标的社会关系、构建生态社会。市场社会主义在苏联模式社会主义失败，整个社会主义运动跌入低谷的背景下，提出将市场与社会主义相结合，对社会主义事业的发展具有重要的激励作用。

市场社会主义批判资本主义社会，指出“真正的资本主义不具魅力，原因是它通过雇佣的垄断来剥削劳动力，而且还通过对商品市场的垄断来剥削消费者”。① 其对社会主义社会则充满着憧憬，因为社会主义“权力于各群体之间得到了较为平等的分配；资本占有者的利益、工人的利益和消费者的利益都予以了基本公平的考虑”。② 社会主义相比资本主义，在实现机会平等、分配公平、消灭贫穷等社会问题方面具有突出的优越性。事实上，社会主义是为实现社会公正而生的，社会公正是社会主义的首要价值。马克思主义经典作家创立社会主义的原因就是资本主义社会的不公正，而社会主义社会应是一个公正的社会。马克思主义认为，公有制是社会主义的本质特征，没有公有制就不可能实现高层次的社会正义和文明。市场社会主义者对公有制的地位有所弱化，认为公有制不是社会主义的实质，而只是一种潜在的手段，这种手段的优劣必须在实现社会主义价值观的特定环境中才能予以考虑。但

---

① 〔英〕索尔·埃斯特林、尤里安·勒·格兰德：《市场社会主义》，邓正来、徐泽荣、景跃进等译，经济日报出版社，1993，第26页。

② 〔英〕索尔·埃斯特林、尤里安·勒·格兰德：《市场社会主义》，邓正来、徐泽荣、景跃进等译，经济日报出版社，1993，第26页。

是，在他们所设想的市场社会主义模式中，无一例外地将公有制视为实现教育、就业、收入分配公平，以及社会保障等社会文明的必要手段。而这些方面的公正只有在社会主义制度的框架内才能真正实现。

2. 市场机制是创造社会公平竞争环境的有效机制

市场社会主义极其推崇"市场"，对市场经济寄予了特殊感情，把它放在首位，并颂扬其优长，称"在一种可行的社会主义中，市场必定会起到很大的作用。其理由不光是市场能带来经济效益（这固然很重要），同时也是市场能带来多样化和个人自由"。[①] 市场社会主义者认为，在实现社会公正方面，市场比计划更为有效。约翰·罗默认为，"在市场条件下，投资计划既是有益的又是可能的"。[②] 戴维·米勒认为，市场作为一种组织经济活动的有效手段，它不但能够给公民提供很好的社会保障，而且使人们具有更多的自由选择，甚至还能极大地促进民主的发展，由此可见，市场经济的发展应该而且必须以市场作为基础。他们认为，在经济运行的过程中，市场起着主导的作用。市场经济不只是局限于产品市场，并且存在于劳动力市场以及资本市场之中。社会主义经济运作的重要机制就是市场，在市场不能有效发挥作用的时候才启用国家宏观调控。市场机制对于社会主义制度来说不是权宜之计，而是一个国家宏观调控和计划指导下长期存在的资源和利益配置方式。市场社会主义在理论上证明了通过妥善处理共有产权关系，可以把市场配置资源的效率与社会主义的平等、民主、自由等价值目标结合起来，在市场中实现社会主义的目的。

3. 合理的政府干预是实现社会公正和经济发展的重要保障

市场社会主义者对待市场调节和国家干预的态度是辨证和务实的，他们既不赞成自由放任的市场经济，也不看好苏联社会主义模式下事无巨细的国家干预，而是主张合理划分市场调节和国家干预的界限，在市场失灵的地方让国家干预占主导地位，在政府失灵的地方让市场手段充分发挥作用。市场经济追逐资本的本性，造就了它容易产生贫者愈贫、富者愈富的马太效应，这些方面需要政府发挥调控与干预的职能。社会主义的社会公正的实现当然

---

① 〔英〕索尔·埃斯特林、尤里安·勒·格兰德：《市场社会主义》，邓正来、徐泽荣、景跃进等译，经济日报出版社，1993，第54页。

② 〔美〕约翰·罗默：《社会主义的未来》，余文烈等译，重庆出版社，2010，第100页。

离不开国家的干预，但这种干预将被限制在合理的范围之内，因为不合理的政府干预不仅对于实现社会公正于事无补，反而可能进一步破坏公正性。所谓合理的政府干预是指在市场失灵的情况下，政府干预某件事比放任更能取得积极效果。此外，市场社会主义经济中也应该有国家干预。约翰·罗默认为，“有三个主要理由需要国家介入投资计划：（1）因为来自投资的积极的外在的因素；（2）建设公益事业；（3）对不完全市场的补偿”。[①] 他们尽管强调市场在资源配置中的基础性作用，但还是冷静地意识到我们还是需要市场以外的制度，尤其是政治制度，依靠这些制度建立起新的框架，以确保资源分配不均得到纠正的。

4. 注重社会效率是社会发展的必要途径

社会效率的考量是社会主义与资本主义竞争的一个重要领域。社会主义的优越性不仅体现在社会质量方面，也要体现在社会效率方面。市场社会主义者十分注重社会主义的社会效率，都提倡把市场和社会主义相结合，以达到提高经济效率并利用市场机制去解决效率问题的目的。约翰·罗默提出“证券社会主义”模式，试图通过利用某些资本主义的成功的微观机制，设计出与发达资本主义经济运行得一样有效率的社会主义机制来，由“真正的”竞争性市场机制定价，以保证资源配置效率，其实质是利用资本主义成功的微观机制以解决效率问题，同时改变资本主义的财产关系和分配关系以解决平等问题，从而达到效率和平等的较圆满的结合。托马斯·韦斯科夫认为，民主自治的市场社会主义由于资本所有权分散、较大程度的总体收入分配平等和工人自治制度而在效率方面具有总体优势。

5. 构想民主模式，实现社会民主

市场社会主义主张劳动者的社会平等地位，强调企业中工人的民主与自由，对资本主义的虚假民主进行了抨击，提出了新的民主模式。西方社会主义者几乎都是民主主义者，在很大程度上认为社会主义有助于实现民主。市场社会主义者戴维·米勒的“合作制市场社会主义”模式提出工人合作社从外部的投资机构租用和借贷资本，认为在该模式中不存在会导致收入分配差距扩大、违背平等目标的传统意义上的资本市场；每个合作社面向市场进行生产经营，并自行决定生产，在市场上相互竞争并取得利润，企业内部实行

① 〔美〕约翰·罗默：《社会主义的未来》，余文烈等译，重庆出版社，2010，第86页。

劳动者当家做主、民主管理和公平分配。

戴维·施韦卡特的模式假定一个保障公民自由的法治国家的存在，通过中央、省、市选举产生各级民主机构来保障公民的自由，根据市场导向的民主计划来分配投资基金，将计划与市场两套机制在“民主”领域结合起来。这样，民主不仅具有政治价值，而且也具有深刻的“经济”内涵。

弗莱德·布洛克十分注重通过选举制度实现民主，他指出，资本主义国家的竞选活动是私有的富有者通过提供竞选资金和对经济进行控制来操纵和影响选举的，为此，必须进行选举制度改革，包括向所有政治机构提供公共资金，在媒体上为候选人提供同样的时间，私人政治捐款不超过100美元，实行普遍的选举登记和周末选举等。

（四）生态文明视域下市场社会主义路径实现的困境

市场社会主义思潮兴起于20世纪30年代，围绕着市场与生产资料公有制结合的可能性以及市场社会主义实现形式的论战一直持续至今。市场社会主义强调的是社会主义与市场的结合，在苏东剧变以后，市场社会主义唤起了西方社会对于社会主义的憧憬。当代市场社会主义的社会政治目标是“替代”资本主义，这就首先向人们提出了从现存资本主义制度通向他们理想的社会经济模式的道路如何走，即依靠什么的问题。市场社会主义是建立在市场的基础之上的，依然保留了资本主义的痕迹，不能彻底摆脱资本主义的束缚和制约，因而，也就不能真正实现社会主义，生态文明建设的条件仍然不成熟。从生态文明角度看，市场社会主义的实现还有众多的障碍与难题。

1. 资本本性与利润最大化制约着生态文明的实现

市场与企业是资本主义社会运行的核心构件。资本主义的企业是以追求利润最大化为目标的，市场是自由的、是企业运转的环境。市场社会主义把市场与企业作为研究对象，试图在资本主义框架下寻求一条替代资本主义的发展道路，显然，要摆脱资本主义的束缚和影响是不可能的。企业的资本主义本性使其必然追求利润最大化，这与生态文明对企业的节约资源、优化结构等生态的要求是相背离的。

约翰·罗默的“证券社会主义”模式既保留了利润最大化原则，也保留了资本主义企业的劳资供应关系，没有从根本上触动资本主义企业的内部结构，并且原封不动地保留了资本主义企业的决策结构、劳资雇佣关系及其运行目标。在资本主义企业结构中，“每个企业都有一位经理，他的职责是在面对市场价格的情况下使其所在的企业的利润最大化”。[①] 资本利润最大化依然是企业的生存法则。而社会生态建设是一个过程，它的最终指向和目标是实现社会生态文明，虽然每个国家都致力于社会生态建设事业，但并不是每个国家都能走向真正的社会生态文明。在以利润为导向的资本主义国家中，社会生态建设事业只是实现资本利润的工具，在资本周转不济时，社会生态建设事业会首当其冲成为被削减的对象，社会生态文明最终只会沦为麻痹人民的空头支票。

2. 生产资料所有制形式并非马克思主义的生产资料公有制

市场社会主义宣扬企业财产以一定形式的公有为基本前提，体现了社会主义性质。但是，其主张的合作制经济是一种企业制度，不太考虑整个社会的生产资料是否公有的问题，人们关注更多的是合作社内部经济剩余的“公有”，不追求生产资料公有化，只对资本职能作了各种限制。约翰·罗默的“证券市场社会主义”模式以及托马斯·韦斯科夫“民主自治的市场社会主义”模式都主张实行生产资本归社会所有，但公有制的所有权应该与经营权相分离，把资本主义大中型私有企业变为公有，从而消除社会经济分配不公的现象。戴维·米勒的“合作制市场社会主义”和雅克·德雷泽的直接融资模式不太注重全社会的生产资料公有制问题，而是更多关注合作社内部经济公有问题。弗莱德·布洛克的“没有阶级权力的资本主义”模式与迪安·埃尔森所提出的“市场社会化”模式主张保留生产资料私有制，但也认为需要对资本主义的企业进行必要的改造。该理论在管理控制方面对资本主义私有制企业进行一些改良，而生产资料的社会化能否消灭资产阶级的特殊权力，是值得怀疑的。在资本主义制度下与资本家商谈生产资产“社会公有制”问题，实际上是白日做梦。

3. 替代方案设计带有理想色彩，实施成功的可能性不大

当代市场社会主义者构建和设想的未来社会的实施方案在现实的国家体制结构中很难实现，也不能真正替代资本主义。目前主要有三类方案。

第一种方案是经理管理的市场社会主义模式，以约翰·罗默和托马斯·韦斯科夫为代表。该模式注重企业经理由委员会雇用并对委员会负责，工人

① 〔美〕约翰·罗默：《社会主义的未来》，余文烈等译，重庆出版社，2010，第95页。

能够依据相关的规则自由地加入任一自治的企业，而且能够拥有该企业的投票权。约翰·罗默提出了证券市场社会主义模式，其基本原理是“银行对企业的运行进行监管，公司或企业可以从国有银行中进行借贷”。[①] 约翰·罗默的模式采用了许多资本主义的微观经济机制，同时又保留了追求利润最大化的企业以及一种变形的资本市场。约翰·罗默设计的模式不需要从根本上触动资本主义决策机制和权力结构，设计的公平与效率的目标存在矛盾和冲突。托马斯·韦斯科夫的“民主自治的市场社会主义”模式，由三个关键要素组成：企业民主管理、资金收入的社会化和积极的政府经济政策，但仍然没有解决好市场与社会主义结合的问题。

第二种方案是工人自治的市场社会主义模式，以马克·弗勒拜伊和戴维·米勒为代表。马克·弗勒拜伊的“平等民主经济理论”模式主要是运用劳动雇佣资本，替代资本雇佣劳动，让工人相对轻松地工作，这样有助于消灭异化劳动，提高生产的效率。但该理论对社会主义社会化生产条件下的劳动没有进一步的分析。戴维·米勒的“合作制市场社会主义”模式以西方国家普遍存在的工人生产合作社作为研究对象而设计的，提供的是一种解决西方经济问题的新思维模式。工人自治的理论模式以西方国家企业的发展为基础，强调工人与生产资料的直接结合，有助于改善工人与企业之间的关系，使企业能够民主经营、就业问题得到一定程度改善、劳动异化问题在某种程度上得到缓解。但是，对工人如何通过企业建设社会主义却并没有具体的方法。

第三种方案是社会治理的市场社会主义模式，以弗莱德·布洛克和迪安·埃尔森为代表。弗莱德·布洛克“没有阶级权力”的理论模式，是以资本主义社会为前提，提出了对资本主义社会的金融制度进行改革，主张建立一种平等、民主的社会制度。在他设想的社会中，公民可以按照自己的意愿去建立政治和经济制度，即市场秩序、民主管理和新的银行制度。迪安·埃尔森的“市场社会化”模式，主张利用税收提供的资金去建立公共信息渠道，使一切企业、家庭以及个人都能够免费获取有关技术、价格、工资、原材料等的经济信息。该理论模式特别强调市场的社会化问题，同时主张公营企业的自治管理，尤其注重市场信息社会化，而这些是以资本主义高度发展为基础的。

---

① 景维民、田卫民等：《经济转型中的市场社会主义》，经济管理出版社，2009，第95页。

总的看来，当代市场社会主义替代方案是建立在资本主义基础上的“纯粹理念的构造物”，这些方案是西方左翼政党或学者在高度发达的资本主义市场经济条件下所倡导的一种资本主义替代模式，它所解决的是如何在资本主义经济基础上生成和发展社会主义的问题，追求的主要目标是在既有效率的前提下实现社会公平与民主；但它仍留有“空想社会主义”的印迹，仅仅具有理论性的品格，缺乏实现的条件和基础。任何一个社会如果没有一定的强制措施，要想让既得利益集团放弃自己的利益，只能是一种不切实际的幻想。

4. 市场主导的社会主义并非真正的社会主义

生态文明存在的社会发展阶段是社会主义社会，这个社会是超越资本主义的社会。而市场社会主义本质上并非真正的社会主义，理由有三。一是市场社会主义理论是建立在“资产阶级福利经济学”基础上的。该理论以资产阶级福利经济学为基础，简单地把提高社会福利和增加社会公共利益作为社会经济发展的总体目标，并不以社会主义的共同富裕为目标。二是当代市场社会主义倡导的平等、民主、公正等社会主义的价值目标是以发达国家为标靶的。当代市场社会主义理论家把追求民主、公正等理念作为价值目标，只是简单地致力于社会福利以及社会地位等简单的目标，并不能从根本上触动资本主义经济制度，不能最终实现社会主义的基本价值目标。三是市场社会主义主张的是一种混合形式的经济，但从社会的视角来看，它具有明显的改良特点，是对资本主义经济的局部调整和改革。因此，这种经济发展模式不能为社会主义建立经济基础，也不能实现社会主义。市场社会主义者虽然将市场看作走向社会文明必不可少的手段，但社会文明建设毕竟是一项非营利性的事业，这决定了市场作用的有限性。社会文明建设是一项庞大的系统工程，离开国家这个强有力机器的组织协调是难以想象的。

（五）市场社会主义路径对社会主义生态文明建设的启示

1. 坚持社会主义制度

当代市场社会主义在苏东剧变和世界社会主义运动处于低潮的时期，以独特方式在西方资本主义的心脏举起了社会主义的旗帜，再度唤起了西方世界的人们对社会主义的憧憬，重新探讨了如何在资本主义社会实现社会主义的问题，极大地鼓舞和团结了西方左翼力量和广大人民群众。市场社会主义强调社会公正，指出只有在社会主义制度框架下才能实现社会公正与平等。市场社会主义理论构想再次证明，社会主义除传统的苏联模式外还存在其他形式，市场社会主义在西方社会以自己独有的方式探寻了一条不同于传统社会主义的新道路，坚定了人们对社会主义未来的信念，坚定了社会主义国家坚持走社会主义道路的信念，为建设生态文明提供了制度保障。

2. 市场经济是社会主义生态文明建设的必要手段

当代市场社会主义最突出的主张就是市场主导。市场是社会主义实现的必要途径，当代市场社会主义者从不同层面、不同角度强调了市场的重要性。市场社会主义理论表明，市场是中性的，它只是资源配置的机制和工具，它没有属性，不是资本主义专有的，不与资本主义制度挂钩；市场在经济社会中具有调整需求、传导信息、平衡微观经济、激励技术创新、优化供求关系等功能。实践表明，提高经济效率、优化资源配置，社会主义应该也必须与市场经济相结合。市场社会主义的这种认识有力地推动了科学社会主义社会文明理论的深化与发展，也推动了社会主义生态文明建设的物质基础的大发展。

3. 展示了含有新文明形态的社会主义美好蓝图

市场社会主义描绘了一幅全新的社会主义蓝图，即一种“把市场体制的力量和社会主义的力量结合起来的新模式，这种新模式既要考虑效率又要考虑平等”。[①] 在市场社会主义者看来，这个社会主义蓝图的核心元素是市场经济和公有制，它们不仅对于实现效率和平等至关重要，而且对于实现社会主义生态文明意义重大。社会主义生态文明不同于资本主义工业文明，因为社会主义生态文明的前提是物质文明，没有雄厚的物质基础，社会建设只能停留于低水平，实现社会主义生态文明更是奢望。而相比计划经济，市场经济可以增加活力和提高效率，能够为社会建设奠定良好的物质基础。在当前的历史条件下，市场对走向真正的社会主义社会是一个不可缺少的既有成果。市场的不可或缺性表现在，它是一种无可比拟的信息体系和激励制度，正如戴维·施韦卡特所指出的，“市场的生产和销售方法是最有效率的，没有对供求敏感的价格机制，生产者和计划者都极难了解生产什么和生产多少。缺少

---

① 〔美〕约翰·罗默：《社会主义的未来》，余文烈等译，重庆出版社，2010，中译者序第5页。

市场提供的刺激，推动生产者提高效率和进行创新，也将是极为困难的”。[1]由此可见，市场社会主义是当代社会在有效的经济体系内实现社会主义价值的一条可行之路。

三 拉美民族社会主义路径下的生态文明：思想依赖及实践处境

拉美民族社会主义是在第二次世界大战后拉美地区的国家和人民追求国家独立、民族发展过程中发展起来的。苏东剧变后，拉美地区的民族社会主义重新崛起，成为社会主义发展中一道亮丽的风景线。拉美21世纪“社会主义”表现出“社会公正”“参与式民主”“人民权力”“社会福利”“人民经济”“经济国有化”等特点。它们追求的是一种团结的、独立自主的、社会主义的客观实在，并力求从这种客观实在出发来发展拉美。“社会主义”是拉美国家对本国发展的一种新思考和对未来发展道路的一种新探索，它不同于苏联模式的社会主义。拉美国家在21世纪再次掀起探索社会主义新途径的高潮，激发了人们对处于低谷的社会主义的憧憬。它们提出的一些社会主义基本价值目标和实施的措施推动了人类社会文明的进步。

（一）拉美民族社会主义路径的新发展

1. 民族社会主义发展概况

“民族社会主义”一词是国内外学者对于第三世界各种非科学的民族主义的社会主义的统称，民族社会主义是亚非拉民族主义政党和国家提倡和奉行的各种社会主义的统称；它是一个出现比较晚但影响较大的社会主义流派，其突出特点是形式多样、流派众多、思想繁杂。学术界称之为“第三世界的社会主义”或“第三世界的意识形态”。

社会主义的思想在19世纪中叶开始传入拉丁美洲地区。19世纪中后期，在拉美地区已先后出现了受欧洲社会主义思想影响的智利激进党（1863年成立）和阿根廷社会党（1896年成立）。19世纪后期至20世纪30年代，在阿根廷、巴西、智利和玻利维亚等国还先后出现了由主张革新的青年军官提出

① 〔美〕戴维·施韦卡特：《反对资本主义》，李智、陈志刚译，中国人民大学出版社，2013，第75页。

的“军事社会主义”，或由“军事社会主义者”统治的“社会主义共和国”。在亚非拉地区，从20世纪初到20世纪40年代初，也开始产生各种具有民族特点的社会主义思想。1908～1915年，在西非的利比里亚和塞拉利昂等地出现了将非洲传统村社制度及其价值观念称作“纯粹的社会主义”的非洲村社社会主义的思想。1926年，印度尼西亚的民族独立运动领导人苏加诺发表了题为《民族主义·伊斯兰教·马克思主义》的文章，主张将这三种思想综合起来，共同反对殖民主义。1939年，缅甸昂山等人领导的“我缅人党”（1932年建立）宣称要在缅甸“为建立工农社会主义国家而奋斗”。1944年，在信奉伊斯兰教的中东阿拉伯国家，还出现了“伊斯兰社会主义”和“阿拉伯社会主义”的思想。

第二次世界大战后，民族社会主义运动首先在亚洲兴起，在非洲达到高潮，然后在亚非拉广大地区扩展，在挫折中继续保持了前进的势头，直至20世纪80年初以后才逐渐走向低落。在苏联解体、东欧剧变的沉重打击下，亚非拉地区的民族社会主义普遍遭遇到了严重困难和挫折。从整体上看，亚非拉民族社会主义趋向低落。民族社会主义是一种非科学的社会主义，它因不能正确看待资本主义，忽视商品生产和市场经济，不可避免地有局限性和消极性。

21世纪，民族社会主义在拉美地区重新活跃起来，在社会主义发展道路上独树一帜。委内瑞拉乌戈·查韦斯的“21世纪社会主义”、玻利维亚埃沃·莫拉莱斯的“社群社会主义”（或“印第安社会主义”）、巴西劳工党提出的“劳工社会主义”、厄瓜多尔拉斐尔·科雷亚的“21世纪社会主义”等，给民族社会主义注入了新的活力，是民族社会主义在21世纪的新发展。从性质上来说，以“21世纪社会主义”为指导的拉美民族社会主义运动发展的是国家资本主义，本国的资产阶级政权没有被彻底摧毁，淡化了意识形态色彩，强调公正民主的价值取向，关注社会福利，实质上走的是一条中间道路。

2. 拉美民族社会主义路径的特征

拉美“21世纪社会主义”具有超历史性的特点，它与传统的社会主义之间缺乏历史联系和承继关系。它既不是资本主义之后一个顺承的历史发展阶段，也不是经典马克思主义意义上的社会主义。本质上，它属于民族社会主义的范畴，是拉美左翼政党及政府实现经济和社会发展的一种手段。在这里，社会主义是动员人民群众、维护国家权益、实现民族振兴的前提和手段，而民族主义才是这种选择或实践的灵魂和基础。毫无疑问，它是一种典型的民族社会主义实践，其根本目的在于彻底消除新自由主义的灾难性影响，同时探索一条符合本国国情的非资本主义发展道路。

（1）追求民族特色的社会主义思想。拉美的一些左翼政党或政府从各自的国情出发，结合本国特点，明确提出建设本国特色的社会主义，但这些“社会主义”既不是科学社会主义也不是苏联式的社会主义，而是带有民族特色的社会主义模式。它们的社会主义运动中所体现的思想资源和实践风格具有多样化的本土色彩。鉴于西方资本主义与苏联社会主义暴露的问题和弊端，拉美的社会主义试图寻求一条介于苏东社会主义和资本主义之间的道路，扬长避短。委内瑞拉前总统乌戈·查韦斯在对资本主义进行批判的基础上，多次重申：“‘21世纪社会主义’不是苏联式的社会主义，也不会是追随古巴的模式，而是崭新的、委内瑞拉特色的社会主义。”[①] 玻利维亚的埃沃·莫拉莱斯说，“我们正在探索建立在社群基础之上的社群社会主义，我们认为，这就是建立在互惠与团结之上的社会主义”。[②] 拉斐尔·科雷亚认为，厄瓜多尔“21世纪社会主义”就是结合厄瓜多尔的现实、具有厄瓜多尔的特色的社会主义，是一种人民参与和更加民主的社会主义。“我们在厄瓜多尔提倡的社会主义跟委内瑞拉、玻利维亚的不一样。”[③]

（2）社会主义的核心价值目标基本一致。拉美各左翼政党对社会主义的理解和认识不尽相同，对社会主义的价值追求也多种多样。但是拉美地区的“21世纪社会主义”对于社会主义的核心价值有着较为一致的理解和相近的阐释。一是反对社会不平等。它们认为社会主义的目标就是建立一个公正平等的理想社会。只有更公平的资源分配，才能更充分地体现社会主义的基本理念——公正和自由。埃沃·莫拉莱斯在2005年总统大选获胜时宣布：“今天将是全世界土著居民追求平等公正的开始。我们依靠人民来推翻殖民体制和新自由主义”。[④] 二是发挥民主思想。民主是社会主义的本质特征之一。对

---

① 何强、张振杰：《对拉美社会主义的几点认识》，《科学社会主义》2012年第4期，第24页。

② 崔桂田、蒋锐等：《拉丁美洲社会主义及左翼社会运动》，山东人民出版社，2013，第301页。

③ 崔桂田、蒋锐等：《拉丁美洲社会主义及左翼社会运动》，山东人民出版社，2013，第297页。

④ 周有恒：《莫拉莱斯：玻利维亚历史上第一个印第安人总统》，《文史天地》2007年第1期，第63页。

于新形势下拉美地区的社会主义而言，民主既是一种普遍价值也是一种具体手段。作为价值，民主是社会主义社会中人民的基本权利；作为手段，民主是实现社会主义的一种方法，与具体实际相联系，在实践中得以体现。在新形势下，拉美的左翼政党结合本国国情大都放弃了阶级专政和革命夺取政权的道路，普遍接受了西方国家的政治民主模式，并积极动员民众参与政治。它们认为，只有政治民主而无经济民主，不是真正意义上的全面的民主。

（3）显著的民族主义特性。拉美地区的社会主义属于民族社会主义性质，它们强调本国的民族传统与民族特色；强调国家独立统一，反对强权政治和霸权主义。一方面，在理论上，它们非常重视民族文化和民族传统的价值，注重弘扬传统民族文化，高举民族主义旗帜，提倡民族独立、统一和复兴，并强调社会主义建设必须要与本民族的传统文化相结合。另一方面，实践中，把实现民族复兴作为奋斗目标。委内瑞拉"21 世纪社会主义"的最显著创新就是融合了玻利瓦尔的民族主义、20 世纪的马克思主义以及拉美的民粹主义。在拉美的社会主义中体现出鲜明的民族性，乌戈·查韦斯曾高调宣布委内瑞拉所实行的社会主义的民族性，"我们的社会主义是原生的社会主义，印第安人的、基督徒的、玻利瓦尔的社会主义"。①

（二）拉美民族社会主义国家的生态处境

21 世纪以来，拉美地区出现的生态问题很严峻，堪称"生态灾难"。这其中既有历史上不合理的国际政治经济秩序、发达国家向这一地区倾倒有毒垃圾等"外因"，也有"开发性破坏"和为根治毒品作物种植而采取的政策等"内因"；更与拉美国家的发展模式及其衍生出的负面影响（如超前的城市化水平、区域发展不平衡等）有关。

1. 资本主义发展模式下的生态危机

当前，拉美地区的热带雨林和这些森林所培育的植物群和动物群正被迅速毁灭。由于 19 世纪殖民主义和世界经济的扩张，世界广大地区的森林被砍伐。砍伐森林一般有两种原因：一种是为出口而直接开采木材资源；另一种

---

① 沈跃萍：《查韦斯"21 世纪社会主义"解读》，《当代世界与社会主义》2008 年第 3 期，第 54～58 页。

更重要的原因是，为发展旨在向工业国家出口的牧场和农业而清除林地。这些均与19世纪工业、贸易和国际资本出口迅速发展有关。

垃圾充塞和集中与联合开发有关的污染公害结合在一起，造成拉丁美洲极其严重的生态和人类健康危机。在加拉加斯、利马、墨西哥城、圣地亚哥、圣保罗、里约热内卢和布宜诺斯艾利斯这样的拉美城市，空气污染程度远比发达资本主义世界的大城市严重得多。被称为“死亡谷”的巴西的库巴陶，空气污染已造成严重的后果：每一千名婴儿中有40个死胎，而另外40个婴儿在出生后一周内便死亡。在里约热内卢，二氧化硫水平（一年20万吨）经常超过国际安全标准百分之好几百。拉丁美洲的汽油中铅的含量极高，铅污染已达到危险的程度。而使用木柴、牲口粪和木炭做饭和取暖，使这个问题变得更加严重。墨西哥、圣地亚哥的这些城市，由于地理位置、海拔高度和气候原因，空气流通不畅，所造成的臭氧和空气污染的严重程度，使世界卫生组织不得不及时地确定其状况是否有害生命。而石油设施趋于集中，使污染问题更加严重。在里约热内卢瓜纳巴拉湾沿岸的炼油厂所造成的大量新的水污染问题已超过小规模企业和城市垃圾所造成的污染。较大的城市均遭受大量毒物的污染，深受疾病和人口拥挤之苦。对森林的加速砍伐、严重的土壤侵蚀、水体的破坏、农业生产的下降、农业和工业的污染、缺乏洁净的水和空气、致命疾病的传播，以及可再生资源的普遍枯竭（更不用说反暴动的镇压计划了），都已造成拉美地区严重的生态问题。

在南美、中美、墨西哥和加勒比海的许多地区，资本主义生产导致的生态、基础设施、劳动力再生产的退化与破坏，均已达到非常危险的程度。拉丁美洲各国政府、世界银行、美国国际开发署以及其他开发机构制订了各种计划和政策以保护和恢复资本主义生产的生态条件，但大部分无济于事。相反的却是农民、工人，及其他民众的社会和生态贫瘠情况更加恶化。

2. 发达国家污染转移，拉美地区生态环境更加恶化

发达资本主义国家由于污染控制设备和其他环境保护设施的投入要增加社会资本，而不是增加收入；而资本的本性是增值，要实现利润最大化，就要不断创造和获取更好的生产条件，包括客观条件（可以得到多余的劳动力和自然资源）和主观条件（没有强大的劳工和环境运动），因此，发达资本主义国家通过资本重新配置和联合开发来实现自己的目标：寻找合适的地方，进行资本的异地重新分配，将本国的高污染、高消耗产业转移出去，减少资本费用，增加利润。第三世界因环保意识较差，污染门较槛低，劳动力低廉等成为发达资本主义国家的首选地区，拉美地区便是其中之一。

拉美地区的“联合开发”[①] 意味着发达国家在货币资本的循环方面将使拉美地区自然资源的出口减少，在生产资本的循环方面不顾拉美地区职业保健与安全，而在商品资本的循环方面则既出口危险的生产资料又出口危险的消费资料。发达国家通过与拉美国家的“联合开发”，使得拉美地区成为“第一世界的污染和生态破坏”输出的主要地区之一。“拉丁美洲低工资、无组织、由政府控制的工人和第一世界衰弱的社会运动将无法抵制环境的破坏以及对工人和其他人健康的损害。高技术和廉价劳动的结合将会增加社会成本和提高全球的剥削率，从而提高利润率，提高利用和破坏资源的速度，提高以其各种方式产生的污染率”。[②] 随着发达国家与发展中国家之间不平衡发展的加剧，拉美地区深受生态帝国主义的生态侵略，生态环境变得更加危机四伏。

3. 生态危机与社会危机交互恶化

贫困与政治动荡始终交织在一起。“穷则生变”，拉美地区恶劣的生态环境激化了这些国家脆弱的政治环境。拉美地区由于美国的经济、军事援助，以多种经营、现代化和扩大资本主义农业与工业出口为基础发展起来的这种发展模式不仅导致土地严重退化和土壤侵蚀，而且还使农民的社会与生态环境变得更加贫瘠。离乡背井、边缘化和迁往资本主义农业区与半无产阶级的雇佣劳动工业区，已经导致不仅在雨林地区而且在无计划延伸的城市中忽视和滥用本应由这些农民家庭所享用的自然资源。拉丁美洲原料地区资本主义出口农业的迅速发展促使粮食作物只能在边缘的、更加贫瘠的土地上耕作；提供给养的小农群居在荒芜、退化的山坡上，而有地的寡头和依附资本则垄断最好的农田从事出口生产。用于出口生产的土地经常被加紧开发，使用更多的化肥和农药以提高产量（许多农药在其本国是被禁用的），这对资本主义出口部门的农业工人造成了更严重的身体与健康问题。据估计，20 世纪 70 年代，中美洲农业工人有 7 万多起农药中毒的病例。尼加拉瓜和危地马拉的移民工人吸入的滴滴涕和其他致癌化学品的含量在全世界最高。1982 年以来，

---

① 联合开发是指拉美地区与发达国家在资本进出口方面的合作发展。

② 〔美〕丹尼尔·费伯：《拉丁美洲的生态危机》，《拉丁美洲展望》1992 年冬季号。

墨西哥结构调整和经济自由化政策恰恰在最紧要时刻削减了环境保护和人类保健计划，并降低了工人和小农的生活水平。工人、农民及其他阶层民众对国家政策的不满情绪日益高涨，引发社会动荡不安。拉美资本主义工农业发展模式透支了生态资源，破坏了生态系统的平衡，生态危害已危及人们的生命与健康，加剧了社会危机。生态危机与社会危机相互作用与交互发展，导致拉美的生存威胁日益严重。

4. 生态保护运动与政治斗争相结合

拉美国家的自然环境和人民，深受帝国主义列强以及依附于它们的本国统治阶级持续了几个世纪的剥削。随着资本生产性循环的国际化，生态破坏和人类的贫困与苦难在不断加深。拉美人民为了生存进行了此起彼伏的反帝反独裁斗争。生态环境的恶化，促使人民展开了与“资本主义生产的物质条件”和“劳动力再生产条件”有关的运动。在整个拉丁美洲，环境保护者的各种组织和运动、城乡妇女、本地居民、保健人员、工人、农民和其他人员都参加了劳动力（人文条件）、土地和自然资源（生态条件），以及基础设施（公共条件）的相关斗争。生态危机和有关的斗争又使拉丁美洲多数地区的经济危机和改良主义革命运动发展起来。据国际媒体报道，“仅 2005 年 5 月到 8 月，拉美地区共发生 2300 多起抗议活动”。[①] 由于美国支持反暴动的生态灭绝战争和反压制的经济政策，萨尔瓦多、危地马拉、尼加拉瓜以及许多洪都拉斯农民的生态危机，使争取社会和生态合理的强大改革和革命运动发展起来。实际上，争取尼加拉瓜生态还原的革命计划继续被多数民众看作民族解放和社会改革的极其重要的进程。生态保护运动与反对压迫剥削的政治斗争结合在一起，产生了拉丁美洲新社会运动，形成了拉美独特的生态政治环境。表现为，一是在利用自然资源、人的劳动力方面，为资本主义生产的农村和城市中出现的阶级斗争；二是人和大自然“相当大的”再生产之间的斗争。

5. 化解拉美资本主义生态与社会危机的新出路

从理论和实践上看，拉丁美洲资本主义的发展破坏了其本身生产的生态条件，破坏了依附资本主义继续生存的环境基础，从而使经济和社会危机更加恶化。不平衡的资本主义发展导致工业区大量污染和原料地区自然资源大规模退化。不平衡的发展对拉丁美洲成千上万的人极度无产阶级化、勉强维

① 陈士富：《大国政治抉择》，人民出版社，2008，第 68 页。

持生计和贫困来说，造成了“人口过剩”，其本身就加剧了大自然的退化。“不平衡的发展不仅使资本主义工业生产、商业、人口等等集中在发达的城区，而且还把资本主义的农业和原料开采集中在不发达的城区。无论哪种情况，不平衡发展和阶级社会业已破坏人民的社会制度和大自然的生态系统之间基本的新陈代谢”。[①] 拉丁美洲不平衡发展的唯一结果是毁坏土地和其他农业条件。实际上，在拉丁美洲当前的社会和生态危机情况下，重建社会主义的生产生态条件也许是转向可行的民主社会主义首要的和最基本的一步。巴西劳工党认为，应该提出一个新自由主义的替代方案，建立一个超越资本主义秩序的新社会。委内瑞拉前总统乌戈·查韦斯指出：“社会主义才是拯救我们人民、拯救我们国家的唯一道路……要么社会主义，要么死亡！”[②] 埃沃·莫拉莱斯认为，“建设‘社群社会主义’任重道远，资本主义只会伤害拉丁美洲，而社会主义意味着公平和公正，使拉美不再‘像过去那样被种族主义或法西斯主义者统治’”。[③]

（三）拉美21世纪社会主义的生态文明思想

作为第二次世界大战结束后出现的争取民族独立与发展的拉美国家来说，发展经济、消除贫困、消灭剥削，实现社会公平与平等是第一位的。基于复杂的国内背景和特殊的国际环境，拉美国家的社会主义建设呈现出民族的多样性。面对国内的生态环境问题、经济发展和政治民主建设的任务，拉美21世纪社会主义立足本国民族特色提出了一些生态文明理念，促进了社会文明的发展。

1. 平等公正的社会主义价值目标

玻利维亚以实现社会主义、建立没有剥削和压迫的新社会为目标，坚持以人为本，承认人类权利的普遍原则。拉斐尔·科雷亚认为，拉美是世界上最不平等的地区，因此出现了“21世纪社会主义”的思潮。厄瓜多尔要通过“21世纪社会主义”，寻求公正、平等、高生产率的经济和就业。乌戈·查韦斯也强调公正平等的重要性，他认为，“21世纪社会主义”应该是一个人人

---

① 〔美〕丹尼尔·费伯：《拉丁美洲的生态危机》，《拉丁美洲展望》1992年冬季号。

② 崔桂田、蒋锐等：《拉丁美洲社会主义及左翼社会运动》，山东人民出版社，2013，第286页。

③ 崔桂田、蒋锐等：《拉丁美洲社会主义及左翼社会运动》，山东人民出版社，2013，第302页。

平等、互帮互助、人人享有各种社会保障和国家福利的美好社会。埃沃·莫拉莱斯说："如果社会主义意味着我们生活得好，实行平等和公正，不存在社会和经济问题，那么它是受到欢迎的。"[①] 拉美的领导人普遍认为，拉美"社会主义"的本质就是要实现社会公平，建立一个没有饥饿的社会。

2. 实践的人民民主

委内瑞拉前领导人乌戈·查韦斯曾激烈抨击资本主义民主的政治弊端，认为"代议制民主并不能真正反映人民的意愿，政治腐败是与代议制民主紧密相连的"。[②] 但是从他的政策和道路选择上来看，他最终还是选择了走资本主义和平议会民主的道路，适应了本国的国情。玻利维亚主张建立和完善社群民主、在不同的社会组织之间达成共识，认为这样可以在互相尊重和互相认可的基础上实现真正意义上的参与式民主。厄瓜多尔认为"21 世纪社会主义"是人民参与和更加民主的社会主义。人民是社会主义的主人，只有人民才能不断探索和寻求解决问题的方案。"21 世纪社会主义"应该建立在参与式民主的基础上，其价值追求是推进社会发展和民族进步，在推进民主的进程中促进平等、博爱、和平与公正，尊重人权，实现各民族和睦相处。巴西劳工党认为，"民主不仅是实现人民主权意愿的工具，还是目的和目标，是我们政治行动的固有价值"。[③]

3. 批判资本主义，反对新自由主义

拉美国家坚决反对资本主义，乌戈·查韦斯在一次以贫困为主题的国际会议上，公开否定资本主义制度，批评西方的资本主义模式不能彻底解决拉丁美洲的社会发展问题。他认为，"资本主义是一种走向不稳定、多数人贫穷、自私自利、仇恨和不团结的道路，资本主义是通向地狱的道路，是不平等和说谎的王国"。[④] 在乌戈·查韦斯看来，"资本主义是南美洲各国的万恶之源，给大多数人带来了贫穷落后。资本主义无法实现我们的发展目标"。[⑤]

---

① 殷叙彝：《莫拉莱斯论拉丁美洲和玻利维亚的社会主义》，《国外理论动态》2006 年第 12 期，第 32 ~ 34 页。

② 张志军：《20 世纪国外社会主义理论、思潮及流派》，当代世界出版社，2008，第 394 页。

③ 崔桂田、蒋锐等：《拉丁美洲社会主义及左翼社会运动》，山东人民出版社，2013，第 314 页。

④ 白琳：《"查韦斯现象"与委内瑞拉的"新社会主义"》，《世界经济与政治》2007 年第 9 期，第 104 ~ 106 页。

⑤《委内瑞拉总统查韦斯尝试"21 世纪社会主义"》，http://news.qq.com/a/20070201/002607.htm。

新自由主义是资本主义在今天全球化背景下的重要特征。在整个20世纪90年代，南美各国为消除债务危机，曾采取过美式的新自由主义经济政策，但其经济和社会结果令人失望，拉美国家经济衰退、社会两极分化，纷纷陷入了严重的社会动荡。乌戈·查韦斯反对国际货币基金组织所鼓吹的野蛮的新自由主义发展模式。他认为，新自由主义是一把刺入拉美人民心口的匕首，使人们在畸形的消费中肆无忌惮地开采本国的各种能源。埃沃·莫拉莱斯认为，“为了保护地球、生命和人类，我们必须消灭资本主义”。[①]

4. 珍爱自然资源，保护生态环境

拉美地区的生态环境是恶劣的，许多国家开始有意识地关注自然资源，保护自己的生态家园。拉美地区的水资源是短缺的，埃沃·莫拉莱斯认为，“没有水就没有生命，全世界的淡水供应量正在减少，人类面临的一切社会和自然危机中，水资源危机是对人类自身和地球生存威胁最大的”。[②] 同时，大地不仅是一种自然资源，也是生命本身。他指出：“我们正在经历一场自地球上出现生命体以来最严重的物种灭绝危机，我们不能继续污染地球母亲了，我们不允许资本主义体系使地球沦为商品，大地和生物多样性不应成为受市场规律支配的商品而被囤积和买卖。……尊重地球母亲并以社群方式管理大地是医治地球、拯救生命的关键”。[③] 他认为，地球母亲是我们生存的家园，我们应该与自然和谐相处，人与地球母亲之间应平衡互补。巴西劳工社会主义主张自然资源集体民主所有，不能私有化，要保护生态，为后代着想。2004年，哥斯达黎加、哥伦比亚、厄瓜多尔和巴拿马四国环保部门代表在哥斯达黎加首都圣何塞签署了联合声明和有关协议，决定联手建设一条海洋生态走廊，以加强对这一地区海洋资源和生态系统的保护。

5. 发展绿色能源，进行合理消费

拉美国家在新自由主义的推动下，走的是高消耗、高污染的工业化发展道路，空气被严重污染、大量能源被消耗。拉美地区的油价从1998年的每桶18美元涨到了2008年的每桶124美元。埃沃·莫拉莱斯呼吁停止对化石燃料的开发，控制全球能源的过度消耗并寻求替代能源，如太阳能、地热能、风

---

① 莫拉莱斯2008年4月21日讲话，http：//www. probolivia. net/onu 2008 －1. html。
② 莫拉莱斯2008年4月21日讲话，http：//www. probolivia. net/onu2008 －1. html。
③ 莫拉莱斯2008年4月21日讲话，http：//www. probolivia. net/onu2008 －1. html。

能和中小规模的水力发电，发展生态友好型的清洁能源。埃沃·莫拉莱斯认为，世界上奢侈、浪费与饥饿并存，现在的生产不能满足世界人口的基本需要，而只是顺从市场需求和日益膨胀的资本对利润的追求。新自由主义模式优先发展农产品出口，而不是生产食品以及基本消费品来满足内需。以生产为导向促使人们研究转基因食品，肆意改变事物的自然属性，人类迟早会遭受转基因产品之害。人类应该为基本需要而生产，适度消费，优先消费本地产品，遏制奢侈与浪费。

（四）生态文明视域下拉美21世纪社会主义路径的体悟

拉美“社会主义”不是传统意义上的社会主义，拉美“社会主义”注重的是社会实践，具有多元性的特征；拉美“社会主义”的前途充满了不确定性，但拉美“社会主义”是一种可贵的探索与尝试。

1. 依靠体制与制度建设民主政治

拉美各社会主义国家领导人都主张实行政治体制和司法制度改革，进行国内民主政治建设。他们大都要求修改宪法并颁布旨在推进社会主义建设的法律，增加政府权力，限制国会权力。但是，他们都不赞成暴力革命，主张通过“和平民主革命”、民主选举的方法获得政权。他们主张实行议会民主制度、三权分立、多党竞争；鼓励人民广泛参政，主张实施“参与式民主”，建立基层权力机构“社区委员会”以保障基层人民权利，实现“真正的人民民主”。2009年，乌戈·查韦斯政府的修宪提案在公民投票中获得通过，其内容是取消包括总统在内的各级民选官员和议员的连任限制。他借助《授权法》赋予了总统的特别立法权力，颁布了一系列旨在推进社会主义建设的法律。2009年1月，在玻利维亚召开的制宪大会上，新宪法以公投方式获得通过，明确提出建设平等公正的国家，保证每个民族和社会群体都能积极参与建设新的祖国；保障公民的美好生活和政府重新掌控国家的自然资源等。另外，埃沃·莫拉莱斯政府还颁布了“马尔塞罗·基洛加·圣克鲁兹法”，旨在根除行政和司法腐败。厄瓜多尔的新宪法在2008年获得通过，对厄瓜多尔现行国家体制、政治结构和经济模式均进行了深刻调整。新宪法除了加强了总统的权力外，还在政治领域打破了传统的“三权分立”体制，除行政、立法和司法权外，增加了公民参与社会管理和选举职能，新设公民参与社会管理委员会。新宪法突出了以人为本和公平分配理念，特别强调保障中下层民众利益。

2. 加强国家在经济中的作用

新自由主义经济政策使拉美经济困顿不堪，充分说明新自由主义模式绝不是解决拉美国家经济和社会问题的灵丹妙药。拉美各社会主义国家纷纷抛弃了这种模式，积极制定和推行适合本国国情的经济政策，有计划有步骤地变革生产资料所有制关系，实行经济改革。它们均不同程度地加强了国家经济运行的计划性，推行国有化和土地改革，引导和发展集体所有制，采取了各种方法和途径消除新自由主义的消极影响。委内瑞拉、玻利维亚和厄瓜多尔都实行了不同程度的国有化，领域主要涉及石油、天然气等自然资源，也包括关系国计民生的钢铁、电力、电信、银行等垄断行业。委内瑞拉大力推行能源、电力、电信等垄断行业的国有化，对本国经济的恢复和发展产生了重大影响。厄瓜多尔的拉斐尔·科雷亚虽不赞成生产方式的完全国有化，但强化了国家在经济领域的主导作用，以保护国家和民族利益，加强对国民经济的宏观规划与指导。玻利维亚新宪法规定国家拥有经济主导权，承认国有、私有、社群和合作等多种经济形式并存。埃沃·莫拉莱斯主张“保卫玻利维亚的自然资源，追求社会公正”，积极推动自然资源国有化，加强国家对天然气资源的控制。在玻利维亚，“能源国有化被视为改善人民生活的必要途径”。[①] 截至2006年11月底，玻利维亚国家石油公司已与巴西、阿根廷、英国、法国等12家外国公司签订了新合同。当然，它们也不排斥市场经济和私营企业，认为这些经济成分的存在有利于国民经济发展，因而鼓励混合经济的发展。

3. 建立社会保障制度，改善人民生活

拉美社会主义在社会建设层面都很重视社会福利和民生问题，纷纷推行有利于民众的福利制度。委内瑞拉、玻利维亚等国都致力于建立健全本国的社会保障制度。乌戈·查韦斯政府在医疗、教育、食品分配、住房等领域实施了一系列社会福利项目，例如全民享受免费医疗与教育、从古巴引进2000名医生以及建立农村流动诊所和医院等；在居民的医疗、教育、粮食、住房等方面实施了“社会使命计划”，旨在满足贫困群体的最迫切需求，改善委内瑞拉人生存发展的基本条件，到2008年5月为止，已经执行了二十几个。这

① 杨首国：《玻利维亚平民总统埃沃·莫拉莱斯》，《国际资料信息》2007年第2期，第33页。

些措施对改善委内瑞拉的社会发展状况产生了重大而积极的影响。玻利维亚政府为改善医疗卫生服务和教育实施了具体的改革方案，重点在“制定政策保障老人、学生和妇女的权益；加强在贫困地区的教育，减少国家的文盲率”。[①] 它建立了家庭、社区和医院三级医疗卫生服务体系；颁布了埃利萨尔多·佩雷斯法进行教育和文化改革。厄瓜多尔政府关注中下层民众利益，实行广泛的扶贫帮困和社会保障制度。2003 年，巴西亚马孙州制订了“绿色自由区计划”，旨在实现生态健康、社会公正和经济可行的农牧业生产。2008 年，智利的巴切莱特政府通过了《养老金保险改革法》，建立了新的养老金制度，实行基本养老和援助养老；还实行医疗改革和“智力与你共同成长”计划，以改善基础设施，提高人们的生活质量。

4. 进行改革，消除贫困

拉美地区是目前世界上经济欠发达地区之一。进入 21 世纪以来，拉美众多国家开始寻求解决贫困问题的途径，委内瑞拉、玻利维亚、巴西等国家选择了本民族特色的社会主义，进行政府改革，消除贫困。玻利维亚是南美洲最穷的国家之一，埃沃·莫拉莱斯说，“全国 64% 的民众生活在贫困线以下，其中 37% 是赤贫”。[②] 埃沃·莫拉莱斯政府在 2007 年 11 月颁布了新土改法，对原有土地法进行了重大修改：将 200 万公顷的国家土地按一定比例分配给无地少地的贫民和土著居民，禁止庄园制的存在，规定单个家庭占有土地不得超过 5000 公顷。玻利维亚通过重新分配土地，帮助贫穷的人获得了基本的生活资料。同时，“实现本国石油和天然气的国有化和土地改革，将国家主要自然资源收归国有，使贫苦农民拥有自己的土地”。[③] 消除贫困，追求社会公平正义是埃沃·莫拉莱斯进行新社会主义建设的第一步。乌戈·查韦斯政府把国有化作为进行经济改革的首要任务，强化对关系国计民生的重要经济部门的干预，把石油业、电信业、电力工业、委内瑞拉银行、外资水泥和钢铁企业等行业和超过 40 万亩土地先后实施了国有化。乌戈·查韦斯政府依据新的《土地与农村发展法》对全国的耕地进行统计，然后给无地可种的农民分

① 《新闻分析：莫拉莱斯缘何轻松获得连任》，http：//news. xinhuanet. com/world/2009 – 12/09/content – 12620212. htm。

② 《玻利维亚总统莫拉莱斯：20 年进入社会主义》，http：//news. sina. com. cn/w/2007 – 03 – 15/145812526641. shtml。

③ 赵汇：《论拉美社会主义运动的影响及其意义》，《学术界》2008 年第 4 期，第 273 页。

配土地。“土地制度的改革结束了2%的大土地私有者拥有60%的土地的状况”，[①] 保护了低收入农民阶层的利益，增加了农民的实际收入。乌戈·查韦斯认为，不合理的土地所有制是委内瑞拉农业长期得不到发展的重要原因之一，所以要继续开展土地改革，没收和再分配闲置和产权不明晰的土地，将其分给无地农民，以实现“耕者有其田”的理想。

（五）拉美21世纪社会主义生态文明建设的思考

1. 注重挖掘本国传统思想，发挥本民族思想优势

21世纪拉美地区的社会主义运动不是由真正的马克思主义政党领导的，指导思想和理论基础也不是科学社会主义理论，而是本地区、本民族各种思想和思潮的混合体，并未形成系统的理论。乌戈·查韦斯等领导人更多的是从本土民族思想者和民族英雄那里得到启示，而不是仅仅从马克思、恩格斯等欧洲思想家那里寻求理念。他们更多地关注本国国情，注重同本国传统相结合。拉美民族社会主义的理论客观而直接地反映了本地区的真实思想状态。由此推断，社会主义的生态文明建设要结合本国本民族的具体国情，建设具有民族特色的生态文明；只有与本国国情相适应的生态文明建设才是科学而理性的可持续发展模式。

2. 社会主义生态文明建设可以有不同的实践模式

“21世纪社会主义”为指导的新社会主义运动在活动范围、目标以及组织形式上各不相同，但是它们的目标和宗旨都是消除两极分化、消除贫困与腐败、为人民群众谋福利、公平分配资源，是为了建设一个更加美丽的拉丁美洲，为了使民族主义国家实现进步，获得更多的主权，这些充分体现了社会主义的基本理念：公正和自由。这些基本理念也是生态文明的本质内容。拉美各社会主义国家的社会主义生态文明虽然是不完整的，但是委内瑞拉、玻利维亚和厄瓜多尔等国家进行的政治、经济和各种社会制度的改革，发展了民主、加强了法制，体现了人民群众的愿望，符合人民群众的利益，也得到了人民的拥护和支持，顺应了历史潮流，符合时代发展的要求，是一种进步的社会文明。

“21世纪社会主义”是拉美地区民族社会主义发展的新形式，尽管与科

---

① 白琳：《“查韦斯现象”与委内瑞拉的“新社会主义”》，《世界经济与政治》2007年第9期，第104页。

学社会主义在指导思想和目标模式上相去甚远，但不能不承认它们提出了新的社会主义发展观点，新的社会文明思想，是发展中国家探索新的发展道路的有益尝试，也是21世纪人类生存方式多样的体现。“21世纪社会主义”理论及相关实践不仅对拉美的政治走向、经济发展模式调整和制度建设产生了重大影响，也对世界社会主义生态文明建设具有重要意义。从积极和乐观的角度来看，21世纪拉美地区出现的社会主义性质的新发展可能也是通往社会主义的一种全新的模式，也是社会主义生态文明建设的一种方式。

3. 毫不动摇地坚持社会主义道路

“21世纪社会主义”是拉美国家对本国发展的一种新思考和对未来发展道路的一种新探索，拉美各国根据本国的国情和自己对社会主义理论的理解，提出了各具本国特色的社会主义理论，其中一些已付诸实践，具有重要的实践价值，如委内瑞拉提出的“主人翁式、革命的社会主义”，玻利维亚争取实现团结、互惠与共识基础上的“社群社会主义”等。委内瑞拉前总统乌戈·查韦斯说，“社会主义是我国人民和人类唯一的解决办法：摆脱资本主义的堕落”，“我相信，解决目前世界上存在的问题，依靠资本主义是行不通的，而是要靠社会主义”。[①] “我日益坚信的是我们需要越来越少的资本主义，越来越多的社会主义。……资本主义需要通过社会主义道路来实现超越。”[②] “拉美的未来是社会主义的。”[③] 其实施的主要措施包括：第一，修改宪法，为推进社会主义建设提供法律保障；第二，开展社会主义教育运动，传播“社会主义理念”；第三，在国有化的同时，强调私营经济将与国有经济和集体经济共同在国家经济生活中发挥基础作用。在这些探索中，拉美已经取得了很大的成就，对社会主义的研究有重大的实践意义。乌戈·查韦斯和埃沃·莫拉莱斯都是在谋求转变本国发展和尝试建立具有本国特色发展道路而转向社会主义的，对于国际社会主义运动的发展具有重要的实践意义。

四　小结

上述各种类型社会主义中或多或少的社会主义思想和观点，在生态文明

---

① 徐世澄：《拉丁美洲的几种社会主义理论和思潮》，《当代世界》2006年第4期，第8页。

② 徐世澄：《委内瑞拉查韦斯“21世纪社会主义”初析》，《马克思主义研究》2010年第10期，第12页。

③ 柴尚金：《影响拉美左翼的三种社会主义思潮》，《当代世界》2008年第6期，第32页。

的视域下也闪烁着一些新文明的光芒，对于走向新的社会文明作出了不同的贡献。赞扬也好、批评也罢，都是人类对未来梦想的一种探索和追求。“条条大路通罗马”，各种形态的社会主义所选择的不同于现存两种道路中的“中间道路”或“第三条道路”是世界各地、各国、各民族在新的危机，同时也是新的历史机遇面前的试验和实践。一个国家或民族选择何种道路是自己的事情，没有最好，只有更好，适合的就是正确的。恩格斯强调：“所谓‘社会主义社会’不是一种一成不变的东西，而应当和任何其他社会制度一样，把它看成是经常变化和改革的社会。它同现存制度的具有决定意义的差别当然在于，在实行全部生产资料公有制（先是单个国家实行）的基础上组织生产”。[①] 运用马克思主义基本原理与方法，从生态文明的角度对这些思潮进行分析，可以吸收一些思想营养，借鉴一些社会经验，可以紧紧把握时代和实践脉搏，开拓新视野、发展新观念、进入新境界。这些理论和实践，无论是深化科学社会主义理论还是实践社会主义道路，都是必不可少的学术考量。客观、全面地分析这些不同类型、不同形态的“社会主义”是马克思主义中国化和生态文明实践的内在要求，对中国社会主义生态文明建设和美丽中国的建设有重要的理论价值和实践意义。

① 《马克思恩格斯选集》第4卷，人民出版社，1995，第693页。

第五章
生态文明建设的有效制度路径：设计原则与构建策略

生态文明是人类社会进步的表征，是当代人类在面临生态危机的挑战下作出的一种理性思考和生存抉择。生态文明建设是指人类以文明的态度对待自然界，认真保护和积极建设良好的生态环境，并使生态化渗入社会发展结构中，以实现人类活动对自然界的最小损害并进行一定的生态性建设。生态文明建设的目标是处理好人与自然的关系，同时也涉及人与人之间的关系。从本质上说，生态文明建设是一个社会问题，它需要继承、实践已经证明了的有效社会关系准则，也需要创新适应新形势和新情况的社会关系准则。因此，生态文明建设需要一套良性的制度路径系统，维持路径依赖的积极因素，修正路径依赖的消极因素，对制度进行不断创新与设计，构建合理有效的社会制度。因为“现在和未来的选择与历史直接相关，这一点也只有在制度演进的历史中才能够真正理解”。[①] 诸多事实表明，目前世界上的制度路径在化解生态危机的方式上并不唯一，那么，如何设计出能够推进生态文明建设的有效制度路径就显得尤为迫切。马克思主义的生态文明思想和理想社会制度构想，为人类化解生态危机进入生态文明社会提供了初步的思考。

一 生态文明建设中社会主义与资本主义的路径依赖效应及博弈

生态文明建设的制度路径就是人们为解决市场经济所造成的生态环境问

① 马耀鹏：《制度与路径——社会主义经济制度变迁的历史与现实》，人民出版社，2010，第229页。

题而采取的一系列生态化社会关系准则。目前两种主要的制度路径模式——资本主义和社会主义在生态文明建设中正不断进行着较量与竞争，走向两个不同的方向。换言之，生态领域客观上构成了这两种制度路径的交集域，双方可以运用和平方式进行直接的交锋。两种制度路径模式都是在现存基本社会制度框架下运行的，都受到本身制度路径依赖的影响。

"路径依赖"概念向人们传递了这样一种思想，即组织的结构和制度的结构是从这样一个过程中产生的，在这个过程中，过去的事情影响着未来的发展，使之沿着特定的路径发展，这条路径是在对过去事件的适应下产生的。玛格丽特·利瓦伊（Margaret Levi）指出："路径依赖意味着，一旦一个国家或者区域不得不朝着某一路径前进，逆转成本就非常高。虽然存在其他可供选择的路径，但是，现有的制度会破坏试图逆转最初选择的行动。最好的比喻是一棵树。从相同的树干出发，然后出现很多不同的树枝。尽管一个爬树的人可以从一个树枝爬到另一个树枝，或者沿着树枝退下来，但是，爬树者最开始爬的那个树枝是他最有可能沿着继续爬的树枝"。[①] 因此，路径依赖是一个具有正反馈机制的体系，一旦在外部性偶然事件的影响下被系统所采纳，便会沿着一定的路径发展演进，而很难为其他潜在的甚至更优的体系所取代。路径依赖类似于物理学中的"惯性"，一旦进入某一路径就可能对这一路径产生依赖。路径依赖意味着"历史是重要的"，"人们过去作出的选择决定了他们现在的可能的选择"。[②] 正是这种路径依赖，使得社会一旦选择了某种制度，无论有效与否，都很难从这一制度中摆脱出来。制度给人们带来的规模效益决定了制度变迁的方向，并最终使得制度变迁呈现出两种截然相反的轨迹：当收益递增时，制度变迁不但能够得到巩固和支持，而且能够在此基础上沿着良性循环轨迹发展，形成路径依赖正效应；当收益递减时，制度变迁就朝着非绩效的方向发展，而且越来越严重，最终"锁定"在某种无效状态，形成路径依赖负效应。这只是路径依赖中的两种极端情况，多数情况下是处在这二者之间的许多中间情形。任何一种制度在发展中都具有路径依赖特征，它决

① Margaret L.，"A Model，a Method and a Map：Rational Choice in Comparative and Historical Analysis"，Lichbach M. I.，Zuckerman A. S.，*Comparative Politics：Rationality，Culture and Structure*，Cambridge University Press，1997，p. 17.

② 〔美〕道格拉斯·C. 诺思：《经济史中的结构与变迁》，陈郁、罗华平译，上海三联书店，1999，第1~2页。

定现实关切、未来社会制度的声誉与前途，因此，理性认识现实社会制度路径所产生的依赖效应是体悟不同社会制度路径对生态文明建设效果的重要途径。

（一）资本主义生态文明建设的路径依赖效应

在资本主义框架下，生态文明建设的制度路径依赖效应明显体现在资本主义与生态文明本质的不协调。市场经济体制遵循资本主义追求利润最大化的逻辑，造成了生态环境的严重破坏，生态文明在资本主义路径依赖下的建设并没有能够有效化解人与自然之间的关系矛盾，也没有能够从根本上解决人与人之间的社会关系问题。

1. 资本的全球扩张加剧了生态环境失衡，破坏了生态系统的全球均衡

从20世纪50年代开始，发达国家的温室气体排放量直线上升，其后果直到今天才被认识到。今天，新工业化国家的迅猛发展与这些后果融为一体，形成全球僵局，这是一条不归路。在一片纷争之中，发达国家的双重标准致使生态环境问题的全球解决变得遥不可及。今天，地球上出现了史无前例的全球性不平等现象，现存的世界性生存危机的不均衡和不公平将使生态环境恶化更严重。生态环境恶化在全球导致的社会和经济后果都是不均衡的，随之产生的不公平不仅表现在地理分布上，也表现在时间先后上，它们隐藏着巨大的冲突，冲突的后果将在不远的将来完全爆发。2012年，京都议定书失效，许多国家并没有达到议定书所规定的减排标准。从人为造成的气候变化、不可逆转的资源滥采，到对生存空间的持续破坏，到人口增长以及环保问题，生态失衡已经严重影响到地球生命的生存。“世界级科学家们对人类的警告把它的比喻基础从两个实体间的碰撞转移到‘世界相互依赖的生命之网’的概念，这是意义深长的”。①

发达资本主义国家的某些地区即使在环保方面领先，取得的成果也只是在当地有意义，却丝毫改变不了全球性的资源过度开发和环境污染的总趋势，因为追求利润是全球化资本的最大使命，它们会尽可能地不支付环境成本。欧美的发达资本主义国家已经开始实施环境保护政策，并取得了一些成效，“但从全球化资本的角度看，如果实行那些限制，就会对收益造成影响，因此，如果存在条件相同限制宽松的地方，企业将会投资到那些地方去。所以，

① 〔美〕大卫·哈维：《希望的空间》，胡大平译，南京大学出版社，2006，第211~212页。

现在的框架下，即使某个国家强化了环境限制，也不可能期待全球范围内有可见的成果”。[①] 在全球化资本的逐利驱动下，全球生态环境不能得到根本性的保护，生态失衡难以避免。

2. 新自由主义“责任自负”的极端个人利己主义观念严重违背了全球生态一体化的实践要求

个人主义是资本主义的核心价值观，而新自由主义则将其推向了极端。新自由主义经济社会政策的主要内容就是私有化、自由化、放松控制和削减社会福利。新自由主义者主张，只要拥有财富和技术就足矣，对他人的关爱及照顾是不必要的，处于贫穷或其他不幸境遇中的人也是不需要同情的；相反，那样做是有害的。他们的贫穷是自强努力的精神不够所造成的，伸手援助这些人，只会娇纵他们，对他们实际上有百害而无一利。建立优厚的福利制度和安全网，就是对不努力人的鼓励，就会降低社会整体的效率。换言之，新自由主义主张的责任自负也就是只要自己好就好，是一种极端的个人利己主义的发展理念。这种主张以自然环境无价值为前提，以实现经济利益最大化为目标，将资本主义的国家个体发展扩张并发展到极致。20 世纪 80 年代的西方国家，尤其是英国和美国，为了促进本国资本主义经济的发展，提出了新自由主义的政策。某种程度上，“责任自负”给资本主义国家带来了经济的短暂繁荣，“英国病”在撒切尔夫人的改革下实现了长期的经济恢复；美国里根政策使国内的金融和 IT 产业也出现了前所未有的兴盛。这种自私的国家发展所带来的负面效应已经明显表现出来，整个地球的生态呈现病态状态，如果依然按照资本主义的新自由主义思想发展下去，将有恶化的趋势。

新自由主义的利己主义行为如果得不到适当的限制和调控，就会加速自由经济的扩张，导致世界经济发展秩序的失控，对生态环境的破坏将更加严重。生态环境危机的后果不平等地分布在全球各个区域，从现实情况看，生态环境问题的最大肇事者反倒承担着最轻微的后果，并且还有可能从目前的状况中渔利。反过来，那些对全球气候变暖、能源短缺、资源匮乏并不担负任何责任的国家，却遭受了最大的打击。事实上，气候变暖引起的各种恶果对发展中国家的影响要远远超出发达国家。比如受季风气候不正常的影响，

---

① 〔日〕中谷岩：《资本主义为什么会自我崩溃？——新自由主义者的忏悔》，郑萍译，社会科学文献出版社，2010，第 66 页。

东南亚国家的洪涝灾害明显增加。这种不公平不仅表现在国家与国家之间截然不同的因果关联，还表现在几代人所遭受的由生态环境变化所造成的不同打击，潜在的冲突将在各个方面爆发，全球生态一体化也将不可能实现。

3. 资本主义经济制度扭曲了人的心灵、精神，有悖于生态文明的道德要求

资本主义市场经济扭曲了社会机制，最终破坏了人性。在现代经济中，劳动力、土地和货币，都已经被自然地交易，“劳动力市场和生产资料市场也成为资本主义制度的本质属性”。[①] 经济人类学家卡尔·波兰尼认为，资本主义是让人孤立、自然与社会分裂的“撒旦的磨坊”，从根本上说，这种悲惨贫困产生的原因在于将劳动力商品化的资本主义制度。查尔斯·狄更斯的《雾都孤儿》和马克思的《资本论》都描写了贫民窟和贫穷的不能劳动的人在被侮辱中死去的惨况。在资本主义制度下，人变成商品般的力量，它破坏了社会，剥夺了人的自尊心；在资本主义社会，人心荒芜，人的最基本尊严与道德被市场机制冲刷得荡然无存。

在资本主义社会，尽管人们在尽情享受着日益丰富的物质文明和精神文明成果，却感到生存状况的日益艰难，孤独感与日俱增，人情冷漠，绝望心理不断增强。社会化程度大大增加了现代人与主流社会之间的隔膜，甚至疑虑和敌意，滋生了卖淫、嫖娼、吸毒、酗酒、抢劫、凶杀以及直接对抗社会的黑帮等丑恶和犯罪现象。资本主义经济制度将资本的自私自利和贪婪送出国门，在世界各地传播、滋生与蔓延，引发了全球性的生态道德危机。这种资本主义范式下的“生态道德危机”，已经严重危及人类文明的根基乃至人类自身的生存。社会危机使得贪婪攫取剩余价值的自私自利的资本主义社会变得难以为继，“目前的经济制度不仅仅——借用约翰·麦克奈尔的比喻——像是一条鲨鱼，依赖稳定的气候、便宜的水资源和能源等条件求得生存，而且它自身的行为也在破坏这些条件，因此，我们不得不另谋生路”。[②]

4. 财产私有制破坏了国内社会和谐与自然生态，资本主义难以形成社会与自然的双重和谐

资本主义社会的私有制极大地恶化了社会关系，也破坏了自然生态环境。

---

① 〔美〕维克托·D. 利皮特：《资本主义》，刘小雪、王玉主译，中国社会科学出版社，2012，第199页。

② 〔英〕阿列克斯·卡利尼科斯：《反资本主义宣言》，罗汉、孙宁、黄悦译，上海世纪出版集团，2005，第80页。

为了发展资本主义，进行资本原始积累，土地私有化是资本主义进程中的第一步。在资本主义国家，资本家不断地购买土地，驱赶生活在土地上和以土地为生的居民，结果失去土地的农民为了生存不得不离开原来的生存空间，涌入城市寻找工作，成为以出卖劳动力为生的产业工人。城市的原有工人因外来工人涌入而受到冲击，外来工人群体与城市原有工人群体之间的矛盾、冲突不可避免。人和人之间为了争夺生存机会而展开激烈的争夺，社会因人与人之间关系的破坏而变得动荡不安。土地私有化改变了人的生存条件，引起人与人之间新的关系产生与矛盾的增加。同时，资本家为了获取高额利润，增加自己的私人财产而加重了对工人的剥削，工人在市场机制下异化而产生资产阶级与工人阶级的矛盾与冲突。处于支配地位的财产关系确保利益和动机是私有的，这样，资本主义国家的社会关系也因之变得更加紧张。不容忽视的是，资本家为了占领市场而展开的彼此之间的竞争也加剧了社会关系的紧张。

资本主义发展依赖于自然资源和能源的无限和廉价的供应，为了获取资本生产与再生产的原材料和资源，资本的疯狂掠夺本性开始了对自然界的破坏。自然界在资本主义的法律和机制的要求下也变成了私人财产，可以任意开采、买卖，丰富的自然资源、矿藏等遭到无情的破坏，自然资源的匮乏与枯竭在所难免。“实际上，在地球各个角落里发生的对大自然猛烈的破坏活动和严重的环境污染，无非是人的经济活动以及人们对金钱利益的追求造成的。”① 资本主义的出现，割裂了人与土地之间的关系，使得社会性的连带关系丧失，土地变成私有财产，导致生态环境问题的产生。

5. *消费主义主导的生产与生活方式破坏了社会系统的生态秩序*

从根本上说，生产是为了满足生活的需要，而不是相反。生活的首要任务是解决最基本的温饱问题；而温饱问题解决后，人类的生活方式便开始具有了价值观色彩，也就是温饱后的生活开始受到价值观的支配。人们如何消费、消费何种产品，开始具有个体性特征，也就是不同的价值观将影响人们进一步生产的产品、规模。人们的这种对消费的追求理念将与社会关系载体联系在一起，人们的生活质量、消费方式越来越取决于个人与社会在价值观

---

① 〔日〕中谷岩：《资本主义为什么会自我崩溃？——新自由主义者的忏悔》，郑萍译，社会科学文献出版社，2010，第93页。

上的趋同。这种追求物质财富的浮华心态和奢侈消费的行为将导致社会秩序的紊乱和道德水平的滑坡。人们为了追求无限的财富，为了满足奢侈的消费需求而不择手段，抛弃了真诚、信任、善良等基本的观念，取而代之的是虚伪、猜疑、恶毒。在异化消费过程中，生态系统的有限性与资本主义生产的无限性之间产生了矛盾，为了满足人们的无限消费欲望，一些商品生产偷工减料、以次充好，出现了大量假冒伪劣产品，消费者对产品的不信任及品牌产品的追捧更加刺激了生产的极端失衡，部分商品供不应求，部分商品滞销积压，社会的生态危机转化为商品供求危机。资本主义的消费主义刺激的畸形消费行为及消费市场“引导着单个资本尽力越来越快地销售消费品，降低资本的周转时间，以此来维持利润。如此一来，消费主义社会和生态破坏与浪费的普遍化就与资本主义消费市场紧密地联系在一起”。①

6. 资本主义的资本逻辑本性制约着生态环境问题的根本解决

资本主义社会是资本逻辑贯穿的社会。所谓资本逻辑是指追求利润、让自身增值的资本本性。资本主义企业、资本主义国家都遵从这一资本的逻辑，从而难以从根本上解决追求利润最大化的内在动机与环境保护之间的矛盾冲突，也难以从根本上解决环境保护中存在的外部性问题。因此，资本逻辑导致环境破坏，不能产生积极的保护环境的逻辑。作为一种以追求利润最大化为根本目的的社会制度，只要资本的本性没有改变，其追求最大利润的内在动机就不会消亡。资本的内在动机，表现在企业生产上，就是大量生产的体制，而且把满足人的需要的生活资料作为商品来生产。从现实来看，资本主义国家把追求利润增长作为首要目的，所以不惜代价追求经济增长，包括剥削和牺牲世界上绝大多数人的利益。《京都议定书》的失效，一定程度上清楚地显示了资本主义经济增长与环境保护之间存在的必然的内在矛盾。环境外部性问题已成为当今西方国家在环境保护中普遍存在的一个难以根除的难题。为了解决这个问题，很多国家的政府采取了强有力的措施，力求避免或减轻外部性问题对环境保护的影响。比如，“污染者付费”原则要求在处理环境问题上的外在成本能在某种程度上由企业内化，“谁污染谁付费”的规则则要求污染者承担因生产或服务造成生态环境破坏的全部费用。客观地说，这些措施在一定程度上缓解了外部性问题的尖锐性，约束了企业的生产行为，强化

① James O'Connor, *Natural Causes*, the Guildford Press, 1997, p. 124.

了企业保护环境的责任感。但是，只要资本追求利润最大化的动机不从根本上改变，外部性问题也就不可能从根本上得到解决。资本主义和环境之间的矛盾最终无法解决，作为结果，西方国家建设生态文明的步伐也因资本逻辑的本性而不得不放缓。

7. 资本主义工业文明的内在矛盾本质上与生态文明是冲突的

资本主义工业文明所包含的深刻内在矛盾就是生产的社会性与生产资料的私人占有之间的矛盾，它包含着现代的一切冲突的萌芽。资本主义社会是建立在一个阶级对另一个阶级的剥削基础之上的，工业文明的发展都是在经常的矛盾中进行的。这里，资本主义的工业文明是在“恶性循环”中运动的，它始终处于自己不断地重新制造出来而又无法克服的矛盾之中，它所达到的结果总是同它希望达到的相反。对于西方资本主义文明的内在矛盾，当代美国思想家丹尼尔·贝尔指出，西方社会是“不协调的复合体”，经济、政治和文化，各自拥有效益平等“自我实现”三个相互矛盾的轴心原则，“由此产生的机制断裂就形成了一百五十年来西方社会的紧张冲突”。[①]

资本主义文明的基本矛盾表现出四个特点，一是资本主义文明和矛盾呈现出综合性。新全球化时代的资本主义已经演变成了“有组织的资本主义”或“由国家管理的资本主义”，国家对经济的干预，缓和了因自由竞争制度带来的周期性经济危机对资本主义生产过程的剧烈破坏，既维持了资本主义经济体系的继续运转，又使资本主义文明矛盾突破单一领域的限制，成为一种系统性、综合性的矛盾，将危机引向社会文化领域，从而形成经济、社会、文化、政治以及意识形态等多领域的一种综合性、普遍性的危机。二是资本主义生产方式使社会主体自身的“文明矛盾”更加突出。一方面，资本主义生产方式能够把人作为“具有高度文明的人”生产出来，使得人自身更加文明；另一方面，资本主义私有制对人本身以及人的社会关系、社会产品的“文明性”造成了损伤和破坏。这就是资本主义条件下社会主体自身特有的“文明矛盾”或“文明悖论”。在“新全球化时代”，资本主义发展得越快，这种矛盾就越突出。三是资本主义的全球性矛盾凸显。资本全球化的推进，使资本主义文明矛盾越出民族国家的界限，“升格”为全球性的矛盾。一方

① 〔美〕丹尼尔·贝尔：《资本主义文化矛盾》，赵一凡等译，生活·读书·新知三联书店，1989，第41~42页。

面，南北贫困差距拉大，南北矛盾加剧，贫困成为全球化世界面临的最大的系统性威胁；另一方面，强权政治推行的民主、文化价值观与弱势国家的抗争之间的斗争与矛盾不断深化。西方强国推行强权意志的民主与文明，与发展中国家争取建立公正合理的国际政治新秩序，实现更大范围、更深刻的持续的民主化和文明化之间的斗争持续不断。四是资本主义文明矛盾向危及人类文明根基的“生态文明危机”的方向演进。西方工业文明的发展模式以获取剩余价值为目的，它带来了资源的严重浪费、环境的污染等反文明效应。在全球化过程中，西方发达国家把这种发展模式以及消费主义的生活方式扩展到全球范围。西方发达国家在消耗大量资源的同时把污染环境的第二产业大量迁到第三世界国家。本质上，资本主义的工业文明与生态文明是相悖的。

客观地说，西方国家在生态文明建设上取得了重大成就，为最终实现人与自然的和谐共生准备了一定的理论基础和物质前提。然而，由于资本主义制度的本质并没有发生根本性变化，生态文明建设在西方国家陷入了制度路径依赖的非绩效困境。现存的资本主义制度即使进行改良也不可能解决这些难题，不可能建成真正意义上的生态文明社会。正如美国著名的生态政治学家约翰·贝拉米·福斯特所说：“生态和资本主义是相互对立的两个领域，这种对立不是表现在每一个实例之中，而是作为一个整体表现在两者之间的相互作用之中”。[①] 由此判断，与以往将当前全球性危机主要归咎于人类固有的本性、现代性、工业主义或经济发展本身的认识不同，只有我们进行根本性的社会变革，人类才有可能与环境保持一种更具持续性的关系；人类也才能完全有望在克服最严重的环境问题的同时，继续保持社会的进步。

（二）社会主义生态文明建设的路径依赖效应

社会主义制度的建立揭开了人类生态文明的崭新的一页。社会主义是人类社会发展历史上迄今为止最高形态的国家制度，其基本结构来源于马克思主义经典作家建立在对资本主义制度批判的理论基础上的设计，即经济上的公有制，政治上无产阶级专政的民主制度。马克思对未来社会主义国家发展的预测多建立在资本主义国家生产力高度发达的社会关系基础之上，认为社

① 〔美〕约翰·贝拉米·福斯特：《生态危机与资本主义》，耿建新、宋兴无译，上海译文出版社，2006，前言第1页。

会主义生产方式一旦产生，政治权力的作用就将淡出社会管理领域。但是，现实的社会主义国家是建立在经济文化落后的基础上的，必须借助政治权力的作用才能建立一整套经济制度和政治制度，而这些制度又受到本国的民族情感、道德观念、价值理念等非正式制度的影响。简言之，社会主义路径的框架宏观上是按照马克思的理论制度设想的，而具体的体制、政策法规则具有本国的民族文化、道德风尚、传统习惯等非正式制度路径依赖的特征，并影响到正式的经济制度及政治制度的功能的发挥，因此，现实的社会主义路径模式在生态文明的建设中所呈现的效应也并非完美无缺。

1. 社会主义公有制是生态文明建设的根本制度保障

按照马克思主义的理解，生产资料公有制是新社会（即社会主义社会）的经济基础。生产资料公有制是社会主义经济制度的基础，它决定了社会主义的政治、法律、文化等，决定了社会制度的性质。生产资料所有制是整个生产关系的基础，一定的生产资料所有制形式决定了人们在生产中的一定地位和相互关系、一定的交换关系和一定的产品分配关系。社会主义否定剥削制度，建立了以生产资料公有制为主体的经济制度，从而为实现劳动人民对国家事务的参与奠定了必要的经济基础。社会主义社会实行以生产资料公有制为主导的经济形式，实现了“绝大多数人居于主人地位”的政治愿望，在国家权力与公民权利之间不存在根本性的难以协调的冲突，国家可以通过法律对社会资源、对权利和义务的多次分配来解决它与公民个人、社会团体之间的矛盾，以此平衡三者之间的利益关系，从而有利于生态文明建设的推进。

公有制是指劳动人民对生产资料的共同占有，但并不是任何的国家所有制都是公有制。只有在社会主义条件下，国家是代表劳动人民利益的，生产资料归这种性质的国家所有，实质上才是全民所有。只有在公有制占主体的条件下，社会生产力的发展，物质财富的增长，才能为最广大的劳动群众所共享，实现真正的社会公正，有利于把广大人民群众的利益实现好、维护好、发展好。从本质上讲，在社会化大生产条件下，社会经济联系越密切，科学技术的发展越快，产业结构的变动也就越频繁。公有制有利于资源的开发、利用和合理配置，有利于集中力量发展重点产业和重点科技，有利于对社会经济结构进行战略调整和实施可持续发展战略，能够促进社会生产力的发展和国民经济的持续、快速、健康发展。这些都为生态文明建设提供了强有力的基本制度支持。

2. 社会主义的民主政治制度是生态文明建设的基本政治基础

社会主义国家在人类历史上第一次确立了工人阶级领导的全体劳动人民的政治统治，实现了绝大多数人参与的新型民主和法制建设。社会主义建立了国体和政体相统一的民主政治制度和法律制度：从民主政治制度上看，民主专政的国体对广大劳动人民实行最广泛的民主，对极少数敌对分子实行专政，它体现了广大劳动人民的根本意愿，保障了公民的民主权利；从法律制度上看，社会主义国家的法律是最广大人民的利益和意志的反映，它赋予每一位公民参加社会主义事业各项活动的法定权利，并以一系列的制度来保证这些权利的行使。从实践上看，对于公民基本权利的确认及其行使，社会主义强调公民在法律面前一律平等，即承认无差别的个人平等。社会主义社会在承认由历史造成的有差别的个人存在这一事实的同时，并不是抽象地谈论法律上的人人平等，用形式上的平等去消除社会中的不平等，而是强调社会帮助个人，社会为个人提供援助。

社会主义条件下，公民对自由的愿望与国家对秩序的要求之间的冲突，并不必然蕴含于法定的权利和义务之中，而主要显现在个体权利需要的法律化及法定权利向现实权利的转化过程中，因此，立法民主、执法规范和司法公正对于缓和公民自由与国家秩序之间的冲突具有重要的意义，而它们都须通过一系列保障机制来实现。从形式上看，民主机制解决的是个人与社会之间的关系问题，要求个人服从社会秩序；从实质上看，是要求个人利益服从社会的整体利益，因为“民主所追求的个人利益最大化，逻辑地体现在实施现代化所要求的行为规则上，服从这种规则才能使经济机制运行起来”。[①] 这一特点决定了民主政治在社会主义生态文明中的重要意义，使之成为社会主义国家生态文明建设的核心内容。众所周知，社会主义民主政治制度的建立对生态文明建设具有重要意义，能够确保从整体上实现人、自然与社会关系的综合协调，能够将所有的民众纳入生态社会建设的轨道中。但是，在具体的国家，其功能的发挥也表现出一定的差异性。

3. 社会主义市场经济体制是生态文明建设的必要机制

社会主义市场经济体制是市场经济与社会主义基本制度（经济上就是生

---

① 余金成：《生命自由、个人平等和社会民主原则论析——人类与自然界关系视阈中的价值观问题》，《探索》2011 年第 6 期，第 161 页。

产资料公有制）相结合的产物，它既能发挥市场配置资源的基础性机制作用，又能实现合理分配社会生产资料的功能。市场经济机制在社会主义制度的框架下运转，通过竞争，实现优胜劣汰，促进社会的进步。社会主义市场经济体制是一个有机的整体，在这个整体中，社会主义基本制度和市场经济机制的本质并没有改变，但是二者结合的具体形式发生了一定的变化，彼此相互影响、相互渗透、相互融合。社会主义条件下的市场经济要适应生产资料公有制这一社会主义经济基础，大力发挥市场在资源配置中的决定性作用，而对于市场的短期性、滞后性和不确定性等缺点与不足，就要发挥社会主义计划的调节功能，弥补和抑制市场带来的消极作用，实现经济效益与社会效益的兼顾。社会主义市场经济体制在人类历史上是一个新的创举，在中国特色社会主义的实践中已经获得较为成功的结合，当然也存在一些需要不断改善的地方。

生态文明建设需要实现自然生态、社会经济的协调发展，是在保护自然生态环境基础上实现社会发展。社会主义不能拒绝市场运行机制，必须运用市场方式来调动劳动者的积极性，促进生产力的发展。市场经济机制在社会主义制度的规范下扬长避短，促进激励机制作用的有效发挥，制约市场机制的自由放任。国家可以运用权力和行政政策法规进一步规范市场行为，对市场中的企业、个人以及政府行为进行规制与调控，对自然资源进行合理利用，节约资源、保护自然；对企业排污、浪费现象，以及破坏自然的行为进行法规制裁和政策控制；对个人破坏自然的行为进行政策引导。

4. 社会主义的共同富裕与生态文明建设的社会目标是相通的

共同富裕是一个相对的概念，也是一个发展的概念，在社会主义的不同阶段，其具体内涵也不同。社会主义的共同富裕是以消灭剥削制度为基础的富裕。社会主义发展生产力是为了追求全体劳动群众的共同富裕，是劳动者平等地享受社会物质财富，并通过财富的积累为实现理想的共产主义社会奠定物质基础。当然，共同富裕并不等于绝对的同步富裕，也不是完全平均的同等富裕。生态文明建设的社会目标也是实现全体社会成员的共同富裕。当一个生产力落后的国家在特殊条件下建立了社会主义制度，即使实现了公有制，共同富裕仍是一个努力的目标；而在一个生产力发达的国家建立社会主义制度，由社会严重不平等转向共同富裕，其实现也有一个过程。因此，社会主义共同富裕对一个国家来说，就是一个方向、一个目标。

作为社会主义价值标准的共同富裕，从理论与实践两个层面体现了生态文明建设的社会目标。从理论上看，社会主义共同富裕是符合绝大多数人的利益和愿望的，具有价值合理性。社会主义的目的，就是要逐步实现全国劳动人民的共同富裕。历史唯物主义认为，在共产主义社会里，生产力高度发展，物质财富、精神财富极大丰富，贫穷和剥削已被消灭，产品实行“各尽所能、按需分配”的原则，全体社会成员实现了自由、平等和富裕。既然社会主义社会必然要过渡到共产主义社会，那么，它必定要实现全体人民的共同富裕。从这个意义上说，共同富裕是社会主义的终极价值取向，也是生态文明建设的社会价值追求。从实践上看，共同富裕是社会主义实践的具体道路，是增强社会主义国家民族凝聚力和巩固社会主义制度的必然选择。现实的社会主义国家大多是在经济落后基础上建立起来的，只有走共同富裕式的发展道路，才能打破历史上因发展不平等扩大导致的繁荣衰落的交替，才能摆脱社会经济发展中的各种困境与危机，凝集全社会的力量，集中精神，加快发展生产力和提高居民生活质量。社会主义国家通过走共同富裕之路减少社会矛盾和不文明，逐渐实现社会的和谐繁荣，这也正是生态文明建设的基本内容。

5. 社会主义的集体主义时代创新是适应生态文明建设的需要

从集体主义的发展历史看，它是对个人主义的一种补充和制衡。社会主义的集体主义是与资本主义的个人利己主义相对应的，是社会主义的主导价值观，是社会主义意识形态的本质体现。在实行社会主义市场经济的条件下，最有凝聚力和吸引力的是社会主义的集体主义，而不是个人主义价值观。集体主义的优势在于纠正极端个人利己主义，实现社会的整体利益。马克思主义的集体主义理论原则与社会主义国家的实践中较多的偏爱集体主义的人与社会关系问题。社会主义的集体主义是人类依靠意识能力支配自己的生命活动，是人类社会的必然要求，是人们在思想与行为方面的自觉选择。随着全球生态环境问题的蔓延，人与自然关系的矛盾上升，集体主义价值观在纠正人类中心主义、保护自然界方面的自觉意识开始凸显出来。

从价值观上来说，集体主义真正反映了社会主义的本质，体现了社会主义的方向。“坚持集体主义价值观，反对个人利己主义的价值观，这是时代的要求，是增强社会主义意识形态凝聚力和吸引力的关键。”[①] 事实表明，只有

① 刘林元：《集体主义是社会主义价值体系的灵魂》，《江海学刊》2008 年第 6 期，第 14 页。

坚持社会主义集体主义价值观，才能凝聚广大人民群众的意志和力量，才能整合社会力量化解生态危机。集体主义价值观在政治领域的功能体现在能够设计发展战略，实现社会的有序发展，并且决策快捷、行动迅速。在生态文明建设中，集体主义价值观所形成的计划布局对宏观上推进生态文明的正面效应正在上升。值得一提的是，个人主义在激励竞争、增强个体能力，最终对人类整体实力的提升上的积极作用是不容忽视的。“按照人类与自然界关系发展的需要考察，两种模式各擅胜场：在自然经济时期，集体主义原则占优；在商品经济时期，个人主义原则占优；在信息经济时期，应该体现双方的辩证统一”。[①] 因此，社会主义的集体主义价值观在生态文明新时代应创新、补充和增加人类与自然界关系方面的规则，使集体主义成为处理人与社会关系、人与自然关系的一个有效的原则。只有这样才能适应生态文明建设的客观需要。

6. 社会主义的道德意识与生态文明价值追求的本质是相同的

道德是一个极为复杂的思想体系，作为社会主体和自然界生命存在的人类，不同于动物的最显著区别就是有道德意识。人类文明的一个基本尺度就是人类依靠理性形成人人遵守的社会秩序，这个秩序需要各种规则来约束，而订立秩序与规则只能依靠人类的道德意识。只有社会中的利益关系不再对立时，道德的主导地位才能实现。社会主义道德是在与旧道德的斗争中不断自我完善的，主张将人的世界和人的关系回归于人自身并崇尚真正的平等、自由，以及权利和义务相统一，其实质是人来自自然界并归于自然界，人类与自然界具有相同的权利，关注人的发展与完善、人际关系的协调及人类与自然界的和谐相处。

社会主义道德崇尚的社会平等不仅是作为劳动者的个体之间的权利平等——这个平等在社会主义初级阶段是以劳动为尺度的，而且是劳动者作为客体即自然存在，与自然界具有相同的权利。换言之，自然界与作为劳动者的人类具有平等的权利。因此，社会平等是一个包含了自然生物在内的广义上的平等，这种道德也正好体现了生态文明建设中人与自然的关系。社会主义道德崇尚真正的自由，这种自由是根据对自然界的必然性的认识来支配我们自己和外部自然的。社会主义社会中的个人自由只有在与自然形成的共同体中，

① 余金成：《生命自由、个人平等和社会民主原则论析——人类与自然界关系视阈中的价值观问题》，《探索》2011 年第 6 期，第 162 页。

才能获得全面发展。社会主义道德坚持权利和义务的统一，正如恩格斯所说："我们的目的是要建立社会主义制度……他们应该承认：没有无义务的权利，也没有无权利的义务。"[①] 在人类与自然界的关系中，人类应该做到爱护自然、尊重自然、顺应自然，这样才能从自然界获得人类所需的资源。由此可见，社会主义道德的生态意识和行为是生态文明的根基。社会主义生态道德的本质是社会的进步状态始终与最广大人民群众生态环境的不断改善和社会地位的不断提高密切地联系在一起。

总之，现实的社会主义路径模式是各国在马克思主义理论指导下结合本国实践的产物。"人类一切理论活动都是从现实出发的，也都是以现实为归宿的；然而，任何实践活动又都是以理论为先导的，或者说，是以理论为形式的。理论源于历史中的实践又高于它，因而能够指导现在的实践；现在的实践在发展过程中又不断地超越自身，因而能够修正既定的理论。实践与理论的这种相互渗透、相互融通、互为前提、互为表里的辩证关系，只有在人类发展的总过程中才能被理解。"[②] 任何一个社会主义国家的生态文明建设既是一次新的挑战，也是验证社会制度优越性的一个机会。

按照历史的逻辑，社会主义社会是建立在资本主义充分发展的基础之上的，生态文明建设理应拥有坚实的物质基础，但事实并非如此，现有的社会主义国家都是在经济落后的基础上建立起来的，因此，生态文明建设的物质基础仍然十分薄弱，这就导致生态文明建设在社会主义国家并非是顺风顺水的。当然，生态文明建设也并非线性，因为生态文明并非只有物质的内容，更多的是一种人类认知水平的提高和生态道德意识的提高。据此，生态文明建设在经济基础并不雄厚的国家也可以率先建设。"一般说来，社会主义理想不能自发地产生于前资本主义经济形态的社会环境中。如历史所证实的，在这种经济条件下，被压迫者的斗争即使胜利了，也只能建立起改良型的旧制度。只有当资本主义形成自身的物质基础，即完成工业革命以后，才能完整地展示其内在矛盾，充分呈现解决这种矛盾的物质力量，从而产生科学的社会主义理论；落后民族也才能藉此将救亡图存、振兴民族的事业，同选择社

① 《马克思恩格斯全集》第21卷，人民出版社，1965，第570页。

② 余金成：《从马克思主义的发展认识邓小平理论的历史地位》，《天津师大学报》2000年第4期，第2页。

会主义道路结合起来。”[①] 总之，社会主义生态文明建设是合规律性的。

（三）生态文明建设中两种制度路径的博弈

不同社会制度之间总要进行竞争，产生不同的效应。社会主义和资本主义是人类在迈向现代化过程中两种不同的制度路径选择。社会主义与资本主义作为两种不同的制度路径，从制度作用发挥的一般层面看，它们具有相同的一面，即生态文明建设离不开一定的制度保障。但是作为具体的制度路径——社会主义则在很多方面表现出自己的比较优势，资本主义在一些具体问题的解决方面也有值得肯定的一面，生态环境客观上构成二者可以直接较量的领域。

1. 资本主义与社会主义在解决生态环境问题中，实现利益群体的对象不同

资本主义与社会主义对生态危机的解决是基于不同的利益社会群体。资本主义制度建立的是资产阶级专政的国家制度，代表的是部分富裕阶层的根本利益，本质上是少部分人的利益主张在国家层面的体现。生态问题本身是资产阶级追逐利益的结果，资本主义制度是服务于资产阶级的，因此，资本主义不会为了解决生态问题而去损害资产阶级自身的利益。无论是国内采用法律政策还是国际社会中的贸易交换，都是以不损害本阶级的利益为前提的，可见，资本主义发达的生产力是为资产阶级这个少数人的富裕群体服务的。资本主义考量生态问题的解决途径是基于少数人的层面，并非是生态系统下人类社会的整体层面，这种制度路径与生态文明的要求是相悖的。

社会主义按照马克思主义的理论制度建立了服务于大多数人的国家制度。这是它与资本主义最大的不同之处，其优越性在于用发展生产力来为大多数民众服务。社会主义对生态问题的解决，不仅考虑人与自然的关系问题，还扩展到人与社会的关系问题，从根本上思考，这是资本主义所不能及的。社会主义制度下生态问题的解决立足于绝大多数民众的需要，考虑的是社会的整体层面，而不是少数人的私利，遵循了人类社会发展的基本规律，符合生态文明的发展方向。

由此可见，社会主义最终是为满足大多数人的需要，一时的限制是为了

① 余金成：《全球化视角下落后国家的社会主义运动》，《当代世界与社会主义》2003 年第 4 期，第 44 页。

更好地满足；资本主义则最终是为了限制大多数人的需要，一时的满足是为了更好地限制。

2. 社会主义与资本主义解决生态问题的基本途径不同

西方资本主义国家认为生态问题是技术不发达造成的，解决的途径就是改进技术，对生态污染进行转移。西方资本主义国家解决生态问题是从资本的逻辑角度出发，从生态危机的末端入手，而不是从生态危机的根源上解决问题。不难看出，资本主义国家对生态问题的解决是基于生产力的角度，单纯从技术层面考虑，认为科学技术能够解决一切问题，对于目前的生态危机的处理也是如此。从一定程度上说，利用科技是可以减少污染、降低能耗、再生物种、改变生态结构，实现自然界的稳定状态的。但是，资本主义国家的科学技术是被资本家个体或个别国家的政府或企业掌握的，资本主义的自私本性和极端个人主义价值观使得科学技术不能实现共享，只能部分地解决污染问题，并不能从根本上消除生态危机。因为“作为个体，资本家都在努力增加他们的剩余价值以及利润，但作为一个阶级，竞争的过程实际上导向了其反面。这是资本主义生产方式的必然结果”。[①] 由此可见，生产力在资本主义制度下得不到真正的发展，生产关系被资本主义制度资本化、商品化，人与人之间的关系被异化了，生态环境问题在资本主义制度下是不可能彻底解决的。

现实社会主义的典型代表——中国在解决生态问题上通过社会主义生态文明战略规划，站在人类角度，从生态危机的根源着手，为经济落后的发展中国家解决生态问题提供了一个独特方式。中国在对全球性生态问题的解决中提出“共同但有区别”的原则。战略上，中国生态文明建设具有前瞻性，是永续发展，不把问题留给后人；策略上，提出生态文明建设战略目标和国家政策，并与科学发展观、和谐社会、共同富裕等结合在一起。中国对生态危机的解决是从生产关系的层面入手，从根本上解决的。社会主义提供了不同于资本主义的生产关系，使生产力获得了解放，人与人之间的关系和谐友好、人与自然和谐共处。

总之，社会主义的生态问题从表面上看是对人与自然环境之间矛盾的直接解决，但最终是人与社会和谐关系的建立。社会主义路径以共同富裕为目

---

① 〔英〕鲍勃·密尔沃德：《马克思主义政治经济学——理论·历史及其现实意义》，陈国新等译，云南大学出版社，2004，第92页。

标导向，注重从根本上解决生态问题。资本主义在生态问题的解决上是“头痛医头、脚痛治脚”，甚至是将问题“转嫁”，主要是运用法制管控市场的方式来处理生态问题。这种制度路径并不能从根本上解决生态问题，最终可能导致问题积重难返。

3. *在社会主义与资本主义制度下，市场机制发挥的作用不同*

市场机制是人类文明发展形成的伟大成果，已成为目前大多数国家的选择。市场经济在人类社会发展中呈现出独特的竞争优势，促优淘劣；同时也膨胀了个人私利，异化了个人、自然与社会之间的关系。因此，市场机制表现出正反两面性：一方面，市场竞争激励了人类劳动能力的发展，促使人类整体上在自然界面前的主导能力趋强；另一方面，人类在竞争规律的推动下，对自然资源的利用总量开始超出自然界自身恢复平衡的能力，导致了人类生存条件的破坏，形成了对人类整体的威胁。

目前，资本主义与社会主义都选择了市场机制作为解决生态问题的一个经济机制。在这个问题上，社会主义的优势在于它的共同富裕目标，可以用来制衡市场机制的自发性、无序性。社会主义国家运用国家制度和政治权力从宏观上进行强制性的制度安排和调控，加强对资源任意开发、浪费和无序争夺的规制。而社会主义的集体价值观则进一步增强了政治权力的强制性功能。资本主义国家强调的是个人自由主义，这种价值观增大了国家推动财富均衡分布的难度，而个人主义的民主政治原则也放大了国家监控分散经济行为的难度。资本主义国家对市场机制进行松散的管理，几乎完全依靠市场机制自身的调控功能，将市场机制的自由放任极度放大，导致对自然资源的任意开采和破坏。资本主义通过科学技术来解决市场机制带来的资源争夺问题，改变在资源竞争中的地位，但科技并非是万能的，也并非总是有效的。市场机制在资本主义框架下仍发挥路径依赖效应。从根本上说，资本主义市场经济拉大了社会中的利益差别，造成了贫富分化。社会主义却可以利用国家调控环节采取更为积极的干预措施，使社会中的利益差别逐步向共同富裕转变。总之，我们期望一个社会主义社会，“这不是因为社会主义社会现在或过去能够比资本主义的效率高，而是因为社会主义社会的价值观比资本主义的更胜一筹”。①

---

① 〔印〕萨拉·萨卡：《生态社会主义还是生态资本主义》，张淑兰译，山东大学出版社，2008，第174页。

4. 生态文明建设在资本主义国家与社会主义国家中的战略地位不同

在资本主义生产方式、生活方式为主导的发展模式下，自发性市场机制、个人价值观等催生着物质主义观念的膨胀。一个不容忽视的事实是，目前的资本主义不但没有表现出衰败的迹象，反而因为早先掌握的先进科学技术在解决生态环境问题上显现出某些得天独厚的优势。“在与更高类型文明的长期并存、竞争和交融中，有效矫正文明进步中的某些偏颇，是资本主义发展中的又一个区别于前资本主义文明的带有规律性的现象。在剥削制度下所创造的人类文明中，唯有资本主义文明实现了与将要取代自己的社会主义文明的长期并存：一边展开激烈的竞争，一边吸纳社会主义文明的成果有效矫正自身的某些偏颇。”[①] 发达资本主义国家在生态文明建设中已经具备很多有利条件，包括发达的生产力、先进的科学技术、较高的国民生态意识等，但是西方发达资本主义国家并没有制定生态文明建设的发展战略，没有将生态文明建设真正上升到国家战略高度，只是将其作为解决生态危机的一个手段，将生态污染进行转移或转嫁。

资本主义因资本的趋利本质和扩张本性而导致了对人和自然的掠夺，引发了严重的生态危机和社会不公。资本主义体制内任何改良生态环境的努力和实践都不能从根本上解决生态危机和营造一个公平社会。“一方面资本主义的发展以追逐商品的交换价值而不是使用价值为目的，另一方面资本主义追逐剩余价值的本性带来的剥削行为造成了严重的社会不公。因此，资本主义无论是在资本主义的发展过程和方式上，还是发展结果的不平衡性上都丧失了实现生态文明的机会。”[②] 尽管西方发达国家有着最高的发展水平、最先爆发生态危机的压力、最激烈的环保运动的推动、最早的生态文明理念与国际环保倡议，但是发达资本主义国家并没有提出生态文明建设的发展战略，生态文明没有率先在发达国家兴起，也无法在发达资本主义国家率先完成，因为它不能解决人类社会发展中遇到的如何公平发展的问题。这就是生态文明的制度要求，中国特色社会主义制度作出截然不同的选择，把生态文明建设上升到国家的战略层面，高度重视并宏观指导。

---

① 周安伯：《经济全球化与资本主义文明的历史命运》，《哲学研究》2002 年第 1 期，第 12 页。

② 余维海：《生态危机的困境与消解——当代马克思主义生态学表达》，中国社会科学出版社，2012，第 164 页。

5. 两种制度路径不同的价值观对生态文明建设的目标方向不同

生态文明正是在人类重新思考未来命运，建立新的价值观、资源观和环境观，消除人与自然紧张关系的困惑背景下应运而生的。从本质上讲，人的文化就是与自然环境斗争和妥协的产物。人类在进行文化创造和发展时，必须注意它与生态环境的可持续发展关系。如果人类生态环境被破坏到了不可逆转的时候，表明人类将无法用文化适应新的生态环境，那么也必将导致文化的退化与文明的衰亡。“事实曾经证明，当社会主义仅仅属于一种美好理想的时候，它的存在主要取决于资本主义的丑恶现实。事实还将证明，当社会主义已经是一种现实的时候，它只有作为成功的榜样，才能成为吸引人类的伟大理想”。[①] 资本主义是以追逐剩余价值为目的的，创造了大量物质财富，也带来了本身不可解决的危机与矛盾。资本主义被新制度、新社会取代是历史的必然，但是在它所容纳的生产力全部发挥出来之前，它依然有活力。

社会主义从理想的设想、科学社会主义理论的创建，到从理论到实践，再到转型、苏联模式社会主义的失败，直到中国特色社会主义的再度繁荣，其间经历了重重考验与试错。社会主义中的生态因素能否被激活，社会主义能否承接生态文明的历史使命？萨米尔·阿明认为，“社会主义只有在提出一种不同于资本主义所产生的文明，也就是说在消除前面提到的现代社会的基本矛盾时，才有其自身的意义”。[②] 社会主义应该以这样一种文明为基础：摆脱经济学家的异化和劳动的异化；摆脱家长制；控制与自然的关系；发展民主，超越政治管理与经济管理的分离强加的限度；不再产生两极分化。与资本主义野蛮的全球化不同的另一选择是建设一个文明的社会主义全球化，达到目标的道路将是漫长的，因为，社会主义文明的建设，作为一种新的文明建设不可能在短时间内完成。

生态危机的爆发推动资本主义向社会主义过渡，“现在，社会主义已经回归到它本来应该占据的历史地位上来了。无论是它过早地宣布资本主义的灭亡，还是它过快地进入共产主义天堂，都是不切合实际的”。[③] 社会主义作为超越资本主义的更高级的社会选择，是人类自身超越自己的实践的结果。现

① 余金成：《社会主义的东方实践》，上海三联书店，2005，第 87 页。

② 〔埃及〕萨米尔·阿明：《世界一体化的挑战》，任友谅、金燕、王新霞、韩进草等译，社会科学文献出版社，2003，第 268 页。

③ 余金成：《社会主义的东方实践》，上海三联书店，2005，第 261 页。

实社会主义历史地位的这种确认，意味着它一开始就不仅是作为一种社会形态，也是作为一种合理的发展方式存在的。作为一种合理的发展方式，生态文明也只能与社会主义相适应。社会形态的更迭可以理解成一个自然历史过程，社会形态的新旧交替是在后续者对前在者的批判继承和扬弃超越中推进的。在历史与现实的发展中，社会主义是在对资本主义的考察、反思与批判中构建的，生态文明是在对工业文明的考察、反思与批判中被提出、预期和展望的。

6. 生态文明建设在资本主义与社会主义国家的前景不同

西方国家在生态危机问题上采取了众多的措施，获得了一些成果，但解决的问题仅是冰山一角。西方国家生态运动的失败，绿党政治的困境、生态现代化的转型等，本质上都是在抗拒资本主义和工业经济的内在增长逻辑，这种方式的自我解救是不会成功的。一些资本主义国家毫不讳言对社会主义文明成果的“借鉴”和吸收，甚至标榜自己具有某些社会主义的特征。莱斯特·瑟罗认为，“过去150年间，是社会主义制度和社会福利国家制度提供了这种新思想的来源。来自这两种制度的某些因素渗入了资本主义制度的结构”。[①] 布热津斯基也承认：“共产主义对于头脑简单和头脑复杂的人都同样具有吸引力：每一种人都会从它那里获得一种方向感，一种满意的解释和一种道义的自信”。[②] 社会主义文明因素对资本主义社会的“渗入”、压力和引导作用，将使资本主义文明走向何方，并没有明确的答案。法国学者登霍夫写道，“或许资本主义也会毁灭，并被一个吸取了教训的社会主义所挽救”。[③] 事实上，在社会主义与资本主义并存抗争的过程中，社会主义在挑战资本主义的同时，也促使其不断改进。在生态文明的“导航”下，资本主义中的社会主义成分在不断增加与传播，资本主义需要选择一个“新的页面”才能继续运转。在“生态文明时代”，从资本主义向社会主义的转型虽然策略不同，但检验文明社会的唯一尺度是生态文明建设，在实践层面属于发展方式更新，

---

① 〔美〕莱斯特·瑟罗：《资本主义的未来——当今各种力量如何塑造未来世界》，周晓钟译，中国社会科学出版社，1998，第17页。

② 〔美〕兹比格涅夫·布热津斯基：《大失败——二十世纪共产主义的兴亡》，军事科学院外国军事研究部译，军事科学出版社，1989，第3页。

③ 〔德〕玛利昂·格莱芬·登霍夫：《资本主义文明化?》，赵强、孙宁译，新华出版社，2000，第5页。

而在理论层面属于价值尺度更新。

埃及学者萨米尔·阿明指出，“在东方一些国家，那些前共产党由选民投票重新掌权；在法国，1995 年 12 月民众的强烈抗议宣告着全欧洲观点的一个可能的大转变，这是西方第一次敢于立场鲜明地抛弃所有新自由主义言论的根本理论的行为；在第三世界的一些国家（巴西，墨西哥，韩国，菲律宾，南非），一些反资本主义的人民和民主运动已开始占上风，甚至可能已经蓬勃发展。但同时，民众运动的各个方面都不断受到幻想性的和犯罪性的回应行为的威胁。……我们正走向左右派之间暴力的对峙。新左派会在南半球和北半球的许多国家取得胜利，但条件是它必须凝聚在适当的策略周围，在社会主义社会的设想上保持最大的透明度”。[①] 令人欣慰的是，中国已经发展成为世界第二大经济体，中国特色社会主义的发展给处于低谷的社会主义事业注入了一支强心剂。古巴社会主义的生态文明建设也取得了不同寻常的成绩，古巴社会给人以巨大的安全感、幸福感，古巴贫困但人心没有荒芜。人类社会进步需要两个支柱：一是人与人的社会关系是需要崇高的道德意识与信仰来维系；二是人与自然的和谐关系是经济增长的根本保障。二者在人类社会的历史进程中犹如人的两条腿，缺一不可。现实社会主义国家的发展制度路径并非尽善尽美，也需要改革与完善。发达资本主义国家在生态文明实践中对污染处理的经验与先进的技术等对社会主义国家应对污染环境问题也是有益的借鉴。尽管在通往生态文明的路途中，充满着挑战、荆棘和风险，但这条路的方向是正确的。

二　生态文明建设的有效理想制度路径构想

生态文明建设的目标是处理好人与自然的关系，但又涉及人与人之间的关系。本质上，生态文明建设是一个社会性问题。生态文明建设的有效制度路径就是既要实现人与自然关系的和谐，又要促进人与人的社会关系的和谐。因此，生态文明建设的有效制度路径设想是一个逻辑理论，具有一定的前瞻性和预判性。

---

① 〔埃及〕萨米尔·阿明：《世界一体化的挑战》，任友谅、金燕、王新霞、韩进草等译，社会科学文献出版社，2003，第 276 页。

（一）实践生态文明制度路径设想的多元方案

人类当前面临的和可以预见的将来要面临的难题，主要与以下两个问题有关。一是如何克服生态危机；二是选择资本主义还是社会主义。而这两个问题的解决都与下列目标相关：化解生态危机，创造一个美好的人类社会。一批西方学者站在不同立场、用不同的研究方法提出了不同的见解和方案。这些方案有的类似，有的迥异，不能简单地归入某一类。

1. X + 资本主义

即对资本主义进行改革，纳入新的策略与内容，改良资本主义。主要包括绿色资本主义、生态资本主义、福利资本主义等。典型代表是瑞典等北欧国家，它们已经触及了大政府的各种局限，正在悄然重塑其资本主义模式。瑞典为它在资本主义和社会主义之间开创了一条“中间道路”而倍感自豪。瑞典社民党人在1932～1976年不间断地执政44年。社民党领导人奥洛夫·帕尔梅1974年说：“新资本主义时代正在走向终结”。[①] 这种资本主义改良方案在西方发达国家很受重视，一些政党以此为策略争取执政，并获得了成功。从生态文明的视域看，这种方案实质上并不能从根本上化解生态危机，但从缓和社会关系方面看，也有其历史进步的一面。

2. X + 社会主义

即建立不同于西方发达资本主义国家的自由资本主义制度，但保留资本主义的某些成分，宣扬本民族特色的社会主义制度。该类民族社会主义宣称自己既非发达国家的自由资本主义，也非苏联式的社会主义，可称为“XX社会主义”。这类社会主义与马克思主义设想的经典社会主义是不同的，它们在本国现有的民族经济社会基础上通过自己的方式探寻民族的自由、民主与平等，找到了具有民族特色的制度路径。主要代表有生态社会主义、市场社会主义、拉美民族社会主义等。

3. 替代资本主义的社会主义

即具有马克思主义特质的社会主义。《传播乌托邦——资本主义终结？新的剥削方式、新的斗争思想》一书认为，资本主义制度无法为人类重大历史问题提供解决方案。虽然正在经历困难时期，但社会主义仍是可以期待的。

---

① 《重塑资本主义模式》，《参考消息》2013年2月5日，第11版。

一个历史分水岭，建立一个生产力发展水平比过去高得多的社会，超越一个只追求个人或企业利润的社会，真正开始考虑共同福祉、集体、全人类的新社会，她就是社会主义。英国学者阿列克斯·卡利尼科斯是一位反资本主义全球化的学者，他指出，社会主义计划是一种既可行又有优势的资本主义替代方案；社会主义计划往往被认为是过时的做法，其实我们现在恰恰需要社会主义计划。但是，“社会主义计划只有在国际层次上实施才能有效”。[①] 实现的具体建议包括：立刻取消第三世界的债务；在国际货币交易方面引入托宾税；恢复对资本的控制；引入统一的基本收入；减少工作时间；保护公共服务，私有产业恢复国有化；制定积极的税收政策以资助公共服务，实现财富和收入的再分配；废除移民控制，扩大公民权利；一项预防环境灾难的计划；破除军事—工业的情结；维护公民自由；等等。

大浪淘沙。在生态文明建设的制度路径模式竞赛中，方向已经明确，但是具体策略和方式并不确定，也并不唯一。

（二）马克思主义生态文明建设的理想社会制度

1. 马克思主义生态文明思想的基本解读

一是马克思恩格斯具有深刻而鲜明的生态环境意识。在西方工业化的早期，关于思维和意识的认识中，马克思就指出：“它们都是人脑的产物，而人本身是自然界的产物，是在自己所处的环境中并且和这个环境一起发展起来的。”[②] “没有自然界，没有感性的外部世界，工人什么也不能创造。”[③] 恩格斯在总结人类的历史经验时提到，“美索不达米亚、希腊、小亚细亚以及其他各地的居民，为了得到耕地，毁灭了森林，但是他们做梦也想不到，这些地方今天竟因此而成为不毛之地，因为他们使这些地方失去了森林，也就失去了水分的积聚中心和贮藏库。阿尔卑斯山的意大利人，当他们在山南坡把在山北坡得到精心保护的那同一种枞树林砍光用尽时，没有预料到，这样一来，他们就把本地区的高山畜牧业的根基毁掉了；他们更没有预料到，他们这样做，竟使山泉在一年中的大部分时间内枯竭了，同时在雨季又使更加凶猛的

---

① 〔英〕阿列克斯·卡利尼科斯：《反资本主义宣言》，罗汉、孙宁、黄悦等译，上海世纪出版集团，2005，第90页。

② 《马克思恩格斯选集》第3卷，人民出版社，1995，第374～375页。

③ 《马克思恩格斯选集》第1卷，人民出版社，1995，第42页。

洪水倾泻到平原上”。[①] 他们的这种生态环境意识已经揭示出资本主义的生态环境问题，就像传染性的病菌是不能用资本主义的药方来医治的，在某种条件下还会发生变异并带来更加严重的危机。事实上，资本主义发展的经历也已经证实了他们的这种生态关切。

二是马克思恩格斯将人与自然的关系延伸到人与社会关系的复合层面。他们并没有像西方已有的哲学家那样简单地论及人与自然的关系，而是将人的“主体性”、自然的“先在性”联系起来，对人、自然与社会的内在关系给予了符合逻辑性的考量。他们在强调“人是自然界的一部分”的同时，也指出“自然对人的先在性”。首先，从本体论上讲，人起源于自然界，并孕育于自然界，是自然界长期发展的产物，人对自然具有根本性的依赖。在自然界本身的演化历史中，人类是后来出现在自然界的舞台上的，而“自然界是人为了不致死亡而必须与之处于持续不断地交互作用过程的、人的身体。所谓人的肉体生活和精神生活同自然界相联系，不外是说自然界同自身相联系，因为人是自然界的一部分”。[②] 其次，他们强调人与自然关系的同时，也强调人与社会的关系。在这里，人对自然的影响是以社会为中介的，社会关系对人同自然的关系有着强大的制约作用。因为人与人的关系决定社会的生产目的、生产模式、生产效果等，对人与自然的关系也有决定性影响。在资本主义制度下，人与社会的关系决定了社会生产的目的是不断追求剩余价值，获得高额生产利润，必然导致生产规模的无限扩大，不断的掠夺破坏自然，从而使人与社会的关系被资本的逻辑所支配。反过来，人们在资本逻辑的支配下对自然资源进行了无情的掠夺，破坏了生态环境，引发了人与自然关系的失衡。由此，在资本主义社会，人、自然、社会是一个不可分割的整体，自然生态系统的破坏必然危及人类社会的生存与发展。

三是人与自然关系矛盾化解的主体性思想。马克思恩格斯关于人对自然造成破坏的认识并没有停留在问题的表面，而是提出了化解的主张。他们认为，人通过自己的活动将自己从自然界提升出来，又在能动的实践中改造自然，这就决定了人在自然界中不是被动的、消极的适应者，在遵守生态优化原则的前提下，人类可以按照自然界的规律去积极主动地改造自然。在改造

---

① 《马克思恩格斯选集》第4卷，人民出版社，1995，第383页。

② 《马克思恩格斯选集》第1卷，人民出版社，1995，第45页。

自然、利用自然、占有自然的过程中，人类要自觉地肩负起保护自然的重任，因为人类追求的不是天然自然，而是“人化自然”，是“人的现实的自然界”。对此，人类要获得的是人与自然和谐共生的生态环境，要彻底有效地解决生态危机，还要处理好人与社会的关系问题。只有两对矛盾同时得到解决，人类面临的生态危机才能真正得到解决。

四是尊重自然规律，人、自然与社会和谐一体。人类必须尊重自然规律、按规律办事。马克思说，“不以伟大的自然规律为依据的人类计划，只会带来灾难”。[①] 自然规律是人类行动的根本依据和行动指南，人类只有尊重自然规律、按规律办事，才能使自然界为人类社会造福，否则，人类社会就要受到自然界的惩罚与报复，其结果是难以预测的。恩格斯明确指出，“我们对自然界的全部统治力量，就在于我们比其他一切生物强，能够认识和正确运用自然规律”。[②] 自然界能够为人所支配，是以人类能够尊重自然规律、按规律办事为客观前提的，人类社会历史的发展与自然规律具有内在一致的趋向性。自然界是人类社会赖以生存与发展的基础，人与自然呈现出相互依赖、双向互构的状态。在人与自然的关系中，双方应平等相待，人类社会财富的取得离不开自然界，人类爱护自然就等于爱护人类自身，破坏自然无异于毁坏自身。实践是人与自然相联系的桥梁，同时也是人与自然关系的一种实现形式。因此，人与自然是对立统一的辩证关系，人类在社会实践活动中，需要形成对自然规律的深刻认知，将人类的内在需要与自然规律进行有机结合，实现人类与自然界的和谐一体，只有这样，人类社会与自然界才能实现和解与共存。

马克思恩格斯从生态文明的角度论述了资本主义社会的必然灭亡和共产主义社会必然来临的历史趋势。在他们看来，资本主义社会中存在的生态环境问题，不仅是科学技术不发达的结果，而且主要是对自然资源的资本主义式的私人占有和利用的结果。马克思率先把生态问题看成是社会问题，主张在解决社会问题的前提下解决生态问题，即只有消除了社会的异化现象，才有可能消除自然的异化现象。马克思指出，要解决这个问题，“仅仅有认识还是不够的。为此需要对我们的直到目前为止的生产方式，以及同这种生产方

---

① 《马克思恩格斯全集》第 31 卷，人民出版社，1972，第 251 页。

② 《马克思恩格斯选集》第 4 卷，人民出版社，1995，第 384 页。

式一起对我们的现今的整个社会制度实行完全的变革”。[①] 只有在共产主义条件下，人类才能最终摆脱动物界，从动物的生存条件真正进入人的生存条件，才能完全自觉地创造自己的历史，人的价值才能体现在劳动过程中。劳动成为人的需要，人成为真正全面发展的人，人与人之间、人与社会之间才能达到和谐的状态。

2. 马克思恩格斯生态文明思想的当代意义

马克思恩格斯提出的生态文明思想深刻地解释了人与自然的关系，并且还从根本上提出了解决人与社会关系问题的方法，这些对当代生态危机的化解具有重要的理论指导价值与实践意义。它说明生态文明是一种人性与生态性全面统一的新型社会形态。这种新型社会形态不是人性服从于生态性，也不是生态性服从于人性，而是以人为本的生态和谐原则，它是每个人全面发展的前提。

（1）具有重要的实践价值。马克思恩格斯生态文明的实践价值在于它指明了解决当前全球性生态危机的方向。当前，全球性生态危机已成为摆在全人类面前的难题。资本主义全球化和获取剩余价值的本质加剧了危机的升级。马克思恩格斯生态文明思想在生态马克思主义的助推下再现了其当代价值，为人类提供了一条认识问题和解决问题的基本线索，并为人类走出生存困境、改变发展方式、摆脱危机指出了正确的实践方向。马克思恩格斯生态文明思想的价值主要体现在两个层面。一是重新认识了关于人与自然的关系问题。在马克思恩格斯看来，自然是人类价值的源泉，人靠自然界生活，自然界是人的无机的身体。马克思肯定了自然界的“内在价值”，表明人与自然具有内在的统一性，关爱自然就是关爱人本身。人类不计后果地掠夺和征服自然界出现的不可避免的后果就是生态危机，这是人类为发展工业文明而盲目改造自然界所付出的直接代价。二是它直接地揭示了资本主义社会中人与自然关系的矛盾、不相容、不和谐。要改变人与自然关系的矛盾，在工业文明的思维定式中是不能找到答案的。只有爱护自然，充分认识到自然界本身的价值，人类才有可能与自然和谐相处，也才能有效地解决全球性的生态环境问题。

（2）具有突出的理论价值。一方面，生态文明思想是马克思主义理论体

① 《马克思恩格斯选集》第4卷，人民出版社，1995，第385页。

系的重要组成部分。马克思主义理论体系是一个内涵丰富、外延广阔的科学理论体系。核心价值观始终贯穿于马克思主义理论体系，即对人类社会前途命运的终极关怀，以及实现人类的彻底解放和人的自由全面发展。这是马克思主义创始人的立场和价值取向的必然归宿，是马克思主义认识和分析人类社会发展趋势的必然结论。换言之，马克思主义是为共产主义的价值观、世界观而存在的。因此，解读和认识马克思主义理论体系，必须牢牢地把握马克思主义的核心价值观和终极目标。《共产党宣言》指出："代替那存在着阶级和阶级对立的资产阶级旧社会的，将是这样一个联合体，在那里，每个人的自由发展是一切人的自由发展的条件"。[①] 到那时将会实现人的自由全面发展，实现人类的彻底解放和人类社会的自我完善和发展，这正是解决了人类所面临的生态环境问题之后才能出现的。它不仅是科学技术发展不发达的结果，而且是对自然资源的资本主义私人占有和利用的结果。因此，要解决生态危机，解决人与自然的矛盾，根本的出路在于变革资本主义制度而不是其他。概言之，生态环境问题解决的关键是社会制度，人与自然之间关系问题的解决最终是人与人之间问题的解决。

要真正改善人与自然之间的关系，根本出路在于改变不合理的生产关系和社会制度，因为，生产关系和社会制度既以人与自然的关系为基础，又反映着人与人之间的社会关系，同时也反作用于人与自然的关系。因此，社会主义制度能够带来公平公正、共同富裕，并能实现可持续发展和人的全面发展，从而实现社会和谐。全球性生态危机的解决，最终将归结于社会制度和生产关系的变革，归结于共产主义的实现。可见，生态问题并不是一个单纯的自然问题，而是一个深刻的社会发展问题，必须把它放在从资本主义过渡到共产主义的总体历史进程中来思考。由于世界上的现实社会主义国家生产力发展水平大多比较低下，只有当生产力发展到一定程度后，才能逐步构建起一种适合于社会主义生产目的的生产和技术模式。

另一方面，马克思恩格斯生态文明思想是生态文明建设战略形成的重要理论指南。一是他们的生态文明思想要求正确处理人与自然的辩证关系。工业文明时代，人们对自然的无限、无偿索取引发了对自然资源的肆意掠夺和生态环境的严重破坏，把人与自然的关系推到了征服和被征服的边缘，人与

---

① 《马克思恩格斯选集》第1卷，人民出版社，1995，第294页。

自然处于对立的境地。马克思恩格斯坚决反对对自然界采取敌对的态度，认为人与自然的关系是辩证统一的，人类在支配自然界的同时必须服从自然，按客观规律办事。否则，就会导致对自然界的破坏，最终人类只能自食苦果，从而限制甚至毁灭社会发展。任何一个国家在推进本国生态文明建设中应努力实现人与自然的和谐发展。人与自然的和谐发展是生态文明建设的立足点，也是人类文明发展的真谛。二是要正确处理经济效益、社会效益与生态效益的辩证统一关系。工业文明时代，人们的经济社会发展，只注重经济效益，忽视社会效益和生态效益，从而导致人与自然矛盾的突出。马克思指出："动物的生产是片面的，而人的生产是全面的。"[①] 也就是说，人的生产要关注自身的需要，也要关注其他存在物的需要；既要关注经济效益，又要重视社会效益和生态效益。人类在与自然界的交往过程中，不仅能够认识自己行为的结果，而且能够预见和控制自然界的发展演进。因此，生态文明建设的核心就是要求经济社会的发展必须维持在资源和环境可承载的范围内，以保证经济社会发展的可持续性，把经济效益、社会效益和生态效益统一起来，使它们相互促进、共同发展。

总之，马克思恩格斯的生态文明思想作为一种科学的世界观和方法论，将对人类坚持走生产发展、生活富裕、生态良好的文明发展道路，对促进生态文明建设具有不可替代的指导意义。

3. 马克思主义生态文明建设的本质追求：人与自然的和解

生态文明致力于构造以环境资源承载力为基础、以自然规律为准则、以可持续社会经济文化为手段的环境友好型社会。实现经济、社会、环境的共赢，关键在于人的主动性。人的生活方式以实用节约为原则，以适度消费为特征，追求基本生活需要的满足，崇尚精神文化的享受。经济文化相互融入、相互作用将成为新文明的主要特征。文明转型是人类共同面对的现实，资本主义与社会主义是两种不同的发展道路，同人类文明的发展方向是一致的，在共同存在的条件下，两种制度显示了明显的差别与本质。制度的特性和文明发展的阶段性决定其对资源的态度。资本利润最大化决定对资源掠夺的本能，资源的有限性与无限性取决于人的生存态度和价值观念。缓解乃至彻底解决能源危机、环境恶化问题，不在于新发现多少石油、天然气、煤炭储量，

---

① 《马克思恩格斯选集》第1卷，人民出版社，1995，第46页。

而取决于人与自然的关系，取决于人类社会的文明状态与发展方式，取决于人类对发展道路的选择。

按照马克思主义的观点，人类与自然界的矛盾并非资本主义社会特有的矛盾，而是人类社会的一个普遍矛盾。自从人类诞生于自然界以来，一直以实践为中介从自然界获取必需的生活资料，而人类历史其实就是一部人类通过劳动与自然界发生新陈代谢关系的自然史，同时也是人类的劳动史，因为，劳动“只是指人用来实现人和自然之间的物质变换的一般人类生产活动，它不仅已经摆脱一切社会形式和性质规定，而且甚至在它的单纯的自然存在上，不以社会为转移，超乎一切社会之上，并且作为生命的表现和证实，是还没有社会化的人和已经有某种社会规定的人所共同具有的”。[①] 只要有劳动就会产生人与自然的矛盾。但是，在人类科学技术尚不发达的条件下，人类的实践活动对自然环境的影响微乎其微。随着科学技术的发展，人类的实践活动对自然界的影响越来越大，甚至将自然界破坏得伤痕累累，人类也由一个自然界的仆人摇身一变成为自然界的征服者。人类与自然界之间的矛盾进一步加剧，引发了生态环境危机。

而生态危机又反过来加深了资本主义社会固有的社会矛盾、经济矛盾，加剧了人与人之间的矛盾。这种变化随资本主义社会的发展而呈加速之势，从更深层次上看，是资本主义的价值观或资本主义文明使然。资本主义将人与自然、人与自身、人与他人的关系异化了，生态文明在资本主义社会也被异化了。总而言之，资本主义社会生态文明建设面临的核心问题是马克思提出的资本主义的两大“和解”问题：人类同自然的和解以及人类本身的和解。两大和解的实现也就是人与自然之间矛盾的化解和人类社会矛盾的化解。这两个矛盾的化解是有关联的，人与自然之间矛盾的解决是以人类社会内部矛盾的解决为前提的。根本的措施是瓦解一切私人的利益，为可持续发展创造条件，实现公有制基础上的人与自然之间的关系，因为“社会化的人，联合起来的生产者，将合理地调节他们和自然之间的物质变换，把它置于他们的共同控制之下，而不让它作为盲目的力量来统治自己；靠消耗最小的力量，在最无愧于和最适合于他们的人类本性的条件下来进

---

① 《马克思恩格斯全集》第25卷，人民出版社，1975，第921页。

行这种物质变换”。[①] 消灭私有制，建立公有制，最终在人类和解的基础上实现人与自然的和解。

4. 生态文明建设的理想制度社会：共产主义社会

共产主义社会就是消灭了私有制的全世界劳动者联合起来的新社会，是“人类同自然和解以及人类社会和解的”的文明的最高理想。马克思在《1844年经济学—哲学手稿》中提出，共产主义意味着人与人、人与自然的矛盾的真正解决，人与自然完全和谐高度统一的生存状态。从此角度看，共产主义社会所追求的文明本质与生态文明的本质内涵是相同的。

人类的生存方式在不断改变。生态文明是新社会不可或缺的内涵，新社会的基本目标是解决生态问题，实现人与自然、人与社会的和谐共处，也就是解决自然的异化、人的异化的问题。对此，马克思为人类提出了一个理想制度——共产主义。马克思认为：“共产主义是私有财产即人的自我异化的积极的扬弃，因而也是通过人并且也是为了人而对人的本质的真正占有；因此，它是人向作为社会的人即合乎人的本性的人的自身的复归，这种复归是彻底的、自觉的、保存了以往发展的全部丰富成果的。”[②] “这种共产主义，作为完成了的自然主义，等于人本主义，而作为完成了的人本主义，等于自然主义；它是人和自然界之间、人和人之间的矛盾的真正解决，是存在和本质、对象化和自我确立、自由和必然、个体和类之间的抗争的真正解决。”[③] 共产主义这一理想制度下的社会是人的全面自由发展的社会，是人与人、人与自然完全的和谐共处的生存状态，因为在共产主义条件下消灭了对抗性的社会关系，因而社会文明的发展也消除了原有的对抗性质，“至今一直统治着历史的客观的异己的力量，现在处于人们自己的控制之下了。只是从这时起，人们才完全自觉地自己创造自己的历史；只是从这时起，由人们使之起作用的社会原因才大部分并且越来越多地达到他们所预期的结果。这是人类从必然王国进入自由王国的飞跃”。[④] 从制度与文明的关系来看，共产主义社会消灭了私有制，人和自然都获得了解放，人与自然、人与社会，以及人与人的关系都能实现和谐，生态文明也就能实现。

---

① 《马克思恩格斯全集》第25卷，人民出版社，1975，第926～927页。

② 马克思：《1844年经济学—哲学手稿》，人民出版社，刘丕坤译，1979，第73页。

③ 马克思：《1844年经济学—哲学手稿》，人民出版社，刘丕坤译，1979，第73页。

④ 《马克思恩格斯选集》第3卷，人民出版社，1995，第758页。

三　生态文明建设制度路径优化的设计原则

生态文明建设要求全社会各项规章制度都要反映可持续发展的理念，实现人与自然关系的和谐，满足生态化标准的要求。人类与自然界是一个统一、不可分的整体，人类通过自身的能力增长来不断发展与自然界的关系，人类的发展也就是人与自然关系的发展。人类发展是依靠自身智力的提高来实现的，逐渐与自然界的关系发生变化：敬畏自然、征服自然、关爱自然。迄今为止的人类发展都是人类体力劳动与脑力劳动相互作用的结果，并呈现出脑力劳动逐渐超越体力劳动的趋势。新的社会制度选择将在特定历史和文化条件下，承担起超越资本主义发展方式的历史使命。当代社会制度在生态文明建设中并非是最优的安排，突破制度路径封锁，对强制性制度、诱导性制度以及选择性制度等在生态文明建设中的功能与作用要充分安排并进行最佳的协调与配合。生态文明建设的制度路径优化必须把握生态系统的内在规律与文明本质的有机结合，因此，按照马克思主义理论和方法对生态文明建设制度路径进行优化设计，必须遵循一定的原则。

（一）兼顾三个维度：人、自然界与社会

人、自然界与社会是一个完整的、不可分割的统一体。在人、自然界与社会这三者关系中，人是自然界的产物，是生物链上的一个环节，人不能也无法凌驾于自然界之上；社会的制度特性是导致人与自然或和谐、或对立的主要因素；人的发展、社会的发展，都应以遵循或顺应自然界的规律和秩序为前提。由此判断，生态文明建设的社会制度必须兼顾人、自然界与社会这三个层面。

首先，人的主体地位直接影响自然界、社会发展的进程。作为生命的自然存在物的人，在人与自然的关系中处于主体地位。人类能动地改造自然是其本质力量的外化，是人之为人的根本前提。恩格斯认为，“人们周围的、至今统治着人们的生活条件，现在受人们的支配和控制，人们第一次成为自然界的自觉的和真正的主人，因为他们已经成为自身的社会结合的主人了。……人们自身的社会结合一直是作为自然界和历史强加于他们的东西而同他们相对立的，现在则变成他们自己的自由行动了”。[①] 马克思指出，“历史不外是各个世代的

---

① 《马克思恩格斯选集》第 3 卷，人民出版社，1995，第 758 页。

依次交替。每一代都利用以前各代遗留下来的材料、资金和生产力；由于这个缘故，每一代一方面在完全改变了的环境下继续从事所继承的活动，另一方面又通过完全改变了的活动来变更旧的环境”。[①] 人类通过劳动能动地实现自己的需要，同时能动地使自然界为人类的生存和发展服务。人类不仅通过自身劳动直接影响自然界，而且还影响人类社会的发展进程。

其次，人类受到自然法则、社会制度的影响。人类在表现出强大的主体能动性的同时，也具有一定的受动性。作为能动主体的人在改造自然界的过程中必然受到自然界的制约，即具有受动性。这不仅表现在人对自然资源的依赖上，还表现在人的活动要受自然规律的支配上。总之，我们“要牢固树立人与自然相和谐的观念。自然界是包括人类在内的一切生物的摇篮，是人类赖以生存和发展的基本条件。保护自然就是保护人类，建设自然就是造福人类。要倍加爱护和保护自然，尊重自然规律”。[②]。可见，人不能任意主宰自然界，人只有尊重并爱护自然界，才能从自然界获得自身生存发展的条件，才能真正实现人与自然的共存共荣。同时，人类还受到自身选择的特定社会制度的影响，社会制度一旦形成，其路径依赖特性反过来就会对人类自身的活动产生一定的影响。

最后，社会是人与自然的同一，社会制度影响自然法则。马克思指出，“社会是人同自然界的完成了的、本质的统一，是自然界的真正复活，是人的实现了的自然主义和自然界的实现了的人本主义”。[③] 人实现了自然主义，同时自然界实现了在美好的理想社会中的发展，两者完成了本质的统一，社会和谐寓于人与自然的和谐之中。这是对人道主义的自然界在和谐社会中真正复活的真实写照。社会制度影响着自然界的存在与发展，特定的社会制度包括经济、政治、文化等方面，不仅对人本身产生作用，而且也影响着自然界的生存法则。只要有人存在，自然史和人类史就彼此相互制约、相互影响。因此，社会制度必须要以维护自然法则为前提才能求得人类社会的可持续发展。人是社会的人，也是自然界的存在物，只有在社会制度的驱动下与自然资源进行互动才能获得和谐稳定的发展。

---

① 《马克思恩格斯选集》第1卷，1995，人民出版社，第88页。

② 胡锦涛：《在中央人口资源环境工作座谈会上的讲话》，人民出版社，2004，第6页。

③ 马克思：《1844年经济学—哲学手稿》，人民出版社，刘丕坤译，1979，第75页。

（二）协调统一制度体系：正式制度、非正式制度与运行机制

任何一种社会形态制度都包含着一个制度体系，既包含着正式制度，也包含着非正式制度以及制度得以运行的实施机制。正式制度在对人们社会关系的规范中具有强制性色彩，非正式制度具有明显的选择性，实施机制具有鲜明的可操作性。制度有效就是要处理好三者之间的关系，建立一个有机的制度体系，也就是正式制度、非正式制度和实施机制之间在生态文明建设的过程中要相互磨合、相互适应、相互匹配。正式制度要成为制度的内核，非正式制度要为正式制度引领方向，实施机制要为正式制度和非正式制度提供保障。

第一，正式制度必须与非正式制度相适应。具体地说，就是要符合一国的国情，并适应它、服务它。正式制度的设立要注重与该国的文化传统、道德观念、价值观、风俗习惯等非正式制度匹配，防止正式制度与非正式制度之间在生态文明建设过程中出现矛盾与冲突。按照新制度经济学的观点，正式制度只有与非正式制度相容，才能充分发挥其作用力，否则就较难有效地发挥或者作用力会大打折扣。

第二，非正式制度应代表时代前进方向。一国的价值观、文化、伦理、理念等非正式制度应通过各种方式强化资源稀缺观、环境价值观、生态增值观等，也就是将这些非正式制度生态化，形成代表进步文明的新非正式制度，以促进生态文明建设的低成本运行。这是因为，在新制度出现以后，旧的非正式制度不可能在短期内迅速地、彻底地从社会生活领域中完全退出；相反，作为根植于人们意识中的观念，旧的非正式制度还会在相当时期内成为约束和调节人们行为的规则，成为新的非正式制度得以生存、发展和发挥作用的巨大阻力。因此，在生态文明建设中，旧非正式制度需要生态化，形成与生态文明本质内涵相一致的新非正式制度，否则非正式制度就会成为制约正式制度、负路径依赖的核心力量。

第三，社会制度建设必须充分发挥实施机制的作用。社会制度建设中要十分重视举报机制、监督机制、考核机制、奖惩机制、保障机制等各种实施机制的作用，通过实施机制的建设保障生态文明建设的制度绩效。强有力的实施机制将使违约成本升高，使得任何违约行为都变得得不偿失。由此可见，一个国家制度是否有效，除了取决于其正式制度与非正式制度是否完善外，

更主要的是取决于其实施机制是否健全。离开实施机制，任何制度尤其是正式制度，将如同虚设。

（三）并重社会发展三要件：生产力、生产关系与生产条件

生态文明建设的有效制度本质是为促进社会发展与进步。历史唯物主义认为，人类为了生存，为了满足不断增长的物质和精神的需要，就要发展生产力。人类社会发展的历史首先是生产发展的历史，生产力与生产关系的矛盾运动是推动社会发展、进步的根本动力。生产方式是衡量社会进步的根本尺度。生产方式决定社会的性质和面貌，决定一个社会的基本制度、阶级结构以及政治、法律、道德等。一个国家处于人类社会发展进程的哪一个阶段，是由这个国家的生产方式的性质决定的。生产方式是生产力和生产关系的内在统一，其中生产力决定生产关系，生产关系反映生产力。生产力是决定整个社会发展的最终力量。据此判断，生产力是社会进步的最高标准。社会发展具有历史性、复杂性和多面性。因此，在考察具体社会的进步程度时，除了把生产力作为衡量社会进步的尺度外，还要联系该社会生产力发展的历史状况、该社会生产关系的性质和状况，以及该社会所生产的物质财富和精神财富能够在多大程度上满足人们的物质和文化生活的需要，并对该社会的政治、法律、艺术、道德、科学等特殊领域，按照其各自的特殊标准进行具体的衡量。

生产方式标准是在生产条件不受威胁的基础上提出来的，是历史的、科学的论断。根据马克思主义的历史唯物史观和辩证法，社会发展的变化，推动社会进步认识水平的不断提高，社会进步的内容也在不断丰富。生产力是以生产条件的存在为基础的，生产条件是生产力发展的保障。生态危机的出现突出了保护生产条件的要求，生产力的发展受制于生产条件的变化。这就要求在生态文明建设的社会制度制定、调整与完善过程中要注意将生产力的发展、生产关系的调整和生产条件的保护联在一起，尤其是高度关注长期受到忽视的生产条件的保护。

（四）新社会制度的文明形态：生态文明

文明反映了人类社会的发展程度，是人类发展的进步表征，不同时代的文明离不开其所依托的社会基础。采猎文明、农业文明、工业文明等在人类社会的生存与发展中撰写着人类不同的生存方式。不可否认的是，生态隐藏其中。确切地说，到了资本主义的垄断阶段，生态危机的出现及趋势的严峻才将幕后的生态文明送到台前。资本主义生产通过同时耗尽财富产生的两大源泉——土地和劳动者，通过对自然资源的破坏，获得了技术的发展和社会生产的进步。资本主义引发的生态环境问题本身破坏了生态文明建设的物质基础，生态危机引发的社会危机同样也危及生态文明建设的政治制度、社会道德以及生态意识等。生态文明在资本主义体制的框架下失去了应有的基础与保障，再生一个新社会的历史性要求提到了历史日程上来。在新的制度社会"重新提出对地球自然资源的重视迫使我们去构造另一套经济计量体系，而不再是以短期为基础的资本利润率的计算方式，新的计量体系将引起另一种与之相适应的政治文明和文化文明"。[①] 也就是说，在这个新的社会能够实现人、自然、社会的综合均衡发展，在这个新的社会必须首先保证生存的基本条件是完整的，发展是为了更好地生存而不是破坏生存条件。在生态文明时代，社会制度的优劣与否在于其提供的社会范式是否有利于自然生态的系统稳定，是否有利于社会机体的健康运行。

新社会制度的文明形态表现在四个方面。一是具有实现全面文明的相同目标。人的自由与解放既是人类追求的过程目标，更是最终目标。马克思的科学社会主义观始终把个性充分发展、没有剥削、没有压迫的"劳动者的自由联合体"作为自己的奋斗目标。这个阶段也必然是环境友好型的生态文明社会，因为人的真正的自由与解放离不开良好自然环境的支撑。生态文明是新社会的必然目标，新社会为生态文明的实现提供了制度保障。二是具有公平公正的价值追求目标。新社会之所以能够在生态文明建设中具有制度优势，靠的就是能够带来社会的公平公正。而生态文明倡导建立稳定的社会体系来保障人的自由发展、社会平等和社会正义。这不仅是在国内社会层面，而且也是在国际社会层面。三是具有系统整体的方法观。生态文明认识到，人与自然必须友好相处、和谐发展，否则要受到严重惩罚。而新社会追求的正是人和自然、人与社会、人和人之间的矛盾的真正解决并和谐相处。四是具有人、自然、社会协调一致的可持续发展观。在社会发展上，生态文明观提出

① 〔埃及〕萨米尔·阿明：《世界一体化的挑战》，任友谅、金燕、王新霞、韩进草等译，社会科学文献出版社，2003，第260页。

经济增长与发展必须符合生态原则，以尽可能少的资源投入、最优的生产方式和手段，保证社会经济同生态环境的协调、可持续发展。这与新社会的发展目标是高度一致的。

（五）新社会制度的基本依据：以有效化解生存危机为基准

生态问题已经是全球的普遍性难题，新社会制度体系要突出生态文明是其固有的价值和内在规定性。通向未来的发展道路上，生态文明是指路明灯。人类社会经历的不同文明形态的更替表明，文明是人类社会进步的正向标。生态文明是超越工业文明的新型社会文明形态，也是人类未来发展道路的新指针。工业文明带来的生态危机激发了资本主义模式的双重危机，“人类正在面临严酷的选择：或者忠实地服务于‘利润和生产’这个上帝，忍受日益失控的生态和社会危机；或者拒绝‘利润和生产’这个上帝，而朝向自然和人类社会和谐地共同进化。解决生态问题的最终出路就是变资本主义生产方式和生活方式为社会主义的生产方式和生活方式”。[①]

新社会制度体系对生态危机引发的资本主义社会总危机具有本质上的免疫功能。经济方面，坚持生产资料公有制为主体、多种所有制经济共同发展的基本经济制度，从根本上保证了社会生产力的快速健康发展，这对生产力与生产关系矛盾的消解具有内在的作用；政治方面，坚持人民当家做主的基本政治制度，能充分调动人民群众的积极性和主动性，这对资本主义的个人主义、自由主义带来的政治冷漠具有积极的改善意义；意识形态方面，坚持马克思主义的主导地位，能保证积极向上的社会风气和文化氛围，这对资本主义社会的道德沦丧与社会秩序的混乱具有一定的纠正作用；社会发展方面，坚持以社会公平和平等作为自己的价值目标，能保证社会的全面进步与发展，对资本主义社会的没落予以化解。新社会的制度体系不仅符合社会发展的规律，而且在本质上要优越于资本主义。

（六）新社会制度的内在要求：因地制宜、循序渐进与继承创新

生态文明建设的有效制度是一个系统，它要求其子制度、子机制形成一

---

① 陈学明：《社会主义的生产和生活方式是解决生态问题的根本出路——评福斯特对马克思生态理论当代价值的揭示》，《红旗文稿》2009 年第 20 期。

个有机的整体。基于制度路径依赖特征，这些制度必须既符合本地区的实际情况，又能够与时俱进、不断发展。

首先，生态文明建设的有效制度设计要立足本地的实际情况，根据具体形势和条件进行新制度的规划与安排。任何一个国家或地区进行生态文明建设都是在原有的基础上展开的，而各个国家或地区都有自身的特殊性，这就要求他们根据自身的具体情况制定与之相适应的规则，不能简单套用。制度只有与本地的具体情况相结合才能发挥它的效用。生态文明建设没有固定的模式，它只有与本地的政治基础、经济水平、道德文化以及风俗习惯相适应才能达到最佳的功能状态。

其次，生态文明建设的有效制度设计要注意循序渐进，戒骄戒躁。制度效果释放是一个缓慢的过程，不会立竿见影。在生态文明建设的过程中，对制度的安排与革新要有耐性、有恒心、有毅力，对可能出现的问题或情况要作出预测，对可能出现的各种状况事先要有所准备。一个新的制度发挥功效有一个过程，在这个过程中，新制度要调适自身以适应外部环境的变化；同时，外部的环境也要不断适应新的规则与机制，这是一个相互适应的动态过程。

最后，生态文明建设的有效制度设计要注意时刻进行继承创新，不可墨守成规。社会在不断发展，任何一个制度都有与之适应的环境与条件，当环境与条件发生变化后，制度必须作出相应的变革，否则制度的消极效能将会越来越突出，由原来的促进社会发展的动力变成制约或限制社会发展的障碍。只有不断进行创新才能紧跟时代步伐，满足社会发展的需要。当然，制度创新的前提是在原有基础上进行改革，继承原有制度中的良性因素，变革其中的不良因素。

四　生态文明建设有效制度体系的构建策略

有效制度是指在全社会制定或形成的一切有利于支持、推动和保障生态文明建设的各种引导性、规范性和约束性的规定和准则的总和，它是一种合理的、进步的、科学的、合乎人类经济与社会发展规律的、有生命力的，以及为人民大众所向往、追求与拥护的制度。其表现形式有正式制度（原则、法律、规章、条例等）和非正式制度（伦理、道德、习俗、惯例等）。生态文明建设需要依托制度建设才能够健康发展。生态文明中的意识文明、行为文明、产业文明都需要相应的制度支撑。在政治方面，生态文明需要借助生态政治的力量利用国家权力协调人与自然的关系。在经济方面，需要引导市场机制，保障市场经济的稳定有序发展。在政策方面，需要发挥政策的引导功能，推动生态文明行为，发挥政策的激励机制发展生态产业文明，发展政策的宣传优势强化生态意识文明。在法律方面，需要发挥法律的国家意志作用，推动生态文明发展，通过法律约束、规范不法行为，通过司法裁判解决环境纠纷。在思想道德与价值观念等方面，需要将生态价值和理念融入传统文化思想之中，实现传统思想文化的生态化更新。社会制度体系是一个由政治、经济、文化与社会等领域的制度、机制和实施机构等组成的完整系统。社会制度体系是生态文明建设的可靠保障，一个合理、有效而现实的制度体系构建则显得尤为重要。建立一个具有良性制度路径效应的社会制度系统将成为生态文明建设的关键所在。

（一）政治领域

政治领域的制度设立是以政府为主导的，是国家运用政治权力设立一套完备的政治运行机制，是政府设立的强制性正式制度。政治制度通常是指政治体制，是有关政体的制度，即居于统治地位的一定社会阶级采取何种形式组织政权。它包括国家的管理形式、结构形式以及选举制度、人民行使政治权利的制度等。一个国家的政治制度，总是同其根本性质和社会经济基础相适应的。

1. 灵活安排各种不同的具体制度

不同的制度之间既存在替代性关系，又存在互补性关系。当两个不同的制度可以独立发挥作用，并且所产生的效果相同或相近时，这两个政策工具之间便具有替代性。在同时使用多项具有替代性的制度时应特别谨慎，注意取舍。当两个不同的制度可以作用于同一事物的不同方面，并且某种政策效果的充分实现需要它们共同发挥作用时，这两个制度之间便具有互补性。就生态文明建设的制度而言，排污总量控制制度与排污权交易制度、取水总量控制制度与水权交易制度、环境税收制度与生态补偿制度、温室气体总量控制制度与碳权交易制度、生态保护制度与环境损害赔偿制度等，都是互补性的制度。“当存在制度的替代性关系的时候，应该在若干可以替代的制度中选择一种适宜的制度；当存在制度的互补性关系的时候，应该根据制度的实施力度进行制度的组合。”①

2. 政府行政行为的生态优化

一是改进政府绩效评比机制，推行绿色 GDP 评比办法。促使各级政府重视生态环境保护，降低经济增长速度以及相互攀比，对各地各级政府公职人员的政绩实行绿色 GDP 的核算和考评制度，建立起节约资源和保护生态的绩效评价体系。二是政府要整合与环境有关的主管部门权限，将职权集中在数量较少的几个大部门之间，明确各部门的职权，减少部门间的越权，做到权责分明，高效行政。政府还可以将部分职权转移给社会部门，以减轻政府的负担。三是强化区域性和流域性的生态管理机制。设立环保督察中心，协调处理跨区域和流域的重大环境纠纷、环境污染与生态破坏案件的来访投诉等，落实生态补偿机制。四是推进资源环境管理工作的体制和运行机制改革，降低管理成本，提高管理效率。

3. 国家运用强力制定生态保护的法律法规

一是完善生态保护法律法规。将生态文明纳入宪法、环境权利写进宪法，强化对自然资源的合理开发利用，尊重生态规律，合理利用自然；提升环境保护与循环经济等相关法律法规作为生态类基本法的地位，形成等级分明、相互协调的法律体系。修改民法和行政法等关于环境法律责任的规定，增加刑法中的罪名和刑罚，加大赔偿和处罚力度，强化对危害环境行为的法律制裁力度。二是结合行政体制改革，强化环境执法能力。通过整合，明晰部门间的权力划分，打破环境执法主体间权力分配混乱的局面，从源头上解决多头执法问题。三是加大环境执法力度。运用多种计量标准和方式有效遏制大企业对处罚无感的现状。同时，扩大环境执法方式、种类，发挥媒体的监督作用，对不法企业进行通报批评，通过影响声誉引起企业对自身环境行为的重视。四是对严重违法的企业，可以依法采取直接拘留企业责任人、限制其人身自由的方式，促使其加强对企业的监管与控制。五是完善环境损害赔偿制度。通过完善环境损害赔偿立法，整合分散在不同法律法规中的环境损害赔偿规定，制定专门的《环境损害赔偿法》，界定环境损害赔偿的范围、标准以及赔偿程序等，增强其可操作性。六是健全环境损害赔偿的纠纷解决机制，

---

① 沈满洪：《生态文明制度的构建和优化选择》，*Environmental Economy* 2012 年第 12 期，第 22 页。

形成民事和解、行政调解、司法诉讼相结合的“三管齐下”纠纷解决机制；探索建立环境损害赔偿的公益诉讼制度，在法院设立专门性的环境损害赔偿审判庭。七是加强环境损害评估机构和评估队伍建设。积极培育具有国家相关部门授予资质的、专门性的环境损害司法鉴定评估机构；培养一批职业化的环境损害评估专业队伍。八是成立环境保护警察部队，专门进行生态执法。成立一支专门的生态环境维护部队，专门管理和处理各类非法、违法的生态破坏事件，加强执法力度。

4. 重视政府的作用与权限的发挥

政府是实施生态文明建设的主体，良好的制度体系需要政府的积极作为和科学规划。政府的激励和监管是建设生态文明的根本途径。从理论上讲，产权的界定涉及一系列费用，国家的政府在产权的供给中具有比较优势，但产权制度安排是私人之间的一种合约，国家权力的介入主要在于承认这种合约安排的合法性和有效性，保护依据这种合约进行的正当产权交易。政府是产权制度的最大供给者，政府介入有利于降低产权界定和转让的交易成本。生态资源产权建立的主要障碍在于其公共物品性质和难以分割特性，对环境资源的投入与产出的考核成本很高。仅靠市场机制，生态资源的有效产权制度根本无法建立起来，而政府介入有利于降低交易成本。政府的作用是通过建立生态资源的产权准则，来完善生态资源市场；通过法律保证对所交易的生态资源给予清晰的初始产权界定，使生态资源的产权能在此基础上通过市场进行转移、重组和优化。政府对生态资源产权交易只是提供“准则”，而不是直接干预产权的转让和交换过程。

（二）经济领域

中央计划经济体制的弊端是市场不能反映经济的自身规律；自由市场经济的弊端是市场不能反映生态的内在规律。为克服现代自由市场经济的弊端，必须“建立起反映生态真理的市场”。[①] 因此，生态文明建设必须限制市场的作用，完善和健全社会制度体系。生态化的制度将鼓励各种非商业性组织和活动的发展，如各种环保组织、学术团体、艺术团体的发展。生态化的法律

---

① 〔美〕莱斯特·R. 布朗：《B 模式 2.0：拯救地球延续文明》，林自新、暴永宁等译，东方出版社，2003，第 192 页。

必须为企业规定明确的环保责任，污染环境的企业必须受到法律的制裁。深化资源性产品价格和税费改革，建立反映市场供求和资源稀缺程度、体现生态价值和代际补偿的资源有偿使用制度和生态补偿制度，积极开展节能减排，设立水权交易试点，建立有效的执行和管理制度，是经济领域推进生态文明建设的重要制度内容。

1. 健全保护生态环境的市场机制

进一步发挥市场机制在生态制度中的基础性调节作用，以价格反映自然资源的稀缺程度，减少行政权力在价格领域的干预，主要依靠市场来调节资源供求关系，通过市场价格来提高经济体的生产成本，以促进资源的节约利用和减少污染排放。一是建立包含生态环境因素的国民经济体系，即国民经济生态化核算，把自然资源和生态环境纳入国民经济核算体系，使市场价格准确反映经济活动造成的环境代价，确定恰当的边际社会成本，以刺激经济实体实现社会经济的高效率产出。二是建立以市场为基础的生态性价格机制，即价格机制生态化。在调整价格体系和执行环保经济政策中，经济主体存在着对不同产业方案进行选择的潜在性动力，而生态性价格的导引和刺激是最为有效的。三是通过市场激励机制推动生态科技创新，即科技生态化创新。加强知识产权保护力度，通过优惠政策促进产学研有机结合，为生态科技成果的生产、流转、使用和效益提供可资利用的生态制度环境，鼓励生态型科技的发展和推广使用。

2. 建立生态环境资源利用的市场化机制

发挥市场在生态和环境资源配置中的决定性作用。一是做好资源环境产权界定和量化的基础工作，加快资源环境产权的基础立法工作。二是积极推进资源税费改革。统筹各种资源税费和环境税费的改革，实现从“从量计征”到“从价计征”的转变，建立统一的资源税费和环境税费体系，加快推进资源性产品的有偿使用制度和生态补偿制度的建立与完善。三是建立生态导向型市场体系。要推进价格体制改革，理顺价格形成机制，建立反映市场供求、资源稀缺程度的资源性产品价格形成机制，建立资源性产品交易机构，促进资源节约和环境保护的资源性产品价格体系的构建，形成生态文明取向的综合市场运行机制。

3. 建立综合性的生态化决策机制

一是多方参与的政策制定机制。各级政府在制定宏观经济政策时，要有资源、环保、生态和其他有关部门的共同参与，确保各个层次的经济发展总体战略、规划和政策的制定层面都能充分考虑生态环境因素。二是环境影响因素评价进入综合决策机制。规范环境影响评价的内容和程序，完善环境影响评价的制度，增强环境影响评估的权威性，保证环境评价单位在环境影响评价中的独立性，以确保环境影响评价机构不受非技术因素的干扰，从而确保环境影响评价的公正。三是建立生态优先的权衡机制。经济发展与生态环境建设发生冲突时，要坚持生态环保的优先地位，让经济发展服从于生态环境建设，在决策制定中突出“生态第一”的宗旨。四是完善生态文明考核评价制度。通过对环境污染、生态破坏成本，以及水、矿产、森林等资源价值方面的核算，将发展过程中的资源消耗、环境损失和生态效益全部纳入经济发展水平的综合评价体系，为环境税费、自然资源管理、产业结构调整、产业污染控制、生态补偿等政策制定以及公众环境权益维护等提供科学依据。五是发挥社会组织在生态文明建设考核评价中的积极作用。探寻环境保护社会组织、中介评估机构和社会公众参与生态文明考核评价的办法，构建政府内部考核与公众评议、社会组织和专家评价、民间与官方相结合的整体评价机制。六是建立生态文明建设的激励机制。将生态文明建设考核结果作为对政府公职人员进行奖惩的重要依据，实行重大生态环境破坏事故、重大资源浪费和重复建设等的一票否决制；将生态文明建设任务完成情况与财政转移支付、生态补偿资金安排结合起来，把生态文明建设落实在经济社会发展的实践中。

（三）文化领域

生态文明建设在文化领域要求在经济增长的过程中要节约资源、降低资源的消耗定量，形成节约资源和保护环境的生活方式和理念。它强调人自身的生活修养境界、生态道德意识、生态价值观，具有最广泛的基础性。为此，文化领域的社会制度是要建立内化的道德和自律制度，包括环保宣传教育、生态意识、合理消费、良好风气等，文化领域的社会制度功效更多是体现在非正式制度方面。

1. 形成道德文化制度，提高全社会的生态文明自觉意识

建立和完善环境保护道德文化制度，目的是构造全社会环境保护的自觉自律体系，形成持久的环境保护意识形态，增强环境保护软实力。具体途径包括：将生态价值观纳入社会核心价值体系，形成资源节约和环境友好型的执政观、意识观、政绩观；强化企业的社会责任感和荣誉感，形成以保护环

境为荣、以破坏环境为耻的道德风气；对企业家进行环境知识启蒙教育和可持续发展教育，激发其环境良知。要把影响群众健康突出的环境问题作为环保工作的重点，培育公众的现代环境公益意识和环境权利意识，逐步形成“利益相关，匹夫有责”的社会主流风尚。要繁荣环境公益文化创作，承担引领社会意识、推动社会进步的道德责任，将公民环境权明确在法律法规中，加大公众对政府环境保护工作的监督力度。

2. 积极引导和修正社会意识形态

社会意识形态是非正式制度中决定个人观念转化为行为的道德和伦理的信仰体系，是个人与环境达成协议的一种节约交易费用的工具，是人们头脑中深层次的“经验内化”，具有“解释”“规范”“指导”个人行为和实践的制度功能。这些功能在适当的时候会产生积极的作用，但在某些时候也会起消极的影响。意识形态关乎社会进步和改革的启动与进程。对既有意识形态来说，正式制度的变革并不会立即引起它的变迁，但也会发生潜在的影响。国家如不对它进行有意识的创新与构建以促使其进行时代变迁，它仍会在相当长的时间内存在，并发挥其固有的制度功能，以“摩擦成本”的形式阻碍社会改革的进一步发展，甚至会导致矛盾激化。如果意识形态不能与时俱进地变迁，由国家推动的强制性制度变迁的“摩擦成本”必定会增大，与其制度功能的发挥成反比。因此，为了生态文明建设的有效推进，使社会意识形态对生态文明发挥正向功能，必须根据生态文明的本质要求进行适当的改革与创新，与时俱进地推动社会进步。

3. 合理引导和规避不良生态习惯

所谓习惯就是指在没有正式约束的地方起着规范人们行为作用的“惯例”或“标准行为”。习惯是在长期的历史和文化发展过程中形成的，它在正式制度产生之前往往起着规范和协调经济社会活动的制度作用；在正式制度产生后，仍普遍存在，并在比正式制度广泛得多的范围内发挥制度功能。习惯一般都具有稳定性和惰性，以及随着时间的推移强化并传播自己的重要特性。习惯保持一定的范式并使之从一个制度传递到另一个制度，即使是在新的制度中，习惯依然会发生作用。因此，要合理引导习惯的正向功能，规避陋习，促使其趋向生态文明的方向。

4. 将绿色低碳生活方式纳入国民教育

国民教育是一种系统教育，包括学校、社会和家庭方面的教育。具体包括三个方面。一是在幼儿园和中小学的课堂或教材中，引导学生树立正确的消费观，养成节约和环保的良性行为习惯。对学生的生态教育要注意应用性和直观性，并使之与社会教育、家庭教育相结合。二是加强生态环保知识的社会及家庭教育普及。要不断丰富宣传教育的内容，将人类对生态环境规律认识的最新成果及时向社会公众普及；要不断丰富宣传教育的形式，创新宣传教育的方式，贴近公众生活、贴近现实、寓教于乐，让生态环保知识进社区、进家庭、进企业，以生动的、切实的教育形式实现正向的宣教效果。三是要构建普及生态环保知识的长效机制。建立政府、社会组织、环保知识和技术研发机构相互合作的机制，使生态环保知识尽快地为社会公众所掌握。通过环境教育，提高公众的环保意识，改变人的内心观念和意识，形成环境保护的意识自觉和行为自觉。

5. 弘扬关爱自然的生态文明理念

一是加强对传统生态文明理念的提炼。对本国传统文化中固有的生态观念与生态智慧，认真进行研究、提炼，并弘扬传统的生态文明理念。二是在对人类生态危机的反思中宣扬生态意识。要加强对现实世界发生的重大生态环境事故、生态危机现象的科学解读，在引导中宣扬先进的生态文明理念。三是落实先进的生态文明理念。要将“尊重自然、顺应自然、保护自然、爱戴自然”的生态文明理念贯穿到政治建设、经济建设、文化建设、社会建设的各个方面和全部过程，使生态文明理念深入人心，营造全社会推进生态文明建设的良好氛围。

（四）社会领域

社会领域的非正式制度对生态文明建设的效能主要在于它能调动公民个人的积极性，能充分拓宽公民参与环境保护的途径，培养公民环境保护的意识，增强全民节约意识、生态意识，形成合理消费的社会风尚，增强生态文明宣传教育效果，营造爱护生态环境的良好风气，使生态文明思想内化为国民的个人行为。只有完善环境保护中的公众参与，才能充分发挥公众在环境保护过程中的重要作用，才能促进生态文明建设的大力发展，实现人与自然的和谐相处与可持续发展。

1. 建立生态文明建设的公众参与机制

公众参与制度包括保障公民的环境权，赋予公民环境公益诉讼的权利，加强生态文明教育，增强全民的节约意识以及环境意识和生态意识。生态文明建设中的公众参与是指社会团体、公民有权参与到影响环境利益的相关决策中，使得该项目或决策对环境的影响降到最低，符合广大公众的利益。公众参与到环境保护中来，就是防止决策的盲目性，消除因此给环境带来的不良影响，进而保护公众的环境利益不受侵犯。生态环境的好坏直接关系每一个人的生存，他们的活动也直接影响环境。因此，公众是环保事业、生态文明建设的重要力量，是生态文明建设的中流砥柱。

2. 建立生态环境建设的信息公开与披露制度

公信息公开是公众参与环境保护的前提条件，公众了解信息，才有可能充分发挥作用。政府信息公开是公众有权请求政府公开相关信息，并且这种权利能够得到保障，还应规定信息公开的内容要清楚、具体，可能对环境造成的影响要说详细、明白，不能含含糊糊、模棱两可，误导公众，影响其权利的行使。维护公众对生态环境建设的知情权是社会公众参与生态文明建设的基本前提，政府相关部门应定期通过政府公报、新闻媒介、公共宣传等形式公开生态环境信息。政府应监督企业建立和完善环境信息披露制度，使企业的环境信息及时公开，使公众的知情权得到保障。

3. 倡导绿色低碳的社会生活方式

绿色低碳的社会生活方式是推进生态文明建设的最佳方式。通过税收减免、财政补贴等方式引导消费者通过购买小排量汽车、高效节能电器和使用节能灯等方式实现节能减排，过低碳生活；通过税收、限购等手段，抑制消费主体的高碳排放消费方式，以此来营造低碳生活的制度体系；通过典型示范，引导和推广绿色低碳的生活方式。政府要实施绿色采购，构建低碳机关；企业、社区、宾馆等社会部门要实行低碳活动，提升社会整体的低碳生活意识；家庭、机关部门和社区要营造绿色低碳生活的舆论环境。所有的社会组织都要积极参与到绿色低碳的社会方式的养成工程中来。

4. 建立吸收社会公众参与生态保护的规章、制度

公众是生态环境治理、保护的主体，广大公众的参与是确保生态文明建设成效的基础和前提；公众参与制度是生态文明建设的基石。有了公众的参与，可以防止更多环境污染事件的发生和环境问题的恶化。公众参与生态保护规章制度的制定，要注意：一是矫正行政机关单方制定制度的盲目性；二是增强环保组织的监管能力；三是使公众参与行政机关的管理过程；四是确

保公众可以监督行政机关自由裁量权的运用。

5. 加强社会普法与教育活动，唤起公民的环保意识

学校很难完成对每个公民的环境教育，为此，社会就要通过普法活动、媒体宣传等分担一部分；通过宣传教育，引导公民在观念上认识到生态环境问题的严重性以及保护环境的重要性和紧迫性，使越来越多的人认识到环境与人类生存与发展的紧密相关性，从而不断增强投身环保事业的积极性和主动性。

6. 完善生态消费政策，引导社会民众绿色消费

政府要通过扩大消费税的征收范围，调整税费领域，对耗费材料多、使用价值小的一次性产品征收重税，对环保耐用产品给予税收优惠和补贴等引导消费者购买环保耐用产品；建立权威的绿色标识制度，提高消费者对绿色产品的认同，提高绿色消费的信心和意识，养成生态消费的习惯。

7. 发挥环境保护团体、绿色组织等社会组织的积极作用

培育和发展政社分离、权责明确、依法自治的生态环境保护类社会组织有利于确保公众参与生态文明建设。民间环保团体、绿色组织等社会组织在环境资源保护、促进环境问题的解决、监督政府依法行政等方面发挥着积极作用。它们利用自己的独特优势可以在学校、社区开展丰富多彩的以生态文明建设为主题的实践活动，增强公众参与生态文明建设的积极性。政府要设立生态环境保护的投诉机构，为社会组织参与对生态环境违法行为的监督提供便捷畅通的渠道。

五　小结

当代世界各国基于不同的经济发展水平、文化传统、政治体制、风俗习惯等，在生态文明建设的制度路径选择上可以说是“各尽所能、百花齐放”。这是因为“国家之间总是会有各种文化差异和各自不同的、常常由文化所决定的行为方式。发展和变革将追随着全球模式，与此同时，这些变革也将继续经受地方的或者本土的实践和制度棱镜滤色”。[①] 国家采用何种制度路径，尽管受到多种因素的影响，但有一点是不容忽视的，那就是，决策者需要明

① 〔美〕霍华德·威亚尔达主编《非西方发展理论——地区模式与全球趋势》，董正华等译，北京大学出版社，2006，第158页。

察走向民主和自由市场的全球趋势，还要敏于地方的、本土的方式，组织和运行其政治和经济制度，形成全球性与本土性相结合的有效制度路径。有效率的社会制度就是能够最大化社会福利或有效用的制度。首先，有效社会制度应以节约环境资源为前提，通过这一制度体系，经济发展过程中的资源消耗大、环境污染重等相关社会问题能够较好地得到解决。其次，生态文明建设制度体系应完善政府环境管理责任制度，使生态环境平衡得到最大程度的实现。最后，公民个人参与制度应保证个人利益最大化的实现，同时在一定程度上要促进社会整体利益的实现。总之，生态文明建设的有效制度应是集强制性制度、选择性制度、引导性制度于一身的体系规则，是各国政治、经济、文化和社会等领域的制度综合作用在一起的产物。

参考文献

中文文献

（一）经典著作

《邓小平文选》第3卷，人民出版社，1993。

胡锦涛：《论构建社会主义和谐社会》，中央文献出版社，2013。

胡锦涛：《在中国共产党第十七次全国代表大会上的报告》，人民出版社，2007。

《江泽民论有中国特色社会主义（专题摘编）》，中央文献出版社，2002。

《列宁选集》第4卷，人民出版社，1972。

《马克思恩格斯全集》（第1~46卷），人民出版社，1956~1979。

《马克思恩格斯选集》（第1~4卷），人民出版社，1995。

《资本论》（第1卷），人民出版社，1975。

（二）国内著作

曹天禄：《日本共产党的日本式社会主义理论与实践》，中国社会科学出版社，2010。

陈丽鸿、孙大勇主编《中国生态文明教育理论与实践》，中央编译出版社，2009。

陈学明：《生态社会主义》，扬智出版社，2003。

陈学明：《生态文明论》，重庆出版社，2008。

陈学明：《谁是罪魁祸首——追寻生态危机的根源》，人民出版社，2012。

崔桂田、蒋锐等：《拉丁美洲社会主义及左翼社会运动》，山东人民出版社，2013。

丁淑杰、聂运麟：《美国共产党的社会主义理论与实践》，中国社会科学出版社，2010。

杜秀娟：《马克思主义生态哲学思想历史发展研究》，北京师范大学出版社，2011。

段忠桥：《当代国外社会思潮》，中国人民大学出版社，2002。

高锋、时红编译《瑞典社会主义模式》，中央编译出版社，2009。

郭剑仁：《生态地批判——福斯特的生态学马克思主义思想研究》，人民出版社，2008。

郭强：《新新相映：新资本主义—新社会主义》，中国时代经济出版社，2010。

何爱国：《当代中国生态文明之路》，科学出版社，2012。

何怀宏主编《生态文明：精神资源与哲学基础》，河北大学出版社，2002。

侯衍社：《“超越”的困境——“第三条道路”的价值观述评》，人民出版社，2010。

郇庆治：《环境政治国际比较》，山东大学出版社，2007。

郇庆治主编《环境政治学：理论与实践》，山东大学出版社，2007。

郇庆治主编《重建现代文明的根基——生态社会主义研究》，北京大学出版社，2010。

黄宗良、孔寒冰：《社会主义与资本主义的关系：理论、历史和评价》，北京大学出版社，2004。

姬镇海主编《生态文明论》，人民出版社，2007。

蒋明君主编《生态安全学导论》，世界知识出版社，2012。

景维民、田卫民等：《经济转型中的市场社会主义》，经济管理出版社，2009。

李惠斌、薛晓源、王治河主编《生态文明与马克思主义》，中央编译出版社，2008。

李惠斌、薛晓源主编《生态文明研究前沿报告》，华东师范大学出版社，2007。

李慎明主编《世界社会主义黄皮书：世界社会主义跟踪研究报告（2011～2012）》，社会科学文献出版社，2012。

李世东、林震、杨冰之编著《信息革命与生态文明》，科学出版社，2013。

李世书：《生态学马克思主义的自然观研究》，中央编译出版社，2010。

刘东国：《绿党政治》，上海社会科学院出版社，2002。

刘增惠：《马克思主义生态思想及实践研究》，北京师范大学出版社，2010。

卢风等：《生态文明新论》，中国科学技术出版社，2013。

卢现祥主编《新制度经济学》，武汉大学出版社，2005。

吕冰洋：《中国资本积累：路径、效率和制度供给》，中国人民大学出版社，2007。

马耀鹏：《制度与路径：社会主义经济制度变迁的历史与现实》，人民出版社，2010。

毛相麟：《古巴：本土的可行的社会主义》，社会科学文献出版社，2012。

宁克强、魏茹芳：《人类文明的呼唤：马克思主义人的全面发展思想的当代审视》，河北人民出版社，2009。

曲向荣、李辉、王俭编著《循环经济》，机械工业出版社，2012。

邵鹏：《后冷战时代的民主社会主义研究》，知识产权出版社，2012。

沈立江主编《当代生态哲学构建》，浙江大学出版社，2011。

时青昊：《20世纪90年代以后的生态社会主义》，上海人民出版社，2009。

孙力等：《资本主义—在批判中演进的文明》，学林出版社，2005。

唐代兴：《生态理性哲学导论》，北京大学出版社，2005。

王德军：《生存价值观探析》，社会科学文献出版社，2008。

王宏斌：《生态文明与社会主义》，中央编译出版社，2011。

王明初、杨英姿：《社会主义生态文明建设的理论与实践》，人民出版社，2011。

王雨辰：《生态批判与绿色乌托邦——生态学马克思主义理论研究》，人民出版社，2009。

王正泉：《戈尔巴乔夫与“人道的民主的社会主义”》，社会科学文献出版社，2012。

王芝茂：《德国绿党的发展与政策》，中央编译出版社，2009。

肖枫、王志先：《古巴社会主义》，人民出版社，2004。

徐世澄：《当代拉丁美洲的社会主义思潮与实践》，社会科学文献出版社，2012。

徐艳梅：《生态学马克思主义研究》，社会科学文献出版社，2007。

许崇正、杨鲜兰等：《生态文明与人的发展》，中国财政出版社，2011。

薛建明：《生态文明与低碳经济社会》，合肥工业大学出版社，2012。

严耕、杨志华：《生态文明的理论与系统构建》，中央编译出版社，2009。

姚燕：《生态马克思主义和历史唯物主义》，光明日报出版社，2010。

于法稳、胡剑锋主编《生态经济与生态文明》，社会科学文献出版社，2012。

余金成：《劳动论纲》，天津社会科学院出版社，1995。

余金成：《冷战后两制关系演变及发达国家共产党研究》，山东人民出版社，2012。

余金成：《马克思"两大发现"与现实社会主义——中国社会主义基础理论研究》，天津社会科学出版社，2003。

余金成：《社会主义的东方实践》，上海三联书店，2005。

余谋昌：《环境哲学：生态文明的理论基础》，中国环境科学出版社，2010。

余维海：《生态危机的困境与消解——当代马克思主义生态学表达》，中国社会科学出版社，2012。

余文烈：《市场社会主义》，经济日报出版社，2008。

俞可平：《生态文明与社会主义》，中央编译出版社，2011。

袁贵仁主编《对人的哲学理解》，东方出版社，2008。

臧秀玲：《社会主义与资本主义两制关系研究》，山东大学出版社，2010。

张志军：《20世纪国外社会主义理论、思潮及流派》，当代世界出版社，2008。

赵兴良：《社会主义社会的全面发展与人的全面发展研究》，江西人民出版社，2008。

周新城：《民主社会主义评析》，社会科学文献出版社，2012。

周鑫：《西方生态现代化理论与当代中国生态文明建设》，光明日报出版社，2012。

（三）译文著作

〔埃及〕萨米尔·阿明：《全球化时代的资本主义——对当代社会的管理》，丁开杰等译，中国人民大学出版社，2013。

〔埃及〕萨米尔·阿明：《世界一体化的挑战》，任友谅等译，社会科学文献出版社，2003。

〔埃及〕萨米尔·阿明：《资本主义的危机》，彭姝祎、贾瑞坤译，社会科学文献出版社，2003。

〔澳〕约翰·德赖泽克：《地球政治学：环境话语》，蔺雪春、郭晨星译，山东大学出版社，2008。

〔冰岛〕恩拉思·埃格特森：《经济行为与制度》，吴经邦、李耀等译，商务印书馆，2004。

〔丹麦〕埃斯平－安德森：《福利资本主义的三个世界》，苗正民、滕玉英译，商务印书馆，2010。

〔德〕斐迪南穆勒－罗密尔、〔英〕托马斯·波谷特克主编《欧洲执政绿党》，郇庆治译，山东大学出版社，2012。

〔德〕海拉德·威尔则：《不平等的世界：21世纪杀戮预告》，史行果译，中国友谊出版公司，2013。

〔德〕马丁·耶内克等主编《全球视野下的环境管治：生态与政治现代化的新方法》，李慧明等译，山东大学出版社，2012。

〔德〕马克斯·韦伯：《新教伦理与资本主义精神》，马奇炎、陈婧译，北京大学出版社，2012。

〔德〕托马斯·迈尔等编《民主社会主义理论概念》，殷叙彝等编译，重庆出版社，2012。

〔德〕乌尔里希·贝克：《风险社会》，何博闻译，译林出版，2004。

〔德〕乌尔里希·贝克、〔德〕约翰内斯·威尔姆斯：《自由与资本主义》，路国林译，浙江人民出版社，2001。

〔德〕乌尔里希·杜赫罗：《全球资本主义的替代方式》，宋林峰译，中国社会科学出版社，2002。

〔俄〕А. И. 科斯京：《生态政治学与全球学》，胡谷明等译，武汉大学出版社，2008。

〔法〕米歇尔·阿尔贝尔：《资本主义反对资本主义》，杨祖功等译，社会科学文献出版社，1999。

〔法〕让－克洛德·乐伟：《循环经济——迫在眉睫的生态问题》，王吉会、范晓虹译，上海科技教育出版社，2012。

〔荷〕阿瑟·莫尔、〔美〕戴维·索南菲尔德编《世界范围的生态现代化——观点和关键争论》，张鲲译，商务印书馆，2011。

〔加〕威廉·莱斯：《自然的控制》，岳长龄、李建华译，重庆出版社，1993。

〔美〕鲍尔斯、〔美〕爱德华兹、〔美〕罗斯福：《理解资本主义：竞争、统制与变革》（第3版），孟捷、赵准、徐华译，中国人民大学出版社，2013。

〔美〕大卫·哈维：《希望的空间》，胡大平译，南京大学出版社，2006。

〔美〕戴斯·贾丁斯：《环境伦理学—环境哲学导论》，林官民、杨爱民译，北京大学出版社，2002。

〔美〕戴维·施韦卡特：《反对资本主义》，李智、陈志刚译，中国人民大学出版社，2013。

〔美〕丹尼尔·A. 科尔曼：《生态政治：建设一个绿色社会》，梅俊杰译，上海译文出版社，2002。

〔美〕丹尼尔·贝尔：《资本主义文化矛盾》，赵一凡等译，生活·读书·新知三联书店，1989。

〔美〕厄尔斯特（Elster，J.）、〔挪威〕摩尼（Moene，K. O）编《资本主义的替代方式》，王镭等译，重庆出版社，2007。

〔美〕弗·卡普拉等：《绿色政治——全球的希望》，石音译，东方出版社，1988。

〔美〕弗雷德里克·詹姆逊：《单一的现代性》，王逢振、王丽亚译，天津人民出版社，2005。

〔美〕霍华德·威亚尔达：《新兴国家的政治发展——第三世界还存在吗?》，刘青、牛可译，北京大学出版社，2005。

〔美〕霍华德·威亚尔达主编《非西方发展理论——地区模式与全球趋势》，董正华等译，北京大学出版社，2006。

〔美〕卡瓦纳、〔美〕曼德尔编《经济全球化的替代方案》，童小溪等译，中央编译出版社，2007。

〔美〕莱斯特·瑟罗：《资本主义的未来》，周晓钟译，中国社会科学出版社，1998。

〔美〕理查德·桑内特：《新资本主义的文化》，李继宏译，上海译文出版社，2010。

〔美〕罗德里克·弗雷泽·纳什：《大自然的权利》，杨通进译，青岛出版社，1999。

〔美〕米格尔·森特诺、〔美〕约瑟夫·科恩：《全球资本主义》，郑方、徐菲译，中国青年出版社，2013。

〔美〕斯蒂芬·杨：《道德资本主义》，余彬译，上海三联书店出版社，2010年版。

〔美〕维克托·D. 利皮特：《资本主义》，刘小雪等译，中国社会科学出版社，2012。

〔美〕约翰·贝拉米·福斯特：《马克思的生态学——唯物主义与自然》，刘仁胜、肖峰译，高等教育出版社，2006。

〔美〕约翰·贝拉米·福斯特：《生态危机与资本主义》，耿建新、宋兴无译，上海译文出版社，2006。

〔美〕约翰·罗默：《社会主义的未来》，余文烈等译，重庆出版集团，2010。

〔美〕詹明信：《晚期资本主义的文化逻辑》，陈清侨等译，生活．读书．新知三联书店，2013。

〔美〕詹姆斯·奥康纳：《自然的理由——生态学马克思主义研究》，唐正东、臧佩洪译，南京大学出版社，2003。

〔日〕岩佐茂：《环境的思想——环境保护与马克思主义的结合处》，中央编译出版社，2006。

〔日〕中古岩：《资本主义为什么会自我崩溃？——新自由主义者的忏悔》，郑萍译，社会科学文献出版社，2010。

〔匈〕雅诺什·科尔奈：《后社会主义转轨的思索》，肖梦译，吉林人民出版社，2011。

〔印〕萨拉·萨卡：《生态社会主义还是生态资本主义》，张淑兰译，山东大学出版社，2008。

〔英〕R. H. 托尼：《宗教与资本主义的兴起》，赵月瑟、夏镇平译，上海译文出版社，2013。

〔英〕阿列克斯·卡利尼科斯：《反资本主义宣言》，罗汉等译，上海世纪出版集团，2005。

〔英〕安德鲁·多布森：《绿色政治思想》，郇庆治译，山东大学出版社，2005。

〔英〕安东尼·吉登斯：《第三条道路——社会民主主义的复兴》，郑戈等译，北京大学出版社，2000。

〔英〕安东尼·克罗斯兰：《社会主义的未来》，轩传树等译，上海人民出版社，2011。

〔英〕鲍勃·密尔沃德：《马克思主义政治经济学——理论·历史及其现实意义》，陈国新等译，云南大学出版社，2004。

〔英〕戴维·佩珀：《生态社会主义：从深生态学到社会正义》，刘颖译，山东大学出版社，2005。

〔英〕菲利普·布朗：《资本主义与社会进步：经济全球化及人类社会未来》，刘榜离译，中国社会科学出版社，2006。

〔英〕杰弗·霍奇森：《资本主义、价值和剥削》，于树生等译，商务印书馆，2013。

〔英〕科林·克劳奇：《新自由主义不死之谜》，蒲艳译，中国人民大学出版社，2013。

〔英〕克里斯托弗·卢茨主编《西方环境运动：地方、国家和全球向度》，徐凯译，山东大学出版社，2005。

〔英〕克里斯托弗·皮尔森：《新市场社会主义——对社会主义命运和前途的探索》，姜辉译，东方出版社，1999。

〔英〕拉法尔·卡普林斯基：《夹缝中的全球化：贫困和不平等中的生存与发展》，顾秀林译，知识产权出版社，2008。

〔英〕莱斯利·斯克莱尔：《资本主义全球化及其替代方案》，梁光严等译，社会科学文献出版社，2012。

〔英〕锡德尼·维伯：《资本主义文明的衰亡》，秋水译，上海人民出版社，2005。

（四）主要期刊论文

曹明德：《从人类中心主义到生态中心主义伦理观的转变》，《中国人民大学学报》2002 年第 3 期。

柴尚金：《影响拉美左翼的三种社会主义思潮》，《当代世界》2008 年第 6 期。

邓坤金、李国兴：《简论马克思主义的生态文明观》，《哲学研究》2010 年第 5 期。

董军、杨萍：《本体思维的伦理转型与生态价值观的确立》，《江西社会科学》2009 年第 1 期。

杜鸿林：《关于构建中国特色社会主义理论体系的若干思考》，《天津行政学院学报》2007 年第 1 期。

〔韩〕具道完：《自下而上，建构生态福利国家——韩国的生态社区和协会运动》，《绿叶》2008 年第 6 期。

何强、张振杰：《对拉美社会主义的几点认识》，《科学社会主义》2012 年第 4 期。

郇庆治：《21 世纪以来的西方生态资本主义理论》，《马克思主义与现实》2013 年第 2 期。

李艳艳：《传统生态文明观四问》，《江淮论坛》2012 年第 4 期。

林红梅：《动物解放论与以往动物保护主义之比较》，《西南师范大学学报》（人文社会科学版）2006 年第 4 期。

林跃勤：《增长方式转换与后发国家赶超研究——前苏联样本及其启示》，《经济学家》2012 年第 3 期。

聂运麟：《共产党和工人党视野中的资本主义新变化》，《马克思主义研究》2012 年第 2 期。

荣长海：《构建和谐社会是社会主义的本质要求》，《天津社会科学》2005 年第 4 期。

沈跃萍：《查韦斯“21 世纪社会主义”解读》，《当代世界与社会主义》2008 年第 3 期。

王鹏：《拉美 21 世纪社会主义理论和实践讨论会综述》，《马克思主义研究》2009 年第 6 期。

王援朝：《当代西方市场社会主义观探析》，《理论月刊》2007 年第 11 期。

徐世澄：《拉丁美洲的几种社会主义理论和思潮》，《当代世界》2006 年第 4 期。

徐世澄：《委内瑞拉查韦斯“21 世纪社会主义”初析》，《马克思主义研究》2010 年第 10 期。

杨首国：《玻利维亚平民总统埃沃·莫拉莱斯》，《国际资料信息》2007 年第 2 期。

余金成：《和谐社会目标与中国发展模式的初步形成》，《理论与现代化》2006年第2期。

余金成：《科学技术革命与社会主义运动实践选择》，《当代世界社会主义问题》2008年第3期。

余金成：《全球化视角下落后国家的社会主义运动》，《当代世界与社会主义》2003年第4期。

余金成：《生命自由、个人平等和社会民主原则论析》，《探索》2011年第6期。

余金成：《试论现时期马克思主义发展的理论生态环境》，《探索》2006年第1期。

余金成、曾凯：《社会主义市场经济意蕴中的思想解放问题》，《探索》2010年第1期。

余金成：《中国双重历史使命的当代统一》，《学习论坛》2012年第5期。

余金成：《中国特色社会主义与人类发展模式创新》，《理论探讨》2013年第2期。

余谋昌：《建设生态文明需要新的哲学和新的思维方式》，《鄱阳湖学刊》2010年第1期。

余维海、王红光：《生态危机视域下马克思主义的当代发展》，《山西师大学报》（社会科学版）2008年第6期。

余文烈、刘向阳：《当代市场社会主义六大特征》，《国外社会科学》2000年第5期。

张志忠：《当代西方市场社会主义的民主观及其启示》，《内蒙古大学学报》（社会科学版）2001年第5期。

赵汇：《论拉美社会主义运动的影响及其意义》，《学术界》2008年第4期。

周安伯：《经济全球化与资本主义文明的历史命运》，《哲学研究》2002年第1期。

卓越、赵蕾：《加强公民生态文明意识建设的思考》，《马克思主义与现实》2007年第3期。

外文文献

（一）著作

Albert Weale, *The New Politics of Pollution*, Manchester University Press, 1992.

Arthur Mol, *The Refinement of Production: Ecological Modernization Theory and the Chemical Industry*, the Free University of Amsterdam Press, 1995.

Bertrand Russell, *The Prospects of Industrial Civilization*, Taylor and Francis, 2009.

Boris Komarov, *The Destruction of Nature in Soviet Union*, M. E. Sharpe, 1980.

D. Estrin and Le Grand, eds., *Market Socialism*, Clarendon Press, 1989.

Gaby Alez, *Waste Management for a Clean and Green Environment*, Webster's Digital Services, 2012.

Gore Andre, *Critique of Economic Reason*, Verso, 1989.

J. Bellamy Foster, *The Vulnerable Planet: A Short Economic History of the Environment*, Monthly Review Press, 1999.

J. B. Foster, *Ecology against Capitalis*, Monthly Review Press, 2002.

J. B. Foster, *Marx's Ecology*, Monthly Review Press, 2000.

Joel Kovel, *The Enemy of Nature: The End of Capitalism or the End of the World?* Zed Books, 2007.

John Bellamy Foster, Brett Clark, Richard York, *The Ecological Rift: Capitalism's War on the Earth*, Monthly Review Press, 2011.

John Bellamy Foster, Brett W. Clark, Richard York, *Critique of Intelligent Design: Materialism Versus Creationism from Antiquity to the Present*, Monthly Review Press, 2008.

John Bellamy Foster, Fred Magdoff, *The Great Financial Crisis: Causes and Consequences*, Monthly Review Press, 2009.

John Bellamy Foster, Fred Magdoff, *What Every Environmentalist Needs to Know About Capitalism*, Monthly Review Press, 2011.

John Bellamy Foster, Robert W. McChesney, *The Endless Crisis: How Monopoly – Finance Capital Produces Stagnation and Upheaval from the USA to China*, Monthly Review Press, 2012.

John Bellamy Foster, *The Ecological Revolution: Making Peace with the Planet*, Monthly Review Press, 2009.

Lambert M. Surhone, MariamT. Tennoe, Susan F. Henssonow, *South African National Conference on Environment and Development*, Beta Publishing, 2011.

Marhsall Goldman, *The Spoils of Progress: Environmental Pollution in the Soviet Union*, the MIT Press, 1972.

Marten Hajier, *The Politics of Environmental Discourse: Ecological Modernization and the Policy Process*, Oxford University Press, 1995.

Mary Mellor, *Breaking the Boundaries: Towards a Feminist Green Socialism*, Virago, 1992.

Noam Chomsky, *Government in the Future*, Mosaek, 2006.

Pranab Bardhan and John Roemer, *Market Socialism: the Current Debate*, Oxford University Press, 1993.

Robin Archer, *Economic Democracy: The Politics of Feasible Socialism*, Clarendon Press, 1995.

Robyn Eckersley, *Environmentalism and Political Theory: Toward an Ecocentric Approach*, State University of New York Press, 1992.

R. Wilkinson, *The Impact of Inequality*, New Press, 2005.

Timo Myllyntaus, *Thinking Through the Environment: Green Approaches*, White Horse Press, 2012.

UNEP, DEPA, *Cleaner Production Assessment in Dairy Processing*, United Nations Publication, 2000.

（二）论文

Arran Gare, "Marxism and the Problem of Creating an Environmentally Sustainable Civilization in China", *Capitalism, Nature, Socialism*, Vol. 19, No. 1, March 2008.

Brett Clark and Richard York, "Rifts and Shifts: Getting to the Root of Environmental Crises", *Monthly Review*, Vol. 60, Nov. 2008.

David Pepper, "Sustainable Development and Ecological Modernization: A Radical Homocentric Perspective", *Sustainable Development*, 6, 1984.

Elizabeth Carlassare, "Socialist and Cultural Ecofeminism: Allies in Resist-

ance", *Ethics and the Environment*, Vol. 5, No. 1, 2000.

Ernest Lowe, "Industrial Ecology: An Organizing Framework for Environmental Management", *Total Quality Environmental Management*, Autumn 1993.

Joel Kovel, Ecosocialism, "Global Justice and Climate Change", *Capitalism, Nature, Socialism*, Vol. 19, No. 2, June 2008.

Joel kovel, Michael Lowy, "An Ecosocialist Manifesto", *Capitalism, Nature, Socialism*, Vol. 13, No. 1, March 2002.

John Bellamy Foster, "Ecology and the Transition from Capitalism to Socialism", *Monthly Review : An Independent Socialist Magazine*, Vol. 60, Issue 6, November 2008.

Joseph Huber, "Pioneer Countries and the Global Diffusion of Environmental Innovations: These from the Viewpoint of Ecological Modernization Theory", *Global Environmental Change*, 18, 2008.

Michael Perelman, "Myths of the Market: Economies and the Environment", *Organization & Environment*, Vol. 16, No. 2, June 2003.

Rebecca Clausen and Brett Clark, "The Metabolic Rift and Marine Ecology: An Analysis of the Ocean Crisis within Capitalist Production", Organization & *Environment*, Vol. 18, No. 4, December 2005.

Robert Frosch, "Industrial Ecology: a Philosophical Introduction", *Proceedings*, *National Academy of Sciences*, 2, 1992.

Victor Wallis, "On Marxism, Socialism, and Ecofeminism: Continuing the Dialogue", *Capitalism, Nature, Socialism*, vol. 19, No. 1, March 2008.

Walt Contreras Sheasby, Derek Wall, "The Enemy of Nature and the Nature of the Enemy", *Capitalism, Nature, Socialism*, Vol. 13, No. 4, December 2002.

后　记

学术研究是艰辛而又快乐的历程。在天津师范大学博士后流动站工作的这段时间，是我学术研究的一个新阶段，跨专业的学习于我既是一个挑战也是一次学术视野的拓展。我很荣幸能够投师天津师范大学社会主义研究所余金成教授门下。

本书是在我的博士后出站报告基础上修改完成的。余金成教授是我博士后科研工作项目的指导老师，在我做博士后研究的过程中，先生给予了精心的指导。在我的学术研究遇到瓶颈的时候，先生用他那高深的学识与宽广的视野、深厚的造诣与执着追求给了我醍醐灌顶的教诲。非常感谢先生对我这样一个愚钝学生的不弃，先生的激励与不辞辛苦的点拨，使我一点点顿悟，逐渐拓宽了学术视野，开始追求更高的境界。当然，我做的还远远不能达到先生的期望，但至少这是一个好的开始。对先生给予的无私激励与帮助，感激之情无法用语言表达，只有铭刻在心，不断进取才能不辜负先生的教诲。我真的很幸运，每一次与先生的交流都是一次精神的洗礼，先生的学术精神令我敬仰与沉醉，促我奋进；先生幽默的语言、博大的胸襟、无私的品格、慈父般的神情让我如沐春风，洗涤我心中的浮躁，助我领会学术精神的真谛。我的博士后出站报告做得很漫长也很彷徨，毕竟是一个跨专业的学习过程。对我浅薄的学术积累，先生没有嫌弃，也没有一句批评，有的只是鼓励与帮助，在三年多的学习中，先生付出的心血是难以计数的。在论文的写作过程中，从对基本知识的引领到所需书籍以及优秀论文的学习，先生都无私奉献于我。论文的框架结构、文字斟酌及思想的提炼，无不留下先生的文字与思索。一句谢谢，不足以表达我对先生的崇敬与感激之情，但我还是要说，谢谢您。

在天津师范大学攻读博士后期间，还有很多老师也给予了我无私的帮助。感谢马德普教授、常士訚教授、王存刚教授、王力教授、荣长海教授，你们的学识与精彩的授课让我获益匪浅。你们的无私与学识令我敬佩、终生难忘，感谢你们使我在学术殿堂再一次接受学术精神的沐浴。

非常感谢河北师范大学法政学院的张骥教授、代俊兰教授和李云霞教授在我苦闷茫然的求知路途中对我的指引。张骥教授是我的硕士生导师，是我学术生涯的领路人，对我的帮助、关怀与指导一直没有中断过，遇到张老师是我一生的幸运，学生无以为报，只有将不断的学术追求与进步当作对老师的回报。代俊兰教授和李云霞教授是我的老师、工作过的同事，更是我的好姐姐。代俊兰教授用自己深厚的专业学识给予了我启迪与帮助，李云霞教授的鼓励让我学会不放弃。还要衷心感谢华中师范大学政治学研究院的程又中教授。程老师是我的博士生导师，对我的学术研究给予了激励与鞭策，使我的研究能够更加深入并获得提升。

此外，也感谢与我一起上课的博士生，你们的关爱与帮助令我难以忘怀。还有华东交通大学人文学院的余维海博士，给了我专业学习上的巨大帮助，虽然没有见过面，但是师兄的无私帮助使我感激不尽。还要感谢天津师范大学人事处、科研处的老师们，感谢你们给予我的理解与帮助，谢谢你们！

感谢之余，我也有愧疚。我的爱人为了让我能够完成博士后出站报告，默默承担了很多的家务与对孩子的照顾，感谢你的支持与理解。尤其是我的儿子，你现在是最需要妈妈的时候，可是我不能用更多的时间去陪伴你、照顾你，不过，让我欣慰的是，你也能以自己的方式鼓励我。有儿子与爱人的理解和支持，我没有理由松懈或放弃。

我还要对年迈的父母说一声对不起，在你们的暮年，我不能常去看望，更谈不上陪伴身边，我真的很惭愧。作为你们最疼爱的小女儿，不能好好尽孝，我真的很心痛。你们的理解与宽容让我再次鼓起勇气，坚定地在学术之路上走下去。我最爱的亲人，我怎能辜负你们呢！

在探求学术精神的漫漫长路上，遇到这样的恩师、朋友和亲人，我真的很幸运，很感恩。拙著的完成也算是对你们一点点的回报吧。

由于个人学识所限，书中还存在一些粗糙、不成熟的观点，需要进一步完善。恳请各位专家学者批评指正。

靳利华
2013 年 11 月

图书在版编目（CIP）数据

生态文明视域下的制度路径研究／靳利华著．—北京：社会科学文献出版社，2014.2
ISBN 978－7－5097－5584－6

Ⅰ．①生…　Ⅱ．①靳…　Ⅲ．①生态环境建设－研究－中国　Ⅳ．①X321.2

中国版本图书馆CIP数据核字（2014）第012484号

生态文明视域下的制度路径研究

著　　者／靳利华

出 版 人／谢寿光
出 版 者／社会科学文献出版社
地　　址／北京市西城区北三环中路甲29号院3号楼华龙大厦
邮政编码／100029

责任部门／全球与地区问题出版中心（010）59367004　　责任编辑／高明秀　许玉燕
电子信箱／bianyibu@ssap.cn　　责任校对／介慧萍
项目统筹／高明秀　许玉燕　　责任印制／岳　阳
经　　销／社会科学文献出版社市场营销中心（010）59367081　59367089
读者服务／读者服务中心（010）59367028

印　　装／北京季蜂印刷有限公司
开　　本／787mm×1092mm　1/16　　印　　张／21.75
版　　次／2014年2月第1版　　字　　数／366千字
印　　次／2014年2月第1次印刷
书　　号／ISBN 978－7－5097－5584－6
定　　价／79.00元